图书在版编目（CIP）数据

工程自动算量软件应用：广联达BIM土建计量平台GTJ版 / 黄臣臣，陆军，齐亚丽主编. —北京：中国建筑工业出版社，2020.2（2020.10重印）

高等职业教育产教融合创新教材

ISBN 978-7-112-24768-4

Ⅰ. ①工… Ⅱ. ①黄… ②陆… ③齐… Ⅲ. ①建筑工程-工程造价-应用软件-高等职业教育-教材 Ⅳ. ① TU723.32-39

中国版本图书馆CIP数据核字（2020）第011636号

本书根据高等学校工程管理及土建类专业的人才培养目标、教学计划、建筑工程计量与计价实训课程的教学特点和要求，并按照国家颁布的有关新规范、新标准编写而成。

本书结合工程计量与计价实训课程的特点，注重实际能力的培养，将“案例教学法”的思想贯穿于整个教材的编写过程中，具有先进性、实用性和系统性的特色。

本书可作为高等学校工程管理、工程造价、土木工程及相关专业的教学用书，也可作为工程技术人员的参考用书。

责任编辑：徐仲莉　曹丹丹

责任校对：李欣慰

高等职业教育产教融合创新教材

工程自动算量软件应用（广联达 BIM 土建计量平台 GTJ 版）

主编　黄臣臣　陆　军　齐亚丽

*

中国建筑工业出版社出版、发行（北京海淀三里河路9号）

各地新华书店、建筑书店经销

北京建筑工业印刷厂制版

天津安泰印刷有限公司印刷

*

开本：787×1092毫米　1/16　印张：16½　字数：370千字

2020年4月第一版　2020年10月第二次印刷

定价：**65.00**元

ISBN 978-7-112-24768-4

（36233）

编　委　会

主　　编：黄臣臣（南宁职业技术学院）

陆　军（一砖一瓦科技有限公司）

齐亚丽（吉林工程职业学院）

副主编：覃小香（南宁职业技术学院）

黄艳晖（广西工业职业技术学院）

刘　铸（四川机电职业技术学院）

编　　委：归晓慧（南宁职业技术学院）

莫荣锋（南宁职业技术学院）

张　黎（广西农业职业技术学院）

黄国全（北海职业学院）

刘如兵（泰州职业技术学院）

李　琼（广西生态职业技术学院）

郭容宽（广西机电职业技术学院）

张　锐（一砖一瓦科技有限公司）

董　佳（一砖一瓦科技有限公司）

赵桢谷（一砖一瓦科技有限公司）

严　鹏（广西民族大学）

曾丽娟（广西经贸职业技术学院）

袁　志（桂林航天工业学院）

胡瑛莉（广西工业职业技术学院）

农辉辉（广西蓝天航空职业学院）

付道慧（一砖一瓦科技有限公司）

王乙惠［源助教（沈阳）科技有限公司］

韦东奇（柳州城市职业学院）

前　　言

随着现代建筑信息化的迅速发展，工程造价领域使用能进行精准计算工程量的算量软件已经成为今后发展的必然趋势。

经过多方走访调研，造价类企事业单位对算量工作的速度、自动识别转换准确度、结果数据精准度的标准逐年提高，并以提高这些标准来作为企事业单位核心竞争力，因此，造价工作者熟练掌握一款具备此类功能的算量软件操作，也能够提高自身社会竞争力，跟上行业发展的需要。

本教材的编写，通过使用广联达 BIM 土建计量平台 GTJ2021 二合一软件，以计算具有典型办公楼构件工程量为主线，过程中加入常用功能的使用方法及常见问题的处理方法，通过针对实际工程案例贯彻项目教学法，进行操作方法演示，以期实现与实际工作岗位的“无缝链接”。

教材内容主要有工程预览、各楼层分构件节点建模操作、CAD 智能识别建模操作部分，建模操作顺序遵循先地下后地上，先主体后装修，先绘制后识别的步骤，每节均精心设置学习目的、学习内容、分解操作步骤、思考总结、课后练习等环节以方便读者更好领会做实际工程的思路，熟练掌握操作方法。

教材编写遵循以造价岗位应用为主导、以专业为主体、以市场需求为中心、以工作过程为导向、以遵循课程开发与学员职业能力提升相结合的原则。校企双主体共同参与建设，以培养应用型、技能型、复合型人才为目标，与就业岗位培训对接，紧紧围绕产业发展确定本教材内容、课程实施方法，形成如下特色：

（1）使用最流通教学法及最新图形算量软件：

贯彻项目教学法，将具有典型特点的建筑楼宇建模操作案例，和前沿的专业理论引入本教材教学体系，希望让读者在最短时间内获得最全面的技能提升；教授的软件工具为最新版图形算量软件，社会刚需较大。

（2）教材是基于校企双主体深入合作项目：

本着贯彻立足一个校企合作框架、搭建一个开放平台、共建一门课程、说透一个案例、合编一套教材、建设一批资源原则，最终形成校企共建共用共享通用教材，适合全国范围各学校及相关技术人员学习参考。

（3）基于精品在线开放课程的新形态一体化教材：

为更好地方便读者直观掌握实际操作方法及互动，对应每个章节建设相应操作视频、课件、答案、互动话题，对参与在线开放课程读者提供多种免费学习资源及答疑互动。通过资源网址或二维码，将在线课程资源和教材紧密绑定，使新旧媒体融合，演绎教学内容，最终形成具有一书一课一空间的新形态教材（一书：新形态纸质教材；一课：标准化在线课程；一空间：智能化教与学空间）。

总结：教材建设遵循以“一体化设计、项目化教材、颗粒化资源”的建构逻辑，规范资源建设，最大限度地方便读者使用。

本书由南宁职业技术学院黄臣臣、一砖一瓦科技有限公司陆军、吉林工程职业学院齐亚丽担任主编；南宁职业技术学院覃小香、广西工业职业技术学院黄艳晖、四川机电职业技术学院刘铸担任副主编；南宁职业技术学院归晓慧、莫荣锋，广西农业职业技术学院张黎等共同参与编写。具体负责内容如下：南宁职业技术学院黄臣臣（前言、第 1 ～ 5、9 章）；南宁职业技术学院覃小香（第 6、7 章）；吉林工程职业学院齐亚丽（第 8、10 章）；四川机电职业技术学院刘铸（第 11、15 章）；一砖一瓦科技有限公司陆军（第 12、14 章，第 13 章第 1 节、第 2 节）；广西工业职业技术学院，黄艳晖（第 13 章第 3 节）。

由于编者水平有限，书中不足之处在所难免，敬请读者在使用过程中给予指正并提出宝贵意见。

课程门户二维码

2020 年 2 月

目　　录

第 1 章　工程预览：工程概况及图纸说明

1.1　工 程 概 况

在新建广联达模型前，必须先对本工程的整体概况有所了解。先对结构及建筑施工图进行阅读，提前了解里面的钢筋、标注等信息，以便后期准确建模。根据图纸分析提取对建模有影响的信息，钢筋部分建模的对应信息大多在结构图中可以找到，下面对本工程结构施工图进行简单的解析。

本工程为框架结构工程，地下 1 层，地上 5 层，顶层为斜屋面结构。根据工程要求，本项目需要用广联达软件绘制工程主体构件、二次构件及装饰装修部分，如图 1.1.1 所示为绘制完成的主体框架部分三维视图。

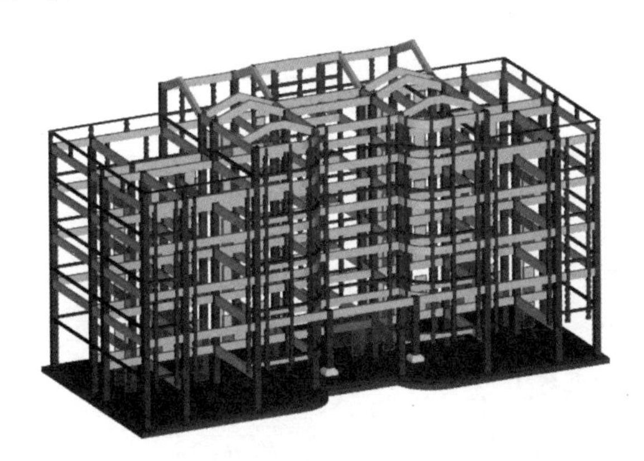

图 1.1.1　主体框架部分三维视图

如图 1.1.2 所示为绘制完成的墙体及楼板部分三维视图。

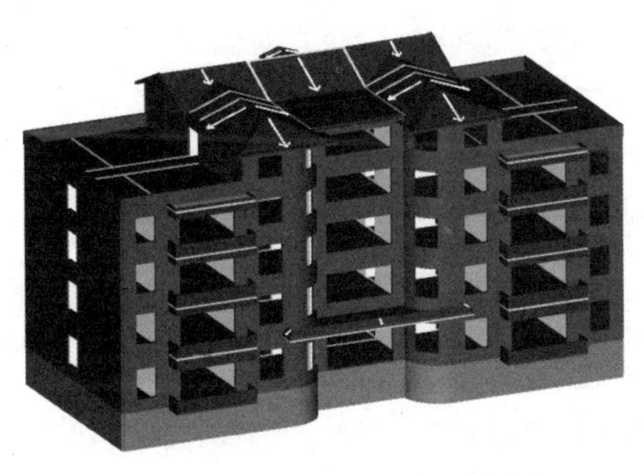

图 1.1.2　墙体及楼板部分三维视图

如图 1.1.3 为绘制完成的全部构件的三维视图。

图 1.1.3　全部构件三维视图

需要了解更多本工程三维视图，可扫码观看：

三维视频＋电子版图纸

1.2　图 纸 分 析

图 1.2.1、图 1.2.2 为本工程的结构施工图—01（1）/—02（2）。该图为本项目的结构说明，包括工程概况、钢筋信息、混凝土信息及具体构件的详细做法，在新建工程和后期具体构件的定义绘制上都需要用到。

设计	一砖一瓦	工程名称	二号办公楼	日期	2019.6
QQ		图名	结构说明（一）	图号	结施-01(1)

图 1.2.1　结构说明（一）

设计	一砖一瓦	工程名称	二号办公楼	日期	2019.6
QQ		图名	结构说明（二）	图号	结施-01(2)

图 1.2.2　结构说明（二）

新建工程时需要填写计算规则，根据图纸说明，本工程编制采用图集 16G101，如图 1.2.3 所示。

如图 1.2.4 所示，其工程结构类型、层数、工程的抗震等级、抗震设防烈度都会影响钢筋的长度，因此需要在新建工程中设置好。

四、本工程设计所遵循的标准、规范、规程

1.《建筑结构可靠度设计统一标准》 (GB50068-2018)
2.《建筑结构荷载规范》 (GB50009-2012)
3.《混凝土结构设计规范》 (GB50010-2010)
4.《建筑抗震设计规范》 (GB50011-2010)
5.《建筑地基基础设计规范》 (GB50007-2011)
6.《混凝土结构施工图平面整体表示方法制图规则和构造详图》(16G101-1~3)
7.《建筑地基处理技术规范》 (JGJ79-2012)
8.《钢筋混凝土连续梁和框架考虑内力重分布设计规程》 (CECS51:93)

图 1.2.3　计算规则

一、工程概况及结构布置
本工程为框架结构，地下1层，地上5层，其中第5层为斜屋面。
二、自然条件
1. 抗震设防有关参数：抗震设防烈度：8度　抗震等级：二级；
2. 场地的工程地质条件：
基础按满堂基础设计，采用天然地基，地基承载力特征值fak=160kPa。

图 1.2.4　工程概况

如图 1.2.5 所示为本工程的各个构建的混凝土强度等级，混凝土强度等级会影响钢筋的锚固长度，因此在工程设置中需要进行设置，并且在后期的定义绘图阶段也需要对应使用。

2. 混凝土：

混凝土所在部位	混凝土强度等级	备　注
基础垫层	C15	
满堂基础	C30	
地下一层~屋面主体结构：墙、柱、梁、板、楼梯	C30	
其余各结构构件：构造柱、过梁、圈梁等	C25	

图 1.2.5　混凝土强度等级

如图 1.2.6 所示为本工程混凝土构件的保护层厚度，需要在工程设置和构件定义中进行修改，保护层厚度的不同会直接影响钢筋的长度。

1. 主筋的混凝土保护层厚度

基础及基础梁钢筋：	40mm
梁：	25mm
柱：	30mm
墙、板、二次结构、楼梯及其他构件：	15mm

注：各部分混凝土保护层厚度同时应满足不小于钢筋直径的要求。

图 1.2.6　钢筋保护层厚度

图 1.2.7 为本工程使用钢筋时的连接方式，由于不同的连接方式对应的造价不同，所以需要结合图纸进行区分。在工程设置时对钢筋进行设置即可。

2. 钢筋接头形式及要求

(1) 框架梁、框架柱、抗震墙暗柱当受力钢筋直径Φ≥16时采用直螺纹机械连接，接头性能等级为一级；当受力钢筋直径<Φ16时可采用绑扎搭接。

(2) 接头位置执行06G901图集，在同一根钢筋上应尽量少设接头。

图 1.2.7 钢筋连接方式

图 1.2.8、图 1.2.9 为定义绘制板钢筋时，在水电管井处的板钢筋如果没有标注时，需要按说明进行设置。

(6) 水、暖、电管井的板为后浇板（定位详建筑），当注明配筋时，钢筋不断；未注明配筋时，均双向配筋Φ8@200置于板底，待设备安装完毕后，再用同强度等级的混凝土浇筑，板厚同周围楼板。

图 1.2.8 水电管井处板钢筋设置

(7) 板内分布钢筋（包括楼梯跑板），除注明者外见下表：

楼板厚度	<110	120~160
分布钢筋直径 间距	Φ6@200	Φ8@200

注：分布钢筋还需同时满足截面面积不宜小于受力钢筋截面面积的15%。

图 1.2.9 楼板厚度

图 1.2.10 为本工程过梁的尺寸以及钢筋信息，对应门窗洞口宽度进行选择设置。

(4). 填充墙洞口过梁根据<<过梁尺寸及配筋表>>执行，采用现浇过梁，当洞口紧贴柱或钢筋混凝土墙时，施工主体结构时，应按相应的梁配筋，在柱（墙）内预留，相应插筋见图十一a。其余现浇过梁断面及配筋详图十一b 过梁尺寸及配筋表（过梁混凝土强度等级为C25）：

过梁尺寸及配筋表

门窗洞口宽度	b≤1200		>1200且≤2400		>2400且≤4000		>4000且≤5000	
断面 bXh	bX120		bX180		bX300		bX400	
配筋 / 墙厚	①	②	①	②	①	②	①	②
b=90	2Φ10	2Φ14	2Φ12	2Φ16	2Φ14	2Φ18	2Φ16	2Φ20
90<b<240	2Φ10	3Φ12	2Φ12	3Φ14	2Φ14	3Φ16	2Φ16	3Φ20
b≥240	2Φ10	4Φ12	2Φ12	4Φ14	2Φ14	4Φ16	2Φ16	4Φ20

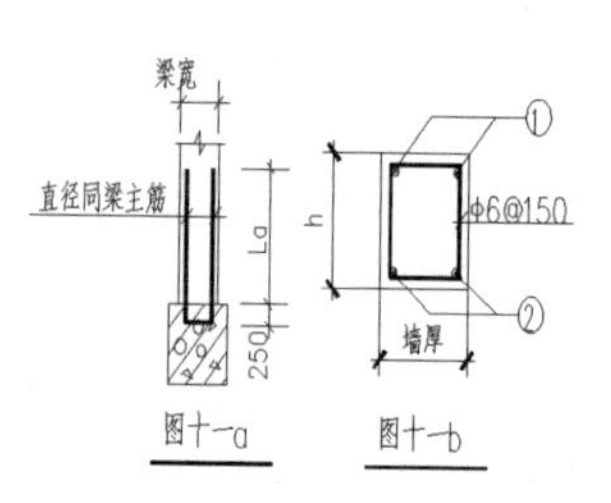

图 1.2.10 过梁尺寸及配筋信息

通过以上几个说明信息的处理，可以总结出总说明中的信息大致可以分为两类：

第一类是指导整个工程的，如工程采用 16G—101 系列图集，则工程中所有的钢筋做法没有特殊说明的，就根据 16G—101 系列图集进行设置计算，影响整个工程的一般在计算设置中进行修改设置。

第二类是指导个别构件的，如洞口加强筋的布置方法，此类影响某个单独构件的，则需要在定义、绘制构件时进行修改编辑。

第2章 新 建 工 程

下面开始用广联达 GTJ2021 土建计量软件来计算二号办公楼的工程量。应用本书的前提是电脑上已经安装广联达 GTJ2021 土建计量软件，本书用的版本号是：1.0.21.1，如果你的版本与此版本不一致，可能会产生小的误差，没有关系，只要用本书学会做工程的方法，我们的目的就达到了。

让我们开始行动吧！

2.1 打开软件及新建工程

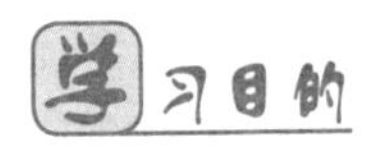

根据本工程建筑施工图与结构施工图内容，完成新建工程的各项设置。

学习内容

（1）计算规则设置。

（2）清单定额设置。

（3）钢筋规则设置。

（4）工程信息设置。

操作步骤

操作步骤思维导图见图 2.1.1。

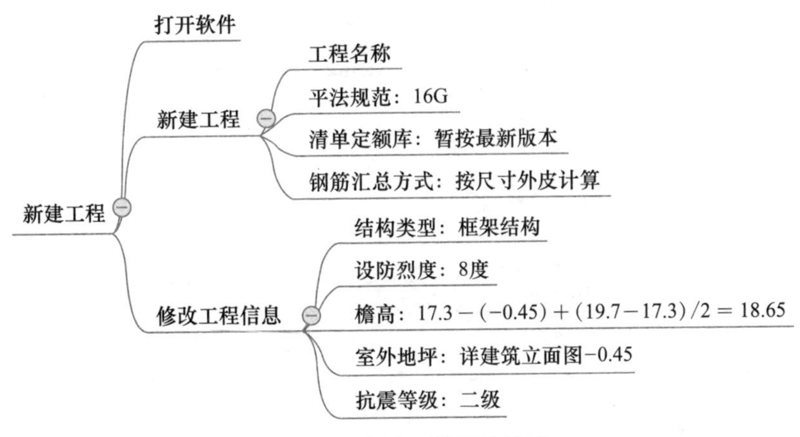

图 2.1.1 新建工程思维导图

1. 新建工程

双击鼠标左键打开广联达GTJ2021土建计量软件，弹出“欢迎使用GTJ2021”界面→单击“新建向导”，弹出“新建工程：第一步，工程名称”界面，请将工程名称修改成“二号办公楼”，按所在地区分别选择清单规则、定额规则、清单库、定额库、平法图集、汇总方式（本教材以广西规则为例，下同），如图2.1.2所示。

新建工程

工程名称：二号办公楼

计算规则

清单规则：广西建设工程工程量清单计价规范计算规则(2013)-2016修订版(R1.

定额规则：广西建筑工程消耗量计算规则(2013)-2016修订版(R1.0.21.0)

清单定额库

清单库：工程量清单项目计量规范(2013-广西)2016修订版

定额库：广西建筑装饰装修工程消耗量定额(2013)

钢筋规则

平法规则：16系平法规则

汇总方式：按照钢筋图示尺寸-即外皮汇总

《钢筋汇总方式详细说明》　创建工程　取消

图 2.1.2　新建工程

2. 工程信息

单击“创建工程”进入“新建工程：第二步，工程信息”，蓝色字体是影响钢筋工程量计算的，所以根据结施—01（1）填写结构类型、设防烈度、抗震等级。根据建施—12北立面图和结施—15计算檐高，檐高＝17.3−（−0.45）＋（19.7−17.3）/2＝18.65m。黑色字体对计算工程量没有影响，可以不填写。根据建施—11将第27行信息的室外地坪相对标高修改为−0.45（序号1-13因对工程量并无影响，可不填写）。如图2.1.3所示（檐高：斜屋面，按自然室外地坪至斜屋面的平均高度计算）。

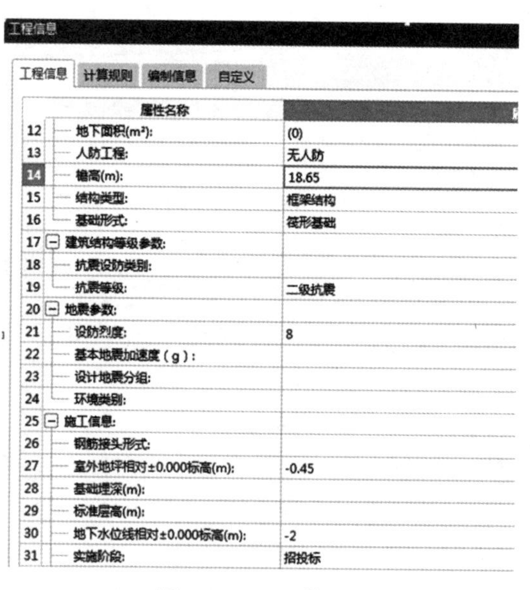

工程信息

工程信息　计算规则　编制信息　自定义

	属性名称	
12	地下面积(m²):	(0)
13	人防工程:	无人防
14	檐高(m):	18.65
15	结构类型:	框架结构
16	基础形式:	筏形基础
17	建筑结构等级参数:	
18	抗震设防类别:	
19	抗震等级:	二级抗震
20	地震参数:	
21	设防烈度:	8
22	基本地震加速度（g）:	
23	设计地震分组:	
24	环境类别:	
25	施工信息:	
26	钢筋接头形式:	
27	室外地坪相对±0.000标高(m):	-0.45
28	基础埋深(m):	
29	标准层高(m):	
30	地下水位线相对±0.000标高(m):	-2
31	实施阶段:	招投标

图 2.1.3　工程信息

高等职业教育产教融合创新教材

工程自动算量软件应用

（广联达 BIM 土建计量平台 GTJ 版）

主编　黄臣臣　陆　军　齐亚丽

中国建筑工业出版社

计算规则为新建工程时所选的清单、定额计算规则，不需要修改。编制信息中的相关内容可根据实际填写，不填写不影响工程量。

1. 在广联达工程信息里边，檐高和哪些因素会影响抗震等级？
2. 檐高会影响哪些工程量？

2.2 新建楼层

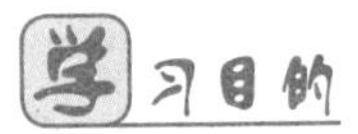

根据本工程结构施工图内容，完成楼层的建立与设置。

学习内容

（1）楼层标高计算。
（2）新建、设置楼层。
（3）修改楼层混凝土强度等级及保护层厚度。

操作步骤

操作步骤思维导图见图 2.2.1。

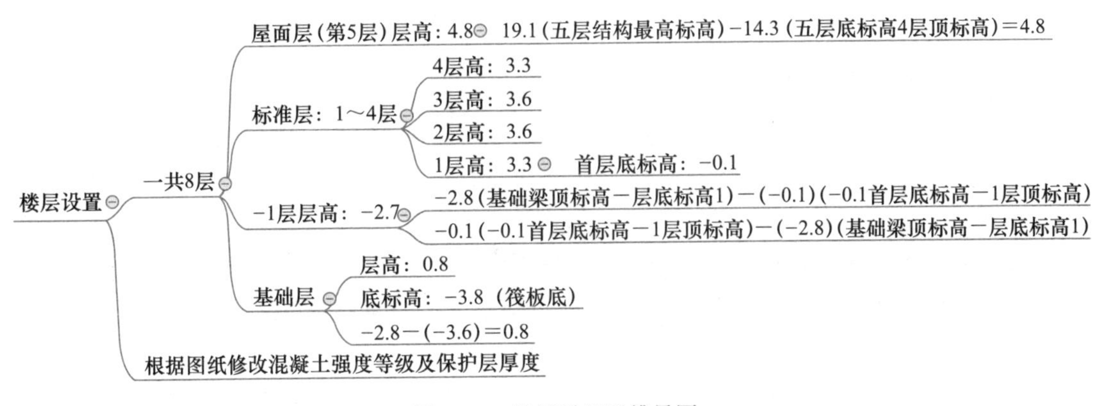

图 2.2.1 楼层设置思维导图

1. 熟悉图纸

首先要说明一点，这里使用的全部是结构标高建立楼层，因为施工时就是以结构标高为标准的，从梁配筋图和板配筋图可以看出每层的结构标高是多少。

从结施—02 的筏基剖面可以看出，基础垫层底标高为 −3.770m，可以计算出满堂基础底标高为 −3.600m，基础梁顶标高为 −2.800m，也就是说基础层结构顶标高为 −2.800m。从结施—11 说明 5 可以看出，地下一层结构顶标高为 −0.100m；从结施—12 说明 5 可以看出，首层结构顶标高为 3.800m；从结施—13 说明 5 可以看出，二层的结构顶标高为

7.400m，三层结构顶标高为 11.000m；从结施—14 的说明 5 可以看出，四层的结构顶标高为 14.300m；从结施—15 可以看出，五层最高点的结构标高为 19.100m（我们以结构最高点建立层高），由此可以列出二号办公楼的结构层高计算表，见表 2.2.1。

结构层高计算表　　表 2.2.1

层号	层顶结构标高	层底结构标高	结构层高（层顶－层底）	备注
5 层	19.1	14.3	19.1－14.3 ＝ 4.8m	此处基础层高采用 0.8m 为层高，是因为软件默认筏板基础底标高为层底标高，默认垫层顶标高为基础底标高，将来修改量较小，效率较高，选择 0.97 也对，只是要注意修改基础和垫层的标高，效率较低而已
4 层	14.3	11	14.3－11 ＝ 3.3m	
3 层	11	7.4	11－7.4 ＝ 3.6m	
2 层	7.4	3.8	7.4－3.8 ＝ 3.6m	
1 层	3.8	−0.1	3.8－（−0.1）＝ 3.9m	
−1 层	−0.1	−2.8	−0.1－（−2.8）＝ 2.7m	
基础层	−2.8	−3.6 （或 −3.770）	−2.8－（−3.6）＝ 0.8m 或 −2.8－（−3.77）＝ 0.97m	

2. 建立楼层

根据表 2.2.1 来建立层高，操作步骤如下：

（1）单击上部工具栏→工程设置→楼层设置→插入楼层进行调整，如图 2.2.2 所示。

插入楼层　删除楼层　上移　下移

首层	编码	楼层名称	层高(m)	底标高(m)	相同层数	板厚(mm)	建筑面积(m²)
☐	5	第5层	4.8	14.3	1	120	(0)
☐	4	第4层	3.3	11	1	120	(0)
☐	3	第3层	3.6	7.4	1	120	(0)
☐	2	第2层	3.6	3.8	1	120	(0)
☑	1	首层	3.9	-0.1	1	120	(0)
☐	-1	第-1层	2.7	-2.8	1	120	(0)
☐	0	基础层	0.8	-3.6	1	500	(0)

图 2.2.2　首层调整

注意：底标高只有首层可以修改。

（2）楼层下面的“混凝土强度等级及保护层设置”根据结施—01（1）结构说明中关于混凝土强度等级及保护层的规定进行调整，首先把楼层设置调整到基础层，如图 2.2.3。

插入楼层　删除楼层　上移　下移

首层	编码	楼层名称	层高(m)	底标高(m)	相同层数	板厚(mm)	建筑面积(m²)
☐	5	第5层	4.8	14.3	1	120	(0)
☐	4	第4层	3.3	11	1	120	(0)
☐	3	第3层	3.6	7.4	1	120	(0)
☐	2	第2层	3.6	3.8	1	120	(0)
☑	1	首层	3.9	-0.1	1	120	(0)
☐	-1	第-1层	2.7	-2.8	1	120	(0)
☐	0	基础层	0.8	-3.6	1	500	(0)

图 2.2.3　基础层调整

3. 楼层信息设置

对混凝土强度等级及保护层进行设置，如图 2.2.4 所示。

楼层混凝土强度和锚固搭接设置（二号办公楼 基础层, -3.60 ~ -2.80 m）

	抗震等级	混凝土强度等级	混凝土类型	砂浆标号	砂浆类型	锚固 HPB235(A) ...	锚固 HRB335(B) ...	锚固 HRB400(C) ...	锚固 HRB500(E) ...	锚固 冷轧带肋	锚固 冷轧扭
垫层	(非抗震)	C15	碎石 GD20...	M5	水泥石灰...	(39)	(38/42)	(40/44)	(48/53)	(45)	(45)
基础	(二级抗震)	C30	碎石 GD20...	M5	水泥石灰...	(35)	(33/37)	(40/45)	(49/54)	(41)	(35)
基础梁 / 承台梁	(二级抗震)	C30	砾石 GD40...			(35)	(33/37)	(40/45)	(49/54)	(41)	(35)
柱	(二级抗震)	C30	砾石 GD40...	M5	水泥石灰...	(35)	(33/37)	(40/45)	(49/54)	(41)	(35)
剪力墙	(二级抗震)	C30	砾石 GD40...			(35)	(33/37)	(40/45)	(49/54)	(41)	(35)
人防门框墙	(二级抗震)	C30	砾石 GD40...			(35)	(33/37)	(40/45)	(49/54)	(41)	(35)
墙柱	(二级抗震)	C30	砾石 GD40...			(35)	(33/37)	(40/45)	(49/54)	(41)	(35)
墙梁	(二级抗震)	C30	砾石 GD40...			(35)	(33/37)	(40/45)	(49/54)	(41)	(35)
框架梁	(二级抗震)	C30	砾石 GD40...			(35)	(33/37)	(40/45)	(49/54)	(41)	(35)
非框架梁	(非抗震)	C30	砾石 GD40...			(30)	(29/32)	(35/39)	(43/47)	(35)	(35)
现浇板	(非抗震)	C30	砾石 GD40...			(30)	(29/32)	(35/39)	(43/47)	(35)	(35)
楼梯	(非抗震)	C30	砾石 GD40...			(30)	(29/32)	(35/39)	(43/47)	(35)	(35)
构造柱	(二级抗震)	C25	砾石 GD40...			(39)	(38/41)	(46/51)	(55/61)	(46)	(40)
圈梁 / 过梁	(二级抗震)	C25	砾石 GD40...			(39)	(38/41)	(46/51)	(55/61)	(46)	(40)
砌体墙柱	(非抗震)	C15	砾石 GD40...	M5	水泥石灰...	(39)	(38/42)	(40/44)	(48/53)	(45)	(45)
其它	(非抗震)	C20	砾石 GD40...	M5	水泥石灰...	(39)	(38/42)	(40/44)	(48/53)	(45)	(45)

	搭接 HPB235(A) ...	搭接 HRB335(B) ...	搭接 HRB400(C) ...	搭接 HRB500(E) ...	搭接 冷轧带肋	搭接 冷轧扭	保护层厚度(mm)	备注
垫层	(55)	(53/59)	(56/62)	(67/74)	(63)	(63)	(25)	垫层
基础	(49)	(46/52)	(56/63)	(69/76)	(57)	(49)	(40)	包含所有的基础构件,不含基础梁 / 承台梁 / 垫层
基础梁 / 承台梁	(49)	(46/52)	(56/63)	(69/76)	(57)	(49)	(40)	包含基础主梁、基础次梁、承台梁
柱	(49)	(46/52)	(56/63)	(69/76)	(57)	(49)	30	包含框架柱、转换柱
剪力墙	(42)	(40/44)	(48/54)	(59/65)	(49)	(42)	(15)	剪力墙
人防门框墙	(49)	(46/52)	(56/63)	(69/76)	(57)	(49)	(15)	人防门框墙
墙柱	(49)	(46/52)	(56/63)	(69/76)	(57)	(49)	(20)	包含暗柱、端柱
墙梁	(49)	(46/52)	(56/63)	(69/76)	(57)	(49)	(20)	包含连梁、暗梁、边框梁
框架梁	(49)	(46/52)	(56/63)	(69/76)	(57)	(49)	25	包含楼层框架梁、楼层框架扁梁、屋面框架梁、框支梁、楼层主肋梁、...
非框架梁	(42)	(41/45)	(49/55)	(60/66)	(49)	(49)	25	包含非框架梁、井字梁、基础联系梁、次肋梁
现浇板	(42)	(41/45)	(49/55)	(60/66)	(49)	(49)	(15)	包含现浇板、螺旋板、柱帽、空心楼盖板、空心楼盖板柱帽、空档
楼梯	(42)	(41/45)	(49/55)	(60/66)	(49)	(49)	15	包含楼梯、直形梯段、螺旋梯段
构造柱	(55)	(53/57)	(64/71)	(77/85)	(64)	(56)	15	构造柱
圈梁 / 过梁	(55)	(53/57)	(64/71)	(77/85)	(64)	(56)	15	包含圈梁、过梁
砌体墙柱	(55)	(53/59)	(56/62)	(67/74)	(63)	(63)	15	包含砌体柱、砌体墙
其它	(55)	(53/59)	(56/62)	(67/74)	(63)	(63)	15	包含除以上构件类型之外的所有构件类型

图 2.2.4　混凝土强度及保护层设置

单击屏幕右下角：复制到其他楼层→楼层选择→勾选 -1 层～ 5 层→单击确定，如图 2.2.5、图 2.2.6 所示。

楼层混凝土强度和锚固搭接设置（二号办公楼 第5层, 14.30 ~ 19.10 m）

	抗震等级	混凝土强度等级	混凝土类型	砂浆标号	砂浆类型	HPB
垫层	(非抗震)	C15	碎石 GD20...	M5	水泥石灰...	(39)
基础	(二级抗震)	C30	碎石 GD20...	M5	水泥石灰...	(35)
基础梁 / 承台梁	(二级抗震)	C30	砾石 GD40...			(35)
柱	(二级抗震)	C30	砾石 GD40...	M5	水泥石灰...	(35)
剪力墙	(二级抗震)	C30	砾石 GD40...			(35)
人防门框墙	(二级抗震)	C30	砾石 GD40...			(35)
墙柱	(二级抗震)	C30	砾石 GD40...			(35)
墙梁	(二级抗震)	C30	砾石 GD40...			(35)
框架梁	(二级抗震)	C30	砾石 GD40...			(35)
非框架梁	(非抗震)	C30	砾石 GD40...			(30)
现浇板	(非抗震)	C30	砾石 GD40...			(30)
楼梯	(非抗震)	C30	砾石 GD40...			(30)
构造柱	(二级抗震)	C25	砾石 GD40...			(39)
圈梁 / 过梁	(二级抗震)	C25	砾石 GD40...			(39)
砌体墙柱	(非抗震)	C15	砾石 GD40...	M5	水泥石灰...	(39)
其它	(非抗震)	C20	砾石 GD40...	M5	水泥石灰...	(39)

基本锚固设置　复制到其他楼层　恢复默认值(D)　导入钢筋设置　导出钢筋设置

图 2.2.5　复制到其他楼层

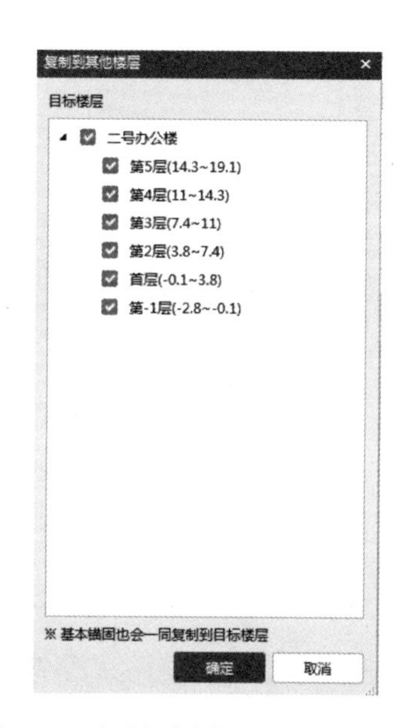

图 2.2.6　复制到其他楼层勾选和确定

1. 混凝土强度等级会影响什么工程量?
2. 基础层高对后面绘制基础层是否有影响?

2.3　土建计算设置与土建计算规则

根据本工程建筑施工图及结构施工图内容，完成土建计算设置及土建计算规则设置。

（1）土建计算设置。

（2）土建计算规则设置。

操作步骤

清单规则与定额规则设置：

计算设置与计算规则设置中为清单和定额的工程量计算规则，每个地区的清单和定额上都有明确的工程量计算规则，如图 2.3.1 所示为构造柱的清单工程量计算规则对应所选用的《广西建设工程工程量清单计价规范计算规则（2013）—2016 修订版》。图 2.3.2 为圈梁的定额工程量计算规则，同样对应我们所选的《广西建设工程消耗量计算规则（2013）—2016 修订版》，因此当图纸设计、合同中无另外的规定时，不需要修改。

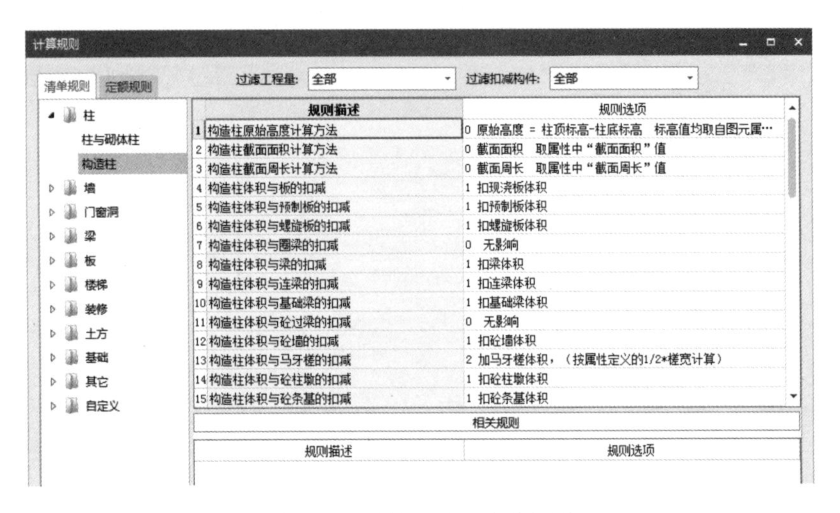

图 2.3.1　计算规则—清单规则

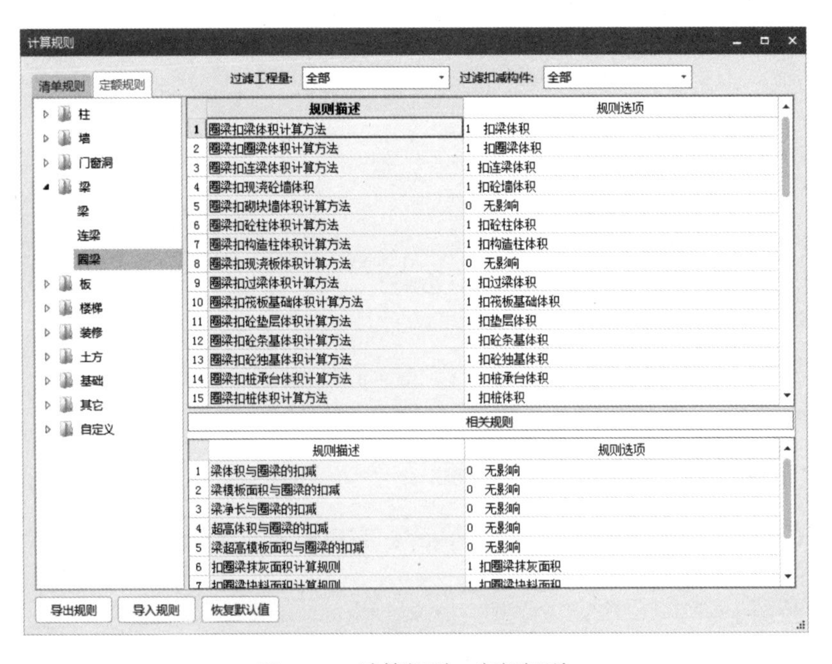

图 2.3.2　计算规则—定额规则

2.4 钢筋计算设置

根据本工程结构施工图内容，完成钢筋设置中的计算设置。

学习内容

（1）计算规则。

（2）搭接设置。

操作步骤

操作步骤思维导图见图 2.4.1。

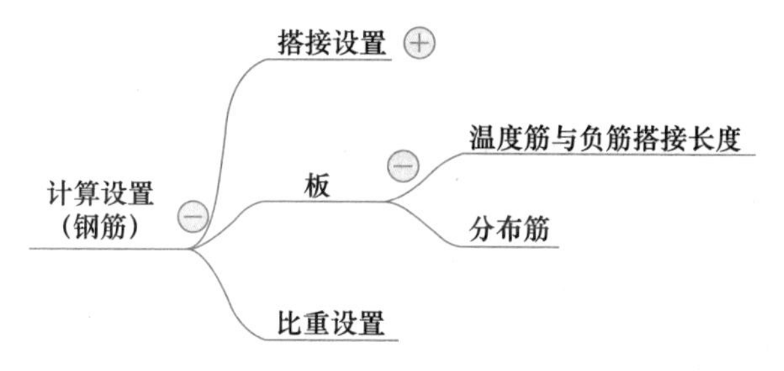

图 2.4.1 计算设置（钢筋）思维导图

计算规则与搭接设置：

图 2.4.2 所示为钢筋部分的计算设置，分为计算规则、节点设置、箍筋设置、搭接设置、箍筋公式五部分，里面默认的数据是由选择的钢筋平法规则 16G101 平法得来，所以除非图纸中钢筋设置与图集 16G101 不符合时需要按图纸实际调整，否则不需要调整。

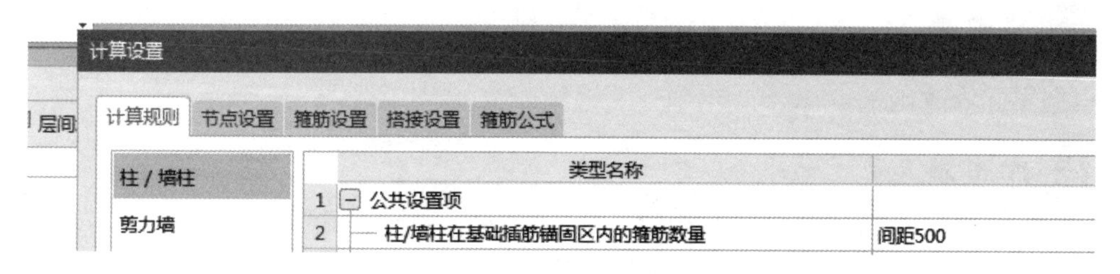

图 2.4.2 钢筋计算设置

计算设置中的搭接设置，是修改钢筋不同直径需要的连接形式，根据图纸结构总说明进行设置。如图 2.4.3 所示，跟说明一致时可以不调整。

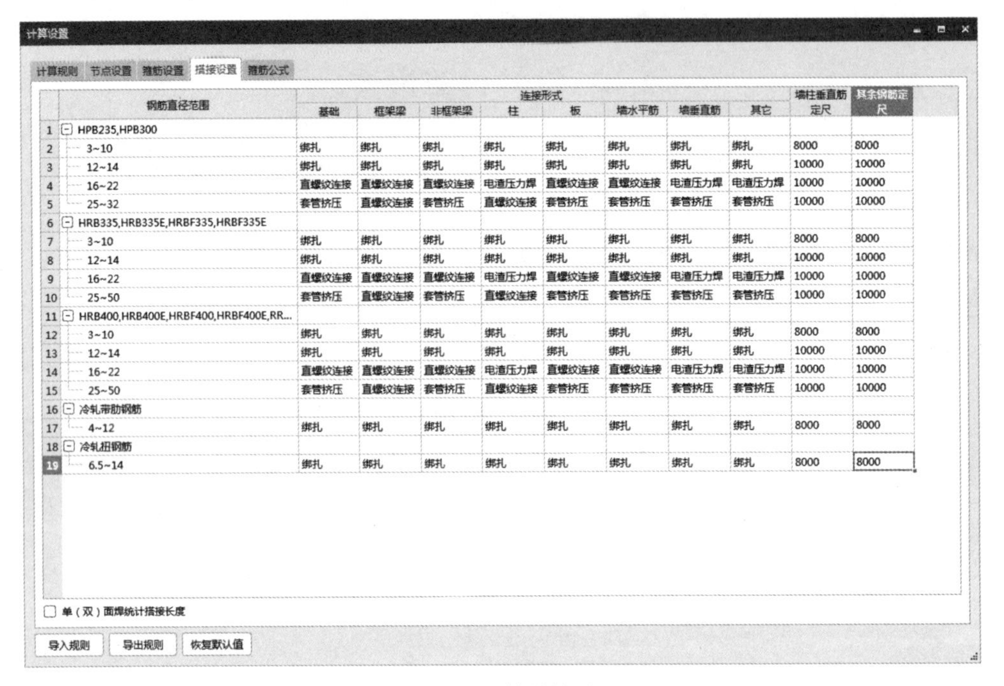

	钢筋直径范围	连接形式								墙柱垂直筋定尺	其余钢筋定尺
		基础	框架梁	非框架梁	柱	板	墙水平筋	墙垂直筋	其它		
1	HPB235,HPB300										
2	3~10	绑扎	绑扎	绑扎	绑扎	绑扎	绑扎	绑扎	绑扎	8000	8000
3	12~14	绑扎	绑扎	绑扎	绑扎	绑扎	绑扎	绑扎	绑扎	10000	10000
4	16~22	直螺纹连接	直螺纹连接	直螺纹连接	电渣压力焊	直螺纹连接	直螺纹连接	电渣压力焊	电渣压力焊	10000	10000
5	25~32	套管挤压	直螺纹连接	套管挤压	直螺纹连接	套管挤压	套管挤压	套管挤压	套管挤压	10000	10000
6	HRB335,HRB335E,HRBF335,HRBF335E										
7	3~10	绑扎	绑扎	绑扎	绑扎	绑扎	绑扎	绑扎	绑扎	8000	8000
8	12~14	绑扎	绑扎	绑扎	绑扎	绑扎	绑扎	绑扎	绑扎	10000	10000
9	16~22	直螺纹连接	直螺纹连接	直螺纹连接	电渣压力焊	直螺纹连接	直螺纹连接	电渣压力焊	电渣压力焊	10000	10000
10	25~50	套管挤压	直螺纹连接	套管挤压	直螺纹连接	套管挤压	套管挤压	套管挤压	套管挤压	10000	10000
11	HRB400,HRB400E,HRBF400,HRBF400E,RR...										
12	3~10	绑扎	绑扎	绑扎	绑扎	绑扎	绑扎	绑扎	绑扎	8000	8000
13	12~14	绑扎	绑扎	绑扎	绑扎	绑扎	绑扎	绑扎	绑扎	10000	10000
14	16~22	直螺纹连接	直螺纹连接	直螺纹连接	电渣压力焊	直螺纹连接	直螺纹连接	电渣压力焊	电渣压力焊	10000	10000
15	25~50	套管挤压	直螺纹连接	套管挤压	直螺纹连接	套管挤压	套管挤压	套管挤压	套管挤压	10000	10000
16	冷轧带肋钢筋										
17	4~12	绑扎	绑扎	绑扎	绑扎	绑扎	绑扎	绑扎	绑扎	8000	8000
18	冷轧扭钢筋										
19	6.5~14	绑扎	绑扎	绑扎	绑扎	绑扎	绑扎	绑扎	绑扎	8000	8000

图 2.4.3 钢筋搭接设置

什么情况下才需要修改计算设置？

2.5 比重设置

学习目的

根据本工程结构施工图内容，完成钢筋设置中的比重设置。

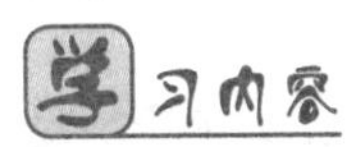

根据实际修改比重。

比重设置：

广联达计量软件根据标准图集计算出的工程量为钢筋的长度，由于市场上购买钢筋时是按重量计算的，因此要通过不同型号钢筋的比重来确认重量。其中直径为 6mm 的钢筋，在购买时如果是一级钢设计直径是 6mm，实际生产直径是 6.5mm 的，需要把直径 6mm 的比重改为与直径 6.5mm 的比重一致，即：0.26。设计使用的 6mm 三级钢时，不需要调整。如图 2.5.1 所示。

比重设置

普通钢筋 | 冷轧带肋钢筋 | 冷轧扭钢筋 | 预应力钢绞线 | 预应力钢丝

	直径(mm)	钢筋比重(kg/m)
1	3	0.055
2	4	0.099
3	5	0.154
4	6	0.26
5	6.5	0.26
6	7	0.302
7	8	0.395
8	9	0.499
9	10	0.617
10	12	0.888
11	14	1.21
12	16	1.58
13	18	2
14	20	2.47
15	22	2.98
16	25	3.85
17	28	4.83
18	30	5.549
19	32	6.31
20	36	7.99
21	38	8.903
22	40	9.87

普通钢筋在软件中的表示方法：
A: HPB235 或 HPB300
B: HRB335
BE: HRB335E
BF: HRBF335
BFE: HRBF335E
C: HRB400
CE: HRB400E
CF: HRBF400
CFE: HRBF400E
D: RRB400
E: HRB500
EE: HRB500E
EF: HRBF500
EFE: HRBF500E

全部导入 | 全部导出 | 恢复默认值

图 2.5.1 钢筋比重设置

对于这五项内容按照图纸进行设置以后，就可以准备进入绘图阶段了。

2.6 新建轴网

学习目的

根据本工程结构施工图内容，完成轴网的新建与绘制。

(1) 新建轴网。
(2) 绘制轴网。

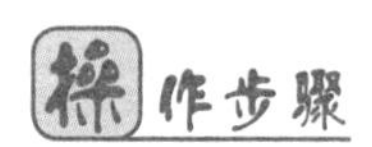

操作步骤思维导图见图 2.6.1。

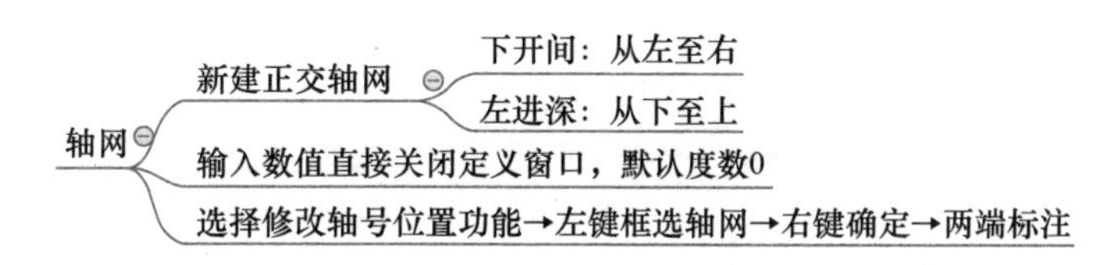

图 2.6.1 新建轴网思维导图

1. 新建轴网

单击屏幕左侧“模块导航栏”下的“绘图输入”进入绘图输入界面→单击轴线前面

"+"→单击"轴网"→单击"构件列表"下的"新建"下拉菜单→单击"新建正交轴网"进入建立轴网界面，软件默认构件名称为"轴网—1"，鼠标默认在"下开间"界面，我们根据结施—02 筏板基础结构平面图来建立轴网。

单击"插入"按钮 7 次，按照结施—02 下开间数据修改轴距，如图 2.6.2 所示。

下开间 | 左进深 | 上开间 | 右进深

轴号	轴距	级别
1	3300	2
2	6000	1
3	6000	1
4	7200	1
5	6000	1
6	6000	1
7	3300	1
8		2

图 2.6.2　下开间轴距设置

单击"左进深"按钮→单击"插入"5 次，按照结施—02 左进深数据修改轴距如图 2.6.3 所示。

下开间 | 左进深 | 上开间 | 右进深

轴号	轴距	级别
A	2500	2
1/A	4700	1
B	2100	1
C	6900	1
D		2

图 2.6.3　左进深轴距设置

注意：此处轴号和轴距都要修改。

从结施—02 可以看出，上开间和下开间一样，右进深和左进深一样，为了绘图界面整洁，此处就不建立上开间和右进深了。

2. 绘制轴网

关闭界面，弹出请输入角度界面，因为本图属于正交轴网，与 X 方向的角度为 0，软件默认就是 0，单击"确定"如图 2.6.4 所示。至此轴网就建立好了，建立好的轴网如图 2.6.5 所示。

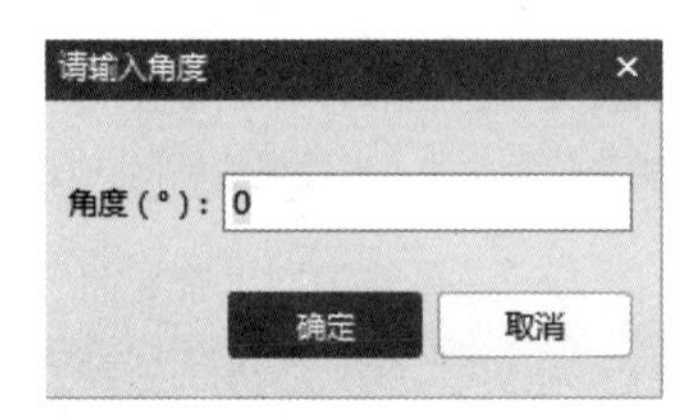

图 2.6.4　输入角度

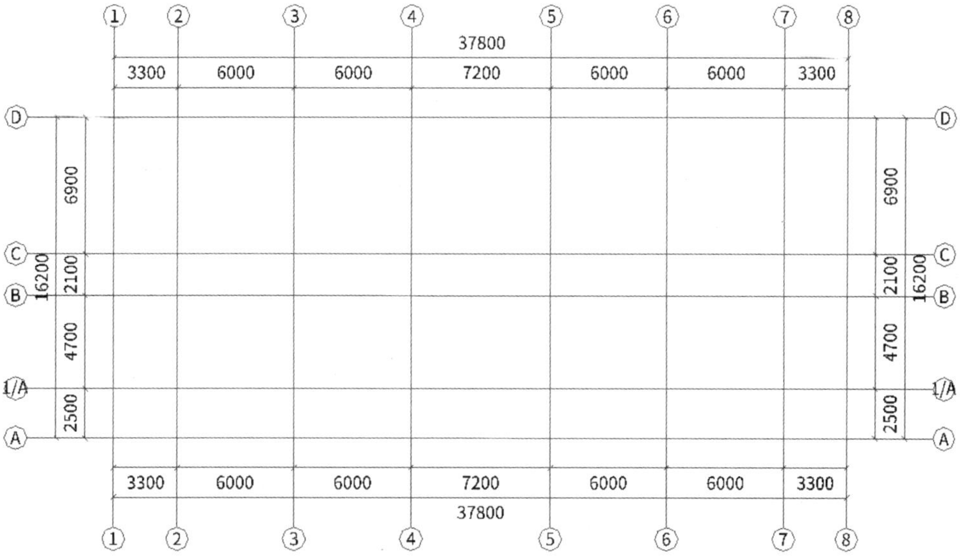

图 2.6.5 绘制轴网

轴网建立后就可以计算每层的工程量。按照手工计算习惯，一般从基础层开始算起，本工程选择从基础层开始计算。

1. 轴线的作用是什么？
2. 如何区分开间与进深？

第3章　基础工程量计算

3.1　筏板基础工程量计算

根据本工程结构施工图内容，完成筏板基础的定义及绘制。

学习内容

（1）定义及绘制辅助轴线。
（2）定义及绘制筏板基础。
（3）定义及绘制筏板钢筋。

操作步骤

操作步骤思维导图见图3.1.1。

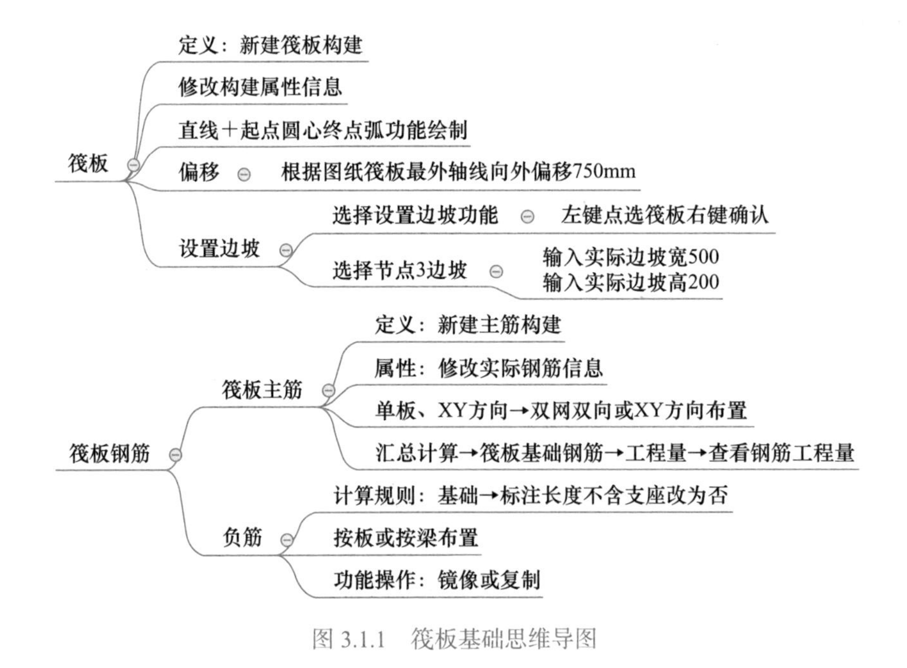

图3.1.1　筏板基础思维导图

1. 绘制辅轴

在绘图区上方将楼层切换到“基础层”，绘制基础层的构件。

从结施—02 可以看出，筏板基础底标高为 -3.6m，厚度为 600mm，其平面形状就是外轴线宽出 750mm。我们要先确定外轴线的位置，轴网已经建立好，从建施—05 可以看出，需要在 3 ～ 4 轴之间做一个圆弧形的辅助轴线，半径为 2500mm，需要在 4 轴偏左 2500mm 绘制一条平行辅轴，找到圆心（辅轴与 1/A 轴的交点是圆心）。

建立辅轴的操作步骤如下：单击“建模”按钮进入绘图界面→单击“两点辅轴”右下角下拉菜单→选择、单击“平行辅轴”→单击 4 轴线上非交点任意一处，弹出“请输入”界面→填写偏移距离 -2500，轴号可不输入→单击确定，辅助轴线就画好了。

接下来画圆弧辅轴，操作步骤如下：单击三点辅轴下拉菜单→单击“圆形辅轴”→单击圆心（1/A 轴和垂直辅轴的交点）→单击垂直辅轴与 A 轴交点→弹出“请输入”对话框（这里不用输入轴号）→单击“确定”，这样圆弧辅轴就画好了。5 ～ 6 轴之间也有一条这样的圆弧形辅轴，采用同样的方式绘制，建立好的辅轴如图 3.1.2 所示。

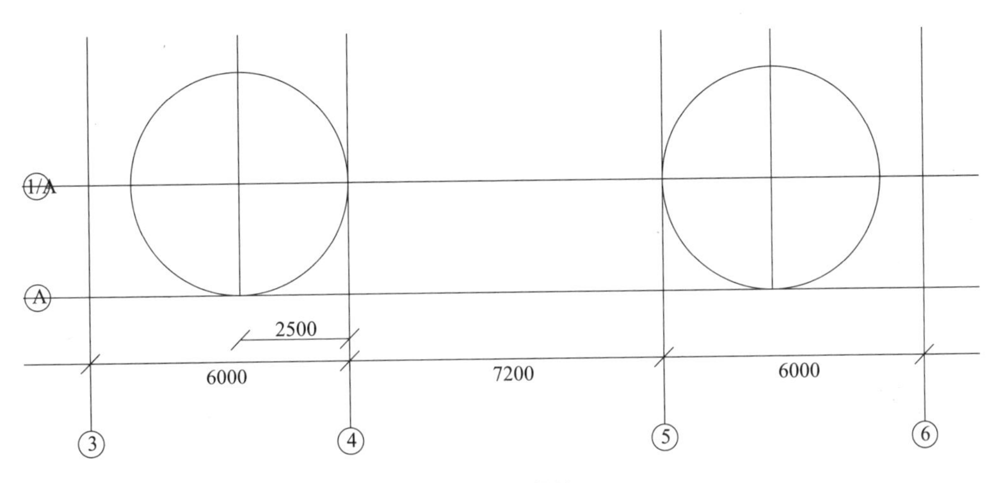

图 3.1.2　辅轴

2. 定义筏板基础

从结施—02 筏板基础平面图可以看出，筏板基础的厚度为 600mm。软件操作如下：基础层→模块导航栏→基础→筏板基础→定义→新建筏板基础→名称→筏板基础→厚度 600。如图 3.1.3、图 3.1.4 所示。

3. 绘制筏板基础

在绘制筏板基础的状态下，选中“筏板基础”名称→单击“直线”选中外轴线任意一点作为起始位置，遇到圆弧形轴线部分，单击“三点画弧”下拉当中“起点圆心终点画弧”，圆弧段结束，再单击“直线”，直到围成一个封闭区域，如图 3.1.5 所示。

从结施—02 的筏板基础平面图可以看出，筏板基础外边线宽出外轴线 750mm，所以要将刚才画好的基础外边线向外偏移 750mm，操作步骤如下：在绘制筏板基础的状态下，选中已画好的“筏板基础”→单击右键弹出菜单→单击“偏移”，弹出偏移值→控制鼠标向外偏移→填写偏移值“750”→回车，如图 3.1.6 所示。

从结施—02 筏板基础剖面图可以看出，本工程筏板基础边坡为斜坡，而用软件画好的基础边坡为直形，具体修改步骤如下：在绘制筏板基础的状态下，选中已画好的“筏板基础”→单击右键弹出菜单→滑动鼠标到“设置边坡（X）”，弹出“设置筏板边坡”对话框→单击“边坡节点 3”→修改边坡尺寸如图 3.1.7 所示→单击“确定”，如图 3.1.7 所示。

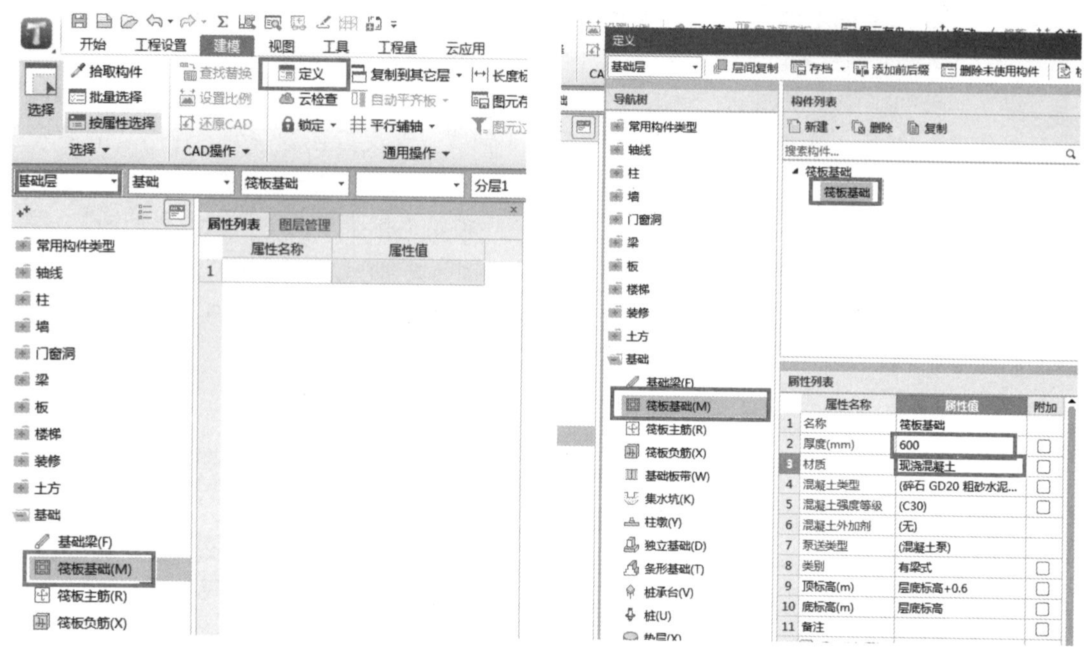

图 3.1.3　定义筏板基础　　　图 3.1.4　新建筏板基础

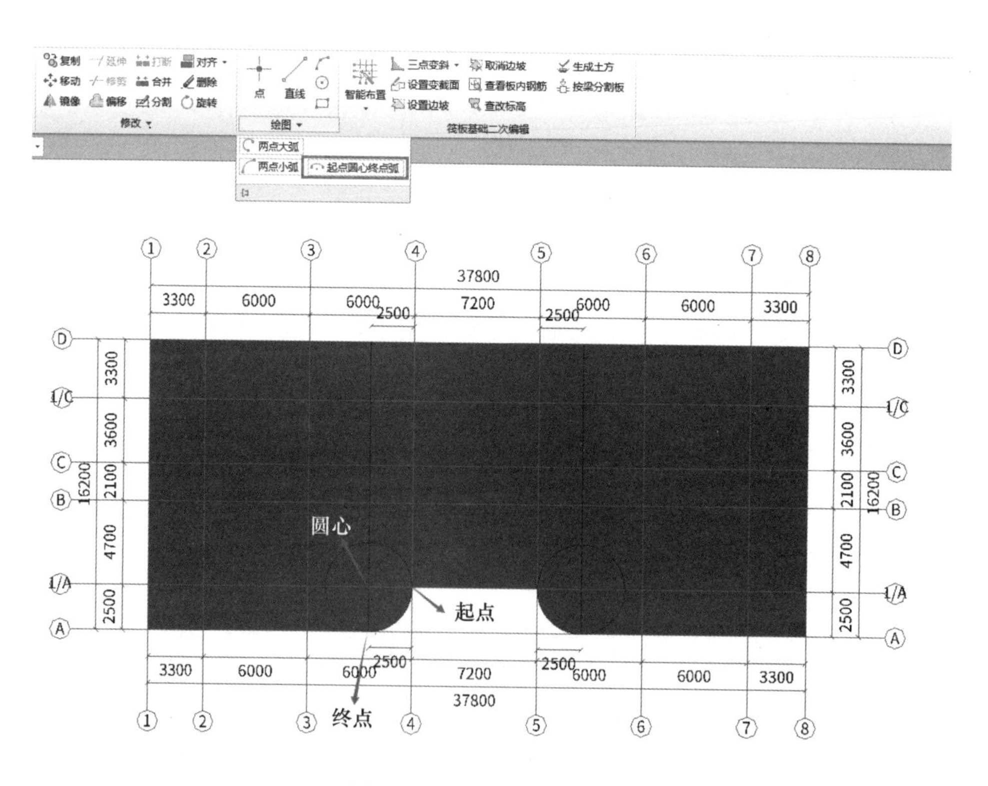

图 3.1.5　圆弧形轴线绘制

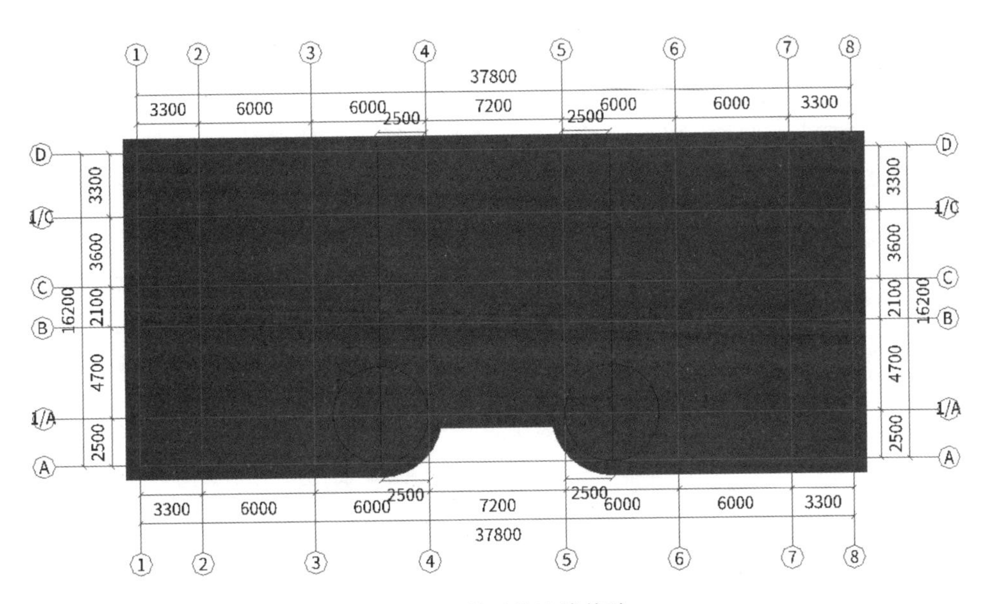

图 3.1.6 基础外边线偏移

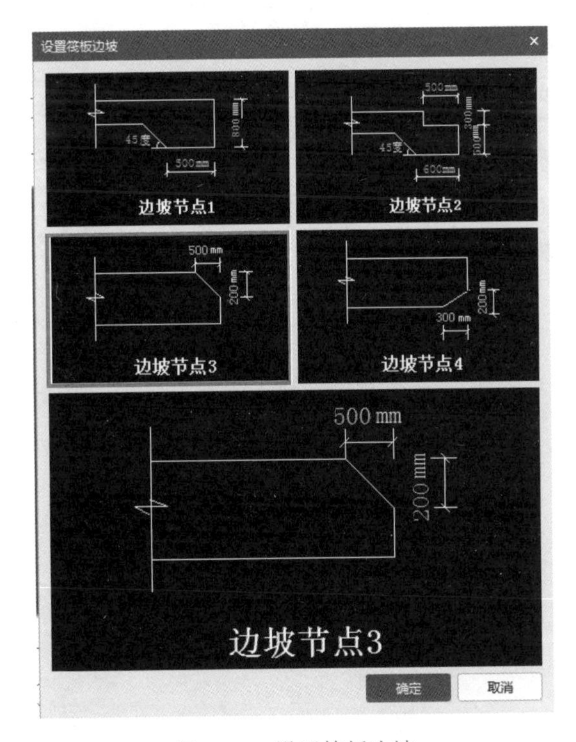

图 3.1.7 设置筏板边坡

4. 定义及绘制筏板基础主筋

从结施—02 筏板基础平面图可以看出，筏板基础的钢筋为 B18@200 双层双向配置，软件操作步骤如下：模块导航栏→基础→筏板主筋→定义→新建筏板基础主筋→类别→底筋→钢筋信息→ B18@200（附加处打对勾），如图 3.1.8 所示。

同样的方法新建筏板基础面筋，如图 3.1.9 所示。

单击建模→绘制筏板主筋→“单板”→“XY 方向”→“单击筏板基础”→“智能布置界面”→选择底筋及面筋信息，如图 3.1.10 所示。

如此筏板基础主筋就绘制好了，如图 3.1.11 所示（软件中默认黄色为底筋，粉红色为面筋）。由于筏板基础负筋是以基础梁为支座的，所以待基础梁绘制后再绘制负筋。

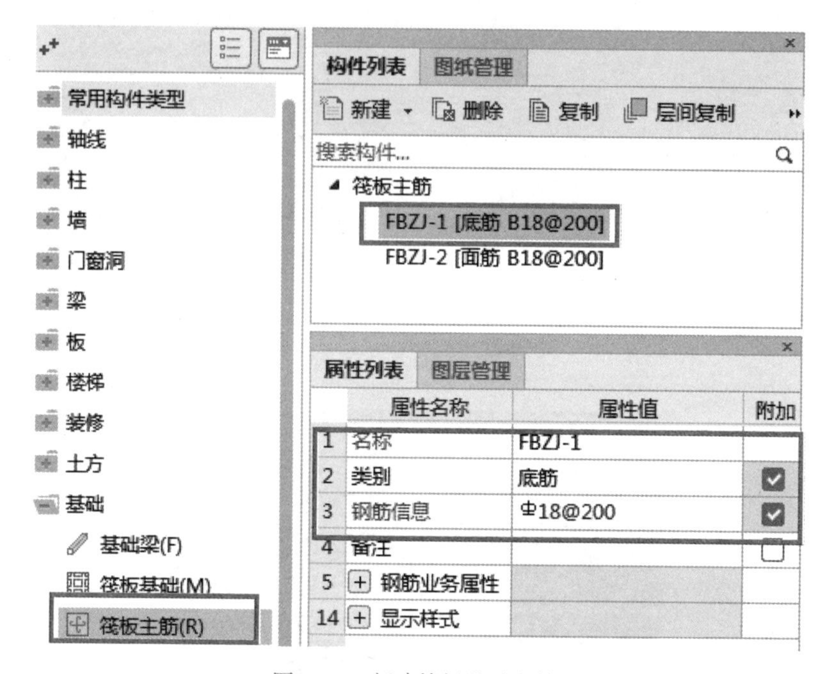

图 3.1.8　新建筏板基础主筋

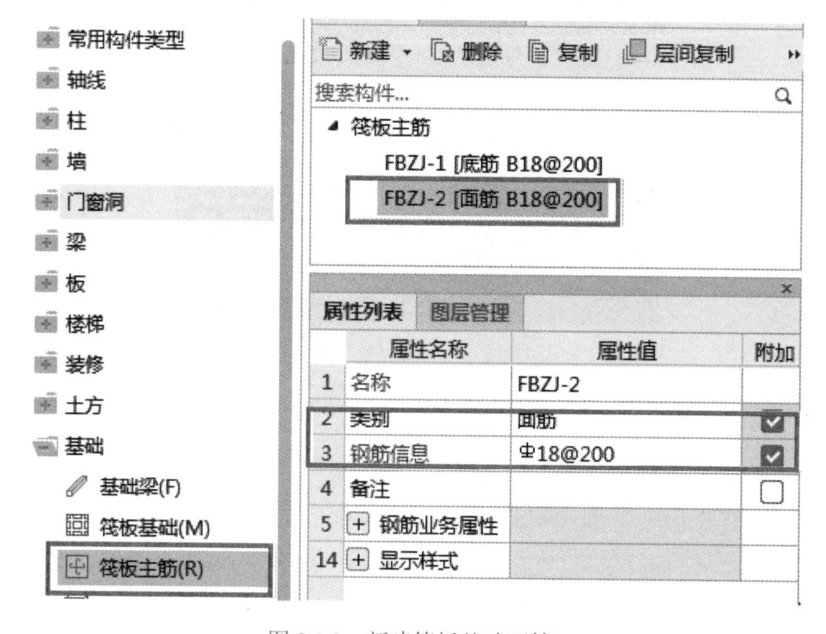

图 3.1.9　新建筏板基础面筋

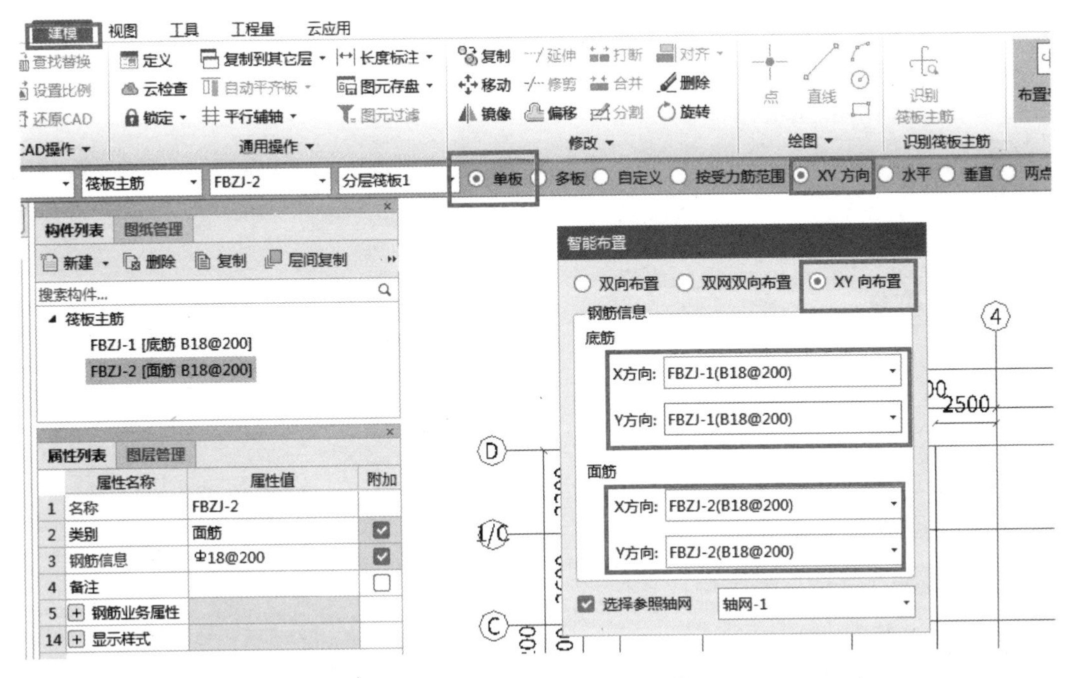

图 3.1.10 绘制筏板基础主筋

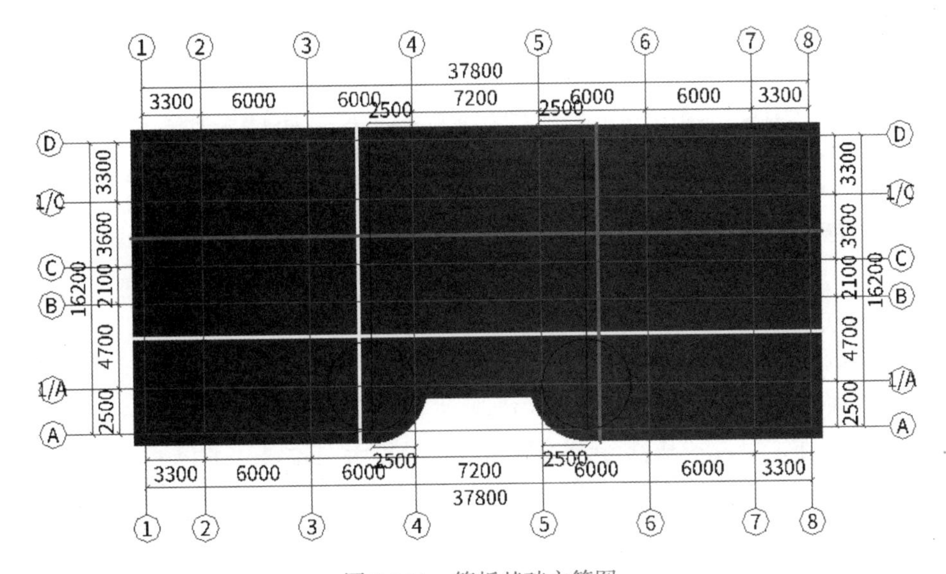

图 3.1.11 筏板基础主筋图

思考

1. 辅助轴线的作用是什么？
2. 筏板基础又称为什么基础？
3. 一般什么情况下才会使用筏板基础？

3.2　定义及绘制筏板基础上基础梁

学习目的

根据本工程结构施工图内容，完成基础梁的定义及绘制。

学习内容

（1）定义及绘制绘基础梁。
（2）编辑梁（移动、偏移）。
（3）原位标志、重提梁跨。

操作步骤

操作步骤思维导图见图 3.2.1。

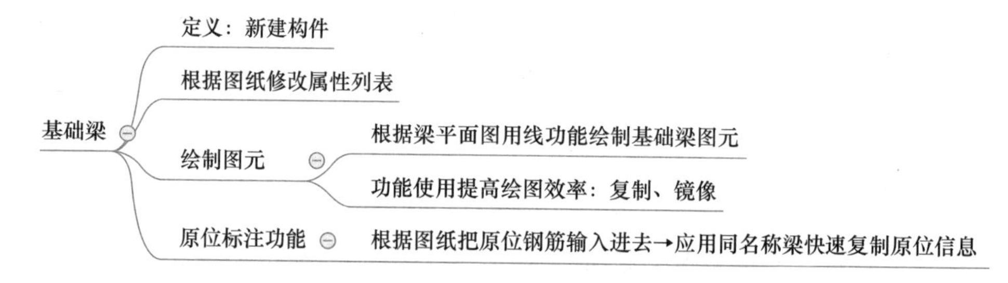

图 3.2.1　基础梁思维导图

1. 定义基础梁

从结施—03 基础梁的平面图中可以看出，基础梁截面尺寸为 600mm×800mm，不同基础梁集中标注是不同的，软件里有专门的基础梁构件，下面来定义基础梁的属性。另外，楼梯梁垫也在基础图中，截面为 300mm×400mm，长度为 1500mm，这根梁垫应不包含在楼梯投影面积之内，这里也按基础梁来画。

具体操作步骤：单击“基础”→“基础梁”→单击“新建”下拉菜单→单击“新建矩形基础梁”，修改其名称及配筋信息，其属性如图 3.2.2，其余梁按其图纸属性同理定义即可。

以 JL1（7）为例。

楼梯垫梁：新建矩形基础梁，把楼梯垫梁的 6C12 的水平钢筋按 3C12 的上下部钢筋处理、C12@200 的钢筋在其他箍筋处理，如图 3.2.3 所示。单击钢筋业务→其他箍筋→新建→箍筋图号，如图 3.2.4 所示。

弯折→选择四个弯折→选择第三个图形，如图 3.2.5 所示。

箍筋信息输入 C12@200→图形中 $L=300-2\times40=220$mm；$H=400+600-40\times2=920$mm；$l_a=35d=35\times12=420$mm（40mm 为保护层，600mm 为筏板基础厚度，l_a 为锚固，在 16G 101-1 的 58 页查表得出），如图 3.2.6 所示。

常用构件类型
轴线
柱
墙
门窗洞
梁
板
楼梯
装修
土方
基础
基础梁(F)
筏板基础(M)
筏板主筋(R)
筏板负筋(X)
基础板带(W)
集水坑(K)
柱墩(Y)
独立基础(D)
条形基础(T)
桩承台(V)
桩(U)
垫层(X)
地沟(G)
砖胎膜
其它
建筑面积(U)

构件列表　图纸管理

新建　删除　复制　层间复制

搜索构件...

基础梁
基础主梁
JL1（7）

属性列表　图层管理

	属性名称	属性值	附加
1	名称	JL1（7）	
2	类别	基础主梁	☐
3	截面宽度(mm)	600	☐
4	截面高度(mm)	800	☐
5	轴线距梁左边...	(300)	☐
6	跨数量	7	☐
7	箍筋	Φ12@150(6)	☐
8	肢数	6	
9	下部通长筋	6Φ25	☐
10	上部通长筋	6Φ25	☐
11	侧面构造或受...		☐
12	拉筋		☐
13	材质	现浇混凝土	☐
14	混凝土类型	(砾石 GD40 细砂水泥...	☐
15	混凝土强度等级	(C30)	☐
16	混凝土外加剂	(无)	
17	泵送类型	(混凝土泵)	
18	截面周长(m)	2.8	☐
19	截面面积(m²)	0.48	☐
20	起点顶标高(m)	层顶标高	☐
21	终点顶标高(m)	层顶标高	☐

图 3.2.2　JL1（7）梁

门窗洞
梁
板
楼梯
装修
土方
基础
基础梁(F)
筏板基础(M)
筏板主筋(R)
筏板负筋(X)
基础板带(W)
集水坑(K)
柱墩(Y)
独立基础(D)
条形基础(T)
桩承台(V)
桩(U)
垫层(X)
地沟(G)
砖胎膜
其它
建筑面积(U)
平整场地(V)
散水(S)
台阶

JL5（1）
楼梯垫梁

属性列表　图层管理

	属性名称	属性值	附加
1	名称	楼梯垫梁	
2	类别	基础次梁	☐
3	截面宽度(mm)	300	☐
4	截面高度(mm)	400	☐
5	轴线距梁左边...	(150)	☐
6	跨数量		☐
7	箍筋		☐
8	肢数	4	
9	下部通长筋	3Φ12	☐
10	上部通长筋	3Φ12	☐
11	侧面构造或受...		☐
12	拉筋		☐
13	材质	现浇混凝土	☐
14	混凝土类型	(砾石 GD40 细砂水泥...	☐
15	混凝土强度等级	(C30)	☐
16	混凝土外加剂	(无)	
17	泵送类型	(混凝土泵)	
18	截面周长(m)	1.4	☐
19	截面面积(m²)	0.12	☐
20	起点顶标高(m)	-2.6	☐
21	终点顶标高(m)	-2.6	☐
22	备注		☐
23	− 钢筋业务属性		
24	其它钢筋		
25	其它箍筋	…	

图 3.2.3　楼梯垫梁

其它箍筋

	箍筋图号	箍筋信息	图形
1	195		H　B

新建　删除　复制　确定　取消

图 3.2.4　其他箍筋

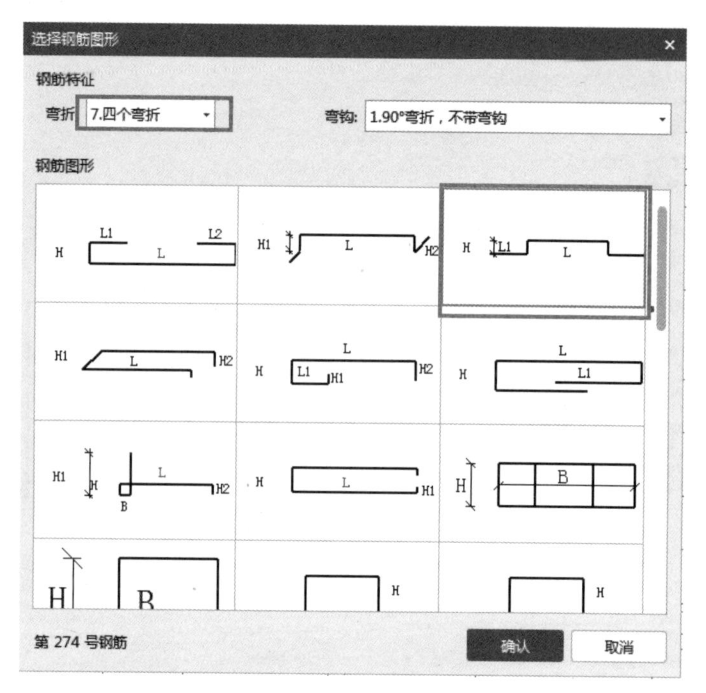

图 3.2.5　选择钢筋图形

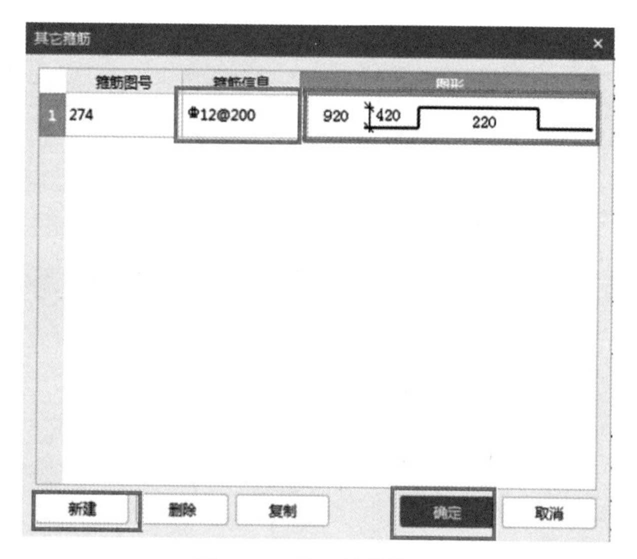

图 3.2.6　输入箍筋信息

2. 绘制基础梁

从结施—02 基础剖面图可以看出，外围一周的基础梁在外轴线以外的部分是 250mm，外围的基础梁我们先按照轴线居中布置，内墙的基础梁都是直线型的，可以采用直接画的方式。

布置外围一周基础梁：

① 先将基础梁布置到轴线上。

从结施—03 可以看出，虽然基础外围一周都是基础梁，但是名称并不相同，这里要采用分开布置的方法，操作步骤如下：在画基础梁的状态下，选中“JL1”名称→单击“直线”→单击 D 轴和 1 轴交点→单击 D 轴和 8 轴的交点→单击右键结束；用同样的方法，将 JL6 布置到 1 轴和 8 轴上，将 JL4 布置到 1 ～ 4 轴和 5 ～ 8 轴上（包括两段圆弧在内，应用三点画弧起点圆点终点），将 JL3 布置到 1/A 轴线上，将 JL6、JL2 分别按轴线绘制，布置好的外墙基础梁如图 3.2.7 所示。

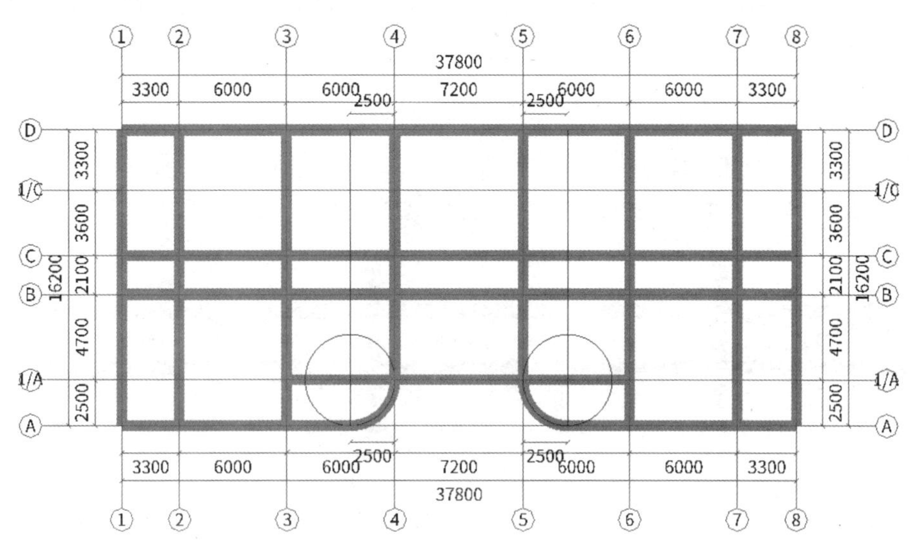

图 3.2.7　外墙基础梁

② 将基础梁偏移。

虽然外围一周的基础梁已经画上了，但是基础梁并非在图纸所示位置，要用到偏移的方法，轴线居中画的时候梁宽是每侧 300mm，现在需要向轴线内侧偏移 50mm。选择已经绘制在绘图区的 JL1，单击左侧修改工具栏中“偏移”→鼠标移动选择偏移方向→向下偏移，输入 50；同样方式偏移外围一周的基础梁，偏移后的外围基础梁如图 3.2.8 所示。将 A/1-4 轴、A/5-8 轴的 JL4 进行合并。

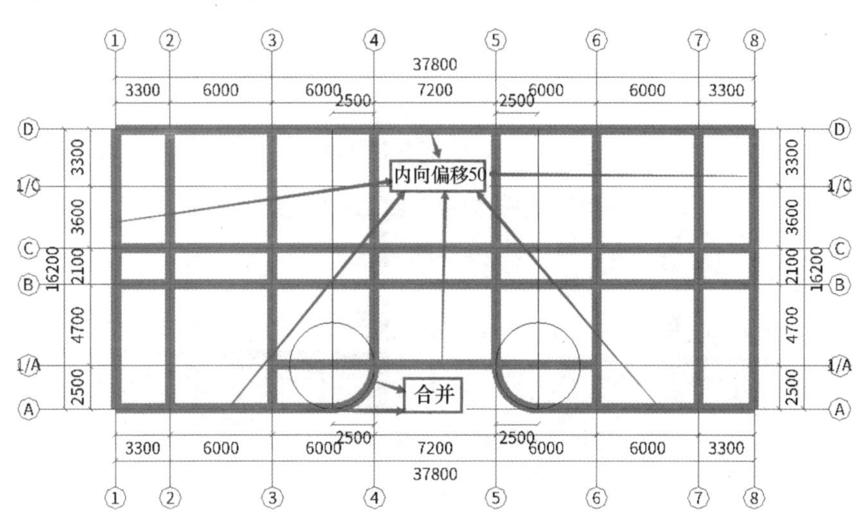

图 3.2.8　偏移后的外围基础梁

基础梁界面→单击原位标注→选择 B 轴线上的 JL1，将结施—03 上的基础梁的原位标注输入，例如 2 ～ 3 轴之间输入：8C25“单击空格”6/2，如图 3.2.9 所示。

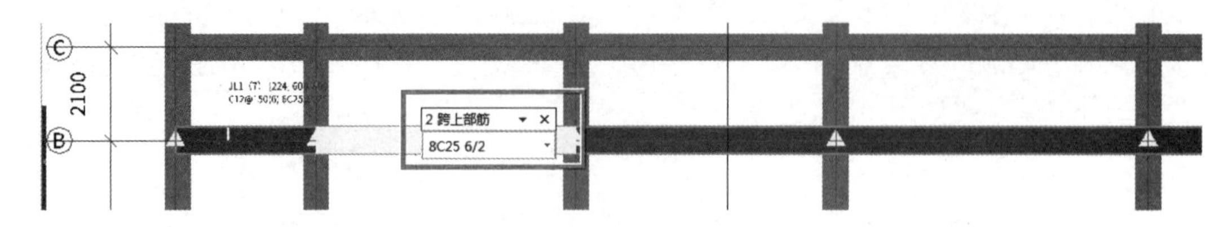

图 3.2.9　基础梁原位标注

同样的方式完成 JL1 其他跨的原位标注输入，JL1 就绘制好了。如图 3.2.10 所示。原位标注→单击同样的 JL1，会发现原位标注已经出现，单击右键结束。

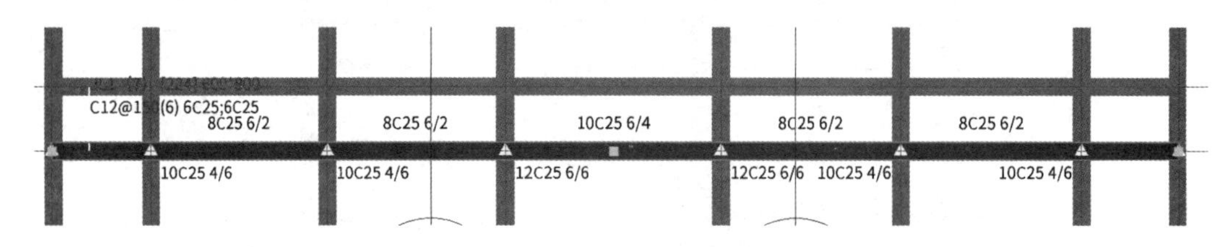

图 3.2.10　JL1 绘制完成

用同样的方法将其他基础梁原位标注输入完毕即可。注意绘制 3 轴处的 JL6 比较特别，步骤如下：原位标注→选中基础梁→出现提示如图 3.2.11 所示→单击确定→重提梁跨右→再进行原位标注即可，如图 3.2.11、图 3.2.12 所示。梁原位标注后，其他同属性的梁在原位标注时如果未能全部自动识别，要进行手动添加此处的原位标注。

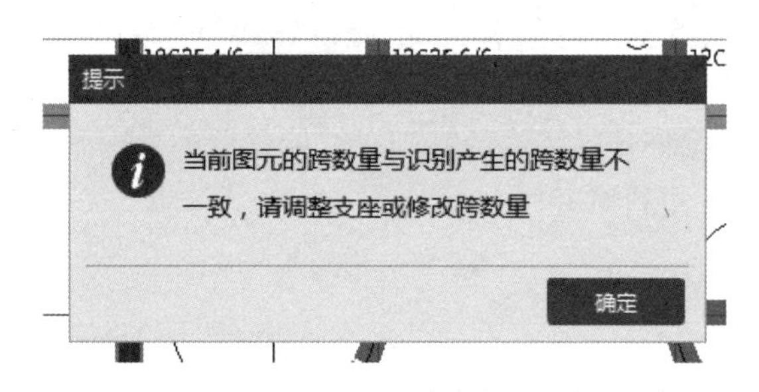

图 3.2.11　原位标注提示

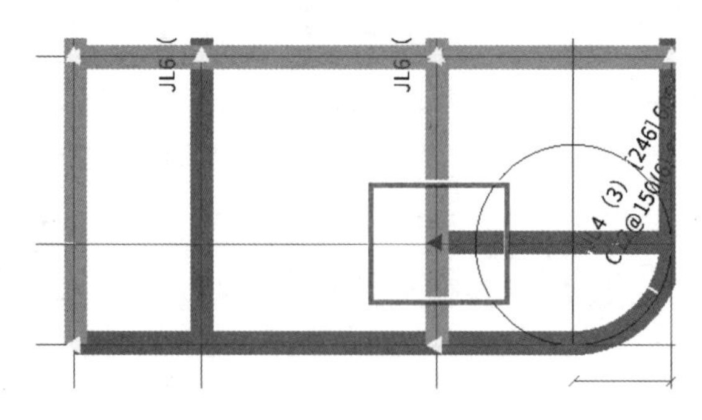

图 3.2.12　原位标注

绘制 JL5 及楼梯垫梁：

从建施—05 可以看出 C 轴和 D 轴中间有 1/C，所以单击轴线→辅助轴线→平行。如图 3.2.13 所示。

图 3.2.13　绘制 1/C 轴线

由结施—03 可以看出垫梁所在位置，同样方式建立辅助轴线，X 方向与 D 平行距离 1550mm，向左为负，所以输入 −1550；Y 方向与 5 轴平行距离 3150mm，向下为负，所以输入 −3150。如图 3.2.14 所示。

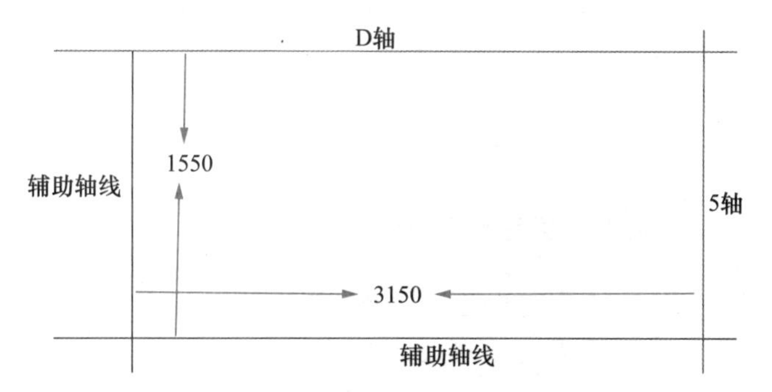

图 3.2.14　垫梁辅助轴线

基础梁 −JL5（楼梯垫梁）→直线绘制→原位标注，这样所有基础梁就绘制好了。如图 3.2.15 所示。

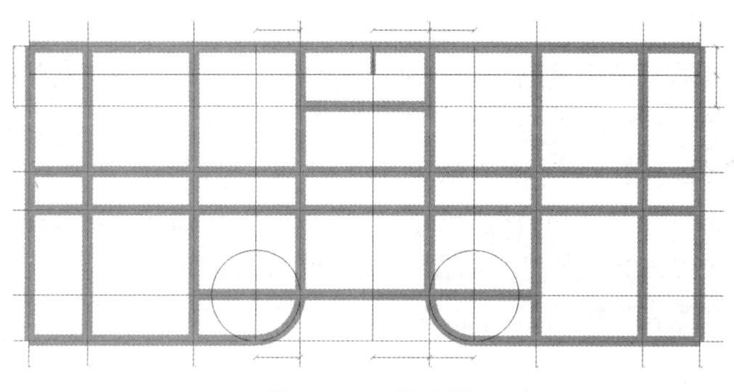

图 3.2.15　基础梁

思考

1. 基础梁的作用是什么？

2. 在属性列表钢筋业务中，手动添加其他箍筋，广联达软件能够计算工程量，但是能否看到其他箍筋信息的钢筋三维？

3.3 定义及绘制筏板基础负筋

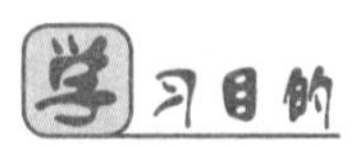

根据本工程结构施工图内容，完成筏板基础负筋的定义及绘制。

学习内容

（1）根据图纸修改计算设置。

（2）定义及绘制筏板负筋。

操作步骤

操作步骤思维导图见图 3.3.1。

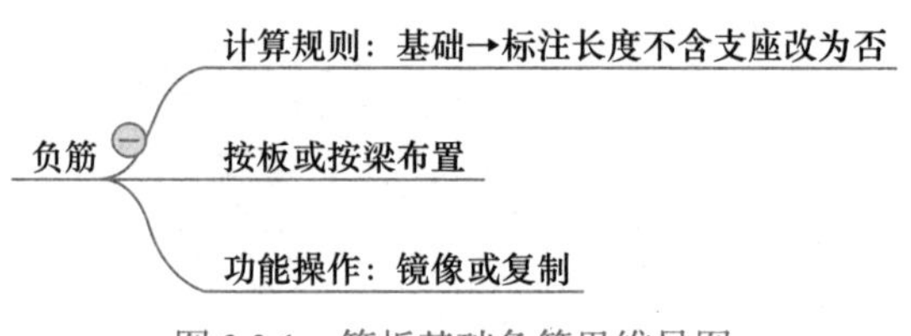

图 3.3.1　筏板基础负筋思维导图

1. 计算设置

从结施—02 筏板基础平面图可以看出，筏板基础的负筋为 B16@200，标注长度为不含支座，所以定义前调整步骤如下：工程设置→计算设置→基础→筏板基础→筏板底部附加非贯通筋伸入跨内的标注长度含支座→改为否，如图 3.3.2 所示。

2. 定义筏板负筋

模块导航栏→基础→筏板负筋→构件列表→新建筏板负筋→钢筋信息→ B16@200（附加处打钩），如图 3.3.3 所示。

3. 绘制筏板负筋

建模→筏板负筋→布置负筋→按梁布置→选择相应基础梁跨→双击绘制→选中绘制好的负筋→单击标注处修改标注长度→绘制完成。如图 3.3.4 所示。

同样的方式绘制所有筏板负筋，如图 3.3.5 所示。

图 3.3.2　筏板基础负筋计算设置

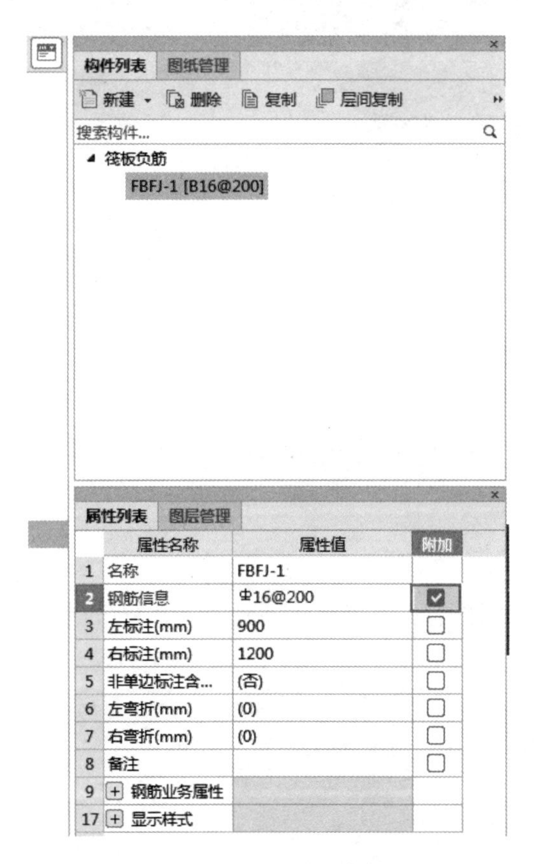

图 3.3.3　定义筏板负筋

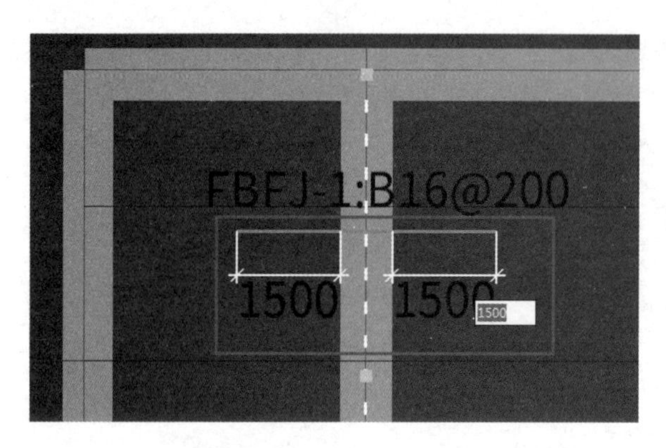

图 3.3.4　绘制筏板负筋

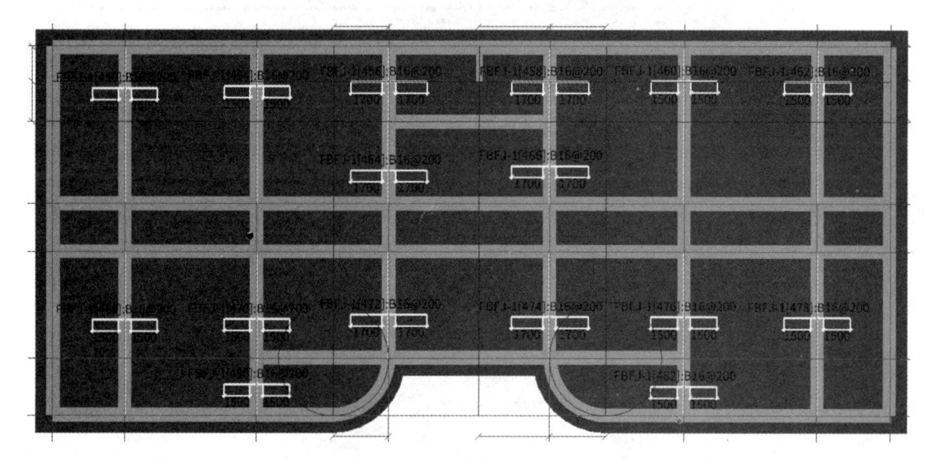

图 3.3.5　筏板负筋图

思考

1. 筏板负筋布置在筏板下层还是面层？
2. 筏板负筋需不需要弯折？

3.4　定义及绘制独立基础

学习目的

根据本工程结构施工图内容，完成独立基础的定义及绘制。

学习内容

定义及绘制独立基础。

操作步骤

操作步骤思维导图见图 3.4.1。

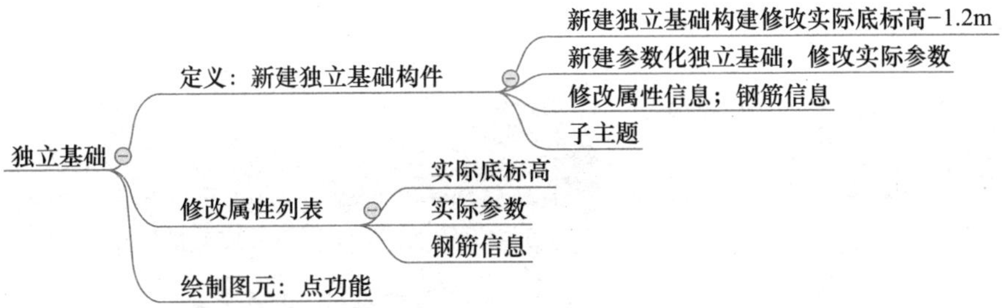

- 独立基础
  - 定义：新建独立基础构件
    - 新建独立基础构建修改实际底标高-1.2m
    - 新建参数化独立基础，修改实际参数
    - 修改属性信息；钢筋信息
    - 子主题
  - 修改属性列表
    - 实际底标高
    - 实际参数
    - 钢筋信息
  - 绘制图元：点功能

图 3.4.1 独立基础思维导图

1. 定义独立基础

从结施—04 可以看出，本工程 KZ4 下有独立基础。单击基础→“独立基础”→单击“新建”下拉菜单→单击“新建独立基础”，软件默认“DJ—l”，我们将其修改为“KZ4 独基”，底标高调整为 -1.2，如图 3.4.2 所示。

继续单击“新建”下拉菜单→单击“新建参数化独基单元”，弹出“选择参数化图形”对话框，如图 3.4.3 所示→选中“四棱锥台形独立基础”→根据结施—04 填写参数如图 3.4.2、图 3.4.3 所示。

钢筋信息根据结施—04 填写，如图 3.4.4 所示。

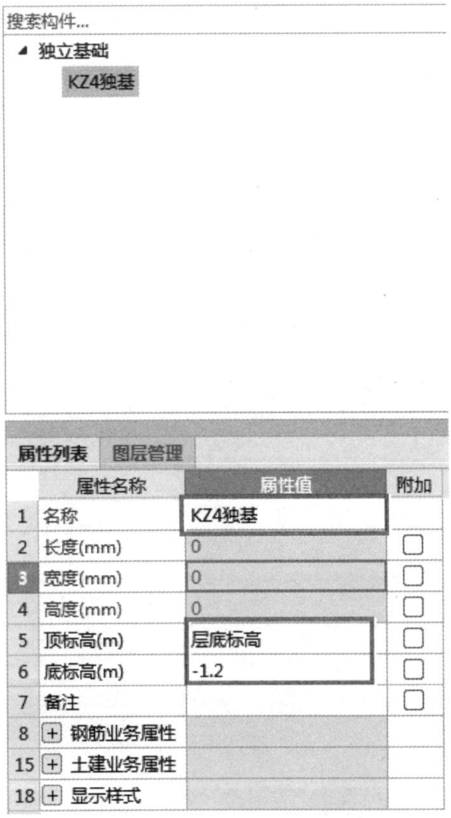

搜索构件...

- 独立基础
  - KZ4独基

属性列表 图层管理

	属性名称	属性值	附加
1	名称	KZ4独基	
2	长度(mm)	0	☐
3	宽度(mm)	0	☐
4	高度(mm)	0	☐
5	顶标高(m)	层底标高	☐
6	底标高(m)	-1.2	☐
7	备注		☐
8	+ 钢筋业务属性		
15	+ 土建业务属性		
18	+ 显示样式		

图 3.4.2 新建独立基础

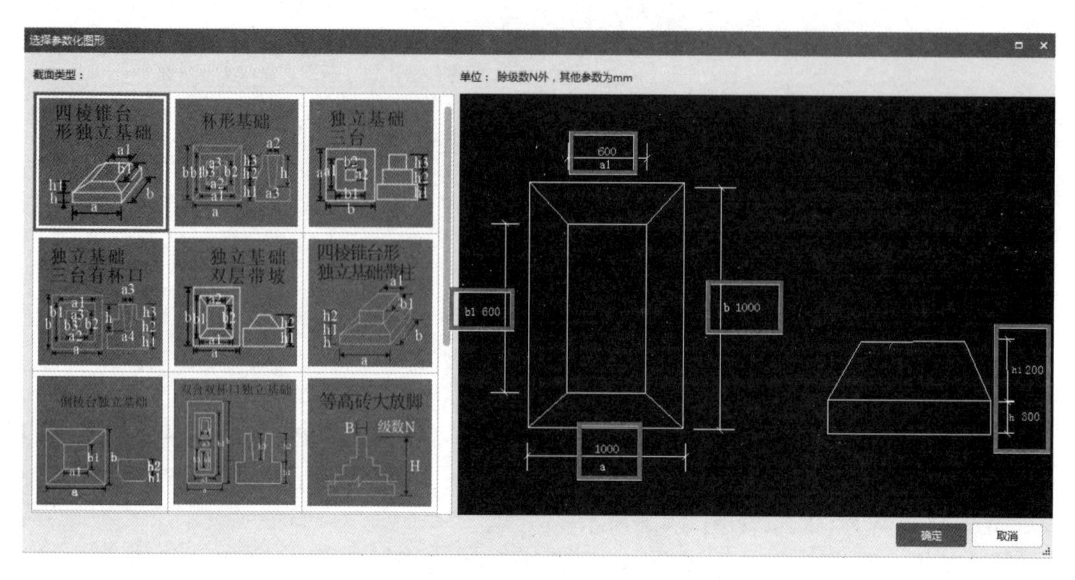

图 3.4.3　选择参数化图形

属性列表	图层管理		
	属性名称	属性值	附加
1	名称	KZ4独基-1	
2	截面形状	四棱锥台形独立基础	☐
3	截面长度(mm)	1000	☐
4	截面宽度(mm)	1000	☐
5	高度(mm)	500	☐
6	横向受力筋	⌀12@150	☐
7	纵向受力筋	⌀12@150	☐
8	材质	现浇混凝土	☐
9	混凝土类型	(碎石 GD20 粗砂水泥...	☐
10	混凝土强度等级	(C30)	☐
11	混凝土外加剂	(无)	
12	泵送类型	(混凝土泵)	
13	相对底标高(m)	(0)	☐
14	截面面积(m²)	1	☐

图 3.4.4　K24 参数设置

2. 绘制独立基础

绘制独立基础操作步骤如下：独立基础→点→画到 4 轴交 A 轴和 5 轴交 A 轴位置，如图 3.4.5 所示。

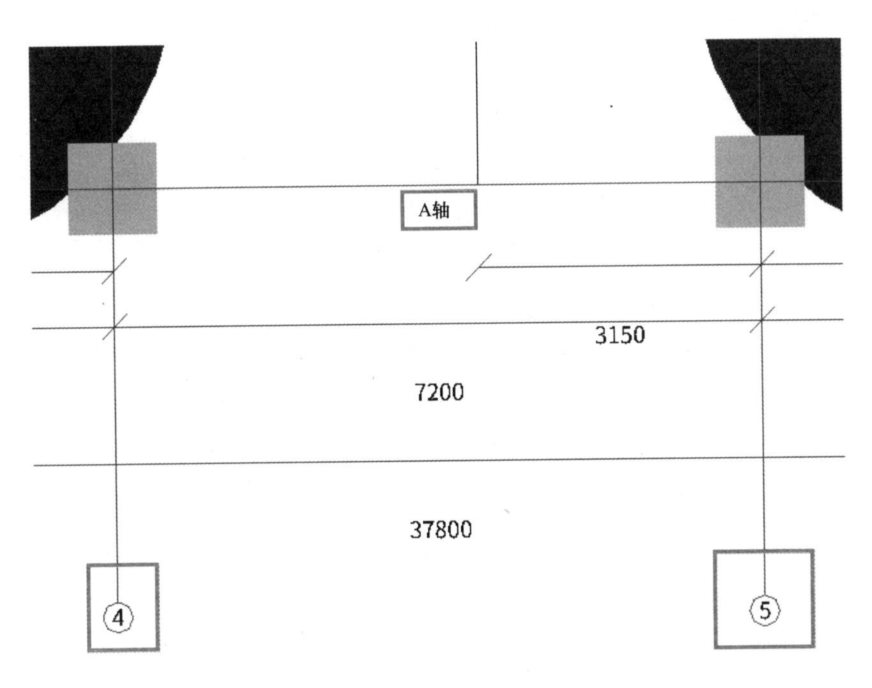

图 3.4.5　绘制独立基础

1. 独立基础分为哪三种？
2. 本工程的独立基础属于哪种类型？

第4章　框架柱工程量计算

由结施—04柱结构平面图可以看出，框架柱为KZ1～KZ4，都是由基础顶开始，KZ1标高到14.3m，KZ2、KZ3标高到屋面板（因为有坡屋面所以标高到屋面板，不过定义柱子可以按19.1m处标高考虑，绘制完毕坡屋面板后再平齐板底），KZ4标高到3.8m。下面开始定义柱子，软件操作详见本章。

4.1　定义及绘制柱

学习目的

根据本工程结构施工图内容，完成柱子的定义及绘制。

学习内容

（1）根据图纸定义柱。

（2）根据图纸绘制柱。

（3）编辑柱（层间复制、镜像复制、批量删除）。

操作步骤思维导图见图4.1.1。

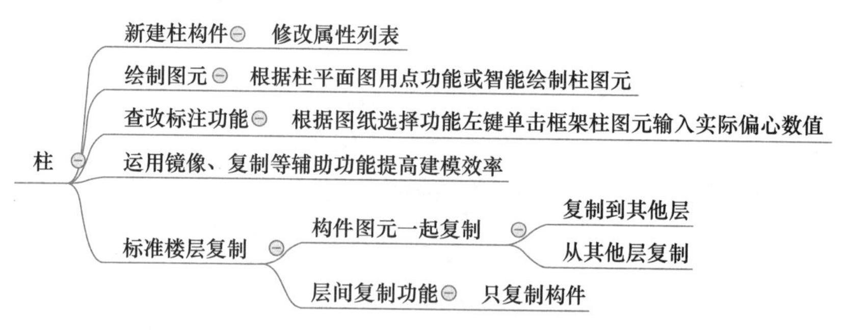

图4.1.1　定义及绘制柱思维导图

1. 定义柱

选择基础层→构件菜单栏→柱→柱→新建矩形柱→按结施—04的柱表录入钢筋信息→如图4.1.2所示，然后相同方法定义好KZ-1～KZ-3、KZ-4，底部标高是−0.7m，所以放在−1层去定义、绘制。

属性列表	图层管理	

	属性名称	属性值	附加
1	名称	KZ-1	
2	结构类别	框架柱	☐
3	定额类别	普通柱	☐
4	截面宽度(B边)(...	500	☐
5	截面高度(H边)(...	500	☐
6	全部纵筋		☐
7	角筋	4⌀22	☐
8	B边一侧中部筋	2⌀20	☐
9	H边一侧中部筋	2⌀20	☐
10	箍筋	⌀8@100/200(4*4)	☐
11	节点区箍筋		☐
12	箍筋肢数	4*4	
13	柱类型	(中柱)	☐
14	材质	现浇混凝土	☐
15	混凝土类型	(砾石 GD40 细砂水泥...	☐
16	混凝土强度等级	(C30)	☐
17	混凝土外加剂	(无)	
18	泵送类型	(混凝土泵)	
19	泵送高度(m)		
20	截面面积(m^2)	0.25	☐
21	截面周长(m)	2	☐
22	顶标高(m)	层顶标高	☐
23	底标高(m)	基础底标高	☐

图 4.1.2　定义柱

2. 绘制柱

由结施—04 可以看出柱所在结构平面图的位置，软件处理如下：模块导航栏→柱→框梁柱→ KZ1 →点→选择 1 轴 /A 轴交点→点绘即可。同样方式绘制 1 ～ 4 轴的 KZ1 ～ KZ3。

由于 KZ2 与轴线的位置是不对称的，所以要进行修改，软件处理如下：工具栏→柱二次编辑→查改标注→修改数值即可。如图 4.1.3 所示。

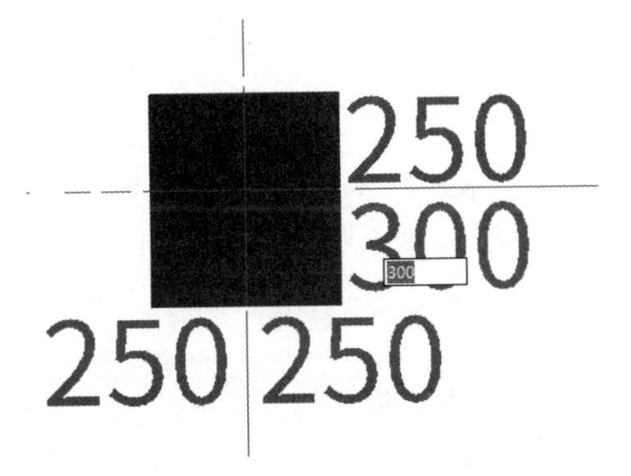

图 4.1.3　柱数值修改

因为图纸中柱是对称布置的，因此使用镜像功能进行 5 ～ 8 轴柱子的绘制，操作如下：单击批量选择→框架柱→确定→镜像→选择 4 轴和 5 轴中线间的竖直方向任意两点（图 4.1.4）→是否删除原来的图元→选择否。这样 −1 层的柱就绘制好了，如图 4.1.4 所示。

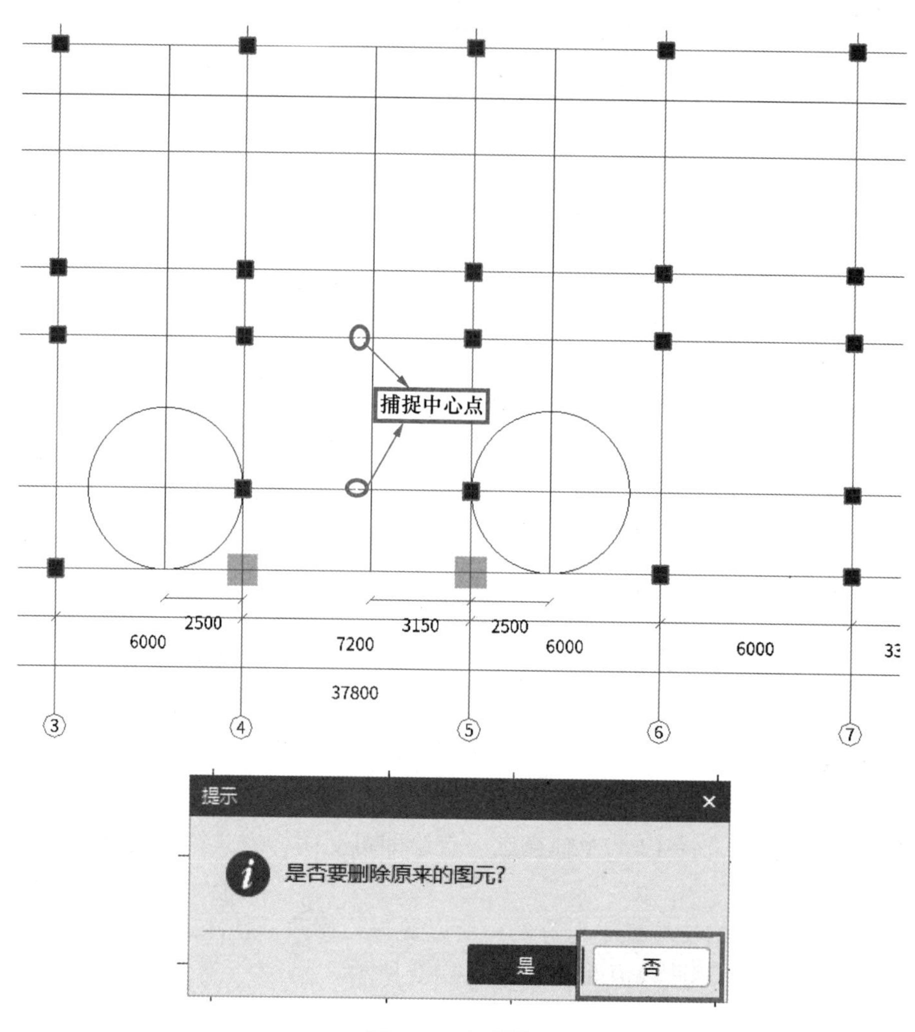

图 4.1.4　绘制柱

3. 复制柱构件

从结施—04 可以看出 KZ-1（KZ-2、KZ-3）标高基础顶～ 3.800 即基础层～ −1 层的钢筋信息相同，因此可以把基础层的柱子直接复制到 −1 层。具体操作如下：点击批量选择→选择 KZ-1、KZ-2、KZ-3 →确定→复制到其他楼层→勾选 −1 层→确认，如图 4.1.5 所示。

基础层柱子绘制完成后点击楼层切换，切换到 −1 层，如图 4.1.6 所示。KZ-4 定义时标高根据结施—04 其底部标高为 −0.7m，如图 4.1.7 所示，绘制按照点绘制即可。

−1 层柱子绘制完成后点击楼层切换，切换到首层，结合结施—04 柱表中钢筋信息定义 KZ-1 ～ KZ-3，如图 4.1.8 所示。

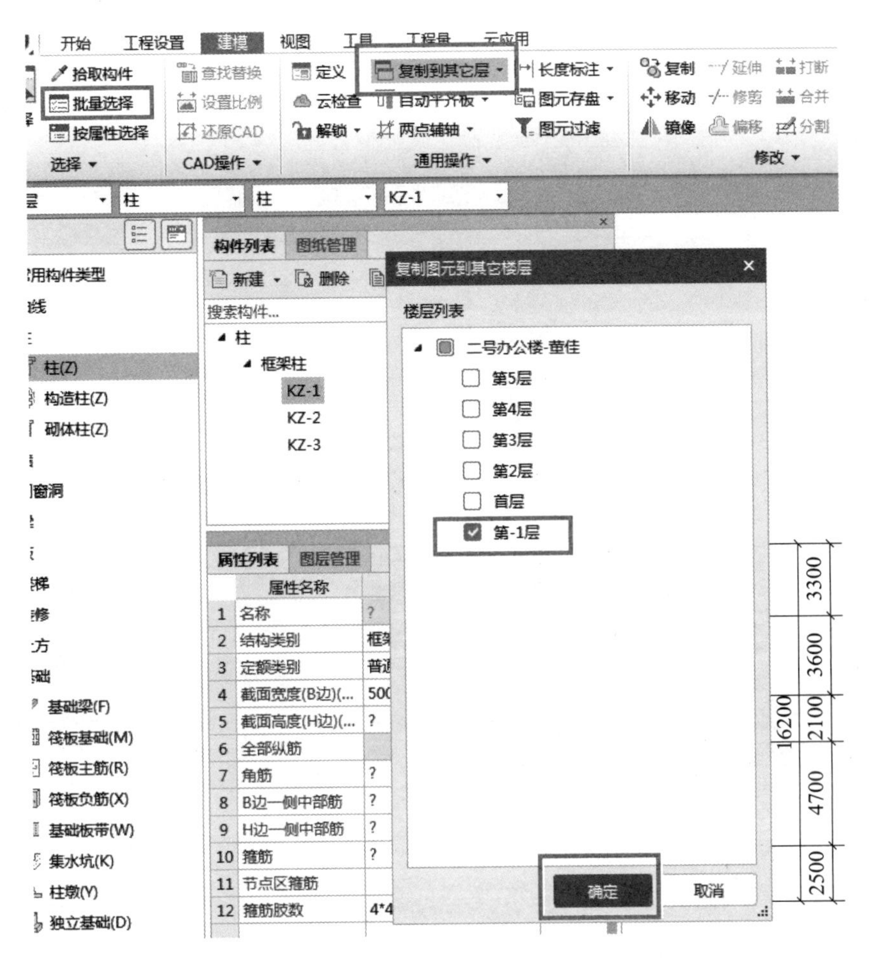

图 4.1.5　复制柱构件

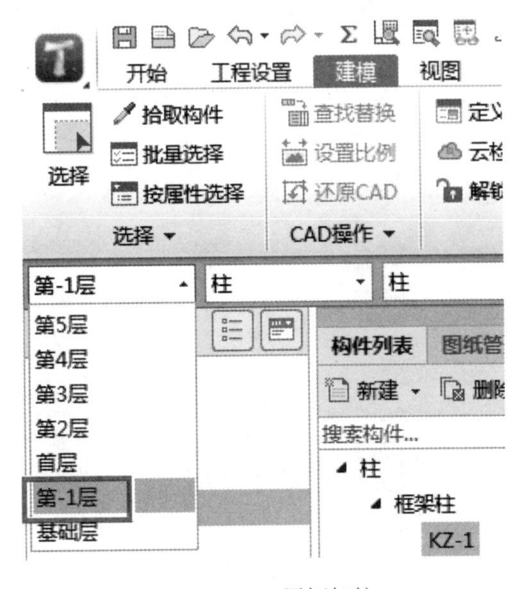

图 4.1.6　−1 层框架柱

KZ-4

属性列表　图层管理

	属性名称	属性值	附加
1	名称	KZ-4	
2	结构类别	框架柱	☐
3	定额类别	普通柱	☐
4	截面宽度(B边)(...	500	☐
5	截面高度(H边)(...	500	☐
6	全部纵筋		☐
7	角筋	4Φ25	☐
8	B边一侧中部筋	2Φ22	☐
9	H边一侧中部筋	2Φ22	☐
10	箍筋	Φ8@100(4*4)	☐
11	节点区箍筋		☐
12	箍筋胶数	4*4	
13	柱类型	(中柱)	☐
14	材质	现浇混凝土	☐
15	混凝土类型	(砾石 GD40 细砂水泥...	☐
16	混凝土强度等级	(C30)	☐
17	混凝土外加剂	(无)	
18	泵送类型	(混凝土泵)	
19	泵送高度(m)		
20	截面面积(m²)	0.25	☐
21	截面周长(m)	2	☐
22	顶标高(m)	层顶标高	☐
23	底标高(m)	-0.7	☐
24	备注		☐

图 4.1.7　定义框架柱

属性列表　图层管理

	属性名称	属性值	附加
1	名称	KZ-1	
2	结构类别	框架柱	☐
3	定额类别	普通柱	☐
4	截面宽度(B边)(...	500	☐
5	截面高度(H边)(...	500	☐
6	全部纵筋		☐
7	角筋	4Φ20	☐
8	B边一侧中部筋	2Φ18	☐
9	H边一侧中部筋	2Φ18	☐
10	箍筋	Φ8@100/200(4*4)	☐
11	节点区箍筋		☐
12	箍筋胶数	4*4	
13	柱类型	(中柱)	☐
14	材质	现浇混凝土	☐
15	混凝土类型	(砾石 GD40 细砂水泥...	☐
16	混凝土强度等级	(C30)	☐
17	混凝土外加剂	(无)	
18	泵送类型	(混凝土泵)	
19	泵送高度(m)		
20	截面面积(m²)	0.25	☐
21	截面周长(m)	2	☐
22	顶标高(m)	层顶标高	☐
23	底标高(m)	层底标高	☐

属性列表　图层管理

	属性名称	属性值	附加
1	名称	KZ-2	
2	结构类别	框架柱	☐
3	定额类别	普通柱	☐
4	截面宽度(B边)(...	500	☐
5	截面高度(H边)(...	550	☐
6	全部纵筋		☐
7	角筋	4Φ22	☐
8	B边一侧中部筋	2Φ22	☐
9	H边一侧中部筋	3Φ22	☐
10	箍筋	Φ8@100/200(4*5)	☐
11	节点区箍筋		☐
12	箍筋胶数	4*5	
13	柱类型	(中柱)	☐
14	材质	现浇混凝土	☐
15	混凝土类型	(砾石 GD40 细砂水泥...	☐
16	混凝土强度等级	(C30)	☐
17	混凝土外加剂	(无)	
18	泵送类型	(混凝土泵)	
19	泵送高度(m)		
20	截面面积(m²)	0.275	☐
21	截面周长(m)	2.1	☐
22	顶标高(m)	层顶标高	☐
23	底标高(m)	层底标高	☐

属性列表　图层管理

	属性名称	属性值	附加
1	名称	KZ-3	
2	结构类别	框架柱	☐
3	定额类别	普通柱	☐
4	截面宽度(B边)(...	500	☐
5	截面高度(H边)(...	500	☐
6	全部纵筋		☐
7	角筋	4Φ22	☐
8	B边一侧中部筋	2Φ20	☐
9	H边一侧中部筋	2Φ20	☐
10	箍筋	Φ8@100/200(4*4)	☐
11	节点区箍筋		☐
12	箍筋胶数	4*4	
13	柱类型	(中柱)	☐
14	材质	现浇混凝土	☐
15	混凝土类型	(砾石 GD40 细砂水泥...	☐
16	混凝土强度等级	(C30)	☐
17	混凝土外加剂	(无)	
18	泵送类型	(混凝土泵)	
19	泵送高度(m)		
20	截面面积(m²)	0.25	☐
21	截面周长(m)	2	☐
22	顶标高(m)	层顶标高	☐
23	底标高(m)	层底标高	☐

图 4.1.8　定义柱钢筋

4. 复制柱图元

按结施—04 位置布置即可，因为 2 ～ 5 层柱子与 1 层一致，可以使用复制指定图元方法复制到 2 ～ 5 层，具体操作如下：批量选择→框架柱→勾选 KZ1 到 KZ3 确定→楼层→复制选定图元到其他楼层→勾选 2 ～ 5 层→确定，复制完成后点击三维视图即可看到柱立体图，如图 4.1.9 所示。

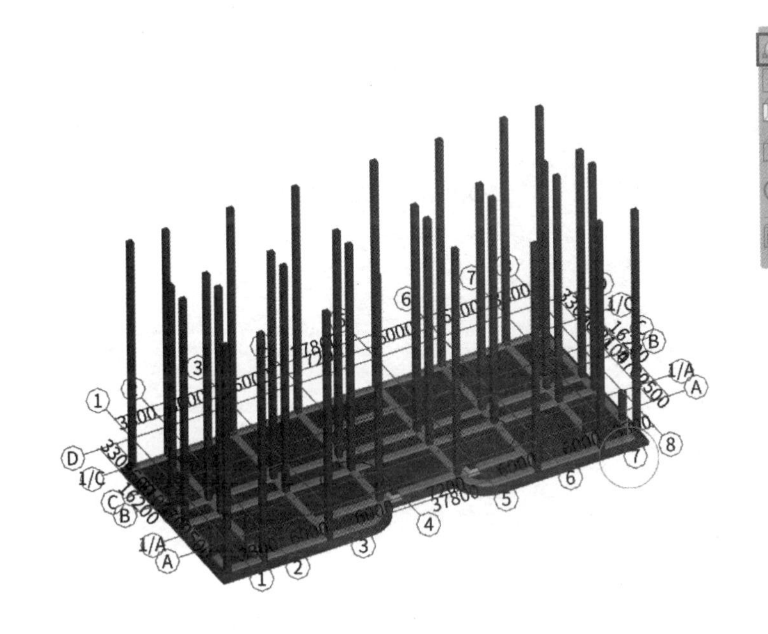

图 4.1.9　柱三维视图

返回平面视图，将楼层切换到五层，因为五层没有 KZ1，将 1、2、7、8 轴的 KZ1 删除：批量选择→勾选 KZ-1 →确认→〈Delete〉。

1. 绘制柱时，高度为什么不可以在首层直接通到二层三层？

2. 在发现柱绘制错且已经复制到其他楼层时，是否可以同时删除整栋工程的柱图元？

3. 使用镜像功能时一直找不到中心点怎么解决？

第5章　剪力墙工程量计算

学习目的

根据本工程结构施工图内容，完成剪力墙的定义及绘制。

学习内容

（1）根据图纸定义剪力墙。

（2）根据图纸绘制剪力墙。

（3）编辑剪力墙（对齐、偏移）。

操作步骤

操作步骤思维导图见图5.1.1。

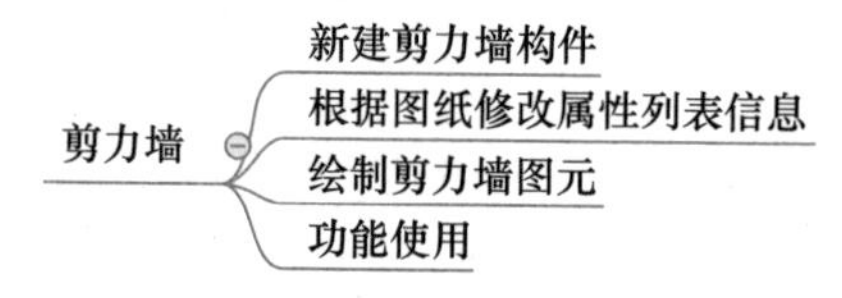

图5.1.1　定义及绘制剪力墙思维导图

1. 定义剪力墙

从建施—04可以看出地下一层外墙为300mm厚混凝土剪力墙，在剪力墙墙身表中可以看出墙身标高及配筋。操作步骤：模块导航栏→墙→剪力墙→定义→输入墙厚度及钢筋信息，如图5.1.2所示。

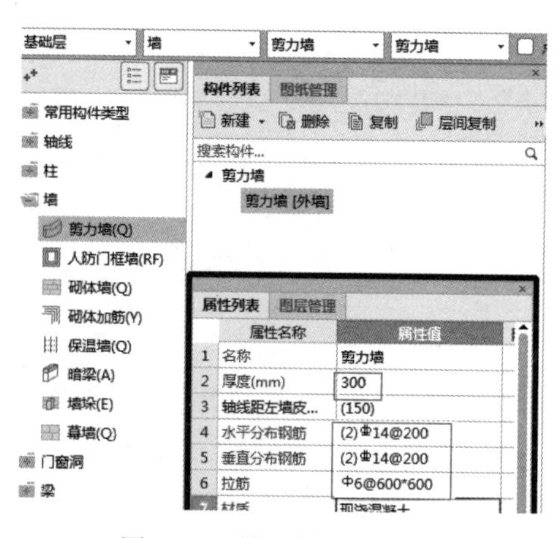

图5.1.2　输入剪力墙信息

2. 绘制剪力墙

从建施—05 可以看出 3 ～ 4 轴之间有一道圆弧墙，半径是 2500mm，需要在 4 轴偏左 2500mm 绘制一根平行辅轴，找到圆心（辅轴与 1/A 轴的交点是圆心）；由于外墙的中心线不在轴线上，可以计算出外墙中心线到轴线的距离是 100mm，也就是说圆弧墙的中心线半径 2500mm＋100mm＝2600mm。为了找到画圆弧墙的交点，需要另外绘制三根辅轴，一根是 1/A 往下偏移 100mm，一根是 A 轴往下偏移 100mm，一根是半径为 2600mm 的圆弧辅轴。

单击“建模”按钮进入建模界面→选择导航栏中轴网→单击“平行辅轴”按钮→单击 4 轴线上非交点任意一处，弹出“请输入”界面→填写偏移距离为 −2500，如图 5.1.3 所示。

图 5.1.3 绘制辅轴

单击 1/A 轴非交点位置，弹出“请输入”界面→填写偏移距离 −100，取消轴号→单击“确定”→单击 A 轴，出现“请输入”界面→填写偏移距离 −100 →单击“确定”，这样几条平行辅轴就建好了。

接下来开始画圆弧辅轴，操作步骤如下：单击“三点辅轴”按钮后面的“倒三角”下拉菜单→单击“圆形辅轴”→单击圆心（1/A 轴和 3 轴的交点）→单击 3 轴与 A 轴下方辅轴的垂点→弹出“请输入”对话框（这里不用输入轴号）→单击“确定”，这样圆弧辅轴就画好了。建立好的辅轴如图 5.1.4 所示。

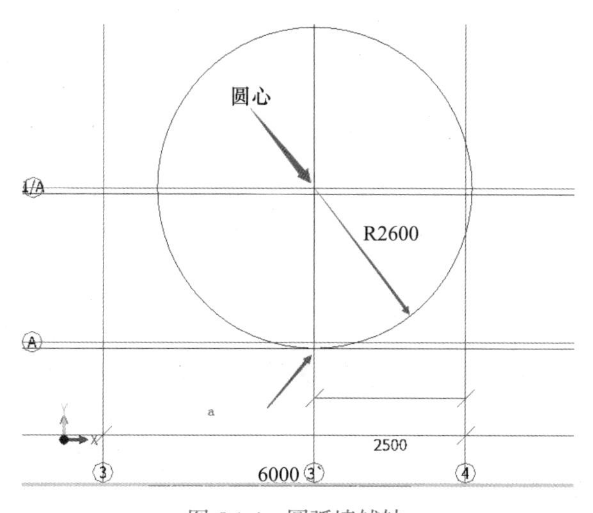

图 5.1.4 圆弧墙辅轴

在画墙的状态下，选中“混凝土墙 300”名称→单击“三点画弧”后面的倒三角下拉菜单→选择“顺小弧”→在后面空白栏填写半径 2600→单击 1/A 下辅轴与圆弧轴的交点→单击 3′ 轴与 A 轴下的辅轴的交点→单击右键结束。

单击“直线”按钮→单击 3′ 轴与 1/A 轴交点→单击 1/A 轴交 4 轴→单击右键结束，然后将 1 ～ 4 轴的墙合并。

同样的方式将其他剩余的墙绘制上，因为墙与柱边是对齐的，所以选中未对齐的墙，单击右键→单对齐→选择柱边线→点击墙边即可。然后应用延伸命令再将墙延伸至墙与墙相交中点。如图 5.1.5 所示。

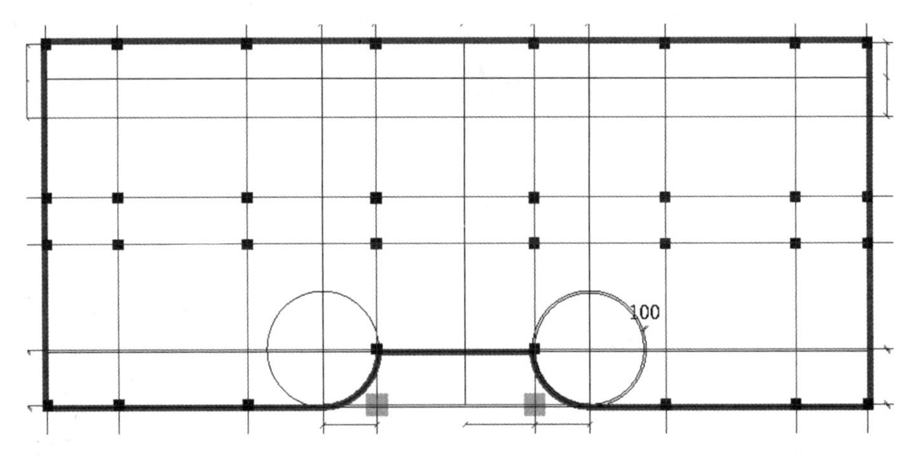

图 5.1.5　剪力墙图

思考

1. 不同方向绘制剪力墙，是否会影响其工程量？
2. 剪力墙内外侧钢筋不同时，如何定义？

第 6 章　梁工程量计算

6.1　定义及绘制地下一层梁

根据本工程结构施工图内容，完成地下一层梁的定义及绘制。

学习内容

（1）根据图纸定义梁。
（2）根据图纸绘制梁。
（3）编辑梁原位标注。

操作步骤

操作步骤思维导图见图 6.1.1。

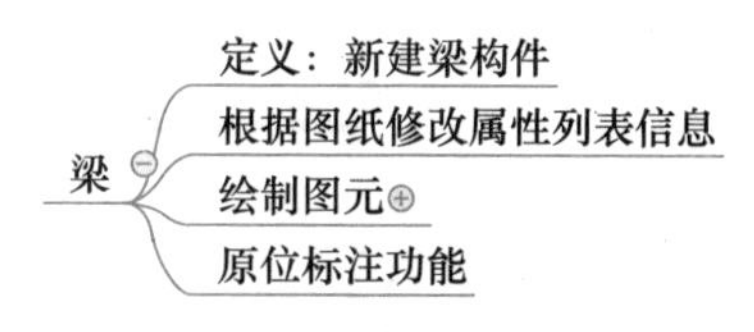

图 6.1.1　定义及绘制梁思维导图

1. 定义梁

根据结施—06 绘制地下一层的框架梁：模块导航栏→“梁”→定义→新建矩形梁→选择属性列表修改梁属性，如图 6.1.2、图 6.1.3 所示。

2. 绘制梁

先将梁画到轴线上：

梁和墙一样，都属于线型构件，在软件里的画法是一样的。第一步，先把梁画到轴线上（梁中心线和轴线重合），操作步骤如下：单击“建模”按钮进入绘图界面，按照结施—06，按照先横后竖的顺序来绘制地下一层顶的梁。

① 在绘制梁状态下，选中“KL1”名称→单击“直线”按钮→单击 3/（1/A）交点→单击 6/（1/A）交点→单击右键结束。

② 选中“KL2”名称→单击 1/B 交点→单击 8/B 交点→单击右键结束。

③ 选中“KL3”名称→单击 1/C 交点→单击 4/C 交点→单击右键结束。

④ 选中“KL4”名称→单击 2/A 交点→单击 2/B 交点→单击右键结束。

图 6.1.2　定义 L1　　　　图 6.1.3　定义 KL7

⑤ 选中“KL5”名称→单击 2/C 交点→单击 2/D 交点→单击右键结束。

⑥ 选中“KL6”名称→单击 3/A 交点→单击 3/D 交点→单击右键结束。

⑦ 选中“KL7”名称→单击 4/（1/A）交点→单击 4/D 交点→单击右键结束。

⑧ 选中“L1”名称→单击 4/（1/C）交点→单击 5/（1/C）交点→单击右键结束。

右侧其他相对称的梁以一样的方式绘制，画好的地下一层梁如图 6.1.4 所示。

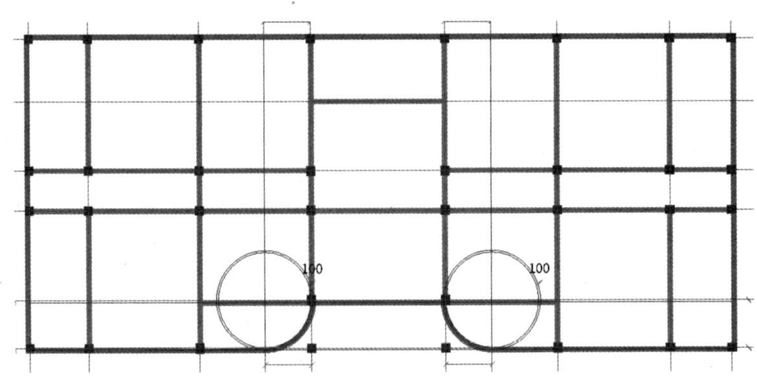

图 6.1.4　-1 层梁图

由于B轴、C轴上的梁对轴线是有偏心的，那么此时选中B轴、C轴上的梁，单击鼠标右键应用单对齐命令进行对齐，如图6.1.5所示。

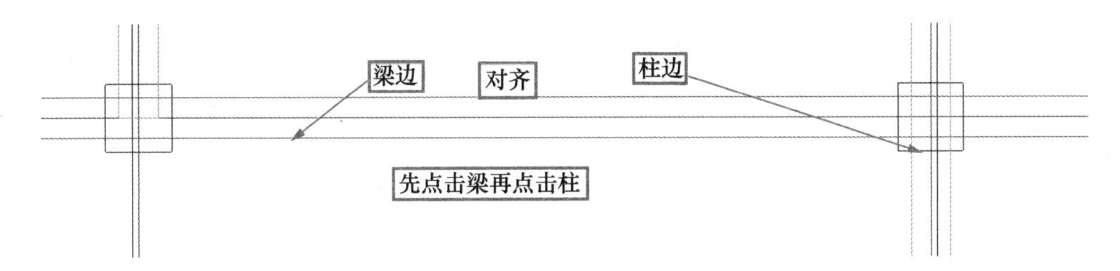

图6.1.5　对齐梁

对齐后如图6.1.6所示。

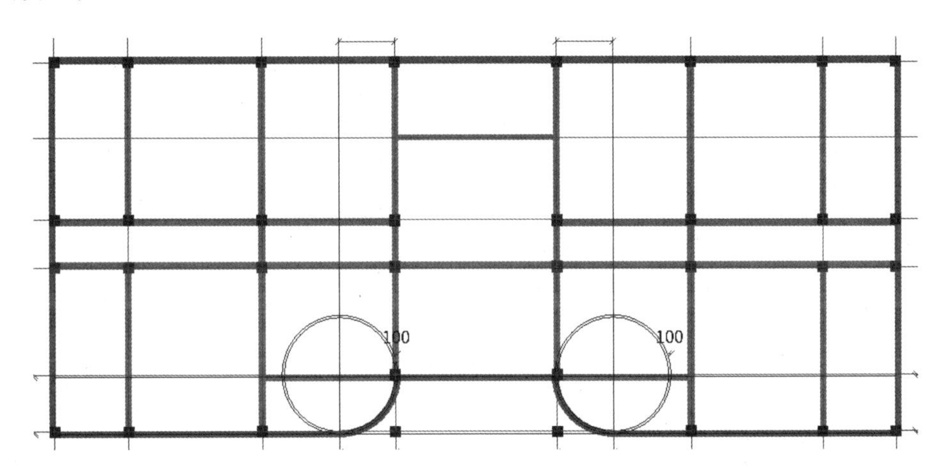

图6.1.6　对齐后的 -1 层梁图

把键盘调整为大写字母形式，单击字母Z把柱隐藏，单击延伸按钮，让相交的梁垂直于梁或墙中，所有相交处都要延伸，如图6.1.7～图6.1.9所示。

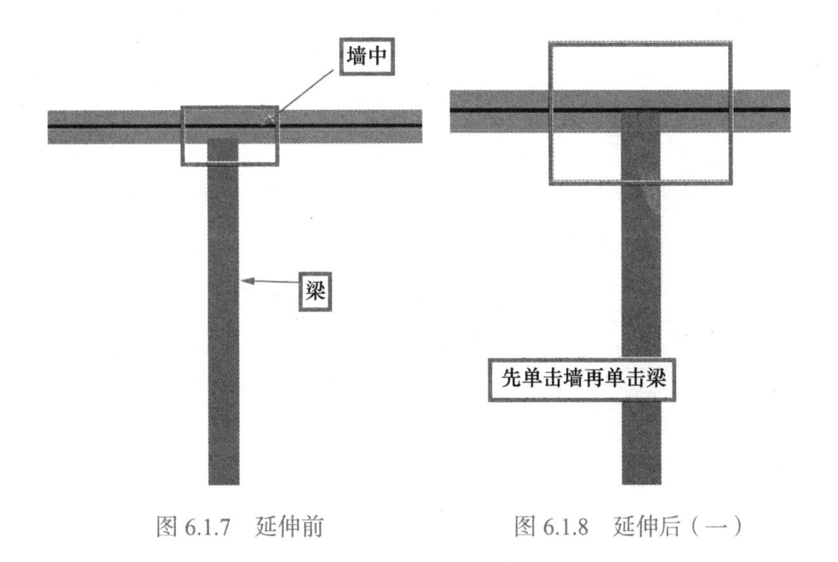

图6.1.7　延伸前　　图6.1.8　延伸后（一）

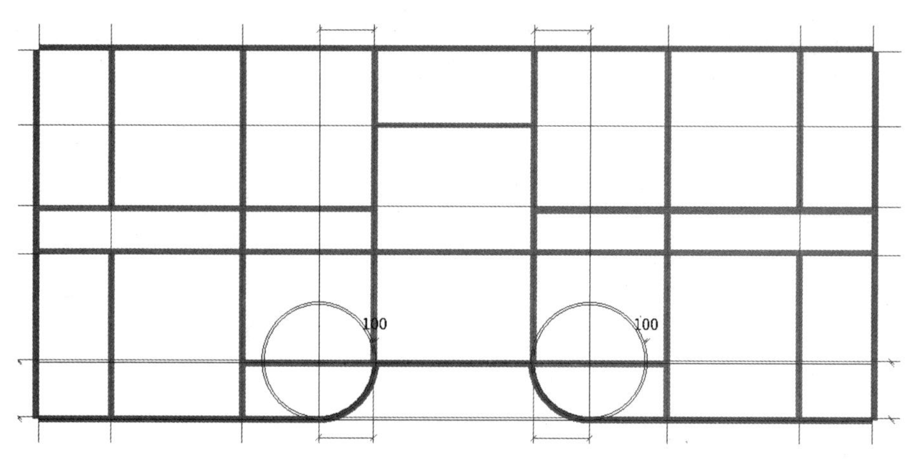

图 6.1.9　延伸后（二）

3. 修改原位标注

现在梁所在位置已经绘制完毕，接下来就要录入梁的钢筋原位标注，步骤如下。模块导航栏→梁→原位标注→选中 KL2（7），对照结施—06 梁的配筋图进行输入，如图 6.1.10 ～图 6.1.12 所示。

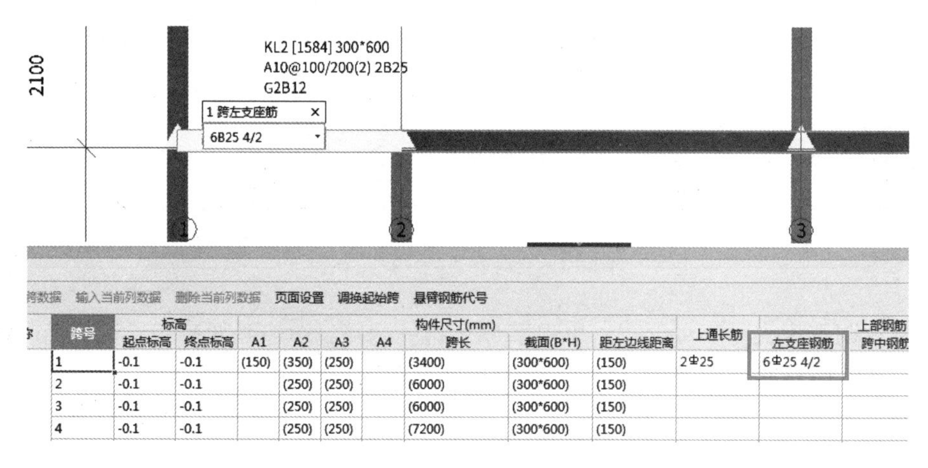

图 6.1.10　选择梁

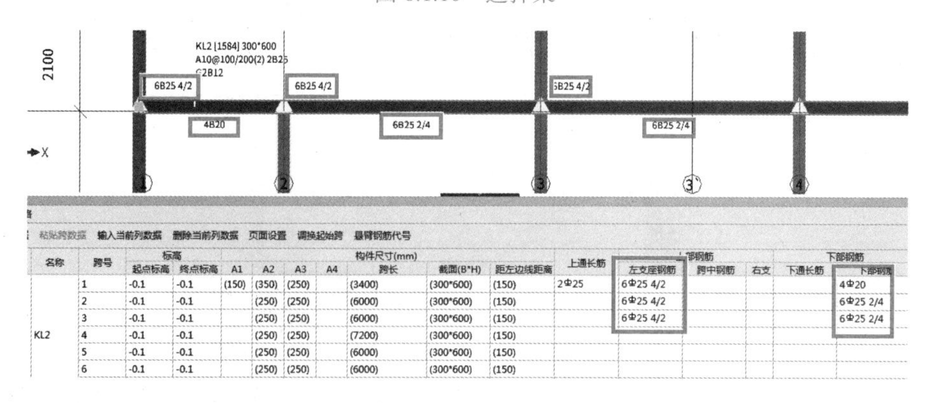

图 6.1.11　第一跨到第三跨（−1 层）

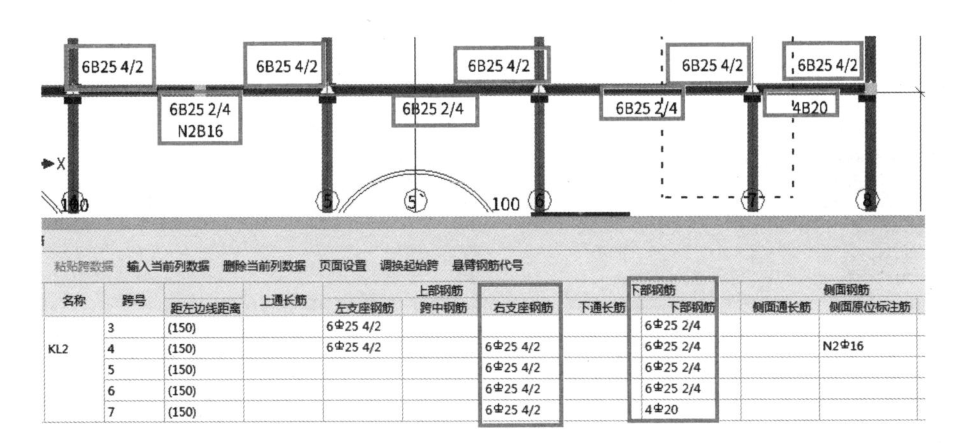

名称	跨号	距左边线距离	上通长筋	上部钢筋 左支座钢筋	跨中钢筋	右支座钢筋	下部钢筋 下通长筋	下部钢筋	侧面钢筋 侧面通长筋	侧面原位标注筋
KL2	3	(150)		6Φ25 4/2				6Φ25 2/4		
	4	(150)		6Φ25 4/2		6Φ25 4/2		6Φ25 2/4		N2Φ16
	5	(150)				6Φ25 4/2		6Φ25 2/4		
	6	(150)				6Φ25 4/2		6Φ25 2/4		
	7	(150)				6Φ25 4/2		4Φ20		

图 6.1.12　第四跨到第七跨（-1 层）

将所有标注按照图纸信息修改，所有梁原位标注完毕后如图 6.1.13 所示。

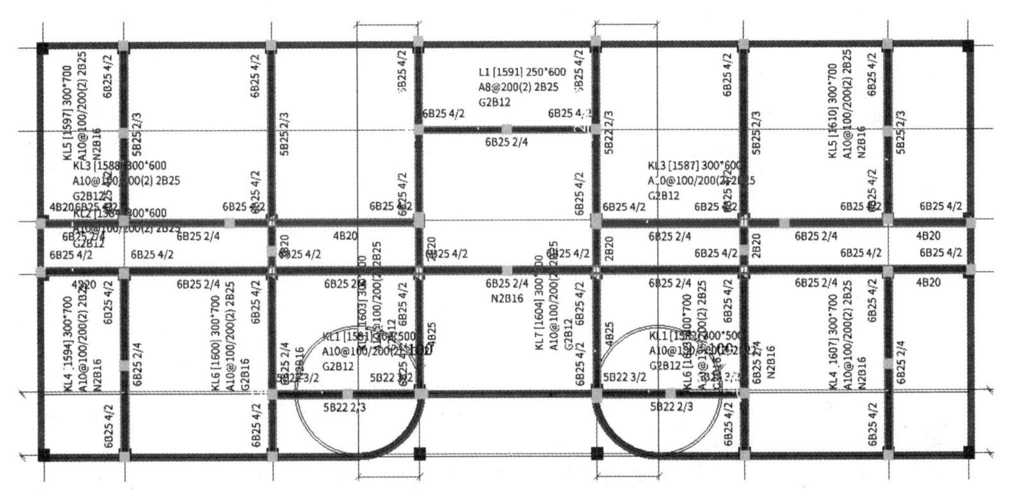

图 6.1.13　修改梁原位标注

思考

1. 梁支座与跨数不正确是否影响工程量？哪些工程量？
2. 本工程梁平法的表达方式是什么？

6.2　定义及绘制一层梁

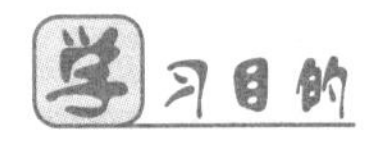

学习目的

根据本工程结构施工图内容，完成一层梁的定义及绘制。

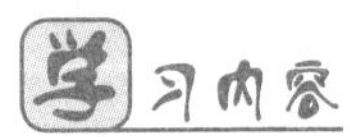

学习内容

（1）根据图纸定梁。

（2）根据图纸绘制梁。

（3）编辑梁原位标注。

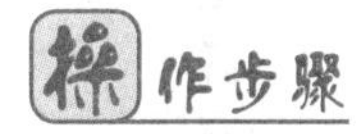

根据结施—07 绘制一层的框架梁。

1. 定义梁

模块导航栏→“梁”→构建列表→新建矩形梁，根据图纸信息定额 KL1 ～ KL9 属性和非框架梁 L1 ～ L2 属性，如图 6.2.1 和图 6.2.2 所示。

属性列表　图层管理

	属性名称	属性值	附加
1	名称	KL1	
2	结构类别	楼层框架梁	☐
3	跨数量	3	☐
4	截面宽度(mm)	250	☐
5	截面高度(mm)	600	☐
6	轴线距梁左边...	(125)	☐
7	箍筋	Φ10@100/200(2)	☐
8	肢数	2	
9	上部通长筋	2Φ25	☐
10	下部通长筋		☐
11	侧面构造或受...	G2Φ12	☐
12	拉筋	(Φ6)	☐

图 6.2.1　新建矩形梁（一）

属性列表　图层管理

	属性名称	属性值	附加
1	名称	L1	
2	结构类别	非框架梁	☐
3	跨数量	1	☐
4	截面宽度(mm)	250	☐
5	截面高度(mm)	600	☐
6	轴线距梁左边...	(125)	☐
7	箍筋	Φ8@200(2)	☐
8	肢数	2	
9	上部通长筋	2Φ25	☐
10	下部通长筋		☐
11	侧面构造或受...	G2Φ12	☐
12	拉筋	(Φ6)	☐

图 6.2.2　新建矩形梁（二）

2. 绘制梁

先将梁画到轴线上，操作步骤如下：单击“建模”按钮进入绘图界面，按照结施—07 的要求，按照先横后竖的顺序来画一层顶的梁。

① 在绘制梁状态下，选中“KL8”名称→单击“直线”按钮→单击 1/D 交点→单击 8/D 交点→单击右键结束。

② 选中“KL3”名称→单击 1/C 交点→单击 4/C 交点→单击右键结束。

③ 选中“KL3”名称→单击 1/C 交点→单击 4/C 交点→单击右键结束。

④ 选中“KL2”名称→单击 1/B 交点→单击 8/B 交点→单击右键结束。

⑤ 选中“KL1”名称→单击 3/（1/A）交点→单击 6/（1/A）交点→单击右键结束。

⑥ 选中“KL8”名称→单击 1/A 交点→单击 8/A 交点→单击右键结束。

⑦ 选中“KL7”名称→单击 5/A 交点→单击 5/D 交点→单击右键结束。

⑧ 选中“KL6”名称→单击 6/A 交点→单击 6/D 交点→单击右键结束。

⑨ 选中“KL4”名称→单击 7/A 交点→单击 7/B 交点→单击右键结束。

⑩ 选中“KL5”名称→单击 7/C 交点→单击 7/D 交点→单击右键结束。

⑪ 选中“KL9”名称→单击 8/A 交点→单击 8/D 交点→单击右键结束。

⑫ 选中“L1”名称→单击 4/（1/C）交点→单击 5/（1/C）交点→单击右键结束。

然后应用单对齐命令把梁边与柱边按照结施—07 对齐并且进行延伸。KL9、KL4、KL6、KL7 可以利用镜像功能进行操作。绘制好的梁如图 6.2.3 所示。

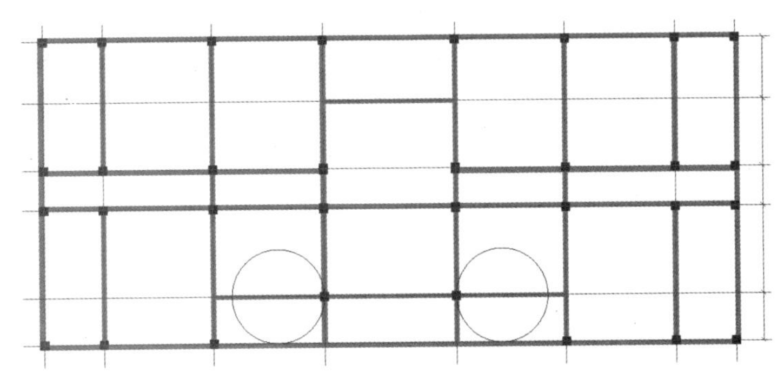

图 6.2.3 绘制 1 层梁

从结施—07 可以看出 L2 半径是 2500mm，梁宽度 250mm，那么到梁中线的半径＝2500 ＋ 250/2 ＝ 2625mm。因为 KL1 的宽度也是 250mm，L2 要交到其中心线，所以在 1/A 轴线下绘制一根距离 1/A125mm 的辅轴，因为 L2 的外皮要与 A 轴外皮对齐，其中心线距离 A 轴线 125mm，所以要绘制一根距离 A 轴线下 125mm 的辅轴。如图 6.2.4、图 6.2.5 所示。

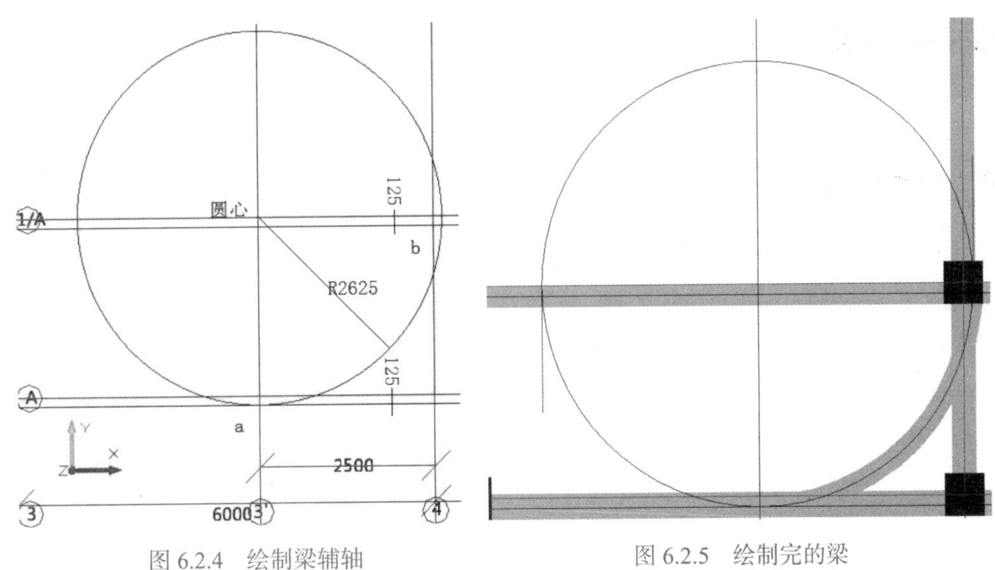

图 6.2.4 绘制梁辅轴

图 6.2.5 绘制完的梁

3. 原位标注

梁所在位置已经绘制完毕，接下来就要录入梁的钢筋原位标注，步骤如下：模块导航栏→梁→工具栏单击原位标注→选中 KL2（7），对应结施—07 梁的配筋图进行输入，如图 6.2.6、图 6.2.7 所示。

所有梁原位标注完毕后如图 6.2.8 所示。

根据对一层梁的定义及绘制，使用同样的方法定义绘制 2 层～ 5 层的梁即可。其中二层和三层的梁信息一致，绘制完二层的梁后可以通过楼层间复制构件的方法直接复制到三层，本章 6.3 中有详细的操作步骤。

KL2 [1909] 300*600
A10@100/200(2) 2B25
G2B12

2100

6B25 4/2　6B25 4/2　6B25 4/2　6B25 4/2

4B20　4B25　4B25

粘贴跨数据　输入当前列数据　删除当前列数据　页面设置　调换起始跨　悬臂钢筋代号

名称	跨号	构件尺寸(mm) A4	跨长	截面(B*H)	距左边线距离	上通长筋	上部钢筋 左支座钢筋	跨中钢筋	右支座钢筋	下部钢筋 下通长筋	下部钢筋	侧面通长筋
KL2	1		(3300)	(300*600)	(150)	2Φ25	6Φ25 4/2				4Φ20	G2Φ12
	2		(6000)	(300*600)	(150)		6Φ25 4/2				4Φ25	
	3		(6000)	(300*600)	(150)		6Φ25 4/2				4Φ25	
	4		(7200)	(300*600)	(150)		6Φ25 4/2		6Φ25 4/2		6Φ25 2/4	
	5		(6000)	(300*600)	(150)				6Φ25 4/2		4Φ25	

图 6.2.6　第一跨到第三跨（1层）

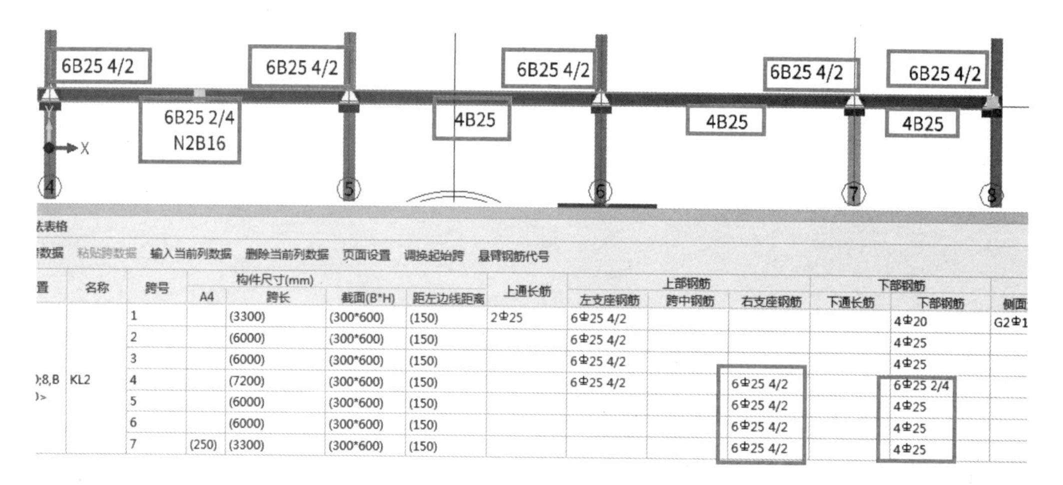

粘贴跨数据　输入当前列数据　删除当前列数据　页面设置　调换起始跨　悬臂钢筋代号

名称	跨号	构件尺寸(mm) A4	跨长	截面(B*H)	距左边线距离	上通长筋	上部钢筋 左支座钢筋	跨中钢筋	右支座钢筋	下部钢筋 下通长筋	下部钢筋	侧面
KL2	1		(3300)	(300*600)	(150)	2Φ25	6Φ25 4/2				4Φ20	G2Φ1
	2		(6000)	(300*600)	(150)		6Φ25 4/2				4Φ25	
	3		(6000)	(300*600)	(150)		6Φ25 4/2				4Φ25	
	4		(7200)	(300*600)	(150)		6Φ25 4/2		6Φ25 4/2		6Φ25 2/4	
	5		(6000)	(300*600)	(150)				6Φ25 4/2		4Φ25	
	6		(6000)	(300*600)	(150)				6Φ25 4/2		4Φ25	
	7	(250)	(3300)	(300*600)	(150)				6Φ25 4/2		4Φ25	

图 6.2.7　第四跨到第七跨（1层）

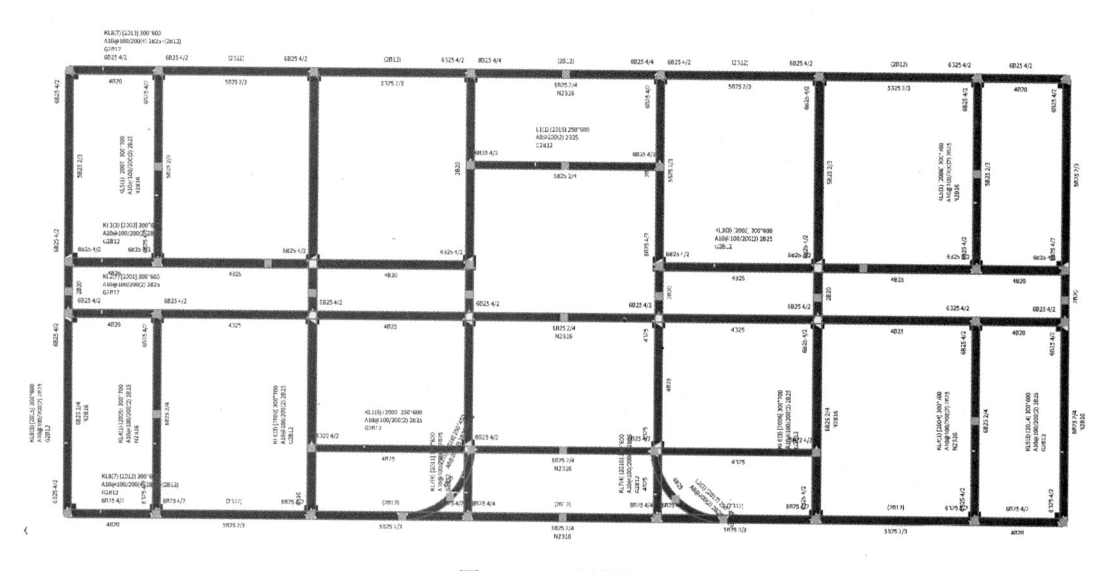

图 6.2.8　1层梁图

思考

梁原位标注钢筋信息可不可以不输入平法表格？

6.3　二～五层梁

学习目的

根据本工程结构施工图内容，完成梁的层间复制。

学习内容

根据图纸复制二层梁到三层。

操作步骤

复制梁：

由结施—08 可知，二层和三层的梁是一样的。所以可以把二层的梁复制到三层，步骤如下：模块导航栏→梁→批量选择→梁→确定→楼层→复制选定图元到其他楼层→勾选第三层→确定→同位置图元选择为第一项→同名构件选择为第二项，如图 6.3.1 ～图 6.3.3 所示。

这样第三层的梁也绘制完成，其余楼层梁的定义及绘制与 -1 ～ 3 层梁绘制方法相同。

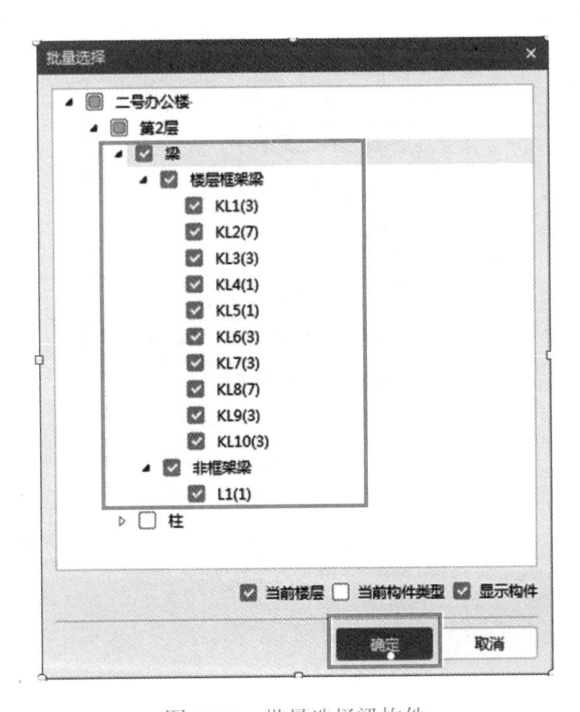

图 6.3.1　批量选择梁构件

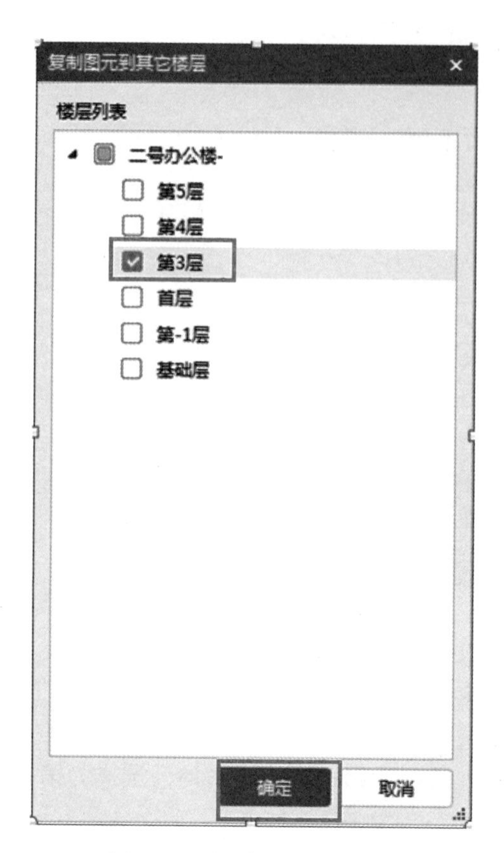

图 6.3.2　复制梁到其他楼层

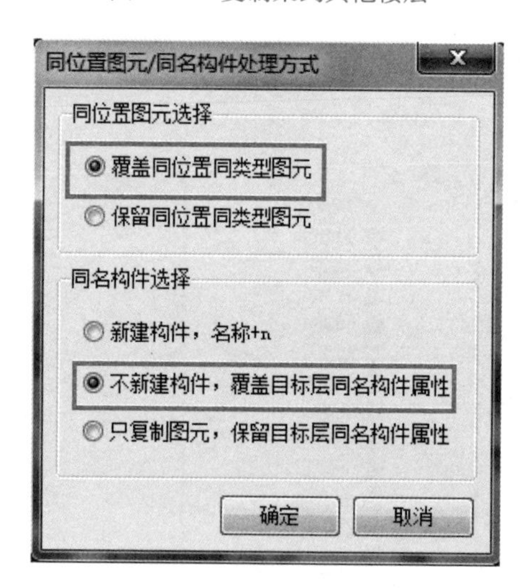

图 6.3.3　同名构件设置

1. 如何确认梁的支座？
2. “应用到其他同名称梁”功能不能复制哪些梁的钢筋信息？

第7章　板工程量计算

7.1　地下一层板及钢筋

学习目的

根据本工程结构施工图内容，完成地下一层板的定义及绘制。

学习内容

（1）定义及绘制板。
（2）定义及绘制板受力筋。
（3）定义及绘制板负筋。
（4）计算设置的修改（跨板受力筋、分布筋、支座负筋）。

操作步骤

操作步骤思维导图见图7.1.1。

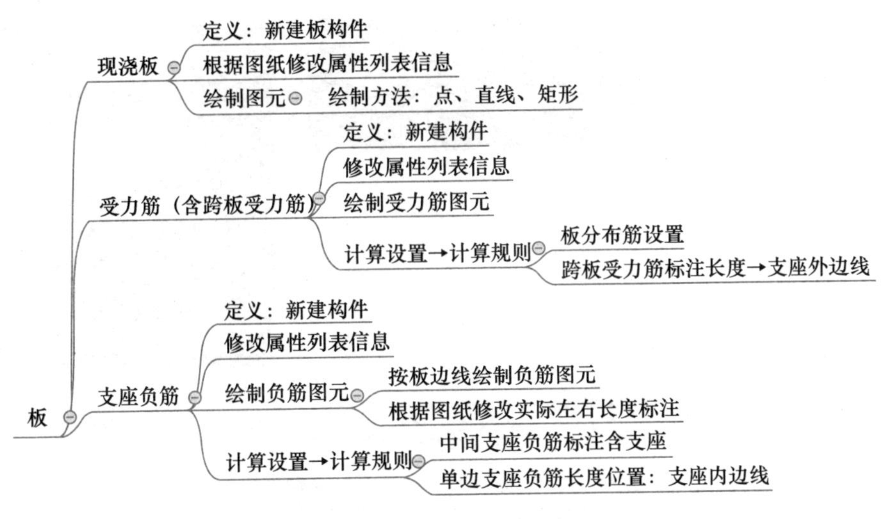

图7.1.1　定义及绘制板思维导图

1. 定义现浇板

根据结施—11绘制地下一层的现浇板。从顶板配筋图可以看出本层板厚有：130mm、140mm、160mm；由注解说明可以看出未注明的板厚度为120mm。操作步骤：模块导航栏→“板”→现浇板→定义→新建现浇板，如图 7.1.2 所示。

① 120mm 厚平板。

属性列表　图层管理

	属性名称	属性值
1	名称	平板120
2	厚度(mm)	(120)
3	类别	有梁板
4	是否是楼板	是
5	混凝土类型	(砾石 GD40 细砂水泥...
6	混凝土强度等级	(C30)
7	混凝土外加剂	(无)
8	泵送类型	(混凝土泵)
9	泵送高度(m)	
10	顶标高(m)	层顶标高
11	备注	
12	+ 钢筋业务属性	
23	+ 土建业务属性	
29	+ 显示样式	

图 7.1.2　新建现浇板（120mm 板）

由于板构件一般会设置马凳筋，根据注解说明可以看出马凳筋属于 I 型，长度水平段为 200mm，竖直段为板厚－保护层－2×面筋直径＝120－2×15－2×10＝70mm。单击马凳筋参数图后的三点方块，如图 7.1.3 所示。

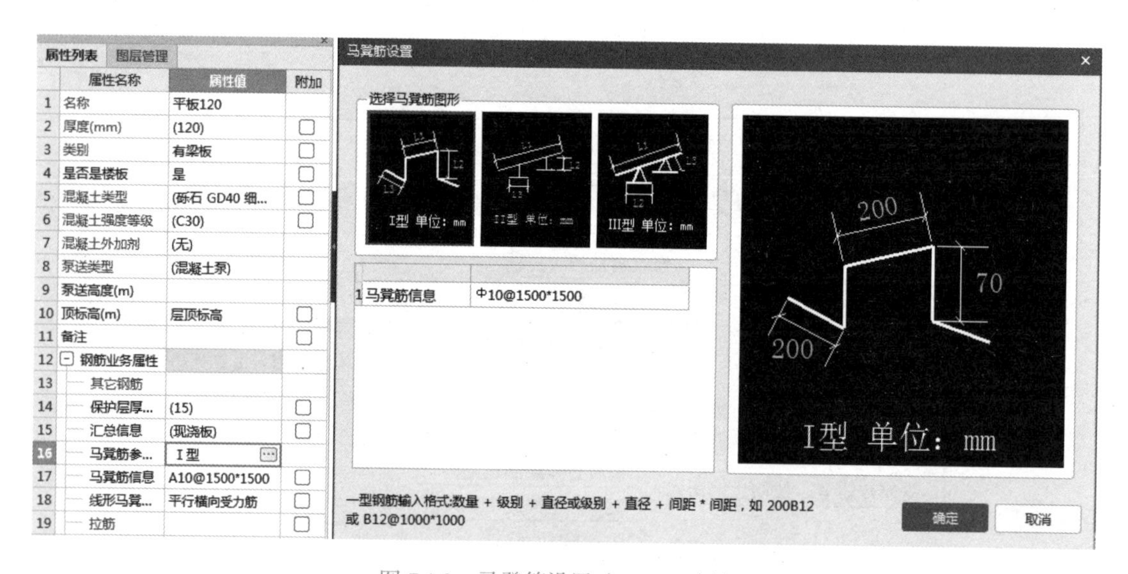

图 7.1.3　马凳筋设置（120mm 板）

② 130mm 厚平板。

单击复制平板 121 进行板的信息修改：平板 130；厚度 130；单击马凳筋参数图后的三点方块，马凳筋长度为水平段 200mm，竖直段为板厚－保护层－2×面筋直径＝130－2×15－2×10＝80mm。如图 7.1.4、图 7.1.5 所示。

图 7.1.4　定义现浇板（130mm 板）

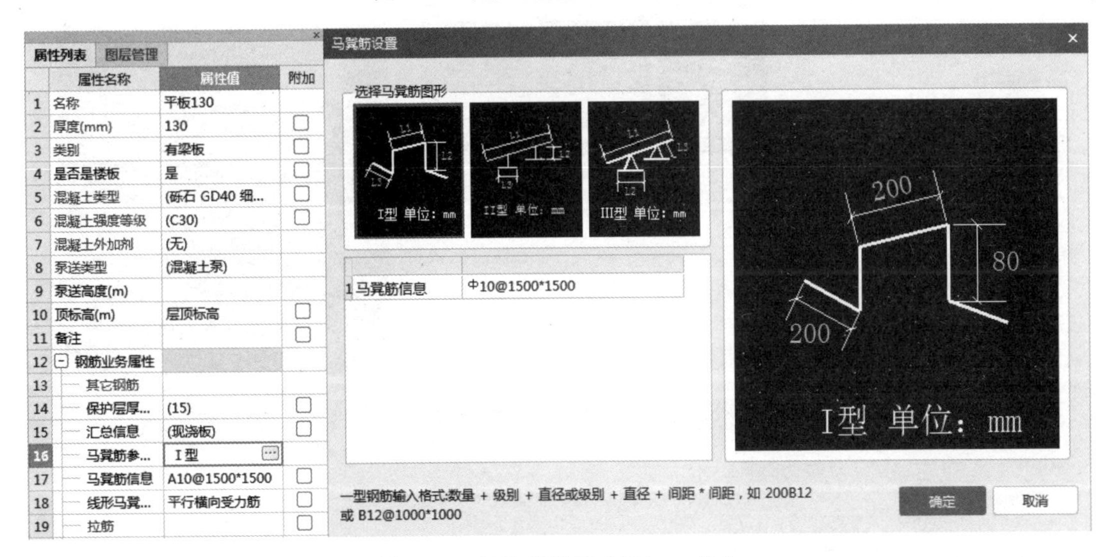

图 7.1.5　马凳筋设置（130mm 板）

③ 140mm 厚平板。

单击复制平板 131 进行板的信息修改：平板 140；厚度 140；单击马凳筋参数图后的三点方块，马凳筋长度为水平段 200mm，竖直段为板厚－保护层－2×面筋直径＝140－2×15－2×10＝90mm。如图 7.1.6 所示。

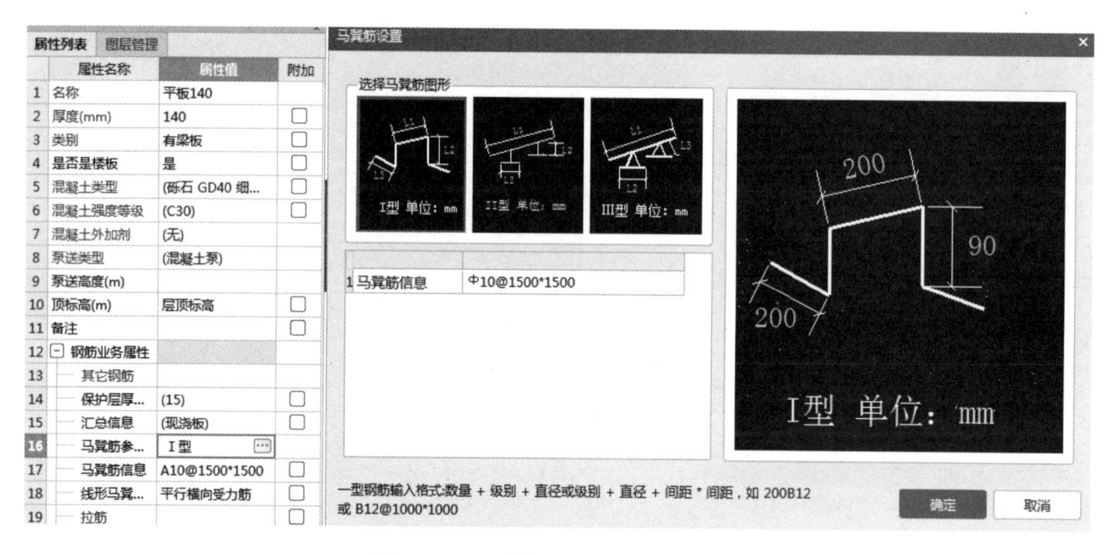

图 7.1.6　马凳筋设置（140mm 板）

④ 160mm 厚平板。

单击复制平板 141 进行板的信息修改：平板 160；厚度 160；单击马凳筋参数图后的三点方块，马凳筋长度为水平段 200mm，竖直段为板厚－保护层－2×面筋直径＝160－2×15－2×10＝110mm，如图 7.1.7 所示。

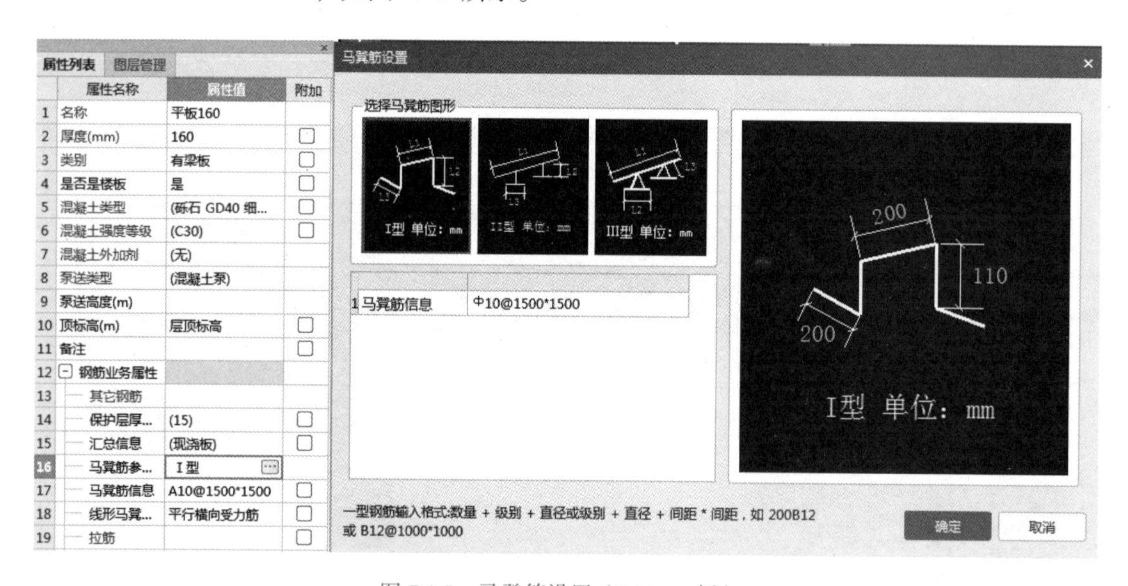

图 7.1.7　马凳筋设置（160mm 板）

这样 -1 层的现浇板就定义好了。

2. 绘制现浇板

单击“绘图”按钮进入绘图界面，选择平板160→单击点选，按照结施—11，绘制 -1 层顶的现浇板，如图 7.1.8 所示。同样的方法，将平板未注明的 120、平板 130，绘制完毕。如图 7.1.9 所示。

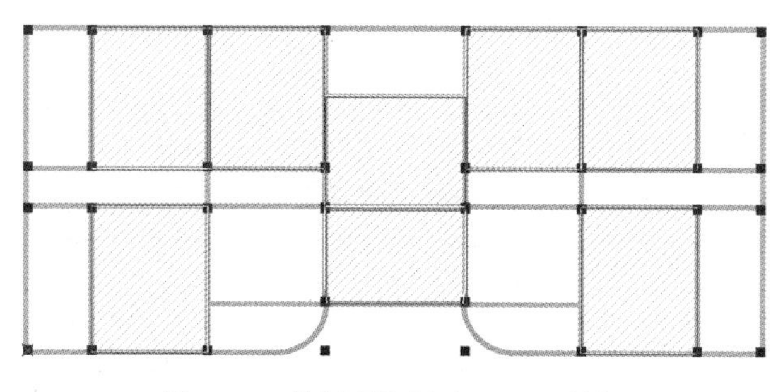

图 7.1.8　绘制现浇板（160mm 板）

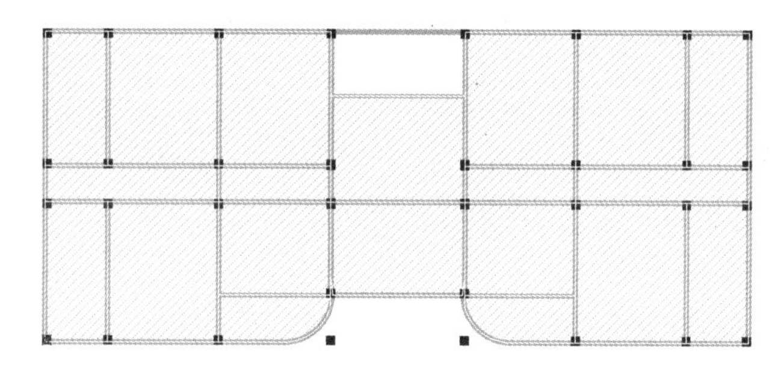

图 7.1.9　绘制现浇板（120mm、130mm 板）

下面绘制平板 140，步骤如下:辅助轴线→平行→单击 2 轴→偏移距离 -50，轴号 1/1；平行→单击 3 轴→偏移距离 50，轴号 3/3；平行→单击 A 轴→偏移距离 -1750（1500 + 250），轴号 A/1″；单击延伸→选择 A/1″ 轴→点击 1/1 和 3/3 轴→单击右键结束。如图 7.1.10 所示。

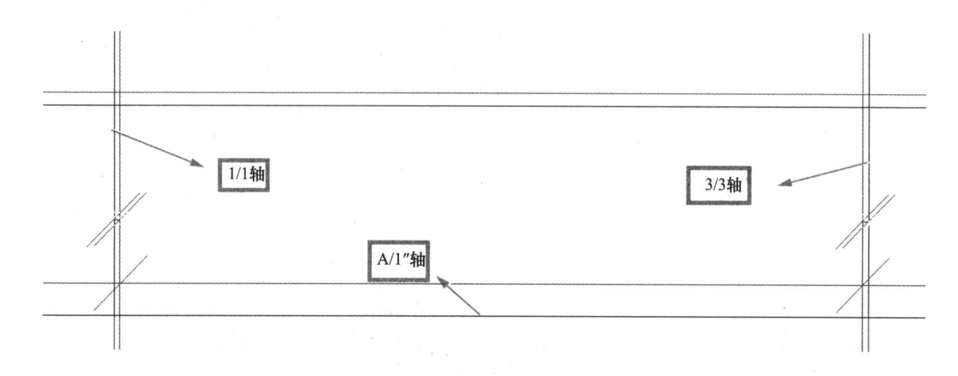

图 7.1.10　辅助轴线（平板 140）

选择平板 140→单击矩形绘制→单击 1/1 轴和 A 轴交点→再单击 3/3 轴与 A/1″ 轴交点即可，如图 7.1.11 所示。

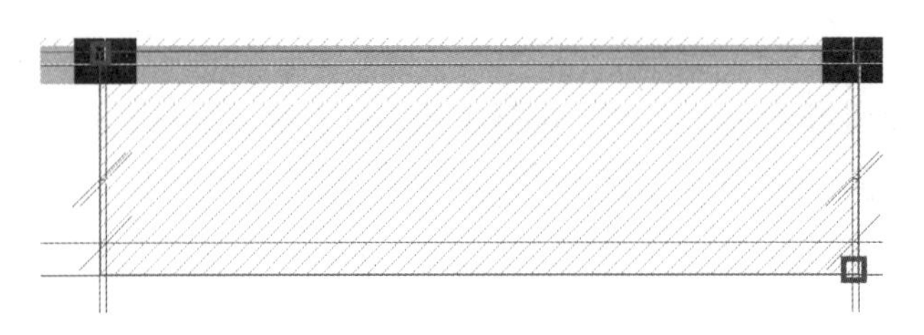

图 7.1.11　绘制平板 140

点击选择→选中绘制好的平板 140 →选中镜像命令→选择→ 4 轴到 5 轴的对称点→是否要删除原来图元→单击否，这样就绘制好 140 平板了。

本层的板就绘制好了，如图 7.1.12 所示。

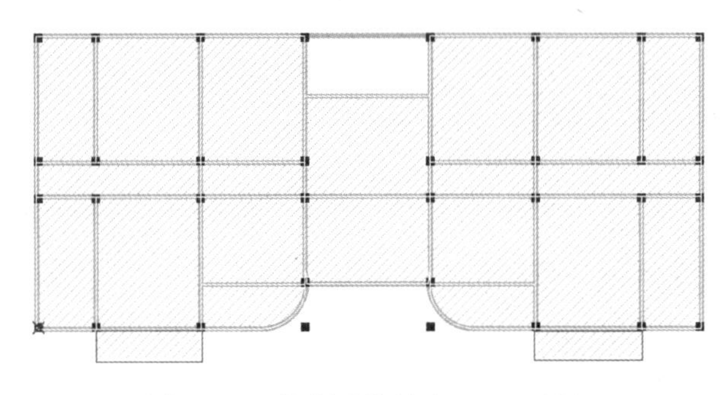

图 7.1.12　绘制现浇板（140mm 板）

3. 定义板受力筋

由结施—11 可以看出 -1 层板的受力筋有三种底筋 A10@150/A10@180/A10@200，三种跨板受力筋 A10@130/A10@200/B12@200。定义步骤如下：

板→板受力筋→新建板受力筋，如图 7.1.13 所示，其余两种受力筋定义方法相同。

板→板受力筋→新建跨板受力筋，如图 7.1.14 所示，其余两种受力筋定义方法相同。

属性列表　图层管理

	属性名称	属性值
1	名称	SLJ-1
2	类别	底筋
3	钢筋信息	⌀10@150
4	左弯折(mm)	(0)
5	右弯折(mm)	(0)
6	备注	
7	+ 钢筋业务属性	
16	+ 显示样式	

图 7.1.13　新建板受力筋

属性列表　图层管理

	属性名称	属性值
1	名称	KBSLJ-1
2	类别	面筋
3	钢筋信息	B12@200
4	左标注(mm)	1500
5	右标注(mm)	1500
6	马凳筋排数	1/1
7	标注长度位置	(支座中心线)
8	左弯折(mm)	(0)
9	右弯折(mm)	(0)
10	分布钢筋	(⌀6@250)
11	备注	
12	+ 钢筋业务属性	
21	+ 显示样式	

图 7.1.14　新建跨板受力筋

4. 绘制板受力筋

绘制步骤如下：选择 XY 方向→单板→1 轴和 2 轴与 A 轴和 B 轴的板→智能布置→底筋 XY 方向勾选 A10@200→确定，如图 7.1.15 所示。

同样方式布置其他板底筋，钢筋信息注意选择正确即可，绘制完底筋如图 7.1.16 所示。

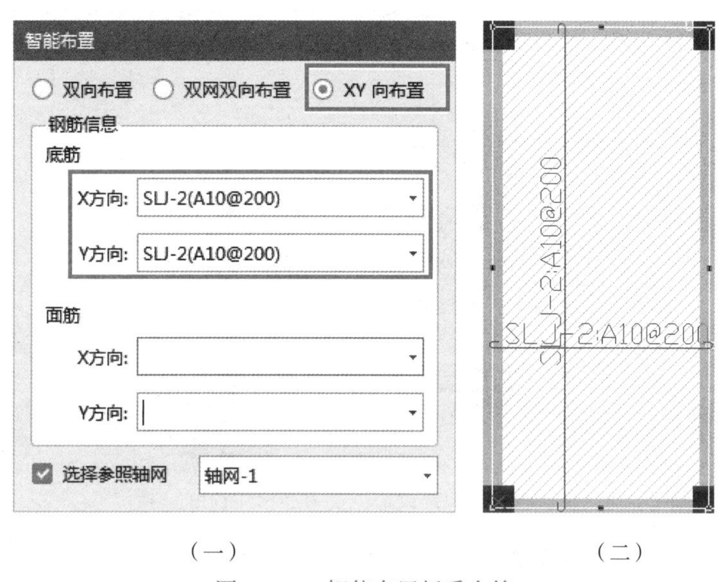

（一）　　（二）

图 7.1.15　智能布置板受力筋

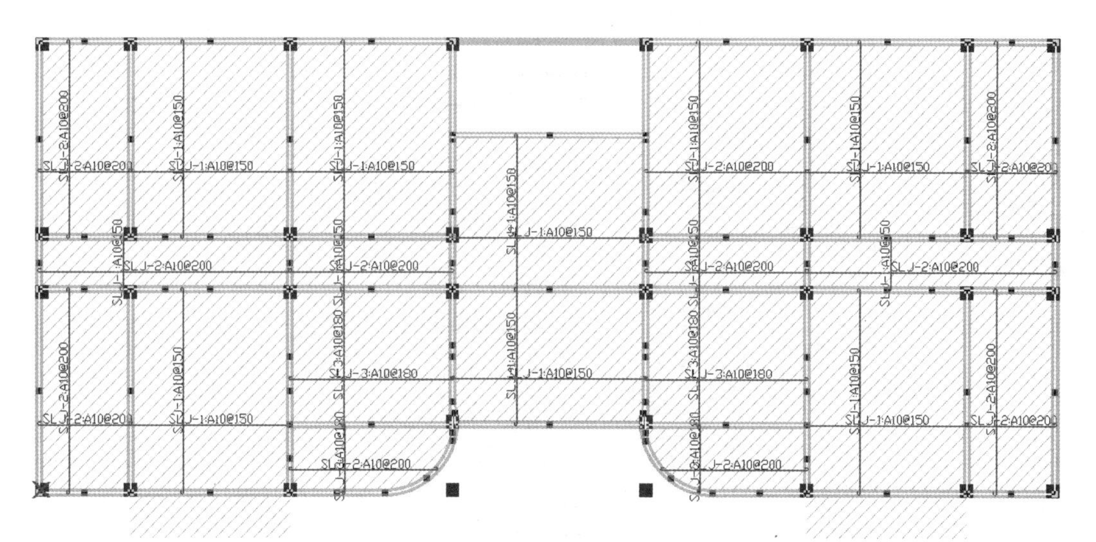

图 7.1.16　板受力筋图

5. 绘制跨板受力筋

绘制步骤如下:选择 A10@200→垂直→自定义范围→1 轴和 2 轴与 B 轴和 C 轴的板→单击，然后对标注长度进行修改，如图 7.1.17 所示。

同样的方式调整 2 轴和 3 轴与 B 轴和 C 轴的跨板受力筋 B12@200；3 轴和 4 轴与 B

轴和 C 轴的跨板受力筋 B12@200；7 轴和 8 轴与 B 轴和 C 轴的跨板受力筋 A10@200；5 轴和 6 轴与 B 轴和 C 轴的跨板受力筋 B12@200；6 轴和 7 轴与 B 轴和 C 轴的跨板受力筋 B12@200。

选择 A10@130→垂直→单板→3 轴和 4 轴与 B 轴和 C 轴的板→单击，然后对标注长度进行修改；对称的 5 轴和 6 轴与 B 轴和 C 轴的跨板受力筋同样方式绘制。

从图纸可以看出跨板受力筋的标注长度是在梁的外边线，绘制完毕的为梁的中线，所以要进行调整，步骤如下：工程设置→计算设置→板→跨板受力筋标注长度→更改为支座外边线，如图 7.1.18 所示。

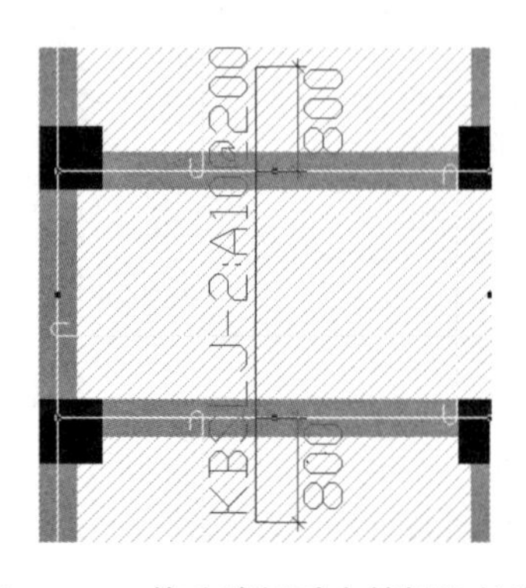

图 7.1.17 修改跨板受力筋标注长度

图 7.1.18 修改跨板受力筋标注长度位置

回到绘图输入界面，如图 7.1.19 所示。

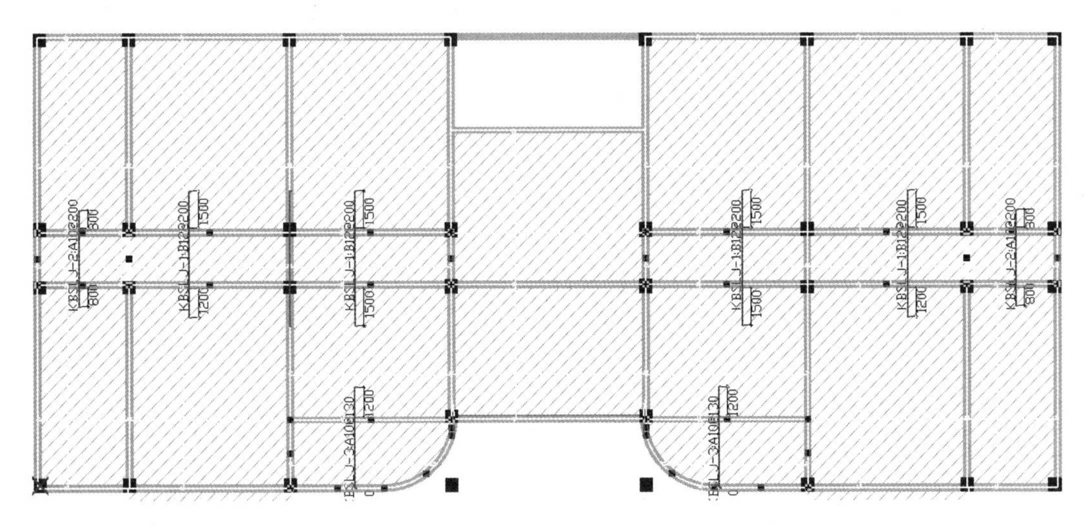

图 7.1.19　跨板受力筋图

6. 定义板负筋

由结施—11 图可以看出，板负筋有 6 种，定义步骤如下：模块导航栏→板→板负筋→新建板负筋 A8@200。如图 7.1.20 所示。

A10@200 负筋、A12@100 负筋、B12@180 负筋、B12@200 负筋、B12@150 负筋定义方法与 A8@200 负筋相同，这样板负筋就定义好了。

属性列表　图层管理

	属性名称	属性值	附加
1	名称	FJ-1	
2	钢筋信息	中8@200	☑
3	左标注(mm)	900	☐
4	右标注(mm)	1200	☐
5	马凳筋排数	1/1	☐
6	非单边标注含...	(是)	☐
7	左弯折(mm)	(0)	☐
8	右弯折(mm)	(0)	☐
9	分布钢筋	(中8@200)	☐
10	备注		☐
11	+ 钢筋业务属性		
19	+ 显示样式		

图 7.1.20　新建 A8@200 负筋

7. 绘制板负筋

由结施—11 图可以看出，板负筋有单边支座的也有双边支座的，单边支座绘制步骤如下：模块导航栏—板负筋→选择 A8@200 负筋→点击按板边布置→双击 1 轴与 A 轴和 B 轴的板边即可。如图 7.1.21 所示。

由于单边支座一侧的标注长度为 0，一侧标注长度为 800，所以要进行调整，步骤如下：选中 A10@200 →在 1 轴外侧输入 0 内侧输入 800 即可。如图 7.1.22 所示。

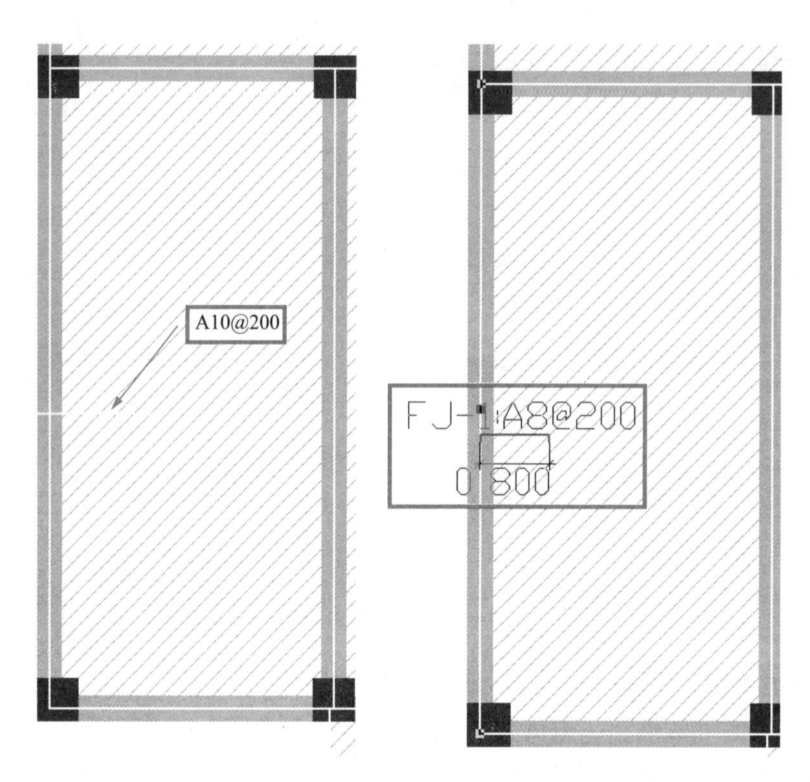

图 7.1.21　板单位支座绘制　　　　图 7.1.22　修改单边支座标注

同样的方式把剩余的单边支座负筋绘制完毕。然后把双边支座负筋也绘制完毕，与单边支座负筋不同的就是两侧都有输入标注长度。绘制好的板负筋如图 7.1.23 所示。

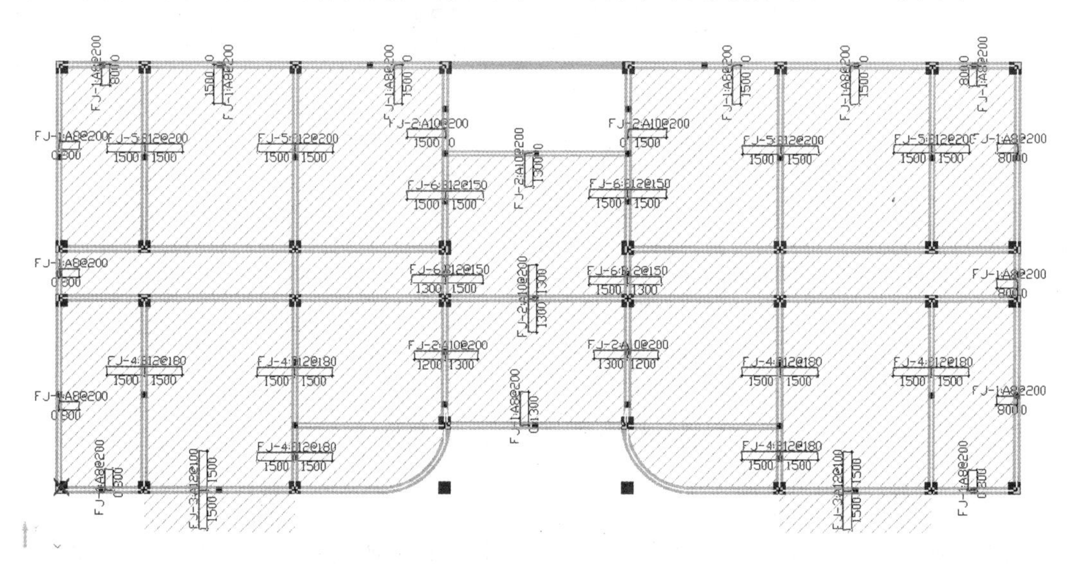

图 7.1.23　板负筋图（一）

由于板负筋的支座也是以梁边为起点标注的，所以同样需要进行调整，步骤如下：工程设置→计算设置→板→板中间支座负筋标注是否含支座→更改为否→单边标注支座负筋标注长度设置→支座内边线。如图 7.1.24 所示。

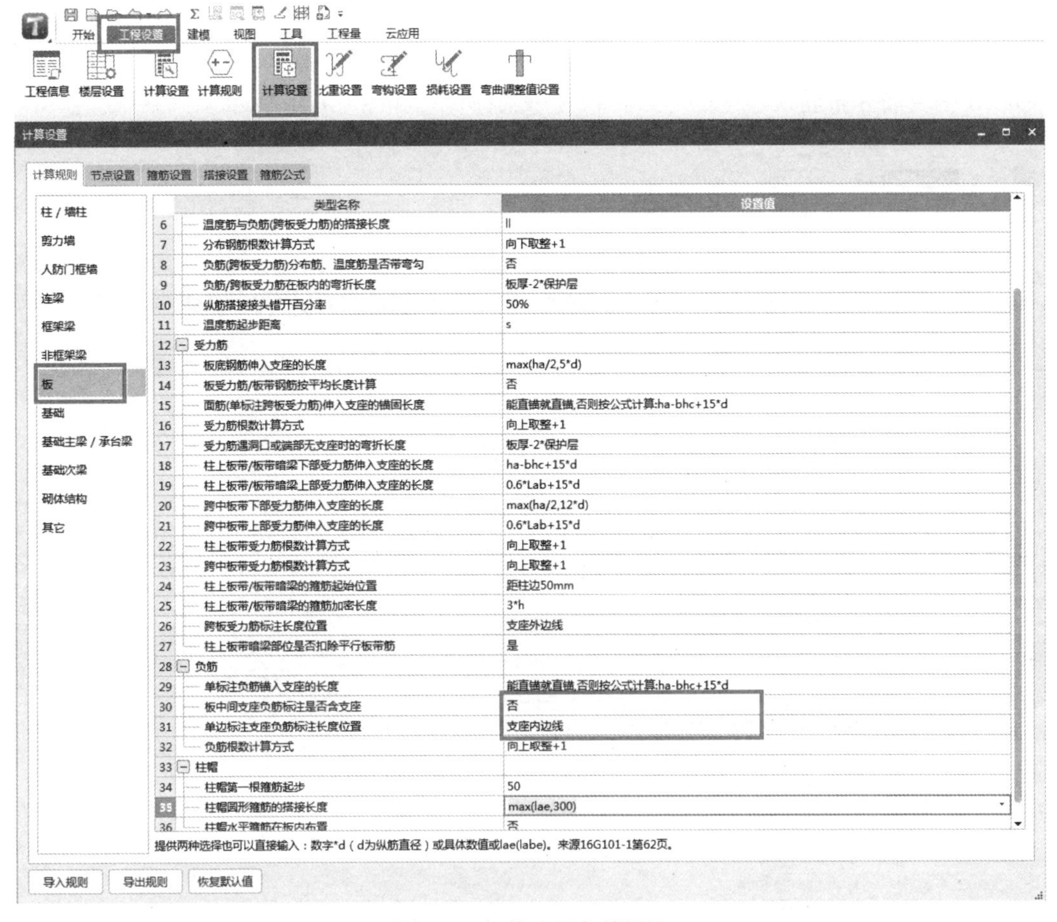

图 7.1.24　修改板负筋标注

回到绘图输入界面，如图 7.1.25 所示。

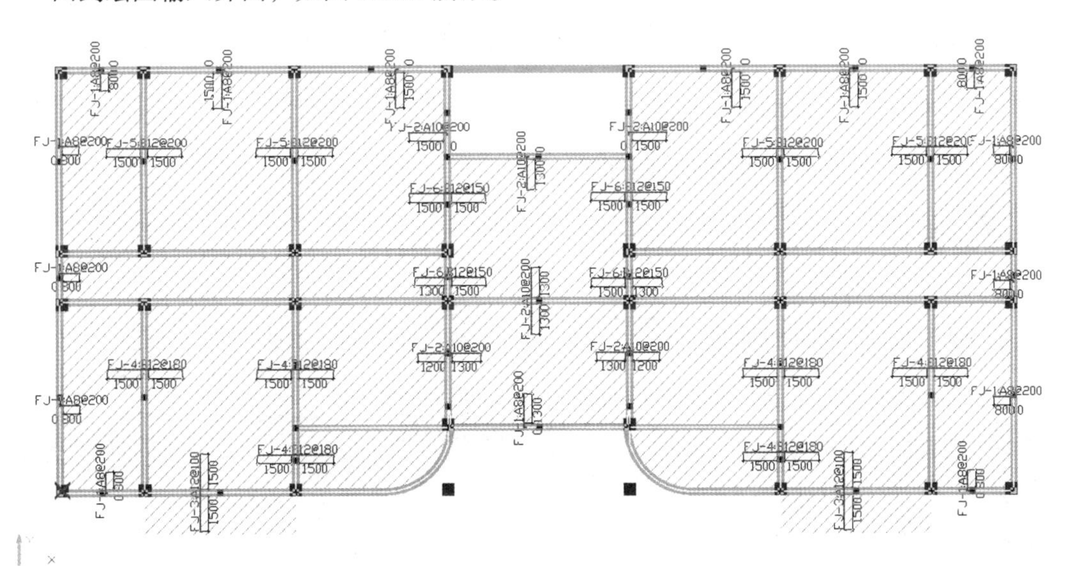

图 7.1.25　板负筋图（二）

由结施—11 的注解说明可以看出，板的分布筋为 A8@200 并带弯钩。所以这个需要在计算设置中调整。步骤如下：工程设置→计算设置—板→分布钢筋配置→更改 A8@200 →负筋分布筋、温度筋是否带弯钩→选择是。如图 7.1.26 所示。

图 7.1.26　调整板的分布筋

这样本层的板及板内钢筋就绘制好了。

1. 马凳筋的作用是什么？
2. 分布筋的作用是什么？

7.2　一～四层板

根据本工程结构施工图内容，完成一层板的定义及绘制。

学习内容

（1）快速复制定义板、绘制一层板。
（2）层间复制板受力筋。
（3）定义及绘制板负筋。

操作步骤

1. 定义现浇板

根据结施—12 画一层的现浇板。从顶板配筋图及节点详图可以看出，本层板厚有：130mm、140mm、160mm；由注解说明可以看出未注明的板厚度为 120mm。

由于首层和 -1 层板的类型一样，所以可以应用下列步骤简化定义过程：首层→板→现浇板→构件→层间复制→从其他楼层复制构件→源楼层 -1 层→楼层构件板→现浇板全部勾选→确定。如图 7.2.1、图 7.2.2 所示。

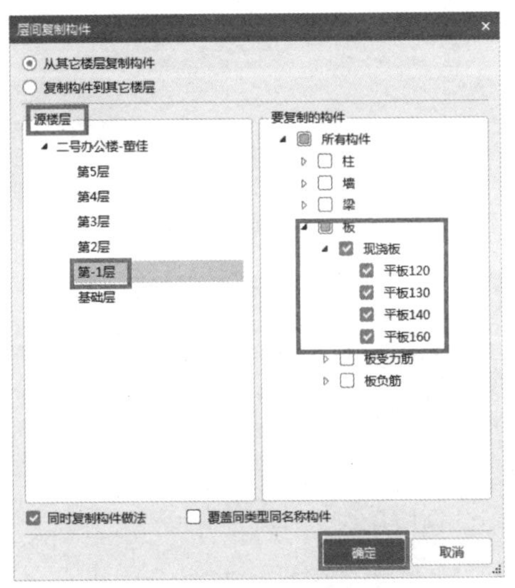

图 7.2.1　层间复制板构件

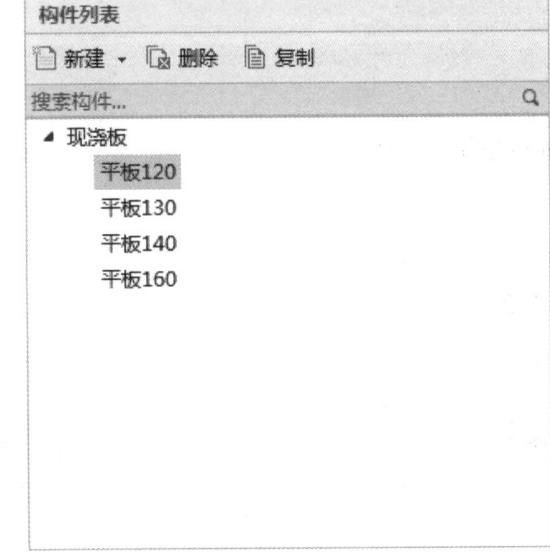

图 7.2.2　一层现浇板列表

2. 绘制现浇板

单击“绘图”按钮进入绘图界面，选择平板 160—单击点选，按照结施—12 的要求画一层顶的现浇板。同样的步骤参照 -1 层板的绘制方法将除 1 轴外侧的 1-1 节点和 3-3 节点悬挑板外的所有板绘制完毕。如图 7.2.3 所示。

由于 1-1 节点的板为 140mm，与 -1 层相同，可以应用下列步骤：-1 层→板→现浇板→批量选择→平板 140 →楼层→复制选定图元到其他楼层→勾选首层→覆盖同位置同类型图元→不新建构件覆盖目标层同名构件属性→确定。如图 7.2.4、图 7.2.5 所示。

下面绘制 3-3 节点平板 120，步骤如下：辅助轴线→平行→单击 3 轴→偏移距离→3400 轴号 4-（3）；平行→单击 5 轴→偏移距离 3400 轴号 5-（3）；平行→单击 A 轴→偏移距离 -1600（1350 + 250），轴号 A-（3）″；单击延伸→选择 A-（3）轴，点击 4-（3）和 5-（3）轴→单击右键结束。如图 7.2.6 所示。

选择平板 120—单击“矩形”绘制，单击 4-(3) 轴和 A 轴交点，再单击 5-(3) 轴与 A-(3) 轴交点即可。如图 7.2.7 所示。

这样本层的现浇板就绘制好了，如图 7.2.8 所示。

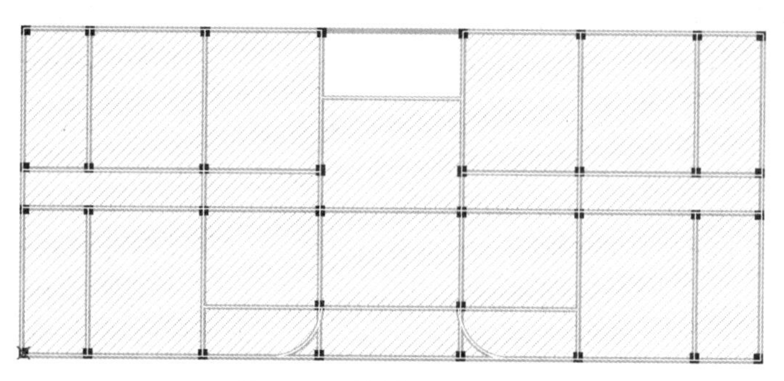

图 7.2.3　绘制一层现浇板

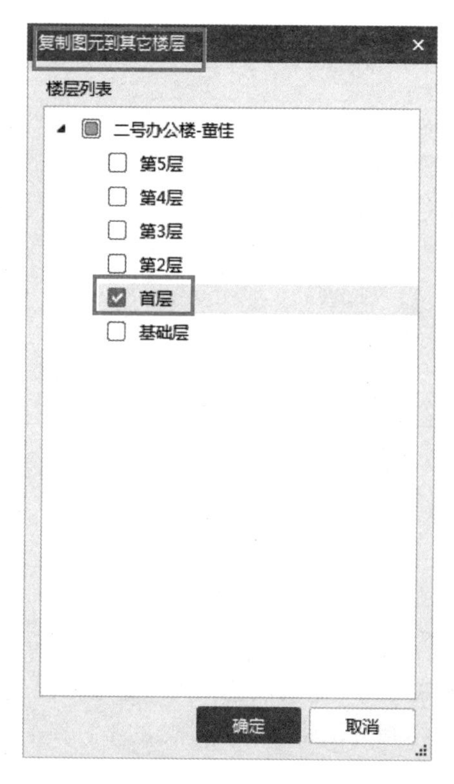

图 7.2.4　复制 -1 层板到首层（140mm 板）

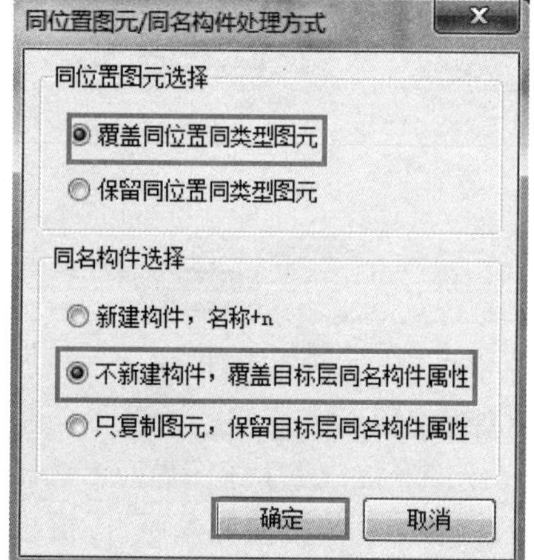

图 7.2.5　覆盖同位置同类型板图元

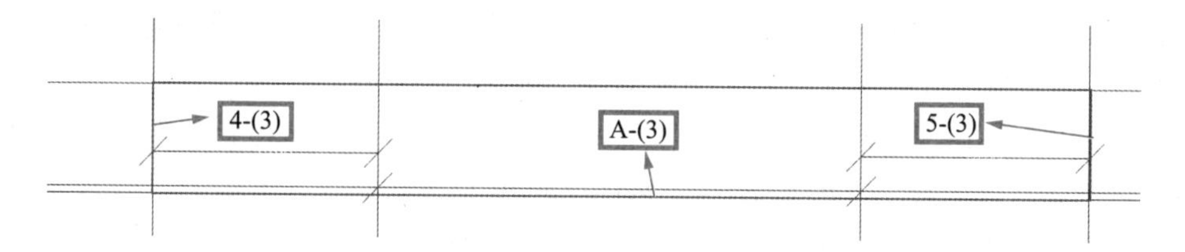

图 7.2.6　平板 120 辅助轴线

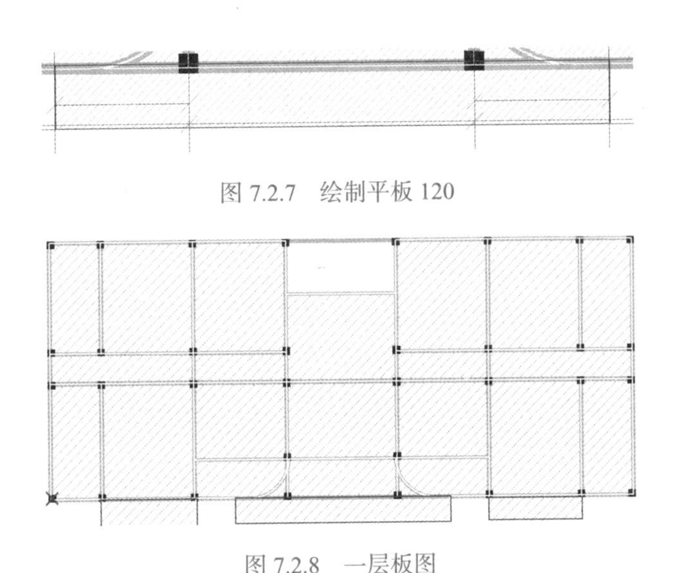

图 7.2.7　绘制平板 120

图 7.2.8　一层板图

3. 定义及绘制板受力筋

由结施—11 和结施—12 可以看出 -1 层板的受力筋和首层板的受力筋种类完全相同，有三种底筋：A10@150/A10@180/A10@200。三种跨板受力筋：A10@130/A10@200/B12@200/A12@100。而且除 3 轴到 6 轴与 A 轴到 1/A 轴的板布筋有所不同外，其余受力筋完全相同。

那么可以应用下列步骤：-1 层→板受力筋→批量选择→板受力筋全部勾选→确定→楼层→复制选定图元到其他楼层→勾选首层→单击确定；如图 7.2.9 所示。

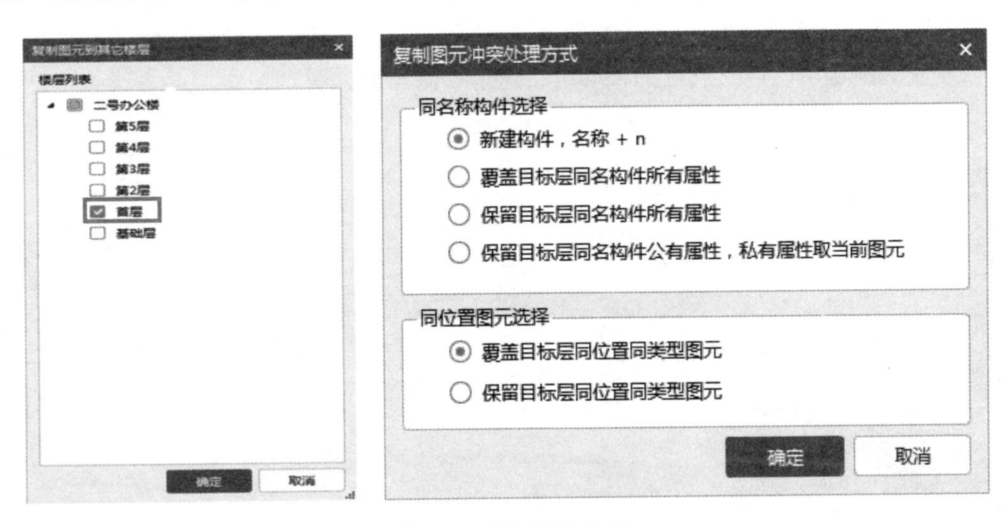

图 7.2.9　复制板受力筋

回到首层，这样首层的受力筋定义和绘制就基本完成了，但是 3 轴到 6 轴与 A 轴到 1/A 轴的板底筋和跨板受力筋与 -1 层不一样，将复制过来的钢筋删除，应用 -1 层自定义范围和单板、多板的方法绘制上这部分钢筋。因为跨板受力筋的标注长度在总的工程设置已经调整过，所以不需要另行调整，这样首层的受力筋就绘制好了。如图 7.2.10 所示。

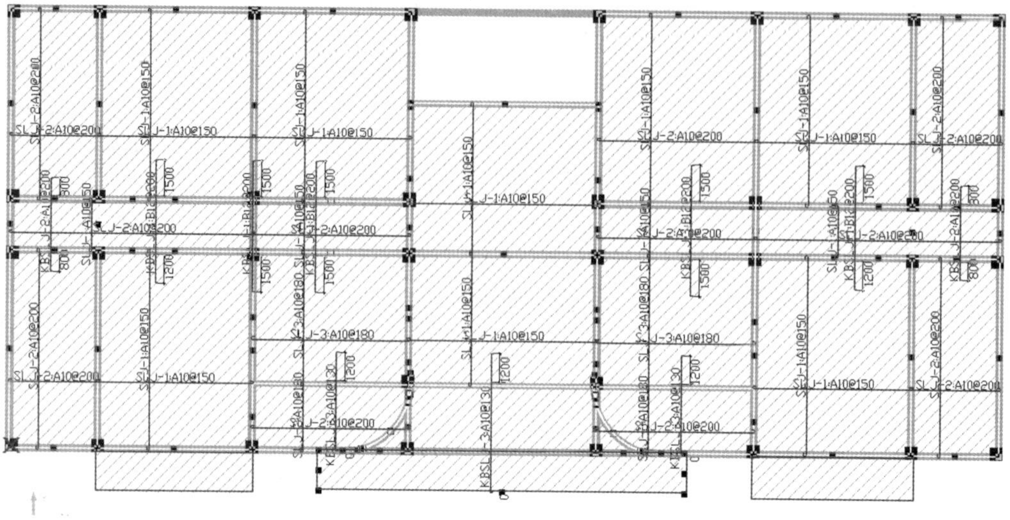

图 7.2.10　一层板受力筋图

4．定义及绘制板负筋

由结施—11 和结施—12 图可以看出，两层负筋位置直径和间距是一样的，有 6 种，那么可以应用步骤如下：-1 层→板负筋→批量选择→板负筋全部勾选→楼层→复制选定图元到其他楼层→勾选首层→确定→回到首层，如图 7.2.11 所示。

这样本层的板及板内钢筋就绘制好了。我们根据结施—13 绘制二层的现浇板。从顶板配筋图及节点详图可以看出本层板厚有：130mm、140mm、160mm；由注解说明可以看出未注明的板厚度为 120mm。绘制完一层板后，二层、三层、四层用相同的方法定义绘制或复制其他楼层已经绘制好的板即可，这里不做详细说明。

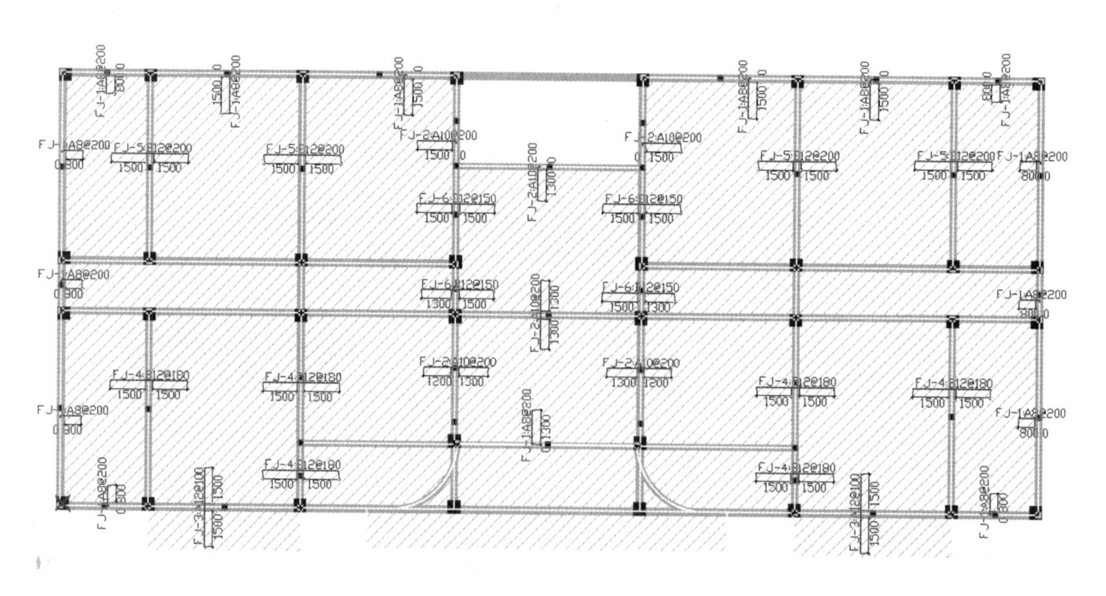

图 7.2.11　一层板负筋图

思考

1. 二层楼面板是首层的什么板？
2. 板支座负筋是否带弯折？
3. 板底筋钢筋类别为一级钢，是否带弯钩？

7.3 五　层　板

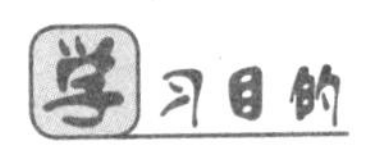

学习目的

根据本工程结构施工图内容，完成五层板的定义及绘制。

学习内容

（1）定义及绘制五层板。
（2）三点定义斜板。
（3）绘制老虎窗。

操作步骤

操作步骤思维导图见图 7.3.1。

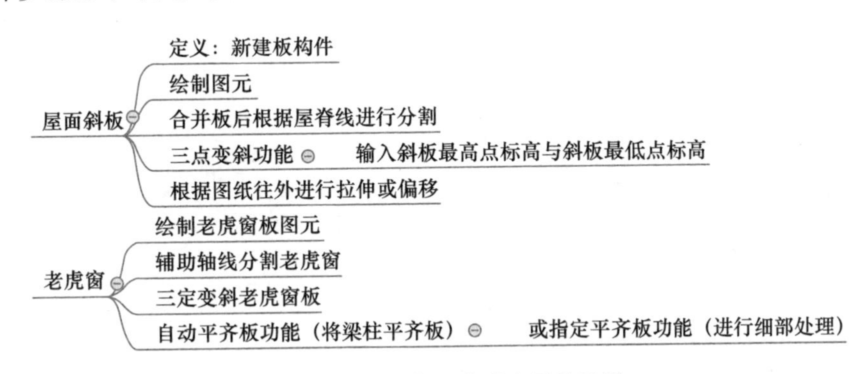

图 7.3.1　屋面板、老虎窗思维导图

1. 定义现浇板

根据结施—15 画五层的现浇板。从注解说明可以看出本层板厚为 120mm。操作步骤：五层→板→现浇板→构件→从其他楼层复制构件→源楼层四层→楼层构件板→勾选现浇板平板 120 →确定。

2. 绘制现浇板

从结施—15 可以看出，五层板大部分是斜板，每块斜板图纸都给出两个标高，一个顶标高，一个底标高，而且图纸给出的底标高都在梁边位置（并非斜板本身底标高），标高为 17.3m。操作步骤：现浇板→平板 120 →点选→将梁内的板点选上，如图 7.3.2 所示。

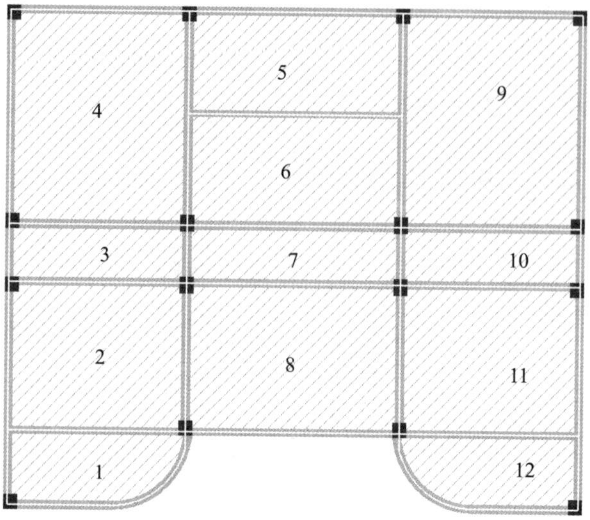

图 7.3.2　梁内板点选

由结施—15 可以看出板是左右对称的，而且有平板有坡板，所以先按下列步骤处理板：先将 2、3、4、5、6、9 板选中→单击右键→选择合并→选择是；其次，将 1、7、8、10、11、12 板删除。如图 7.3.3 所示。

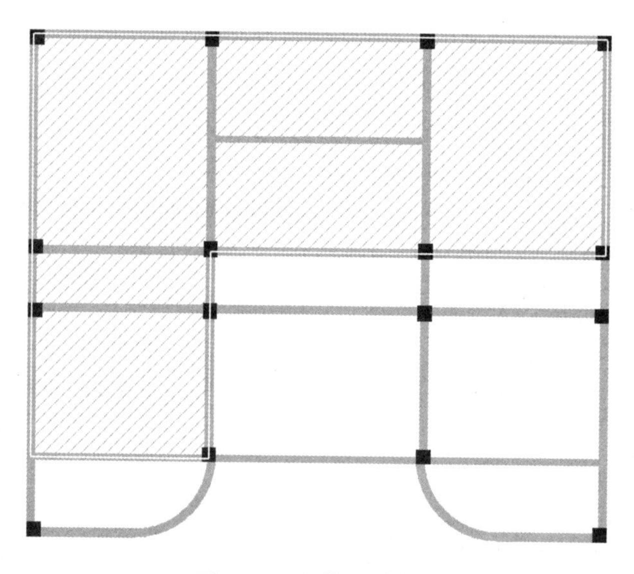

图 7.3.3　合并、删除板

因为图纸给出的底标高都在梁边位置，所以将板偏移至梁边位置，因为板都是按梁中布置的，所以偏移距离为梁的一半 150mm，步骤如下：选中板→单击右键→偏移→整体偏移→把轮廓线放在整个板外侧→输入 150 →确定，如图 7.3.4 所示。

如图 7.3.5 所示：选中板→将图示的点拖至指定位置→将该板边→偏移→多边偏移→选择这半边→单击右键→ 250。

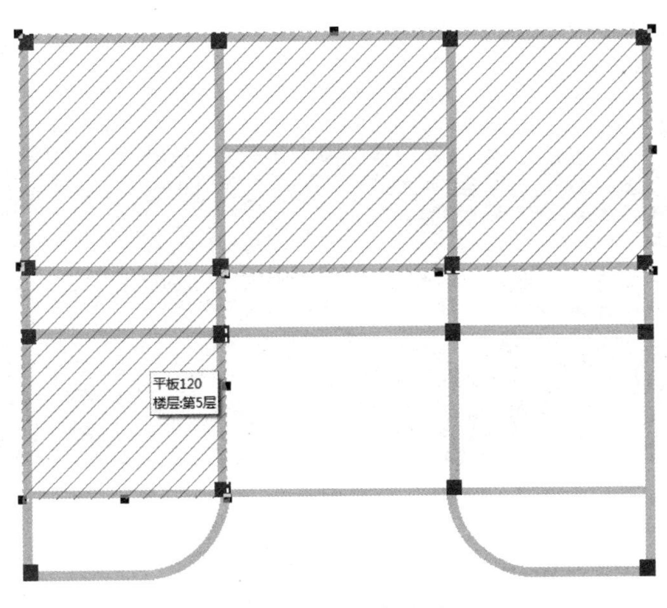

图 7.3.4　板整体偏移

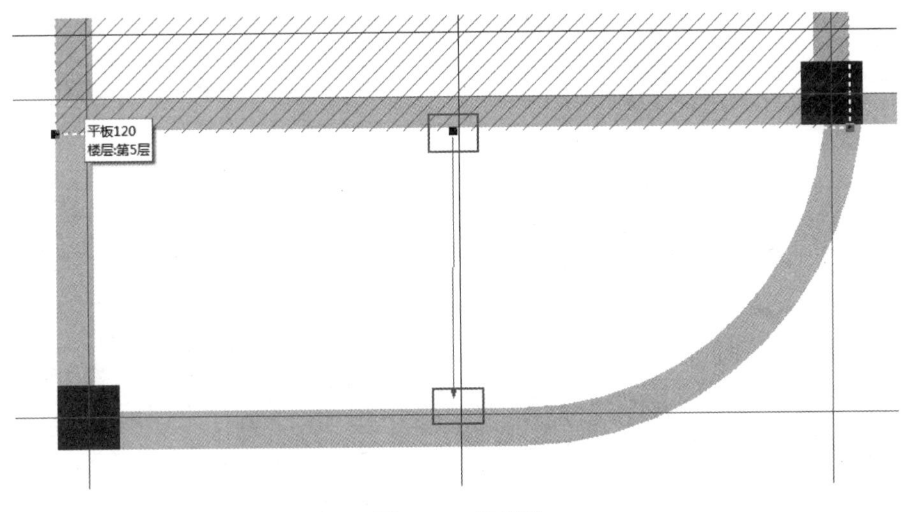

图 7.3.5　板偏移

辅助轴线：

第一根：与 C 轴平行距离 2317 的 C-1 轴。

第二根：与 1/A 轴平行距离 500 的 1/A-1 轴。

第三根：与 4 轴平行距离 635 的 4-1 轴。

第四根：与 3 轴平行距离 3000 的 3-1 轴。

第五根：与 5 轴右侧平行距离 3000 的 5-1 轴。

第六根：与 5 轴左侧平行距离 150 的 5-2 轴。如图 7.3.6 所示。

选中板→单击右键分割→如图 7.3.7 所示分割线→单击右键确定。如图 7.3.7 所示。然后将右侧的三角形板删除，如图 7.3.8 所示。重新对板编号，如图 7.3.9 所示。

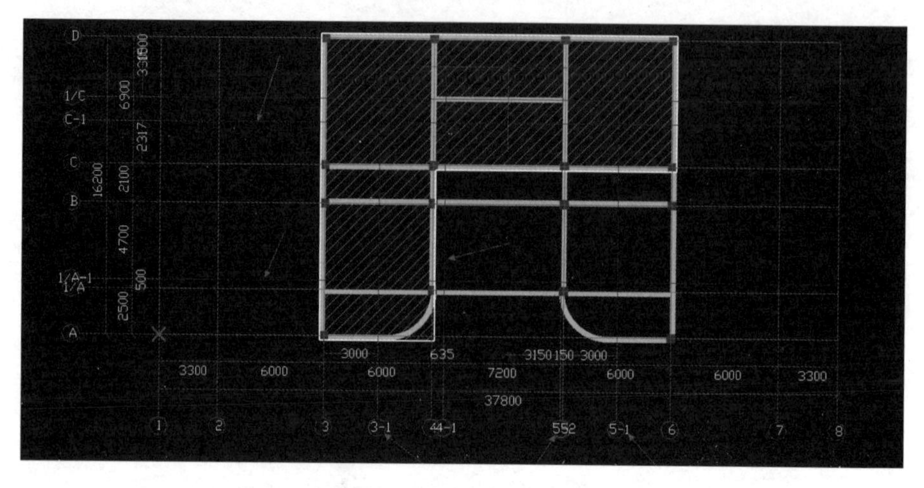

图 7.3.6　绘制辅助轴线（板）

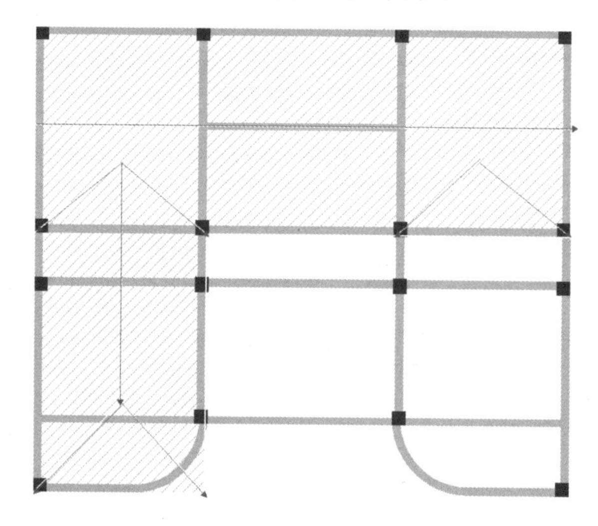
图 7.3.7　分割板

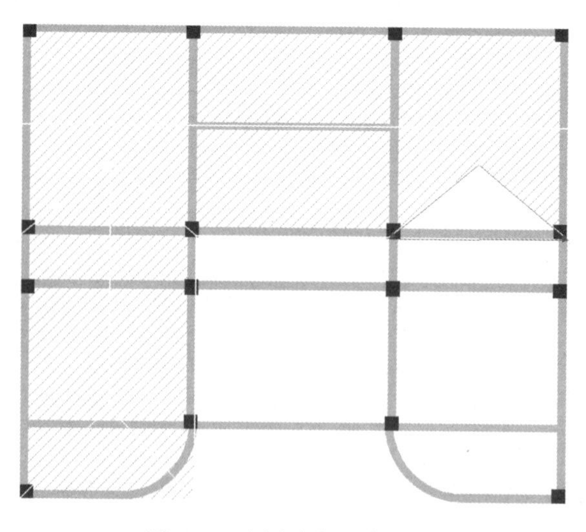
图 7.3.8　删除右侧三角形板

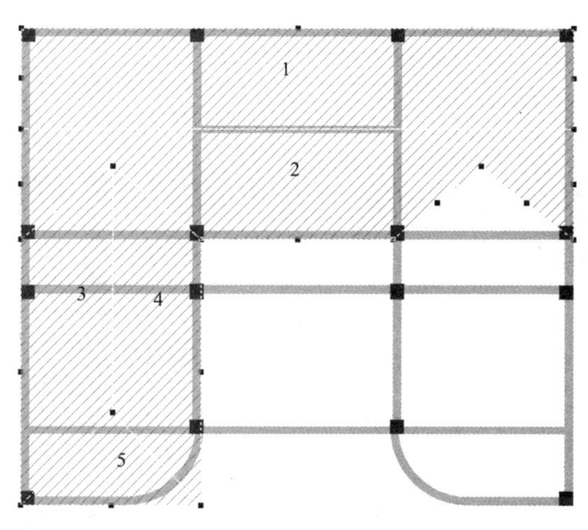

图 7.3.9 重新对板编号

接下来绘制斜板步骤如下：

选中 1 号板→三点定义斜板→按图纸标高输入 19.1 ；19.1 ；17.3，如图 7.3.10 所示。

图 7.3.10 定义 1 号板标高

选中 2 号板→三点定义斜板→按图纸标高输入 19.1 ；19.1 ；17.3，如图 7.3.11 所示。

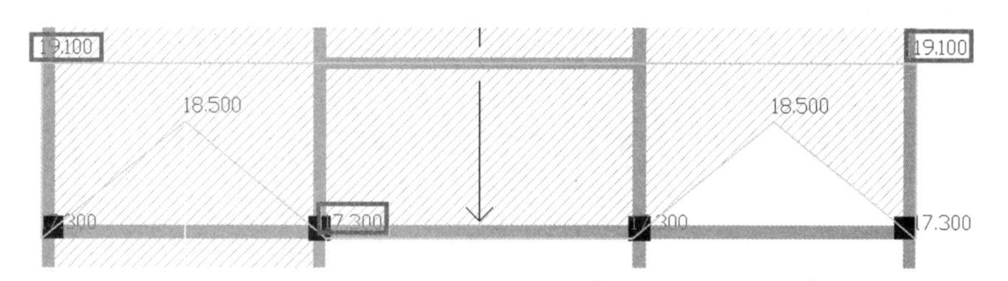

图 7.3.11 定义 2 号板标高

选中 3 号板→三点定义斜板→按图纸标高输入 18.5 ；18.5 ；17.3，如图 7.3.12 所示。

选中 4 号板→三点定义斜板→按图纸标高输入 18.5 ；18.5 ；17.3，如图 7.3.13 所示。

选中 5 号板→三点定义斜板→按图纸标高输入 18.5 ；17.3 ；17.3，如图 7.3.14 所示。

选中 3、4、5 号板→镜像→选择 4、5 轴的对称点→是否删除原来图元→选择否，如图 7.3.15 所示。

绘制中间平板→平板 120 →点选 4、5 轴中间的平板，如图 7.3.16 所示。

选中 7 号平板→偏移→多边→外侧边→单击右键→ 650（750－100）→回车，如图 7.3.17 所示。

选中 6、7 号板→属性→顶标高 -17.3（平面图查得），如图 7.3.18 所示。

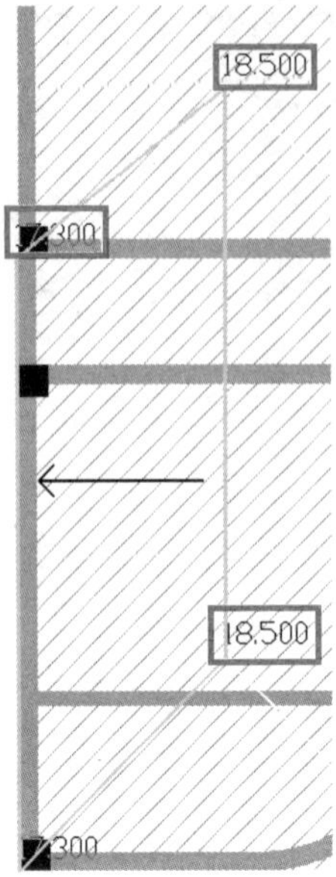

图 7.3.12　定义 3 号板标高 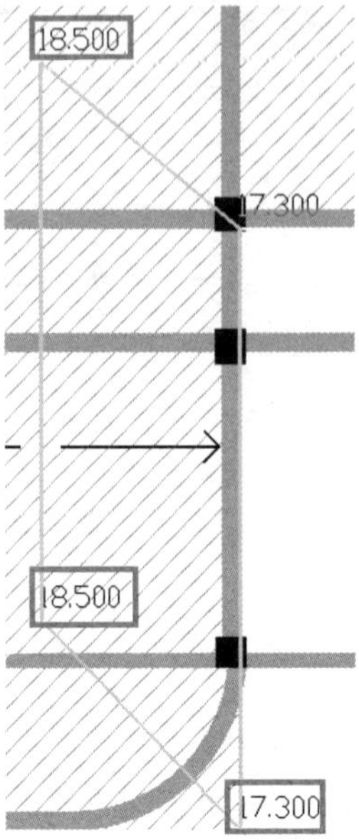　　图 7.3.13　定义 4 号板标高

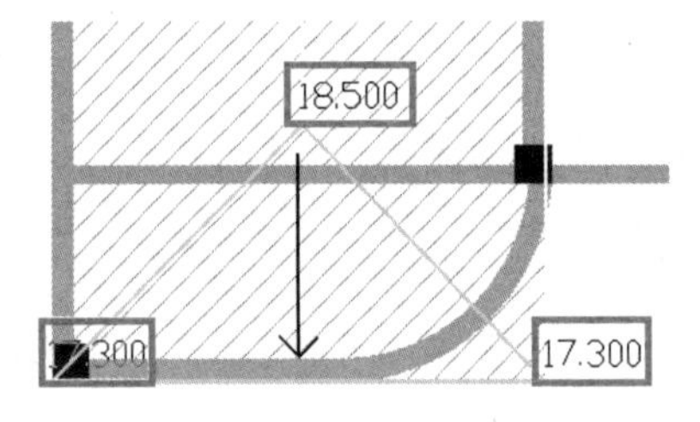

图 7.3.14　定义 5 号板标高

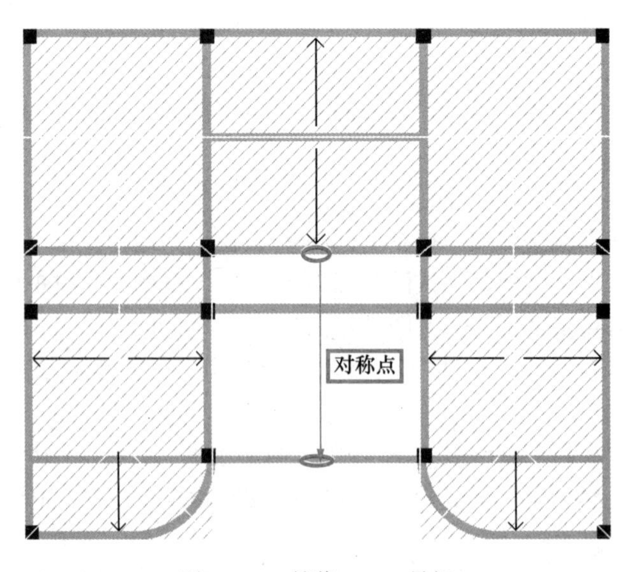

图 7.3.15　镜像 3 ～ 5 号板

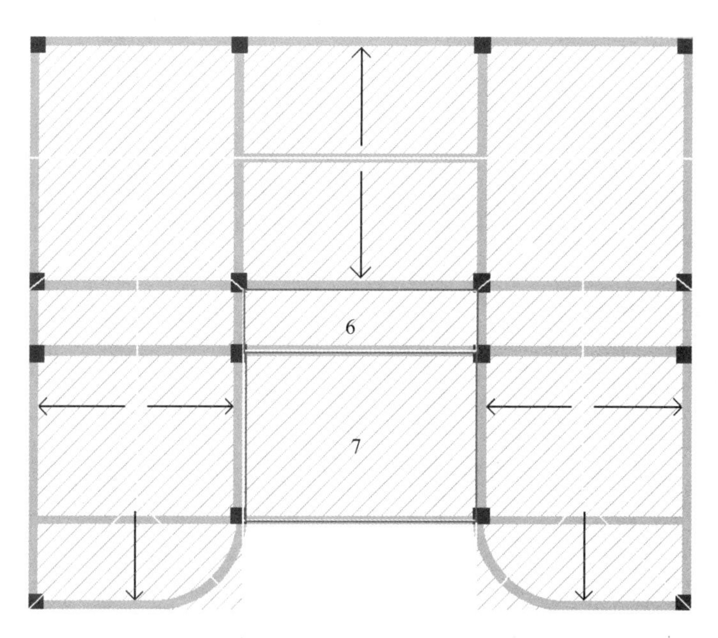

图 7.3.16　绘制中间平板

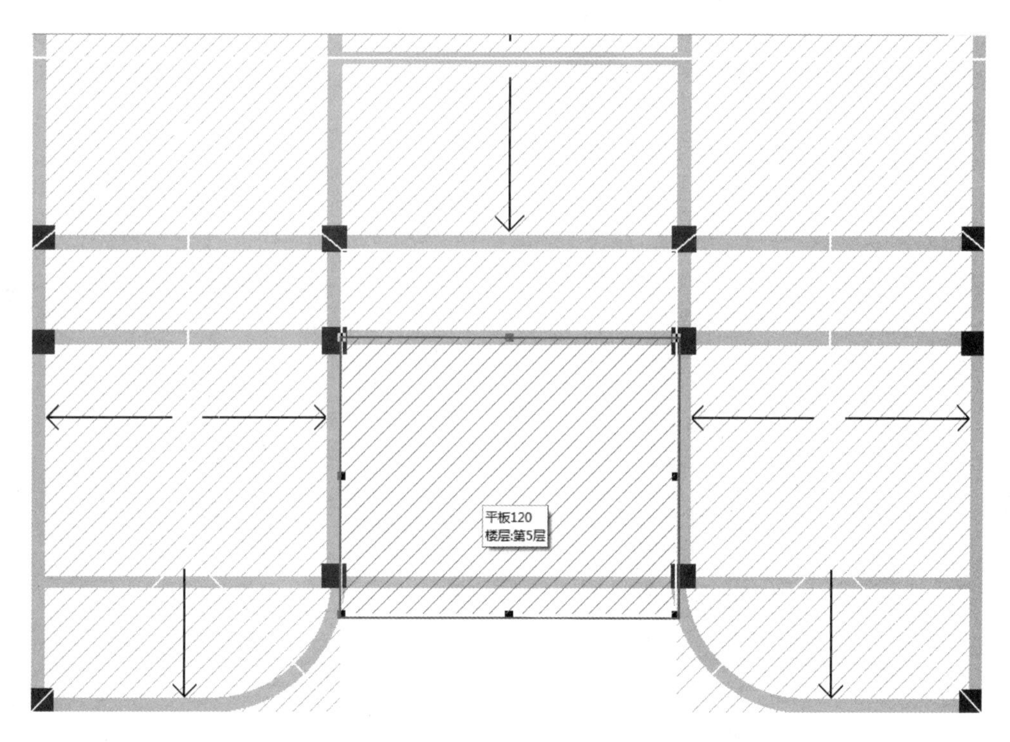

图 7.3.17　平移 7 号板

选中 4 号板→单击右键→设置夹点→位置；选中与 4 号板对称的板→单击右键→设置夹点→位置，如图 7.3.19 所示。然后将设置夹点的一边拖至 4-1 轴，对称一侧同样处理即可，如图 7.3.20 所示。

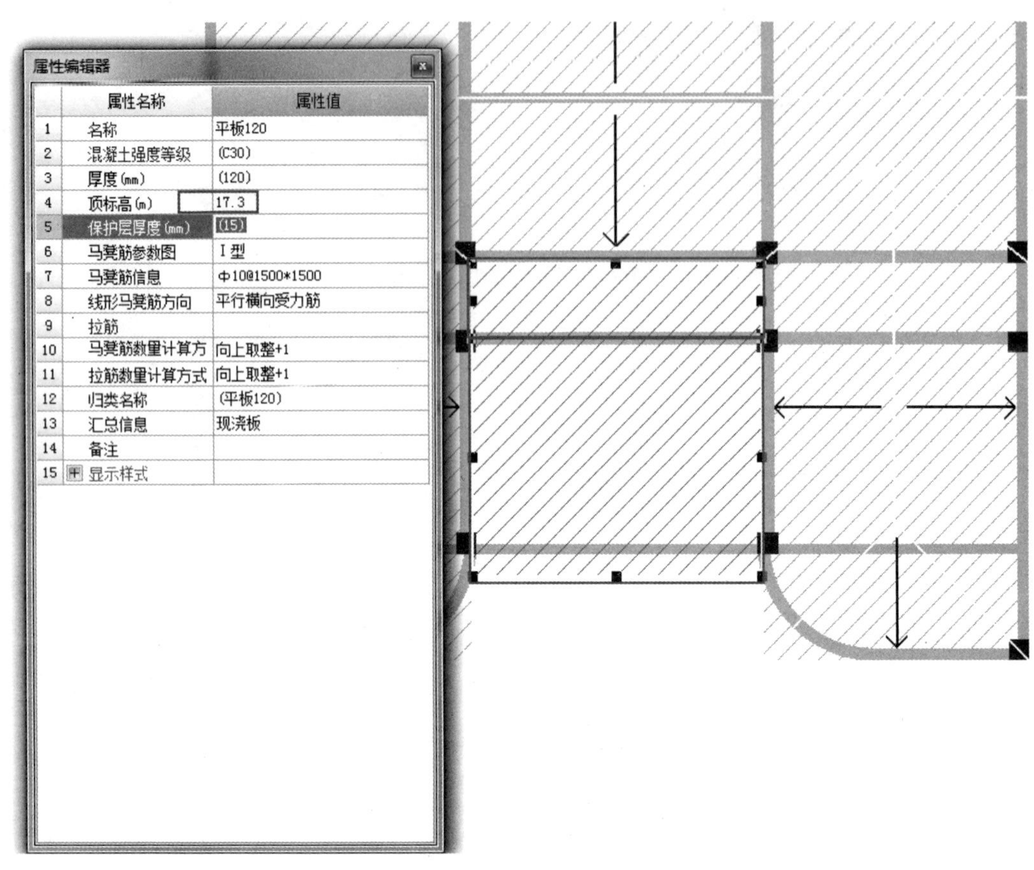

图 7.3.18　修改 6、7 号板顶标高

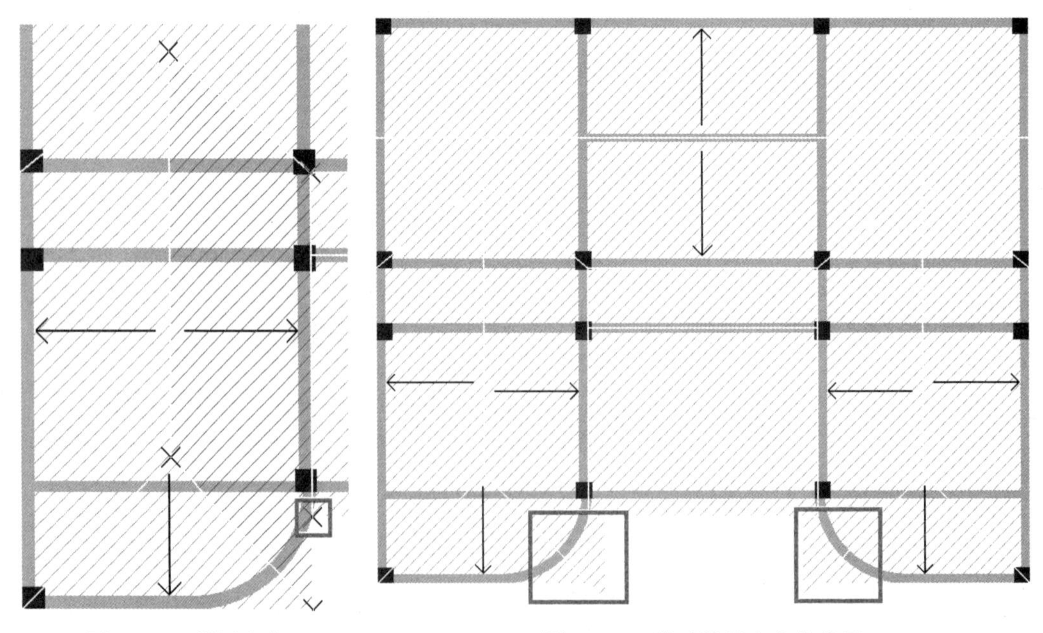

图 7.3.19　设置夹点　　　　图 7.3.20　移动设置夹点的位置

由于斜板都是距离梁边 500mm，所以应用偏移命令逐个板向外偏移 500mm 即可，如图 7.3.21、图 7.3.22 所示。手动选中所有斜板→属性→名称改为斜板 120 →回车。

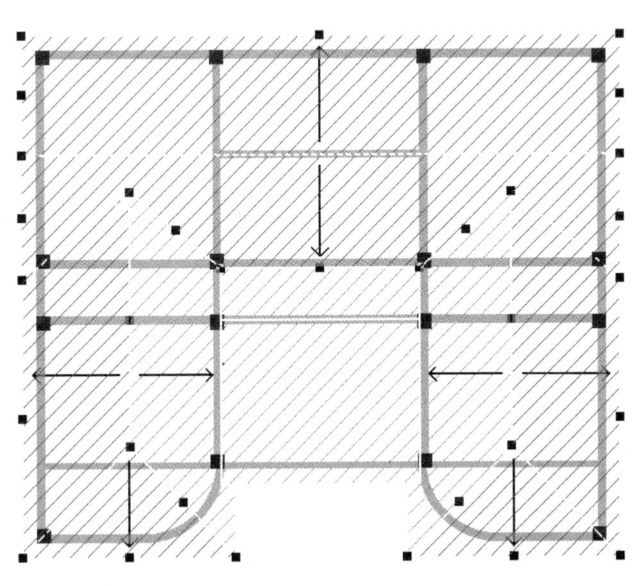

图 7.3.21　偏移斜板（一）

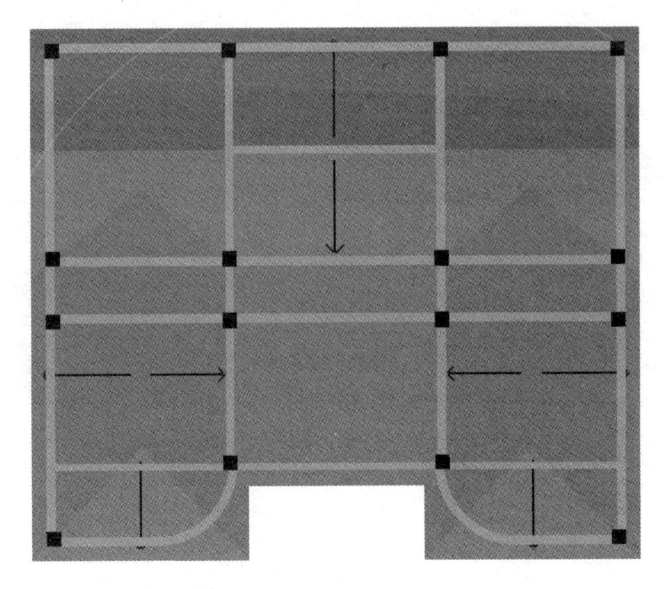

图 7.3.22　偏移斜板（二）

3. 绘制老虎窗

因为本层有老虎窗，所以把老虎窗处的板分割出来，便于布置钢筋。

（1）建立辅助轴线。

从结施—15 中可以看到老虎窗板洞的尺寸，如图 7.3.23 所示。

要画老虎窗的板洞口，需要先绘制几根辅轴。根据结施—15，绘制好几根绘制板洞需要的辅轴，如图 7.3.24 所示。为了描述方便，这里给出 5 个交点的名称。

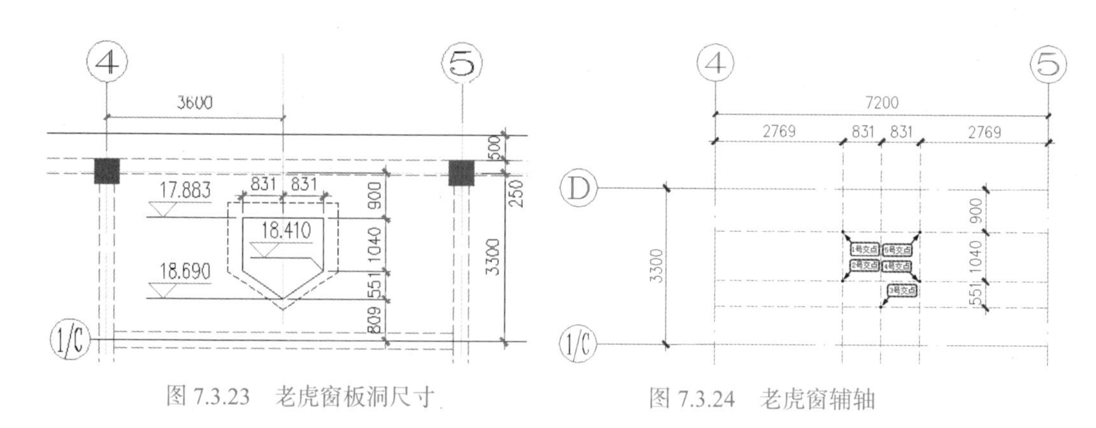

图 7.3.23　老虎窗板洞尺寸

图 7.3.24　老虎窗辅轴

（2）老虎窗板洞

在绘制板状态下，选中图 7.3.24 中已画好的 4-5/（1/C）-D 的板→单击右键，弹出右键菜单→单击“分割”→单击图中标注的“1 号交点”→单击“2 号交点”→单击“3 号交点”→单击“4 号交点”→单击“5 号交点”→单击“1 号交点”→单击右键→单击右键，出现“提示”对话框→单击“确定”→这样板就分割好了→选中分割好的小板→单击右键出现菜单→单击删除。这样板洞就画好了，如图 7.3.25 所示。

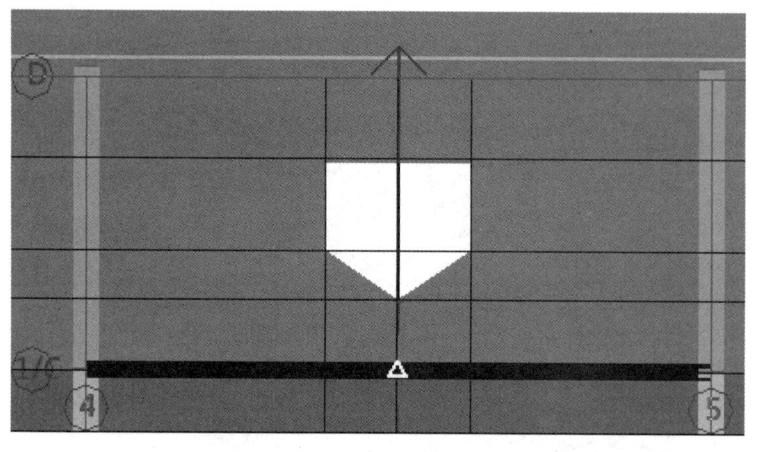

图 7.3.25　绘制老虎窗板洞

（3）绘制老虎窗斜板

由结施—15 五层顶板配筋图可以看出老虎窗顶斜板的标高为 18.796 和 18.415，绘制步骤：模块导航栏→板→现浇板→斜板 120→分层 2→直线→单击图中标注的“1 号交点”→单击“2 号交点”→单击“3 号交点”→单击“4 号交点”→单击“5 号交点”→单击“1 号交点”→单击右键，选中斜板→单击右键→分割→按中线分割→单击右键确定，如图 7.3.26 所示。

然后应用三点定义斜板功能将老虎窗的斜板进行编辑，如图 7.3.27 所示。由建施—12 的节点图可以看出，老虎窗外伸出 300mm，所以选中斜板将 1-2 交点板边和 4-5 交点板边外移 300mm，这样老虎窗的斜板就绘制好了，如图 7.3.28 所示。

回到分层 1，绘制好的板如图 7.3.29 所示。

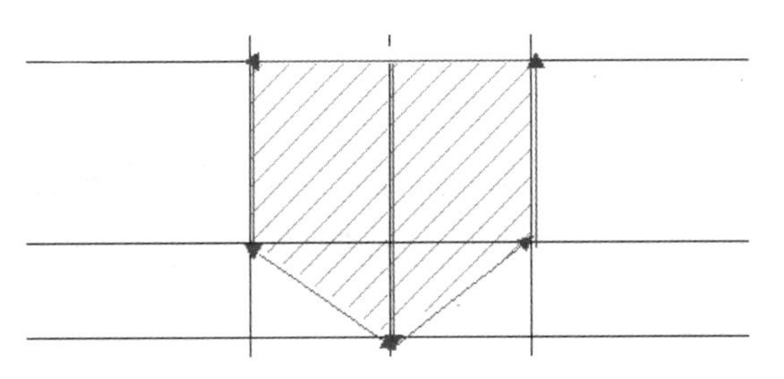

图 7.3.26　绘制老虎窗斜板

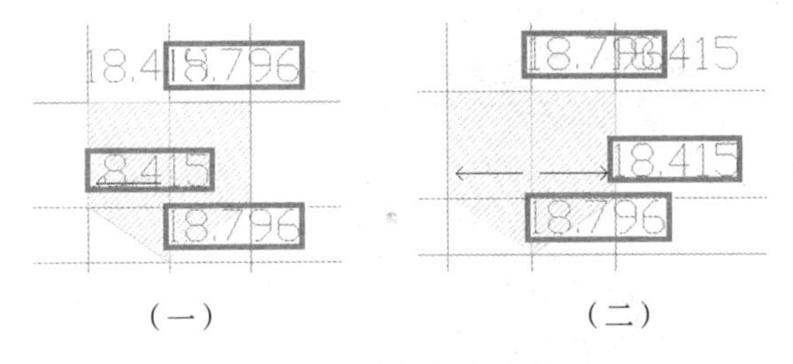

图 7.3.27　编辑老虎窗斜板

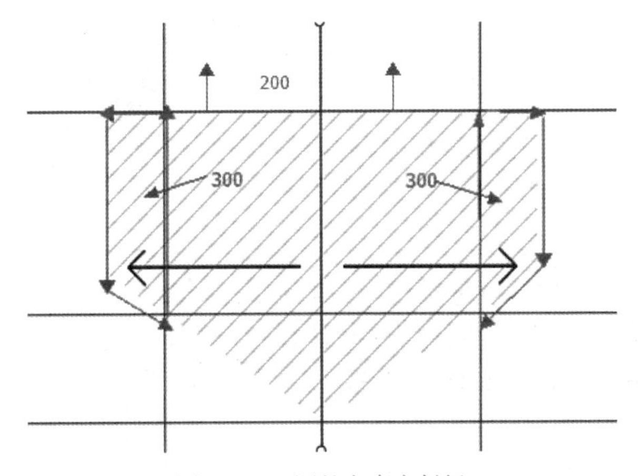

图 7.3.28　调整老虎窗斜板

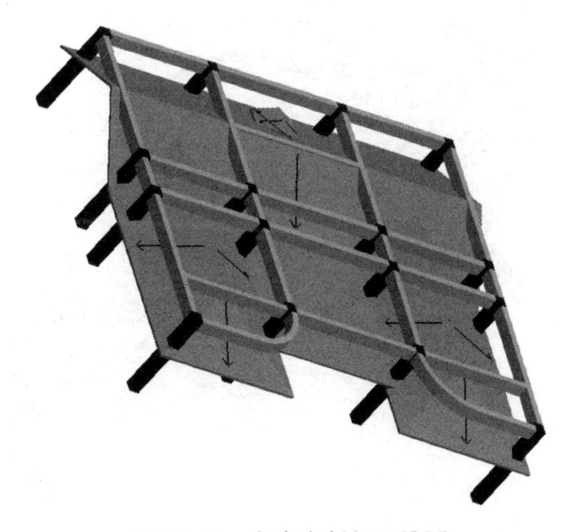

图 7.3.29　老虎窗斜板三维图

4. 调整柱、梁标高

由于这个时候梁和柱的标高都不在板下，与实际图纸不符，所以操作步骤如下：模块导航栏→梁→批量选择→梁→确定→单击右键→平齐板顶→单击右键→（是否同时调整手动修改定标高后的柱墙梁顶标高）→单击是，这样梁标高就正确了，如图 7.3.30 所示。

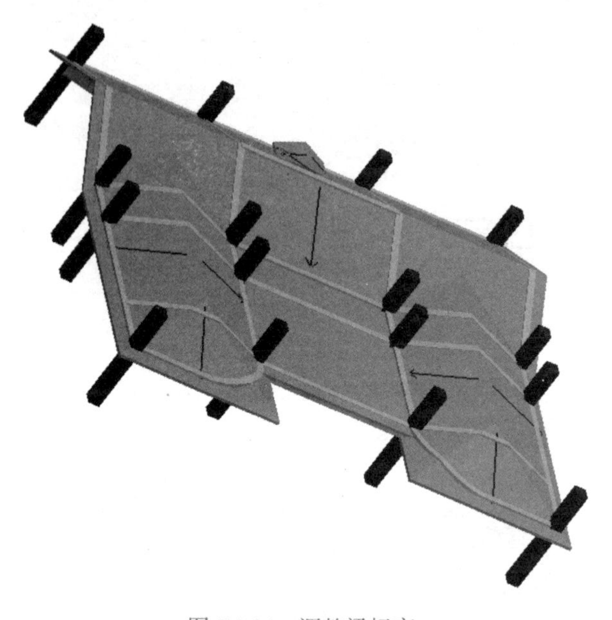

图 7.3.30 调整梁标高

模块导航栏—柱→框架柱→批量选择→框架柱→确定→单击右键→平齐板顶→单击右键→（是否同时调整手动修改定标高后的柱墙梁顶标高）→单击是，这样柱标高就正确了，然后框选中所有柱→选自动识别边角柱，如图 7.3.31 所示。

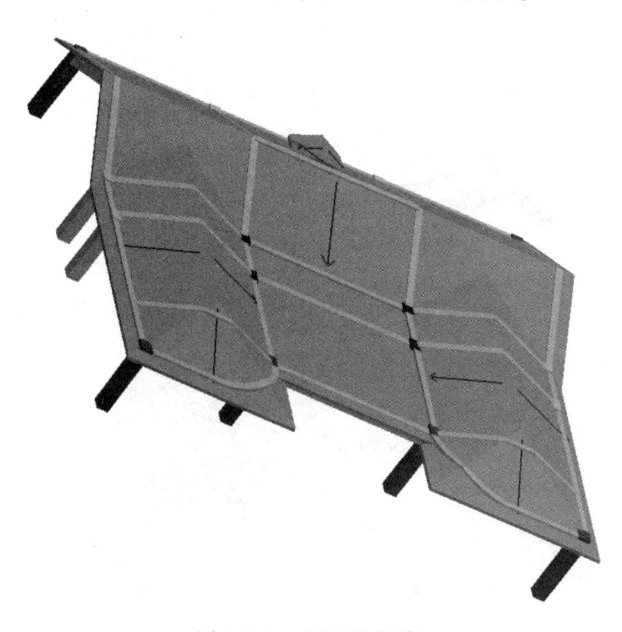

图 7.3.31 调整柱标高

5. 定义及绘制板受力筋

由结施—15 可以看出，斜板底筋和面筋为 B10@150，平板底筋为 A10@150，跨板受力筋为 A10@200。同 -1 层步骤一样定义板受力筋，如图 7.3.32 所示，其余受力筋定义方法相同。

属性列表　图层管理

	属性名称	属性值	附加
1	名称	SLJ-1	
2	类别	底筋	☐
3	钢筋信息	Φ10@150	☐
4	左弯折(mm)	(0)	☐
5	右弯折(mm)	(0)	☐
6	备注		☐
7	+ 钢筋业务属性		
16	+ 显示样式		

图 7.3.32　定义 5 层板受力筋

绘制板受力筋步骤如下：绘图→板受力筋→ XY 方向→多板→点选选中除老虎窗顶板外的斜板→单击右键→双网双向→ B10@150 →确定。如图 7.3.33 所示。

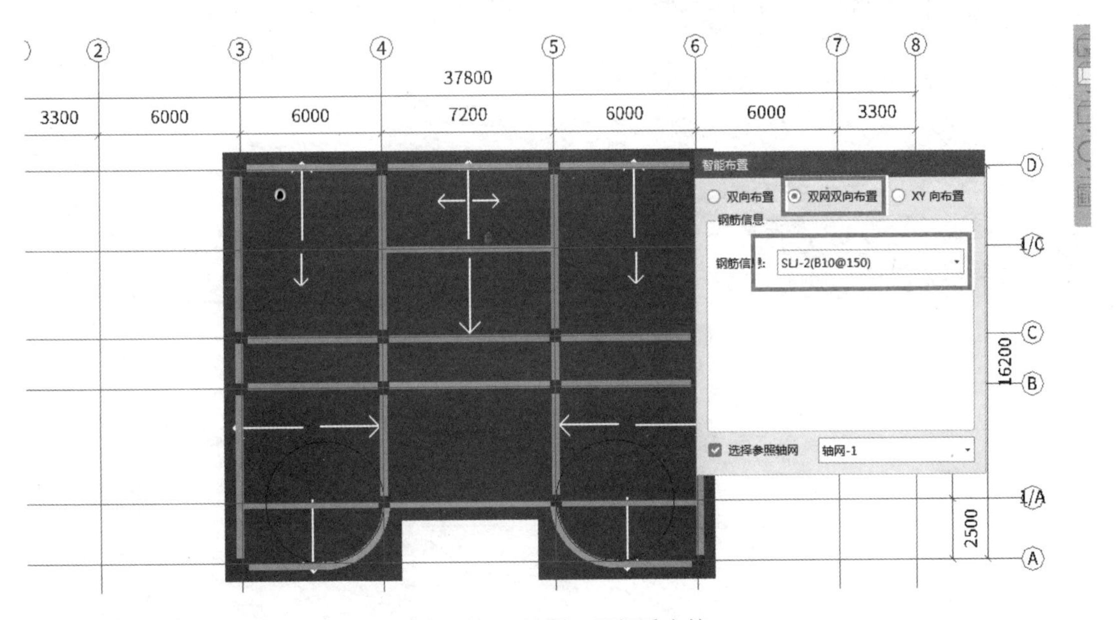

图 7.3.33　绘制 5 层板受力筋

同样的步骤绘制好老虎窗顶板钢筋，如图 7.3.34 所示。

回到分层 1 →选中底筋 A10@150 → XY 方向→单板→选中如 7.3.35 图所示平板→双向布置→底筋 A10@150 →确定。如图 7.3.35 所示。

选中底筋 A10@150 →水平→单板→选中如图 7.3.36 所示平板。如图 7.3.36 所示。

选中跨板受力筋 A10@200 →垂直→单板→选中如图 7.3.37 所示平板，按图示修改标注长度。

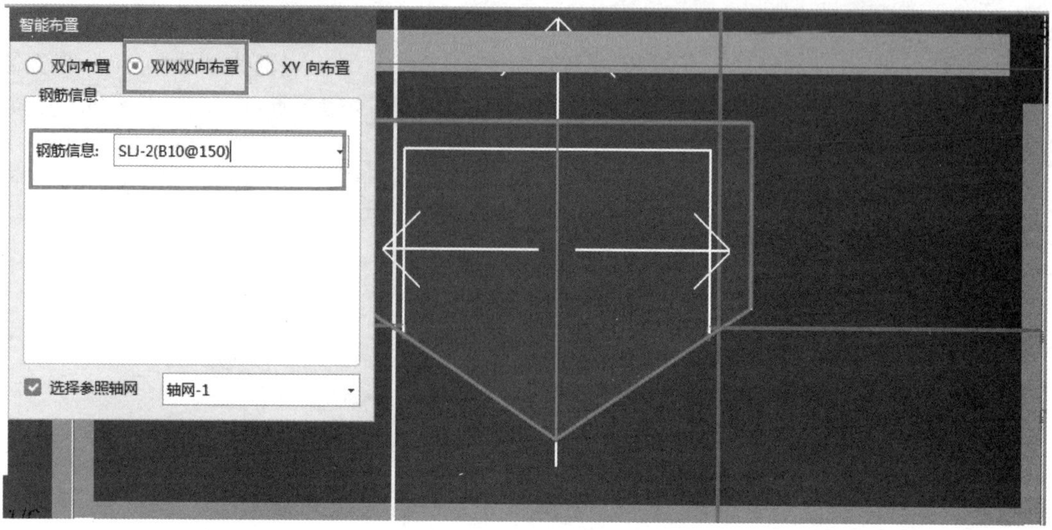

图 7.3.34　绘制老虎窗顶板钢筋

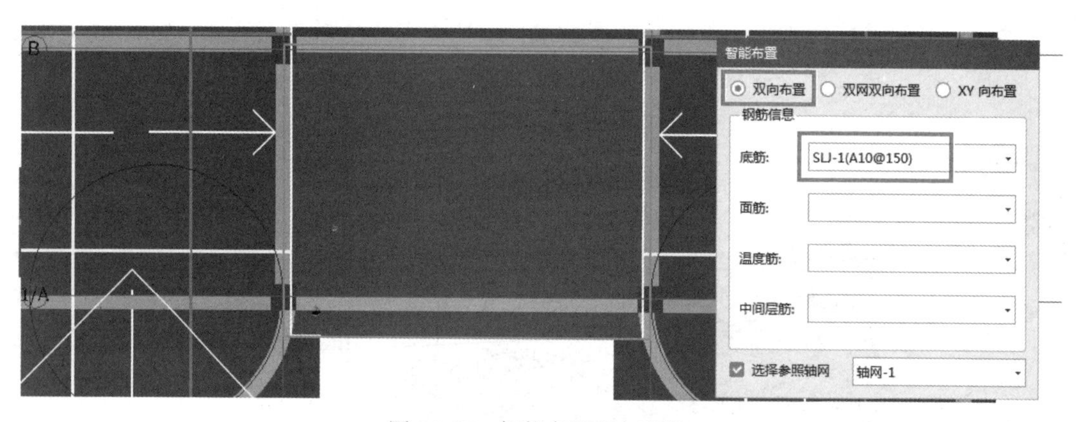

图 7.3.35　智能布置双向底筋

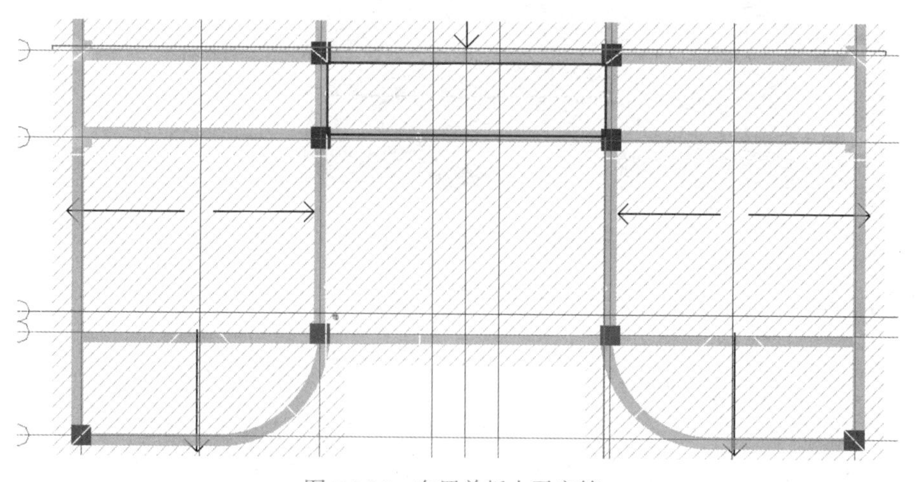

图 7.3.36　布置单板水平底筋

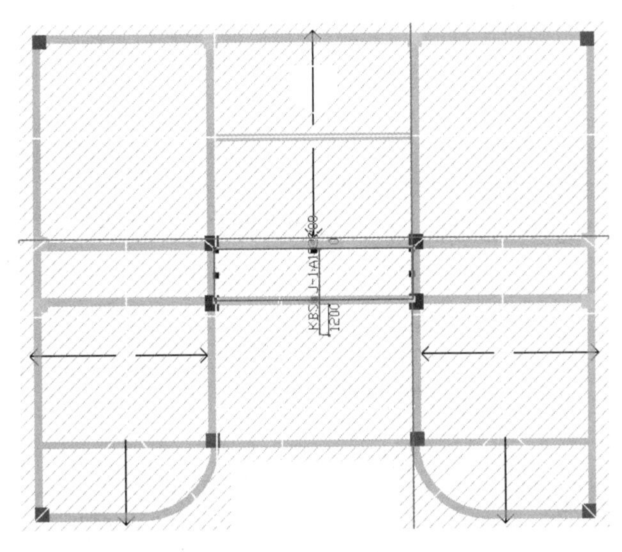

图 7.3.37　布置单板垂直受力筋

6. 定义及绘制板负筋

由结施—15 可以看出，板负筋为 A10@150 和 A10@200 两种，定义步骤同 -1 层一样，在此不做解析。

绘制板负筋步骤同 -1 层一样，负筋和跨板受力筋、分布筋不用再回到工程设置调整，因为整个楼层已经设置完毕。绘制好后如图 7.3.38 示。

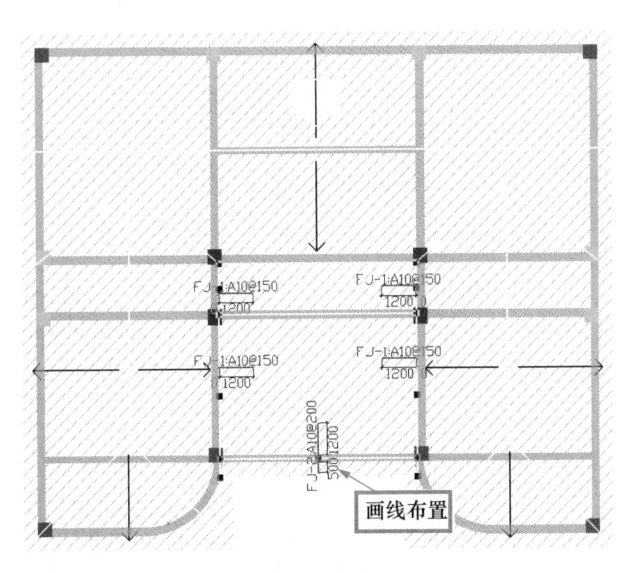

图 7.3.38　5 层板钢筋

1. 斜板或折板施工时钢筋应如何摆放？
2. 用平齐板功能不成功时是否可以手动修改柱梁标高？

第 8 章　节点工程量计算

8.1　定义及绘制地下一层节点

根据本工程图纸内容，完成地下一层节点 1-1 的定义及绘制。

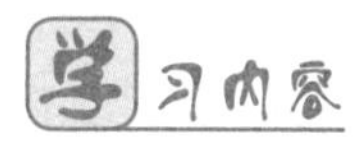

（1）栏板节点识图。
（2）定义及绘制栏板节点。

操作步骤

操作步骤思维导图见图 8.1.1。

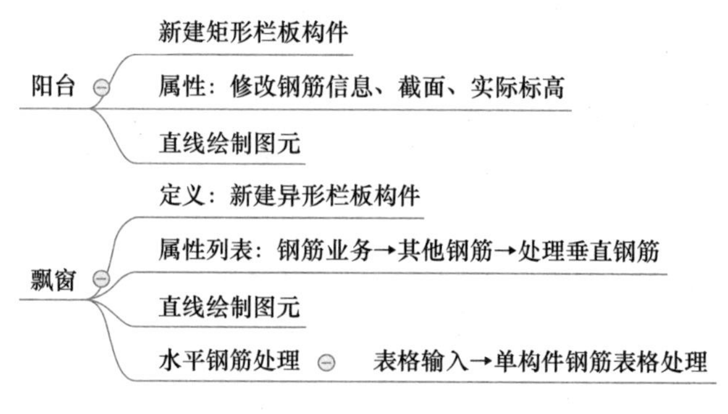

图 8.1.1　阳台和飘窗思维导图

我们回到 -1 层，根据结施—11 绘制地下一层的节点 1-1。

1. 定义节点

由节点图 1-1 详图可以看出，节点从板上起，高度为 900mm，宽度为 100mm，水平钢筋为 1 排 A8@200，垂直钢筋为 A8@100，这样的构件可以用如下步骤定义：选择模块导航栏→其他→栏板→新建矩形栏板→信息录入，如图 8.1.2 所示。

2. 绘制节点

选择绘图→直线→在绘制 A 轴外悬挑板时已经建立了辅助轴线，按住〈Shift〉键＋如图 8.1.3 所示辅助轴线交点→单击确定→单击这个点，如图 8.1.3、图 8.1.4 所示。

用同样的方式将另一边绘制上，水平方向用直线绘制上，如图 8.1.5 所示。

属性列表　图层管理

	属性名称	属性值	附加
1	名称	1-1节点	
2	截面宽度(mm)	100	☐
3	截面高度(mm)	900	☐
4	轴线距左边线...	(50)	☐
5	水平钢筋	(1)Φ8@200	☐
6	垂直钢筋	(1)Φ8@100	☐
7	拉筋		☐
8	材质	现浇混凝土	☐
9	混凝土类型	(砾石 GD40 细砂水泥...	☐
10	混凝土强度等级	(C20)	☐
11	截面面积(m²)	0.09	☐
12	起点底标高(m)	层顶标高	☐
13	终点底标高(m)	层顶标高	☐
14	备注		☐
15	+ 钢筋业务属性		
25	+ 土建业务属性		
29	+ 显示样式		

图 8.1.2　定义 1-1 节点（-1 层）

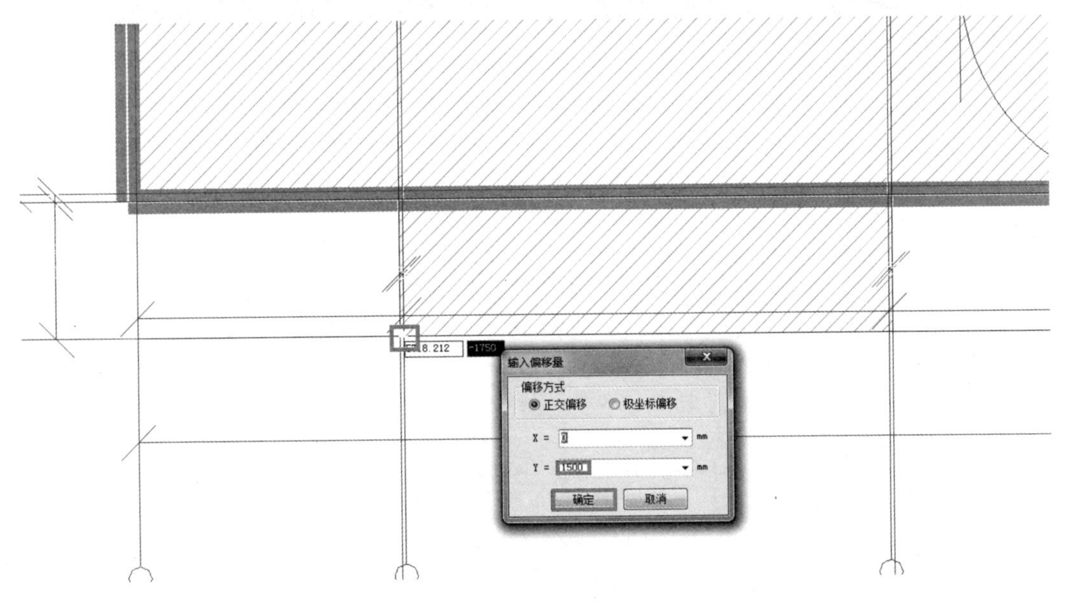

图 8.1.3　输入偏移量

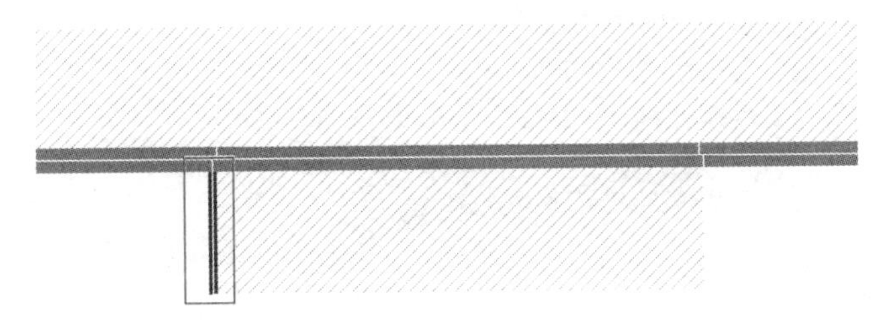

图 8.1.4　绘制节点（一）

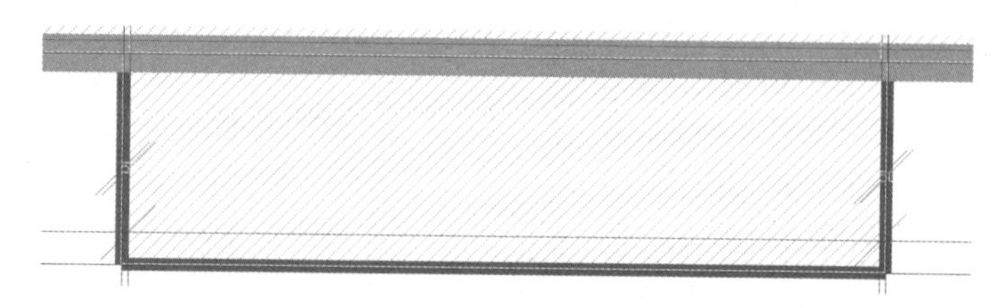

图 8.1.5　绘制节点（二）

单点击绘制上的栏板→单击右键→单对齐→选中辅助轴线→再选择栏板外侧边缘进行对齐，如图 8.1.6 所示。批量选择→栏板→镜像→选择镜像对称点→“是否删除原来图元”→选择“否”，这样 -1 层的节点就绘制完毕了，如图 8.1.7、图 8.1.8 所示。

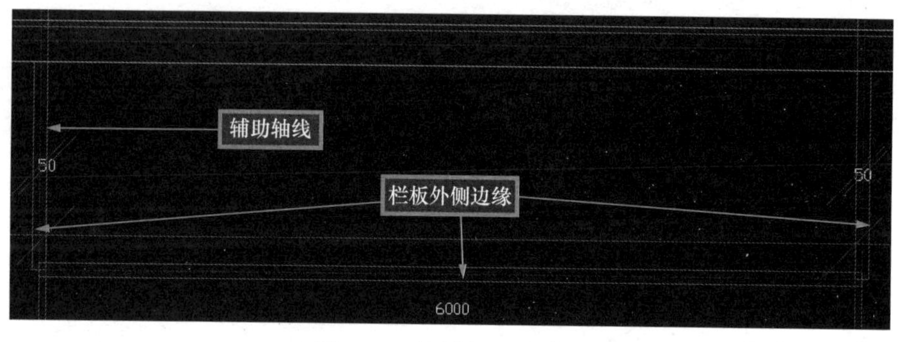

图 8.1.6　绘制节点（三）

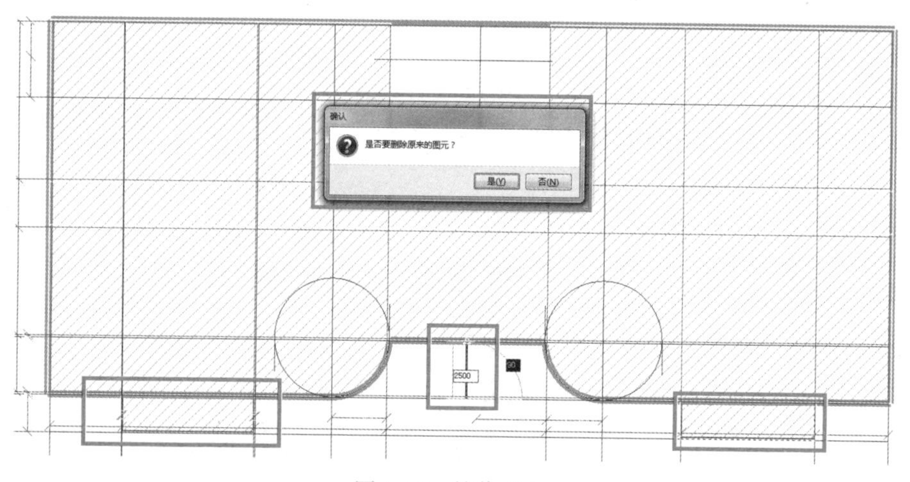

图 8.1.7　镜像节点

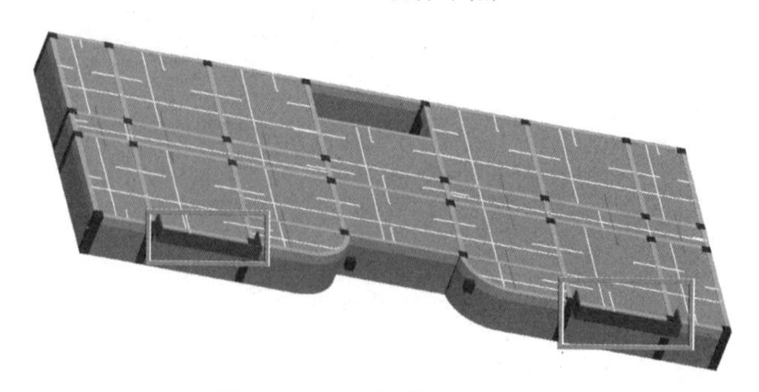

图 8.1.8　-1 层节点三维图

绘制大样需要具备哪几方面的能力?

8.2　定义及绘制一层节点

根据本工程图纸内容，完成一层节点 1-1 的定义及绘制。

学习内容

（1）层间复制构件。

（2）异形栏板的定义及绘制。

操作步骤

操作步骤思维导图见图 8.2.1。

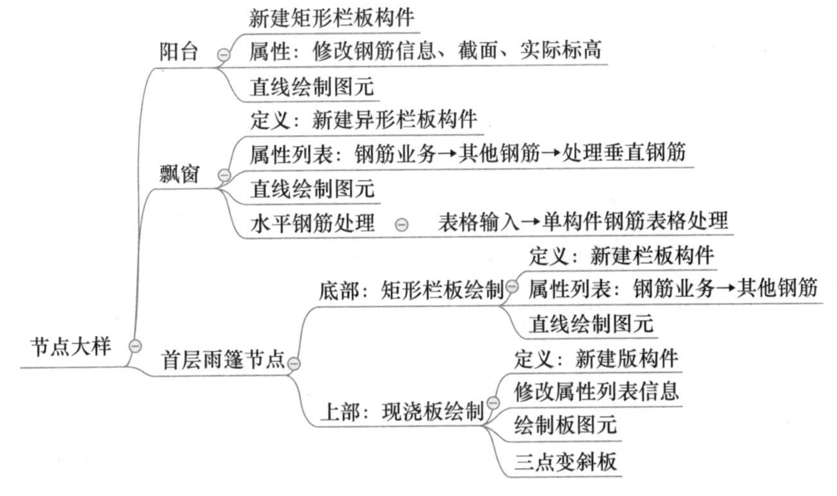

图 8.2.1　节点大样思维导图

我们进入到一层，根据结施—12，绘制地下一层的节点 1-1、2-2、3-3。

1. 定义和绘制节点 1-1

由节点图 1-1 详图可以看出，节点上从板上起，高度为 900mm，宽度为 100mm，水平钢筋为 1 排 A8@200，垂直钢筋为 A8@100，同 -1 层相同可以从 -1 层复制；节点下垂直钢筋同板的负筋相同为 A10@200，水平钢筋同板的分布筋相同为 A8@200，这样的构件可以用如下步骤定义：选择首层→栏板→楼层→从其他楼层复制构件图元→只勾选栏板→确定。如图 8.2.2 所示。这样首层 1-1 节点上就绘制好了。

下面定义 1-1 节点下：选择模块导航栏→其他→栏板→新建矩形栏板→信息录入，如图 8.2.3 所示。

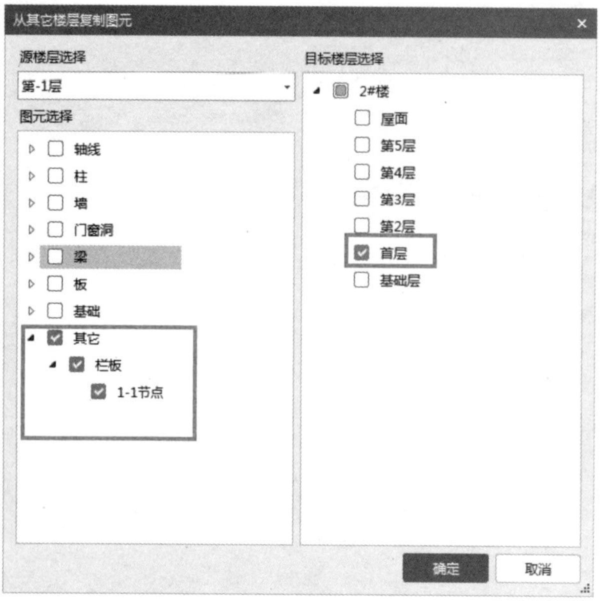

从其它楼层复制图元

源楼层选择：第-1层

图元选择：轴线、柱、墙、门窗洞、梁、板、基础、其它（栏板 — 1-1节点）

目标楼层选择：2#楼（屋面、第5层、第4层、第3层、第2层、首层、基础层）

确定　取消

图 8.2.2　复制 -1 层构件图元

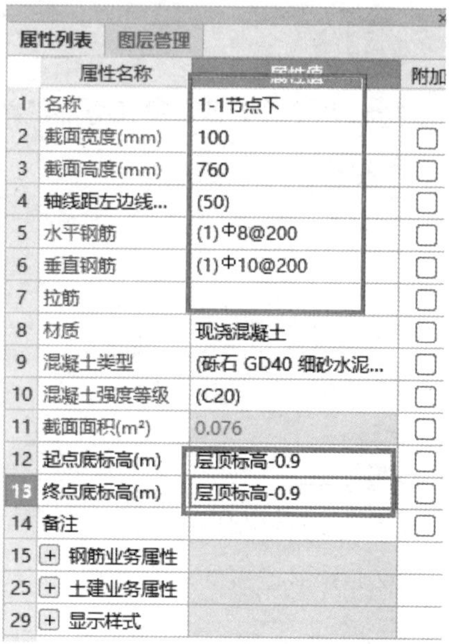

	属性名称	属性值	附加
1	名称	1-1节点下	
2	截面宽度(mm)	100	☐
3	截面高度(mm)	760	☐
4	轴线距左边线...	(50)	☐
5	水平钢筋	(1)Φ8@200	☐
6	垂直钢筋	(1)Φ10@200	☐
7	拉筋		☐
8	材质	现浇混凝土	☐
9	混凝土类型	(砾石 GD40 细砂水泥...	☐
10	混凝土强度等级	(C20)	☐
11	截面面积(m²)	0.076	☐
12	起点底标高(m)	层顶标高-0.9	☐
13	终点底标高(m)	层顶标高-0.9	☐
14	备注		☐
15	+ 钢筋业务属性		
25	+ 土建业务属性		
29	+ 显示样式		

图 8.2.3　定义 1-1 节点（1 层）

因为节点 1-1 上已经从 -1 层复制，所以绘制节点 1-1 下只需如下步骤：选择绘图→节点 1-1 下→直线→按节点 1-1 上同样图元位置绘制一遍，如图 8.2.4 所示。

这样节点 1-1 就绘制好了，如图 8.2.5 所示。

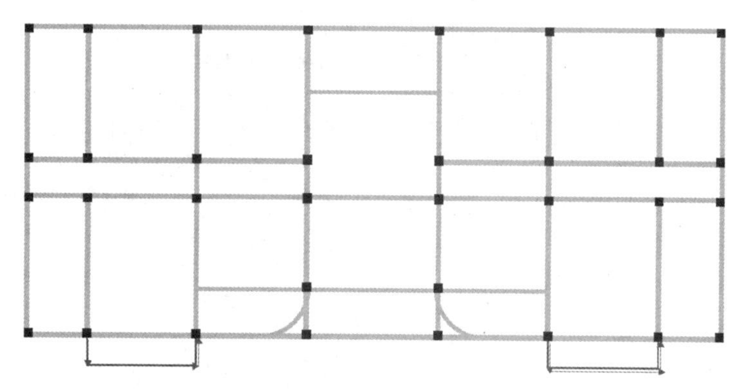

图 8.2.4　绘制 1-1 节点（1 层）

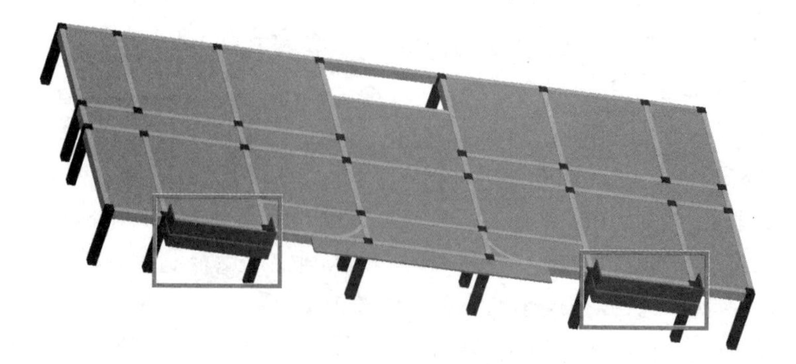

图 8.2.5　节点 1-1 三维图（1 层）

2. 定义和绘制节点 2-2

由节点图 2-2 详图可以看出，节点下从墙上起为异形栏板，节点上从 KL8 下起。这样的构件可以用如下步骤定义。

2-2 节点下：选择栏板→新建异形栏板→设置网格，如图 8.2.6 ～图 8.2.8 所示。

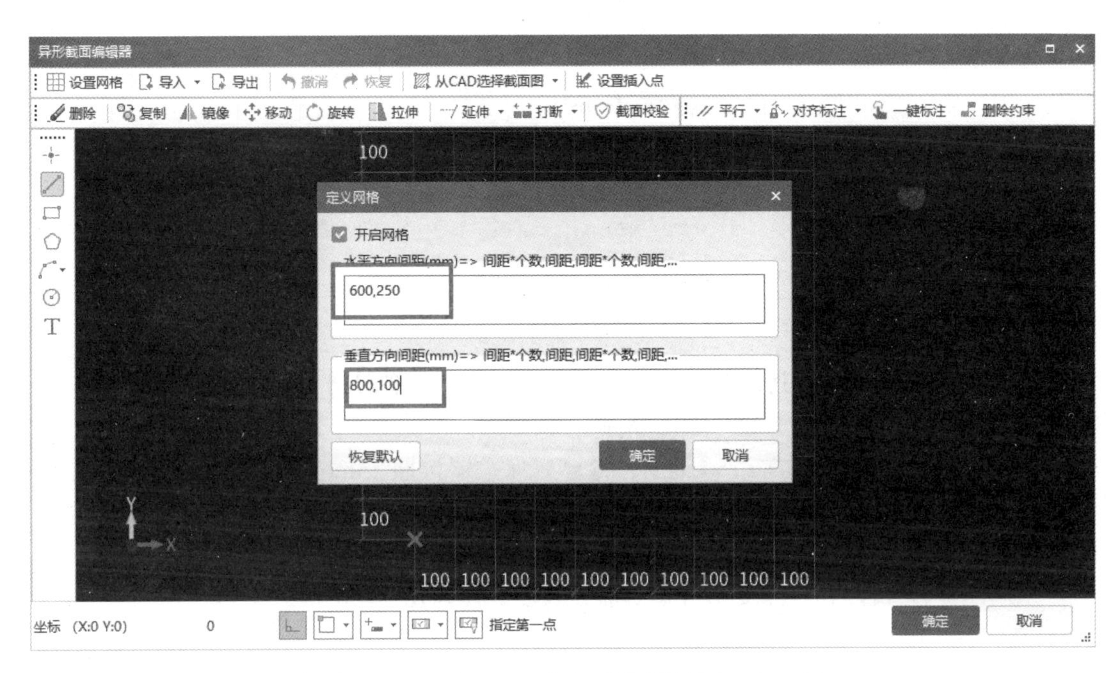

图 8.2.6　新建 2-2 节点下异形栏板（一）

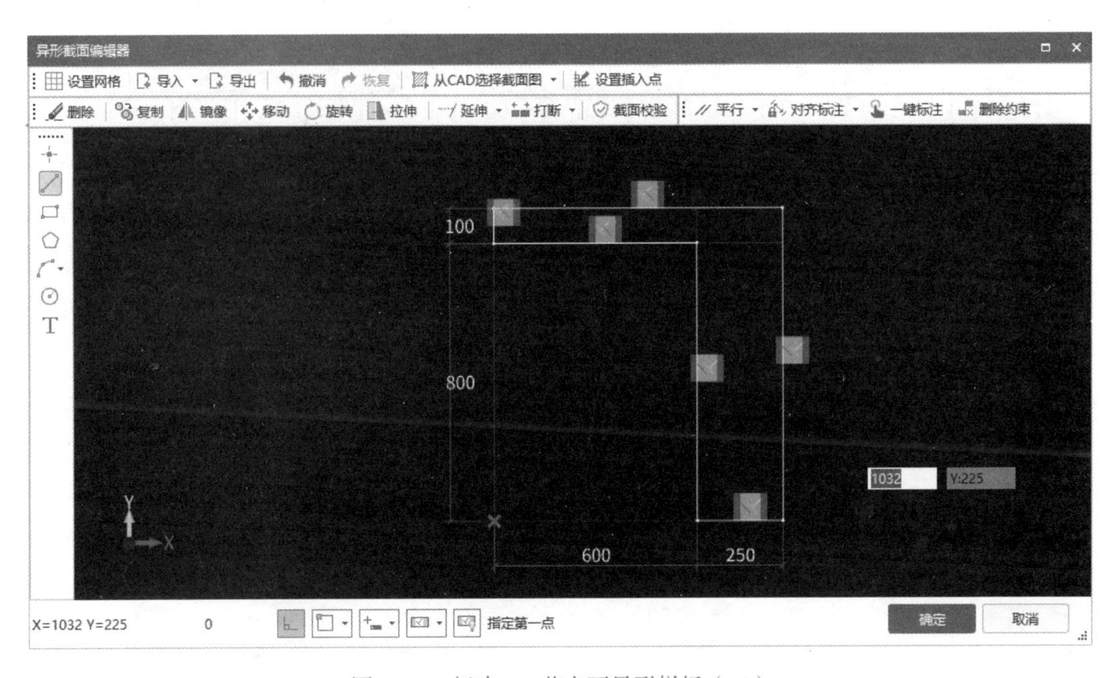

图 8.2.7　新建 2-2 节点下异形栏板（二）

属性列表	图层管理		
	属性名称	属性值	附加
1	名称	2-2节点	
2	截面形状	异形	☐
3	截面宽度(mm)	850	☐
4	截面高度(mm)	900	☐
5	轴线距左边线...	(425)	☐
6	材质	现浇混凝土	☐
7	混凝土类型	(砾石 GD40 细砂水泥...	☐
8	混凝土强度等级	(C20)	☐
9	截面面积(m²)	0.285	☐
10	起点底标高(m)	层底标高	☐
11	终点底标高(m)	层底标高	☐
12	备注		☐
13	+ 钢筋业务属性		
22	+ 土建业务属性		
26	+ 显示样式		

图 8.2.8　新建 2-2 节点下异形栏板（三）

因为垂直钢筋可以在其他钢筋编辑，水平钢筋需要单独计算，所以单击其他钢筋处，输入钢筋信息，如图 8.2.9 ～图 8.2.11 所示。

先输入悬挑板处的 A10@150 钢筋，计算时保护层按照 15mm 计算。此钢筋有两个弯折，长度＝100－15×2＋600＋250－15×2＋39×10＋12.5×10（一级钢筋、二级抗震、C25 混凝土、*la* ＝ 39*d*、一级钢筋带两个弯钩）。

采用同样方式输入 A10@200 开口箍筋，长度＝39×10+900−15+250−15×2+900−15＋39×10＋12.5×10。

2-2 节点上：选择栏板→新建异形栏板→设置网格，如图 8.2.12 ～图 8.2.17 所示。

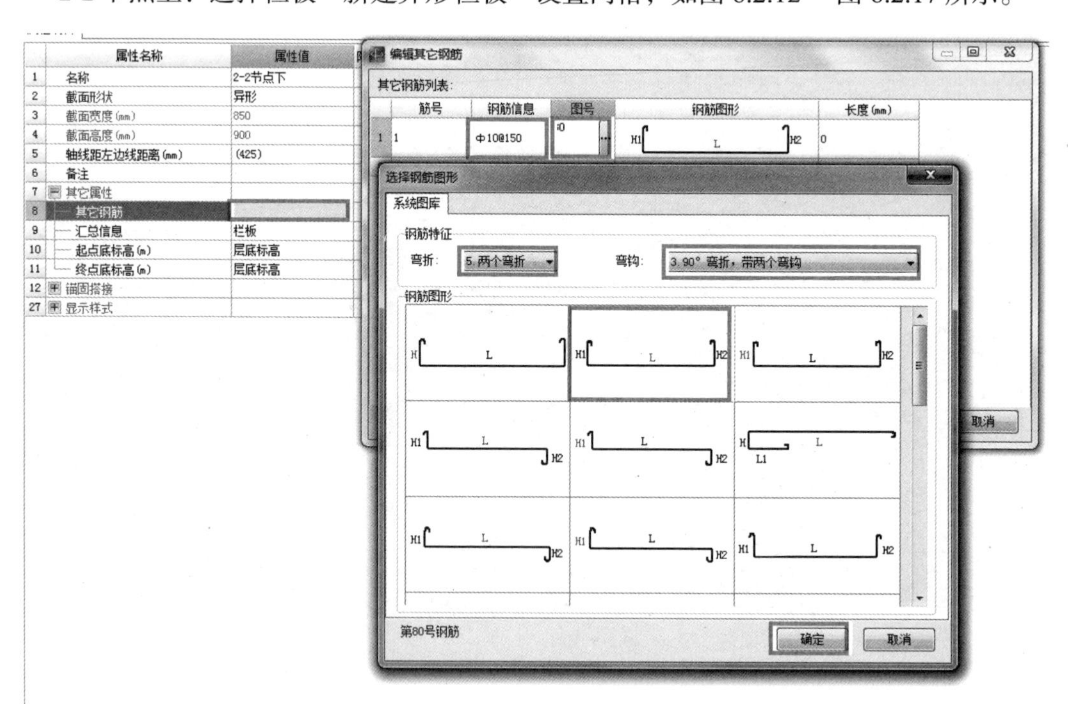

图 8.2.9　选择 2-2 节点下钢筋图形（1 层）

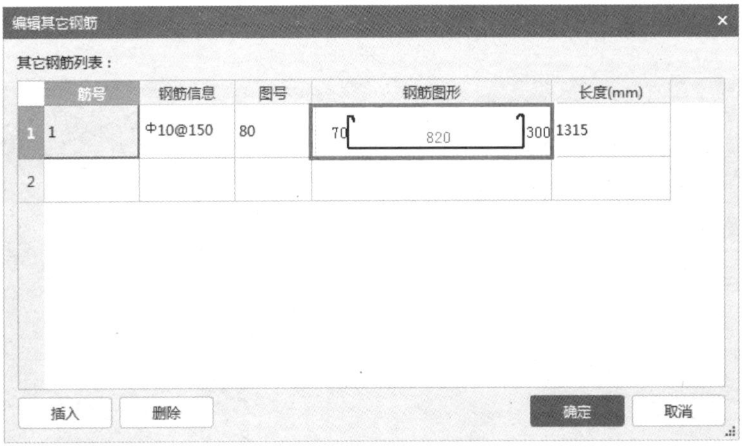
编辑其它钢筋
其它钢筋列表：
筋号
钢筋信息
图号
钢筋图形
长度(mm)
1
1
Φ10@150
80
70
820
300
1315
2
插入
删除
确定
取消

图 8.2.10　输入 2-2 节点下钢筋（一）

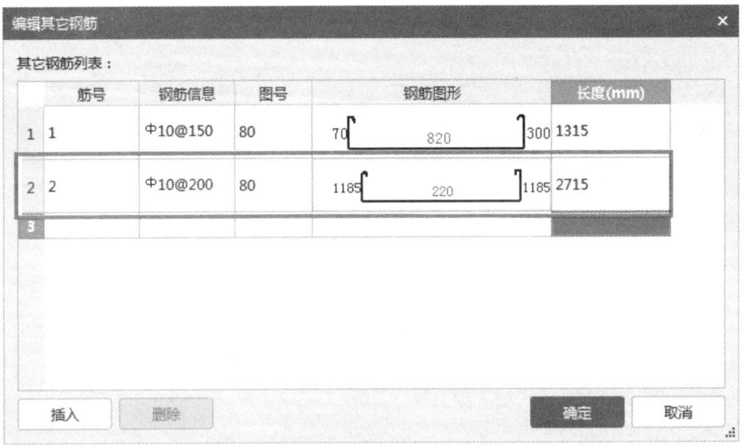
编辑其它钢筋
其它钢筋列表：
筋号
钢筋信息
图号
钢筋图形
长度(mm)
1
1
Φ10@150
80
70
820
300
1315
2
2
Φ10@200
80
1185
220
1185
2715
3
插入
删除
确定
取消

图 8.2.11　输入 2-2 节点下钢筋（二）

异形截面编辑器
设置网格
导入
导出
撤消
恢复
从CAD选择截面图
设置插入点
删除
复制
镜像
移动
旋转
拉伸
延伸
打断
截面校验
平行
对齐标注
一键标注
删除约束
100
定义网格
开启网格
水平方向间距(mm)=> 间距*个数,间距,间距*个数,间距,...
600,250
垂直方向间距(mm)=> 间距*个数,间距,间距*个数,间距,...
100,200
恢复默认
确定
取消
100
100 100 100 100 100 100 100 100 100 100
X=-234 Y=882
0
指定第一点
确定
取消

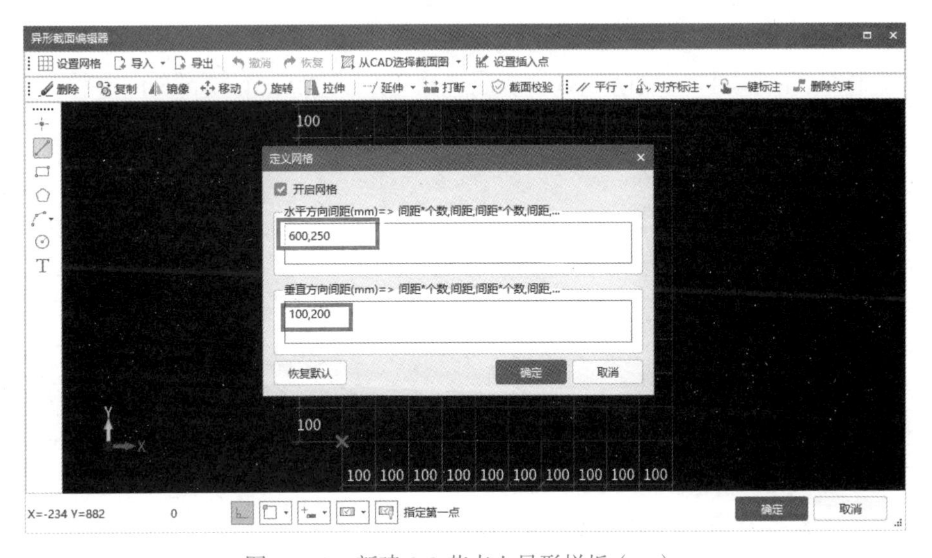

图 8.2.12　新建 2-2 节点上异形栏板（一）

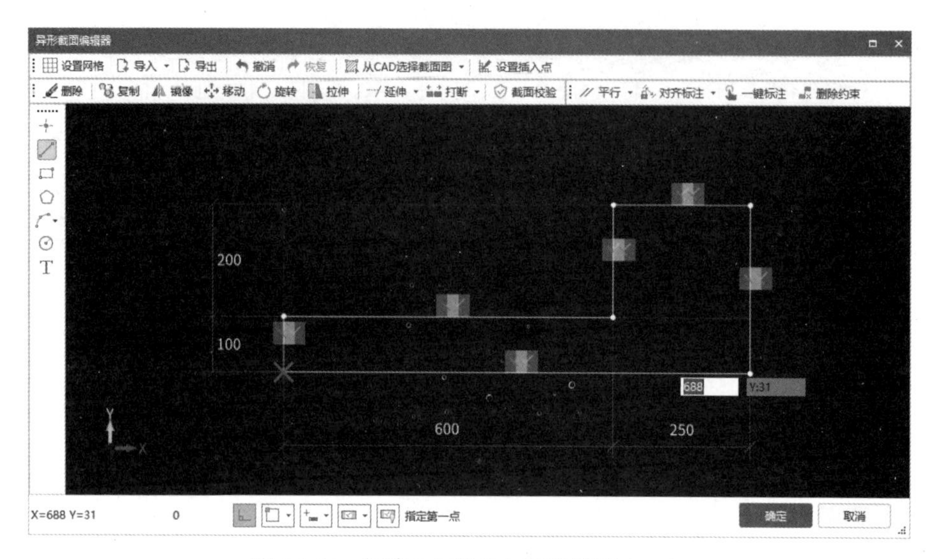

图 8.2.13　新建 2-2 节点上异形栏板（二）

属性列表　图层管理

	属性名称	属性值	附加
1	名称	2-2节点上	
2	截面形状	异形	☐
3	截面宽度(mm)	850	☐
4	截面高度(mm)	300	☐
5	轴线距左边线...	(425)	☐
6	材质	现浇混凝土	☐
7	混凝土类型	(砾石 GD40 细砂水泥...	☐
8	混凝土强度等级	(C20)	☐
9	截面面积(m²)	0.135	☐
10	起点底标高(m)	2.9	☐
11	终点底标高(m)	2.9	☐
12	备注		☐

图 8.2.14　新建 2-2 节点上异形栏板（二）

先输入悬挑板处的 A10@150 钢筋，计算时保护层按照 15mm 计算。此钢筋有两个弯折，长度＝ 100 － 15×2 ＋ 600 ＋ 250 － 15×2 ＋ 300 － 15 ＋ 30×10 ＋ 12.5×10（一级钢筋、二级抗震、C25 混凝土、*la* ＝ 30*d*、一级钢筋带两个弯钩）。

采用同样方式输入 A10@200 开口箍筋，长度＝39×10+300−15+250−15×2+300−15+39×10+12.5×10。

这样节点 2-2 及垂直钢筋均定义完毕，水平钢筋在绘制完 2-2 节点后再行处理。绘制 2-2 节点，从结施—12 可以看出节点所在位置，首先绘制 3 根辅轴轴线。第 1 根：平行于 2 轴右侧 1300mm；第 2 根：平行于 3 轴左侧 1300mm；第 3 根：平行于 D 轴 850mm。

注意绘制辅助轴线时要延伸。如图 8.2.18 所示。

选择 2-2 节点下用直线绘制，由左至右，如图 8.2.19 所示。

选择单对齐，如图 8.2.20 所示。

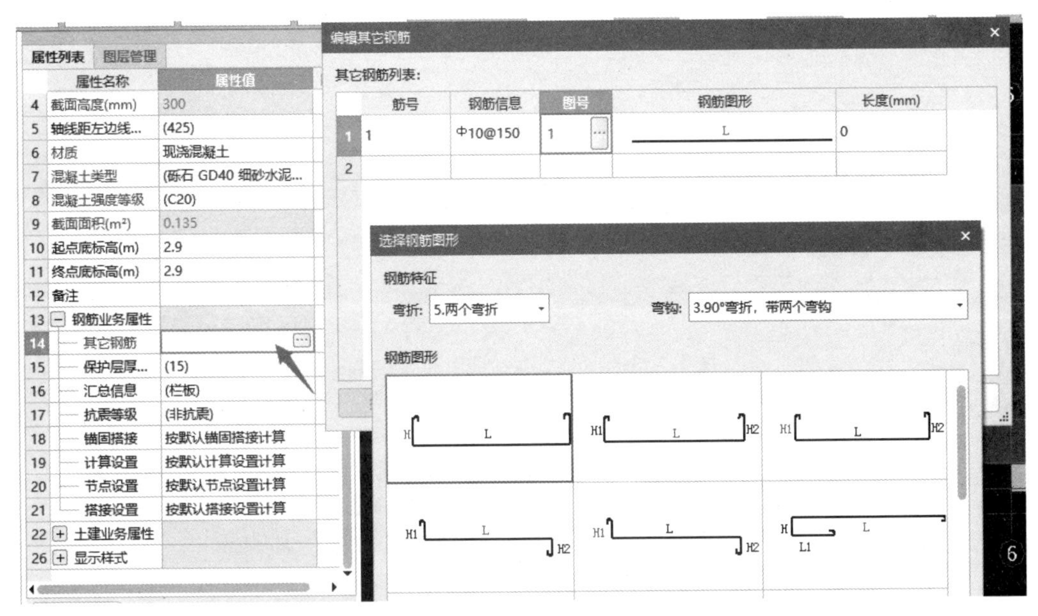

图 8.2.15　选择 2-2 节点上钢筋图形（1 层）

编辑其它钢筋

其它钢筋列表：

	筋号	钢筋信息	图号	钢筋图形	长度(mm)
1	1	Φ10@150	83	70 820 585	1600
2					

插入　删除　确定　取消

图 8.2.16　输入 2-2 节点上钢筋图形（一）

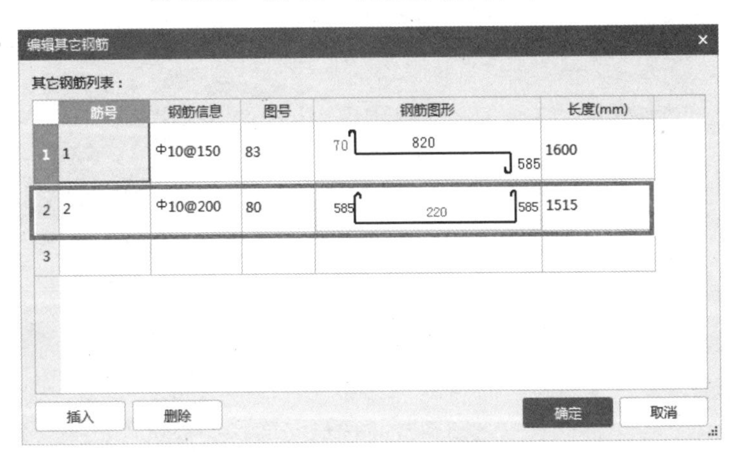

图 8.2.17　输入 2-2 节点上钢筋图形（二）

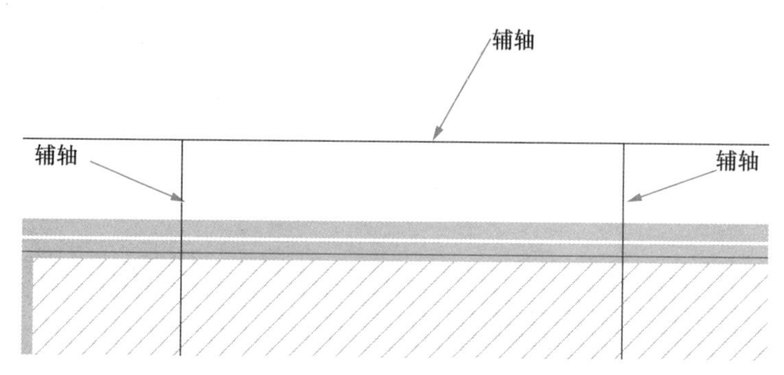

图 8.2.18 绘制 2-2 节点辅轴（1 层）

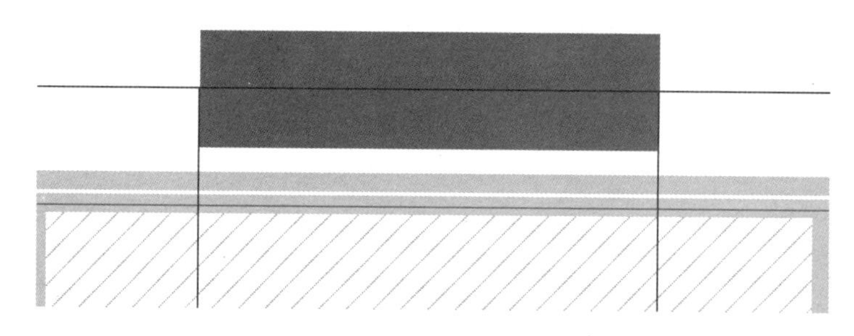

图 8.2.19 直线绘制 2-2 节点下

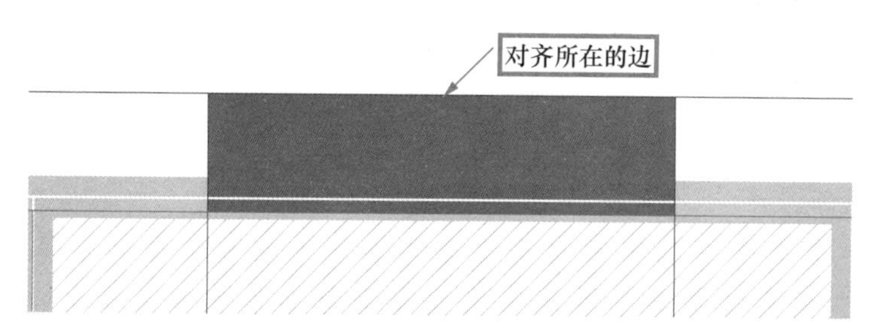

图 8.2.20 对齐 2-2 节点下

采用同样方式选择 2-2 节点上用直线绘制，由左至右，如图 8.2.21 所示。

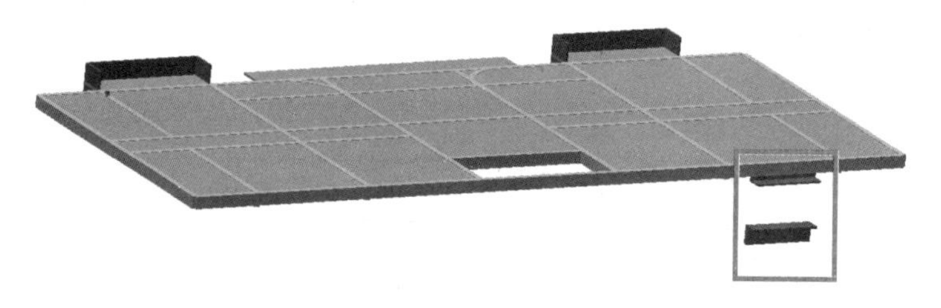

图 8.2.21 直线绘制 2-2 节点上

由于左右都有 2-2 节点飘窗，而且是对称的，所以应用如下步骤：选择栏板→批量选择→栏板→选中 2-2 节点上与下→选择确定→选择镜像→选择对称点→“是否删除原来图元”→选择“否”，这样 2-2 节点图元就绘制好了，如图 8.2.22、图 8.2.23 所示。

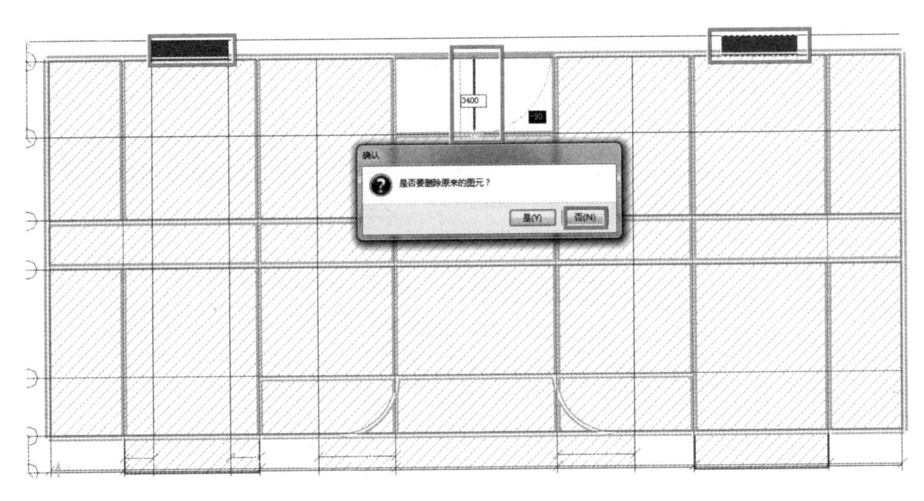

图 8.2.22　镜像 2-2 节点（1 层）

水平钢筋的处理：选择表格输入→添加→添加构件图 8.2.23 →选择确定。

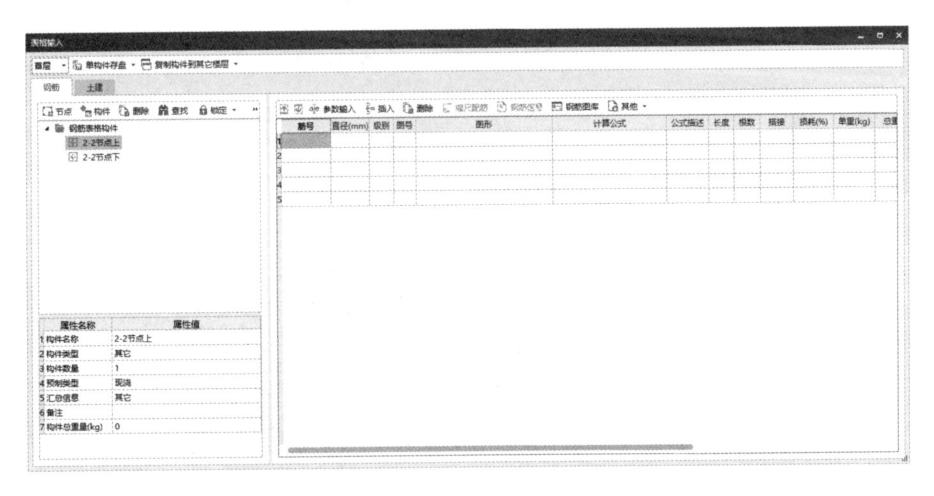

图 8.2.23　添加 2-2 节点上水平钢筋（一）

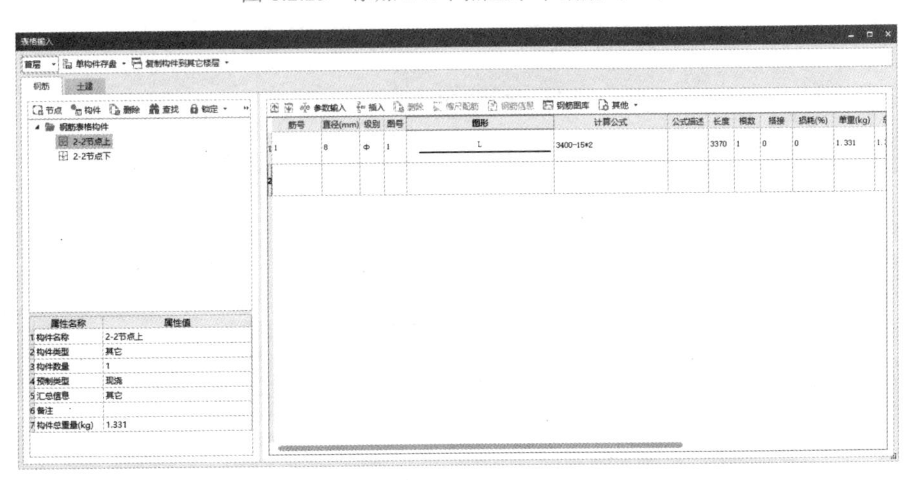

图 8.2.24　添加 2-2 节点上水平钢筋（二）

选中 2-2 节点上：输入水平钢筋直径“8”，长度为图纸所示长度＝3400－2×15；因为两侧都有，所以是 600×2；根数计算如图 8.2.25、图 8.2.26 所示。

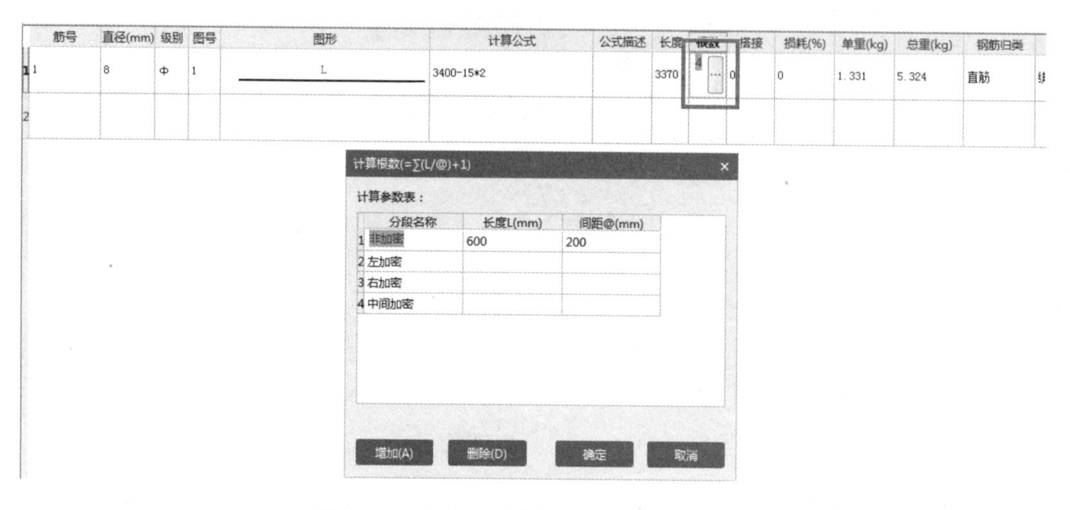

图 8.2.25　添加 2-2 节点上水平钢筋（三）

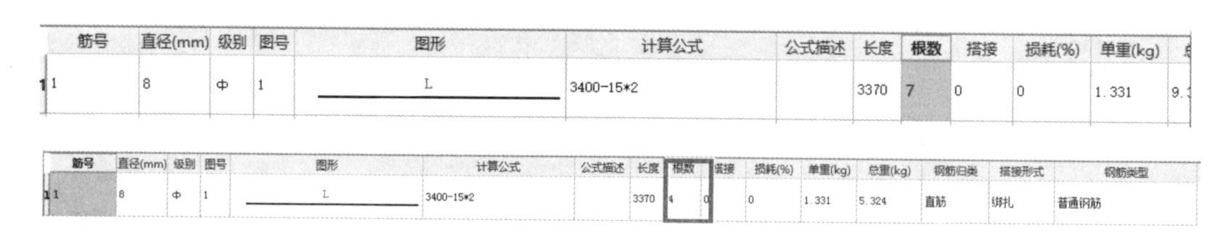

图 8.2.26　添加 2-2 节点上水平钢筋（四）

用同样方式处理 A10@200，输入水平钢筋 A8@200，长度为图纸所示长度＝3400－2×15；因为两侧两排都有，所以是 300×2×2；根数计算如图 8.2.27、图 8.2.28 所示。

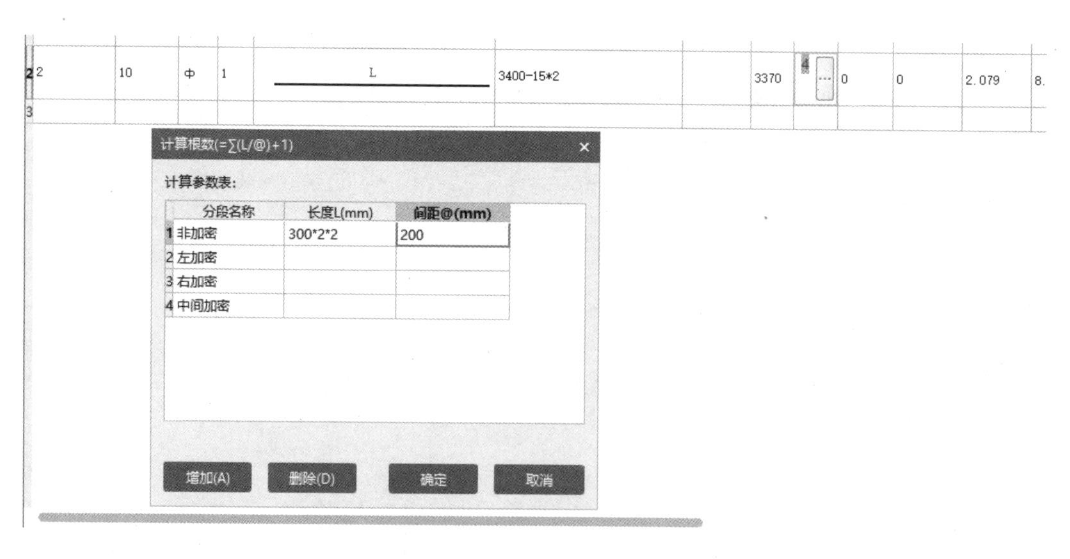

图 8.2.27　添加 2-2 节点上水平钢筋（五）

	筋号	直径(mm)	级别	图号	图形	计算公式	公式描述	长度	根数	搭接	损耗(%)	单重(kg)	总
1	1	8	Φ	1	L	3400-15*2		3370	7	0	0	1.331	9.3
2	2	10	Φ	1	L	3400-15*2		3370	7	0	0	2.079	14.
3													

图 8.2.28　添加 2-2 节点上水平钢筋（六）

如此节点 2-2 上水平钢筋就处理完了，接下来处理 2-2 节点下水平钢筋。

采用同样方法，首先处理 A8@200 钢筋，如图 8.2.29、图 8.2.30 所示。

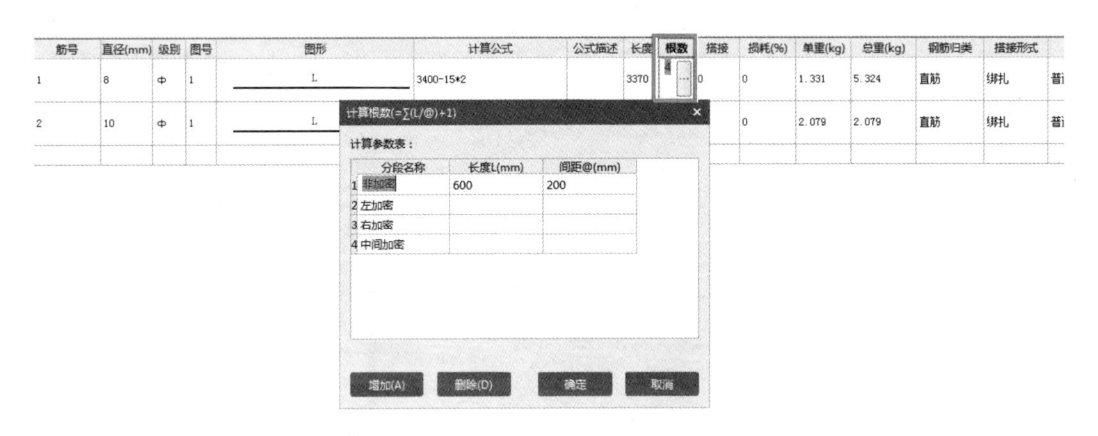

筋号	直径(mm)	级别	图号	图形	计算公式	公式描述	长度	根数	搭接	损耗(%)	单重(kg)	总重(kg)	钢筋归类	搭接形式	
1	8	Φ	1	L	3400-15*2		3370	4	0	0	1.331	5.324	直筋	绑扎	普
2	10	Φ	1	L						0	2.079	2.079	直筋	绑扎	普

图 8.2.29　添加 2-2 节点下水平钢筋（一）

筋号	直径(mm)	级别	图号	图形	计算公式	公式描述	长度	根数	搭接	损耗(%)	单重(kg)	总重(kg)
1	8	Φ	1	L	3400-15*2		3370	4	0	0	1.331	5.324

图 8.2.30　添加 2-2 节点下水平钢筋（二）

然后处理 A10@200，输入水平钢筋 A8@200，长度为图纸所示长度＝3400−2×15；根数计算如图 8.2.31、图 8.2.32 所示。

	筋号	直径(mm)	级别	图号	图形	计算公式	公式描述	长度	根数	搭接	损耗(%)	单重(kg)	总重(kg)
1	1	8	Φ	1	L	3400-15*2		3370	4	0	0	1.331	5.324
2	2	10	Φ	1	L	3400-15*2		3370	1	0	0	2.079	2.079
3													

图 8.2.31　添加 2-2 节点下水平钢筋（三）

	筋号	直径(mm)	级别	图号	图形	计算公式	公式描述	长度	根数	搭接	损耗(%)	单重(kg)	总重(kg)
1	1	8	Φ	1	L	3400-15*2		3370	4	0	0	1.331	5.324
2	2	10	Φ	1	L	3400-15*2		3370	10	0	0	2.079	20.79
3													

图 8.2.32　添加 2-2 节点下水平钢筋（四）

这样节点 2-2 下水平钢筋就处理完了，2-2 节点就绘制好了。

3. 定义和绘制节点 3-3

结合建施—06 和结施—12 将 3-3 节点雨篷斜板部分拆分为斜板和栏板两部分，斜板宽 500mm，栏板高 300－120＝180（mm）。先定义栏板，步骤如下：① 选择栏板→新建矩形栏板→定义输入，如图 8.2.33 所示。② 选择其他钢筋→输入钢筋，如图 8.2.34 所示。③ 首先输入栏板内的钢筋长度＝ 180 ＋ 30×10。④ 再输入栏板及板内的钢筋长度＝100－15×2＋500－15＋180＋30×10。

属性列表　图层管理

	属性名称	属性值	附加
1	名称	3-3节点	
2	截面宽度(mm)	100	☐
3	截面高度(mm)	180	☐
4	轴线距左边线...	(50)	☐
5	水平钢筋		☐
6	垂直钢筋		☐
7	拉筋		☐
8	材质	现浇混凝土	☐
9	混凝土类型	(砾石 GD40 细砂水泥...	☐
10	混凝土强度等级	(C20)	☐
11	截面面积(m²)	0.018	☐
12	起点底标高(m)	层顶标高	☐
13	终点底标高(m)	层顶标高	☐
14	备注		☐
15	+ 钢筋业务属性		
25	+ 土建业务属性		
29	+ 显示样式		

图 8.2.33　定义 3-3 节点栏板

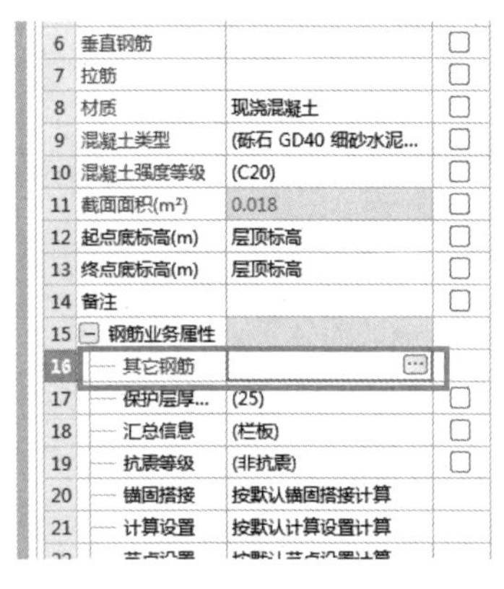

	属性名称	属性值	附加
6	垂直钢筋		☐
7	拉筋		☐
8	材质	现浇混凝土	☐
9	混凝土类型	(砾石 GD40 细砂水泥...	☐
10	混凝土强度等级	(C20)	☐
11	截面面积(m²)	0.018	☐
12	起点底标高(m)	层顶标高	☐
13	终点底标高(m)	层顶标高	☐
14	备注		☐
15	− 钢筋业务属性		
16	其它钢筋		
17	保护层厚...	(25)	☐
18	汇总信息	(栏板)	☐
19	抗震等级	(非抗震)	☐
20	锚固搭接	按默认锚固搭接计算	
21	计算设置	按默认计算设置计算	

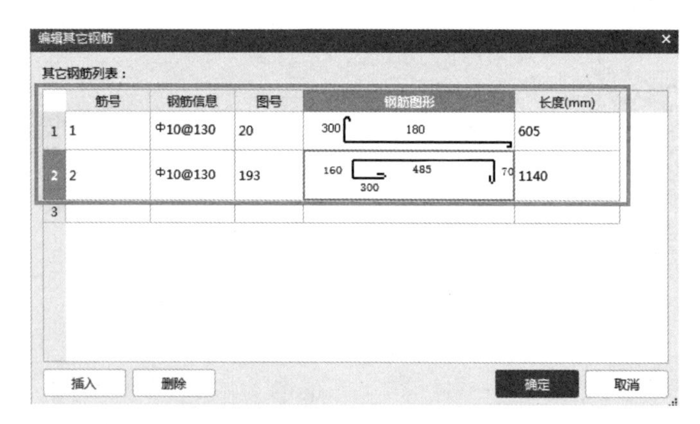

编辑其它钢筋

其它钢筋列表：

	筋号	钢筋信息	图号	钢筋图形	长度(mm)
1	1	Φ10@130	20	300 180	605
2	2	Φ10@130	193	160 485 70 300	1140
3					

插入　删除　确定　取消

图 8.2.34　输入 3-3 节点栏板钢筋

绘制栏板 3-3，因为绘制悬挑板时已经绘制了辅助轴线，所以绘制步骤如下：选择栏板 3-3 →直线→按住〈Shift〉键＋如图 8.2.35 所示辅助轴线交点→选择确定→单击该点，如图 8.2.35、图 8.2.36 所示。

用同样的方式将另一边绘制上，水平方向用直线绘制上，如图 8.2.37 所示。

单击绘制上的栏板→单击右键→单对齐→选中辅助轴线→选择栏板外侧边缘进行对齐，如图 8.2.38 所示。

节点 3 绘制完成，如图 8.2.39 所示。

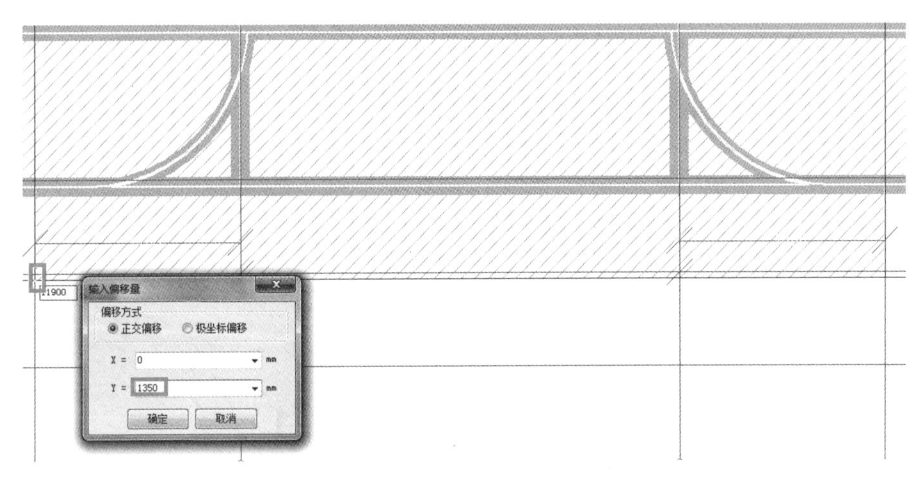

图 8.2.35 绘制栏板 3-3（一）

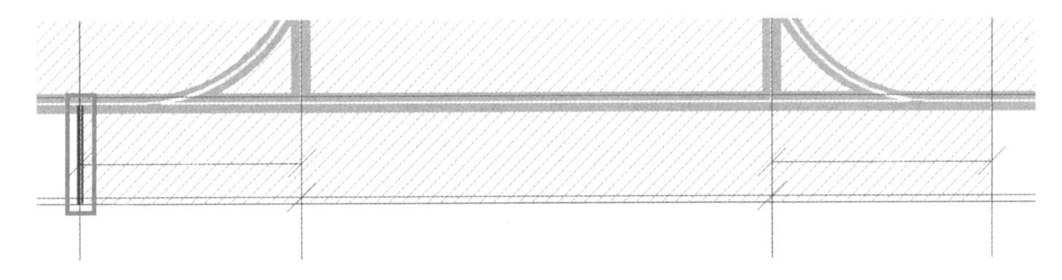

图 8.2.36 绘制栏板 3-3（二）

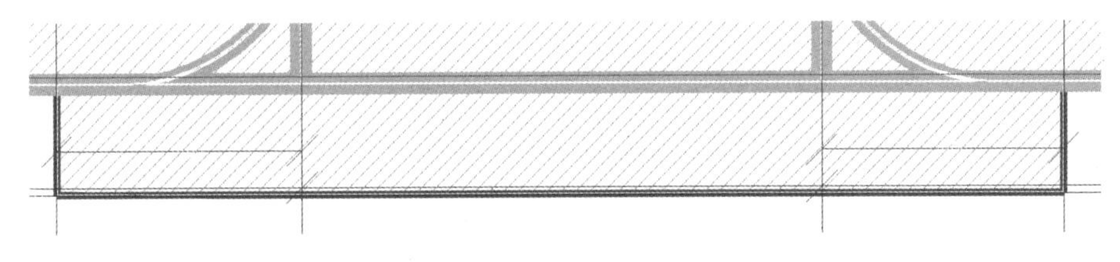

图 8.2.37 绘制栏板 3-3（三）

图 8.2.38 绘制栏板 3-3（四）

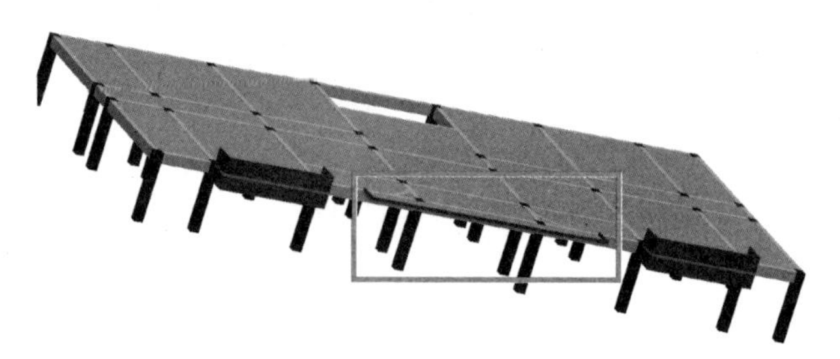

图 8.2.39　节点 3-3 三维图

4. 定义和绘制斜板

选择板→现浇板→定义→新建现浇板→定义如图 8.2.40 所示→绘图→矩形→按住〈Shift〉键＋左键如图 8.2.41 所示辅助轴线交点→选择“确定”→单击该点，绘制方式如图 8.2.40 ～图 8.2.42 所示。

用同样方式绘制其他位置板，如图 8.2.43 ～图 8.2.46 所示。

属性列表　图层管理

	属性名称	属性值	附加
1	名称	3-3节点斜板	
2	厚度(mm)	100	☐
3	类别	有梁板	☐
4	是否是楼板	是	☐
5	混凝土类型	(砾石 GD40 细砂水泥...	☐
6	混凝土强度等级	(C30)	☐
7	混凝土外加剂	(无)	
8	泵送类型	(混凝土泵)	
9	泵送高度(m)		
10	顶标高(m)	层顶标高+1	☐
11	备注		☐
12	+ 钢筋业务属性		
23	+ 土建业务属性		
29	− 显示样式		
30	填充颜色		
31	不透明度	(100)	

图 8.2.40　定义斜板（1 层）

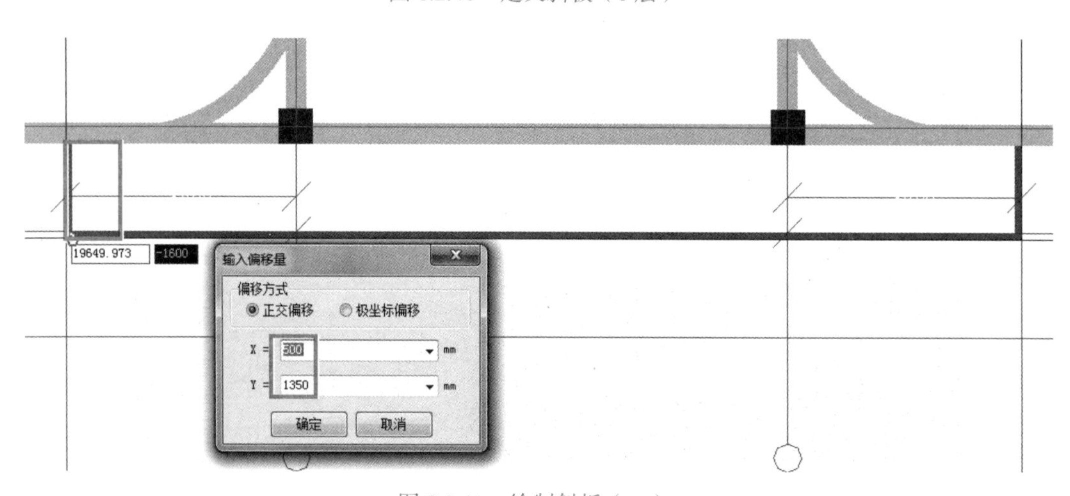

图 8.2.41　绘制斜板（一）

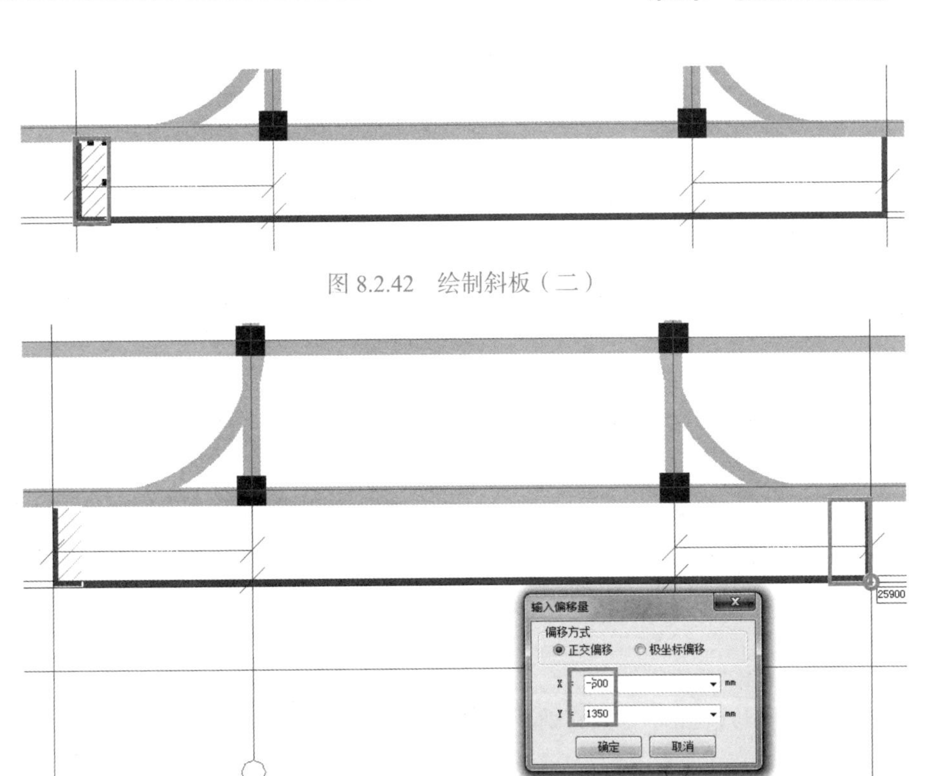

图 8.2.42　绘制斜板（二）

图 8.2.43　绘制斜板（三）

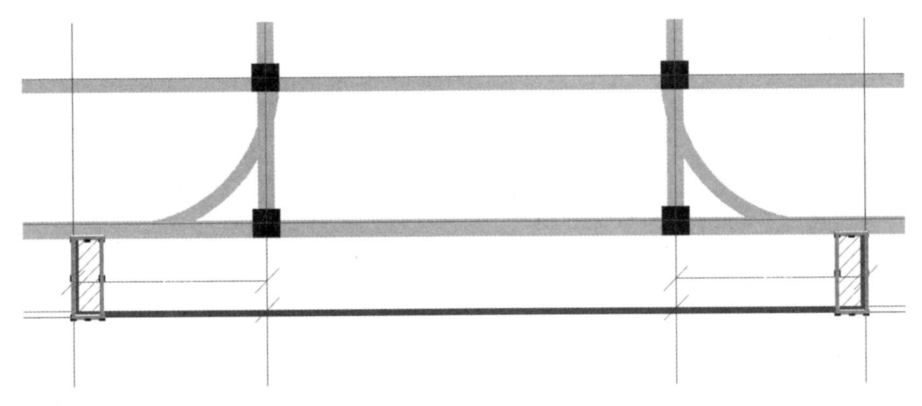

图 8.2.44　绘制斜板（四）

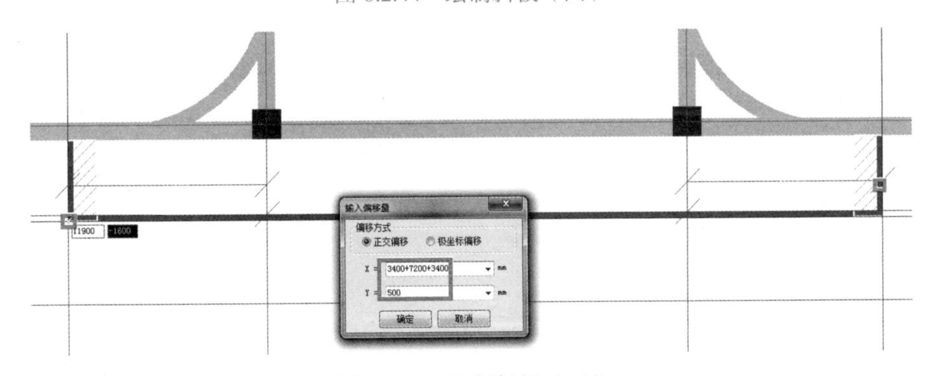

图 8.2.45　绘制斜板（五）

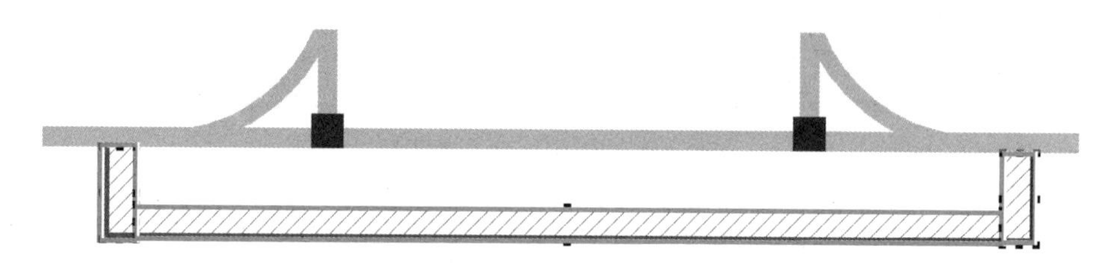

图 8.2.46　绘制斜板（六）

然后将这三块板合并，如图 8.2.47 所示。

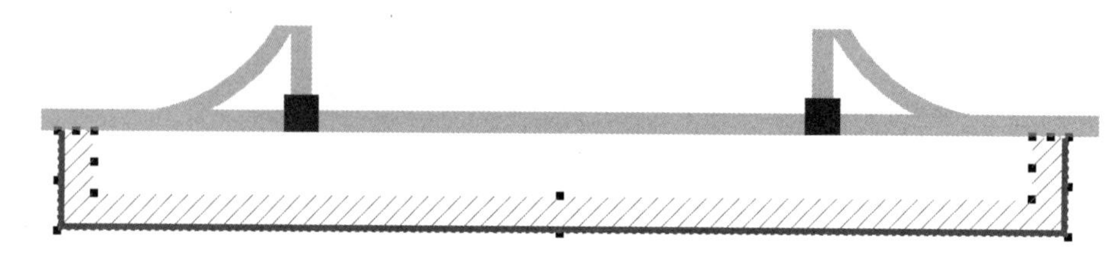

图 8.2.47　合并斜板

选中合并后的板→单击右键→分割。如图 8.2.48 所示。

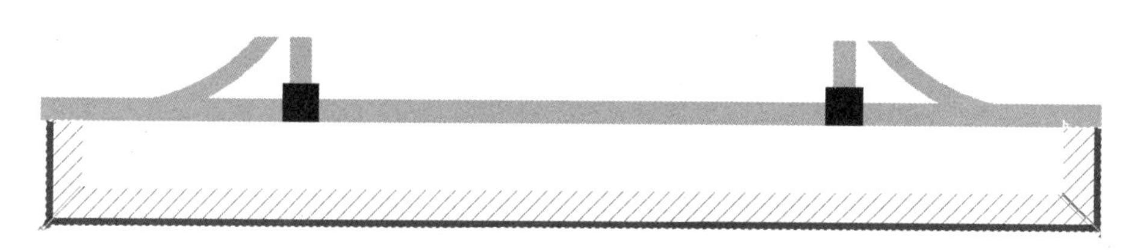

图 8.2.48　分割斜板

由建施—06 可以算出，斜板底标高为 3.8＋0.18＝3.98。
斜板顶标高＝3.8＋0.18＋0.5/1.414（三角函数）＝4.334。
绘制步骤如下：选中板→三点定义斜板，如图 8.2.49 ～图 8.2.51 所示。

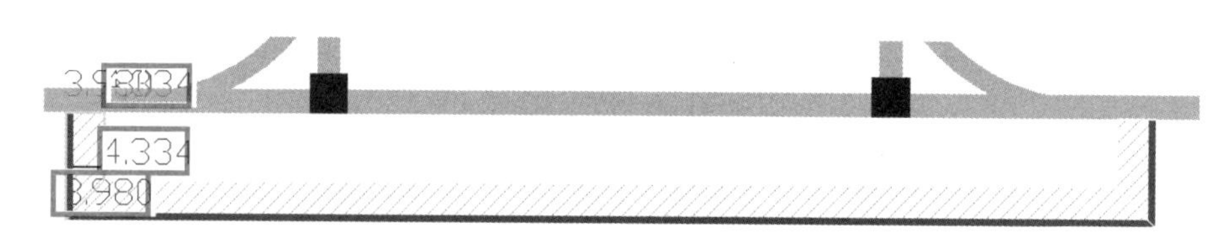

图 8.2.49　三点定义斜板（一）

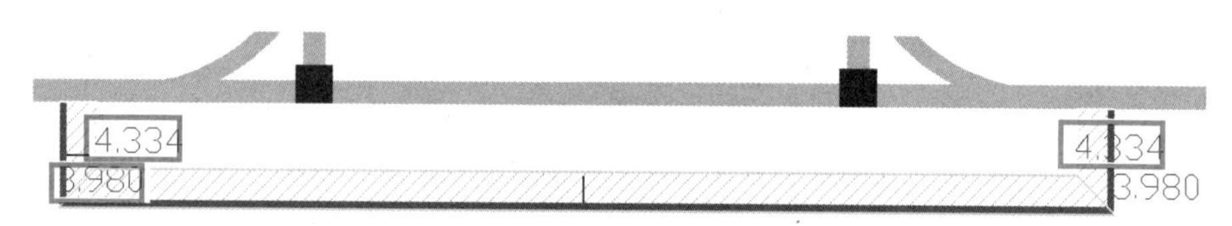

图 8.2.50　三点定义斜板（二）

图 8.2.51　三点定义斜板（三）

这样节点 3-3 就绘制好了，如图 8.2.52 所示。

注意：斜板中的钢筋已经在栏板中一并计算，这里不需要重复布置钢筋。

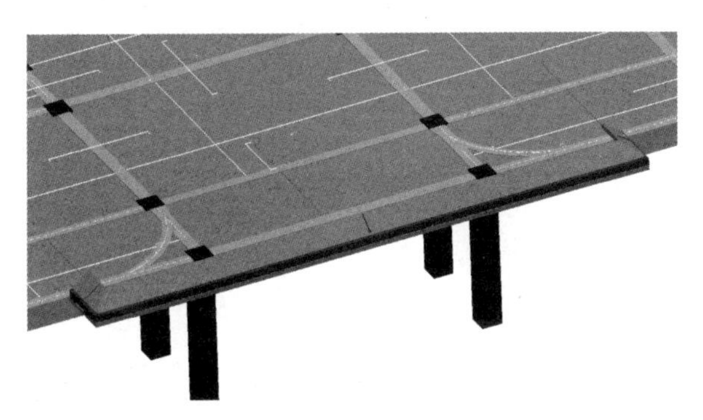

图 8.2.52　1 层节点三维图

精准偏移绘制图元快捷键是哪个？

8.3　定义及绘制二层节点

学习目的

根据本工程图纸内容，完成二层节点的定义及绘制。

学习内容

（1）栏板节点识图。

（2）定义及绘制栏板节点。

（3）其他钢筋的输入方法。

我们进入到二层，根据结施—12 和结施—13 绘制二层的节点 1-1、2-2。

1．定义和绘制节点 1-1

由节点图 1-1 详图可以看出，节点上从板上起，高度为 900mm，宽度为 100mm，水平钢筋为 1 排 A8@200，垂直钢筋为 A8@100，同 −1 层相同可以从 −1 层复制；节点下垂直钢筋同板的负筋相同为 A10@200，水平钢筋同板的分布筋相同为 A8@200，这样的构件可以用如下步骤定义：选择二层→栏板→楼层→ -1 层→从其他楼层复制构件图元→只勾选“栏板”→选择“确定”，如图 8.3.1 所示。

定义 1-1 节点下：选择模块导航栏→其他→栏板→新建矩形栏板→信息录入，如图 8.3.2 所示。

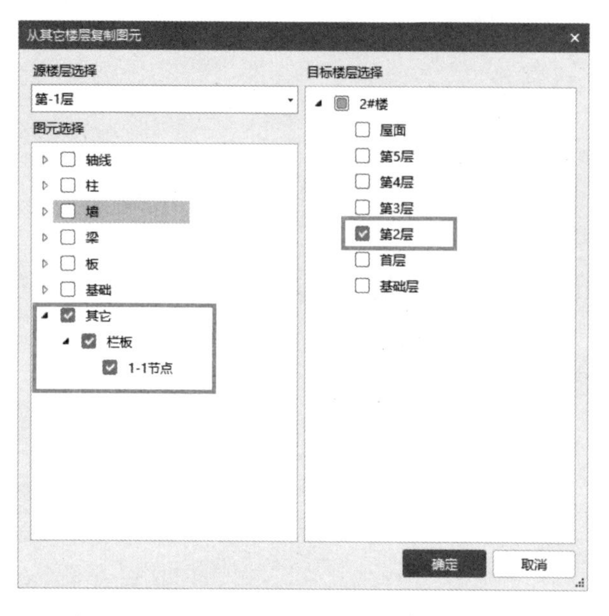

图 8.3.1 复制 -1 层到 2 层

	属性列表 / 属性名称	属性值	附加
1	名称	1-1节点下	
2	截面宽度(mm)	100	☐
3	截面高度(mm)	460	☐
4	轴线距左边线...	(50)	☐
5	水平钢筋	(1)中8@200	☐
6	垂直钢筋	(1)中10@200	☐
7	拉筋		☐
8	材质	现浇混凝土	☐
9	混凝土类型	(砾石 GD40 细砂水泥...	☐
10	混凝土强度等级	(C20)	☐
11	截面面积(m²)	0.046	☐
12	起点底标高(m)	层顶标高-0.6	☐
13	终点底标高(m)	层顶标高-0.6	☐
14	备注		☐
15	+ 钢筋业务属性		
25	+ 土建业务属性		
29	+ 显示样式		

图 8.3.2 定义 1-1 节点下

因为节点 1-1 上已经从 -1 层复制，所以绘制节点 1-1 下只需如下步骤：选择绘图→节点 1-1 下→直线→按节点 1-1 上同样图元位置描绘一遍，如图 8.3.3 所示。

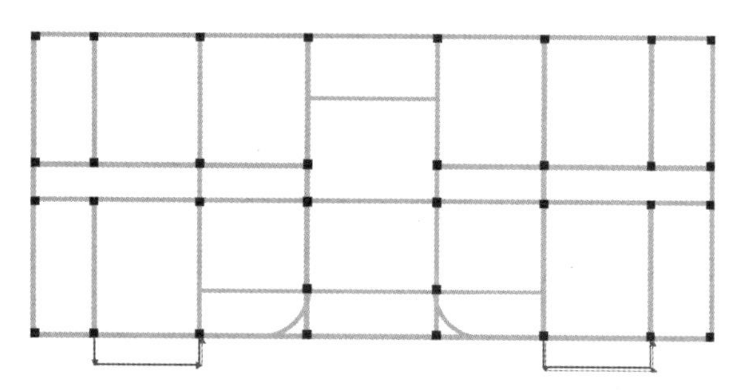

图 8.3.3 绘制 1-1 节点下图元

这样节点 1-1 就绘制好了，如图 8.3.4 所示。

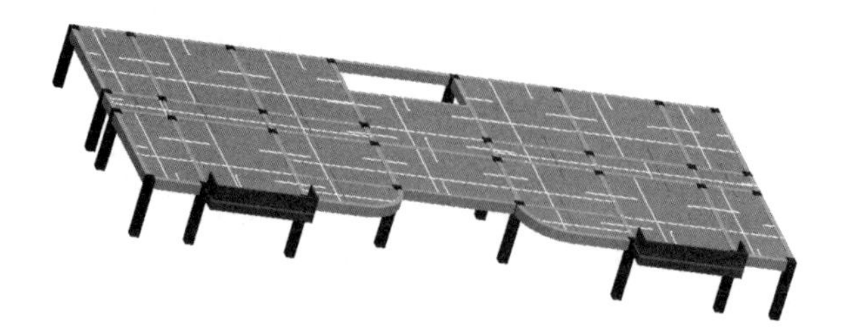

图 8.3.4 2 层 1-1 节点三维图

2. 定义和绘制节点 2-2

由结施—12 节点图 2-2 详图可以看出，节点下从首层 KL8 上起为异形栏板，节点上从二层 KL8 下起。这样的构件可以用如下步骤定义：2-2 节点下与首层的尺寸和配筋是一样的，选择二层→栏板→楼层→一层→从其他楼层复制构件图元→勾选“栏板”（图 8.3.5）→选择确定。

2-2 节点上，结合图纸，选择栏板→新建矩形栏板，输入参数如图 8.3.6、图 8.3.7 所示。

图 8.3.5　复制 2-2 节点下

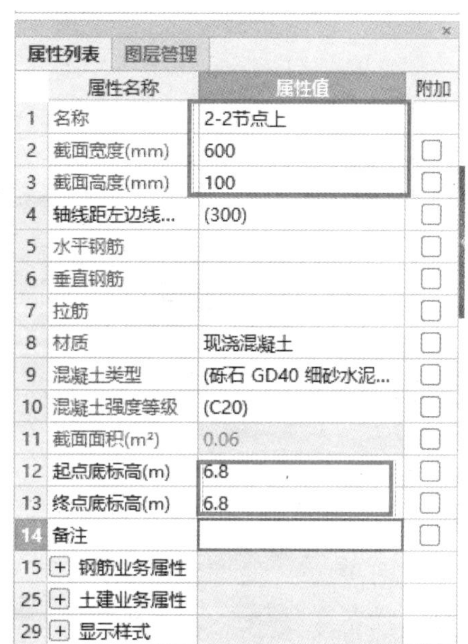

	属性名称	属性值	附加
1	名称	2-2节点上	
2	截面宽度(mm)	600	☐
3	截面高度(mm)	100	☐
4	轴线距左边线...	(300)	☐
5	水平钢筋		☐
6	垂直钢筋		☐
7	拉筋		☐
8	材质	现浇混凝土	☐
9	混凝土类型	(砾石 GD40 细砂水泥...	☐
10	混凝土强度等级	(C20)	☐
11	截面面积(m²)	0.06	☐
12	起点底标高(m)	6.8	☐
13	终点底标高(m)	6.8	☐
14	备注		☐
15	+ 钢筋业务属性		
25	+ 土建业务属性		
29	+ 显示样式		

图 8.3.6　定义 2-2 节点上

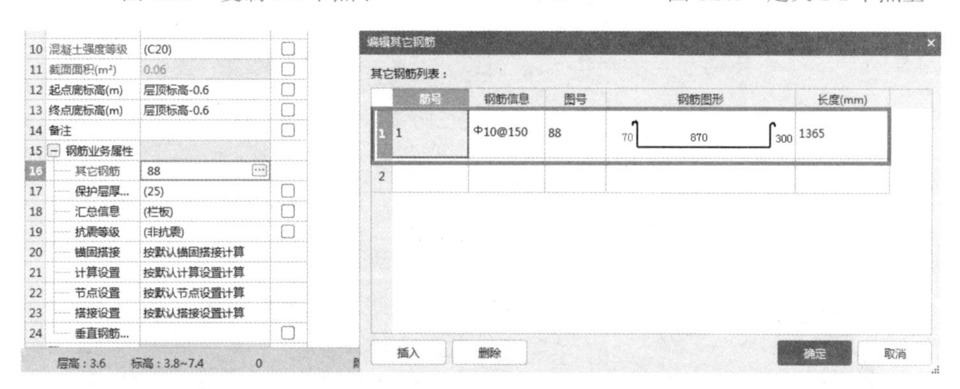

10	混凝土强度等级	(C20)	☐
11	截面面积(m²)	0.06	☐
12	起点底标高(m)	层顶标高-0.6	☐
13	终点底标高(m)	层顶标高-0.6	☐
14	备注		☐
15	− 钢筋业务属性		
16	其它钢筋	88	
17	保护层厚...	(25)	☐
18	汇总信息	(栏板)	☐
19	抗震等级	(非抗震)	☐
20	锚固搭接	按默认锚固搭接计算	
21	计算设置	按默认计算设置计算	
22	节点设置	按默认节点设置计算	
23	搭接设置	按默认搭接设置计算	
24	垂直钢筋...		☐

层高：3.6　标高：3.8~7.4

编辑其它钢筋

其它钢筋列表：

	筋号	钢筋信息	图号	钢筋图形	长度(mm)
1	1	Φ10@150	88	70 870 300	1365
2					

插入　删除　确定　取消

图 8.3.7　绘制 2-2 节点上（一）

因为节点 2-2 下已经从一层复制，所以绘制 2-2 上只需如下步骤：选择绘图→节点 2-2 上→直线→按节点 2-2 下同样图元位置绘制，注意单对齐。如图 8.3.8、图 8.3.9 所示。

因为左右是对称的，所以 2-2 节点上应用镜像命令即可：批量选择→栏板 2-2 节点上→镜像→选择对称点→是否删除原来图元→选择否，这样 2-2 节点上图元就绘制好了，如图 8.3.10、图 8.3.11 所示。

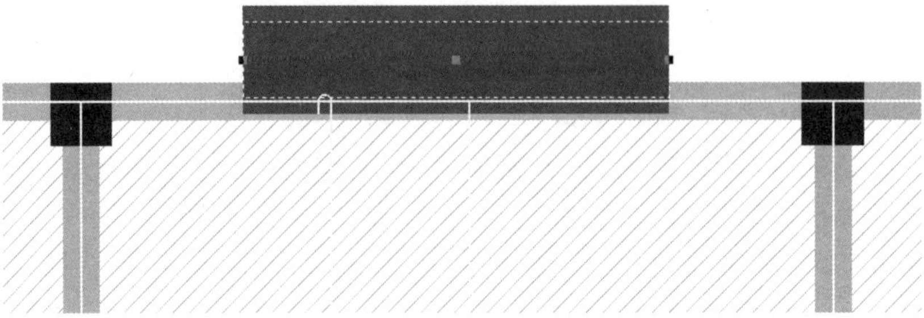

图 8.3.8　绘制 2-2 节点上（二）

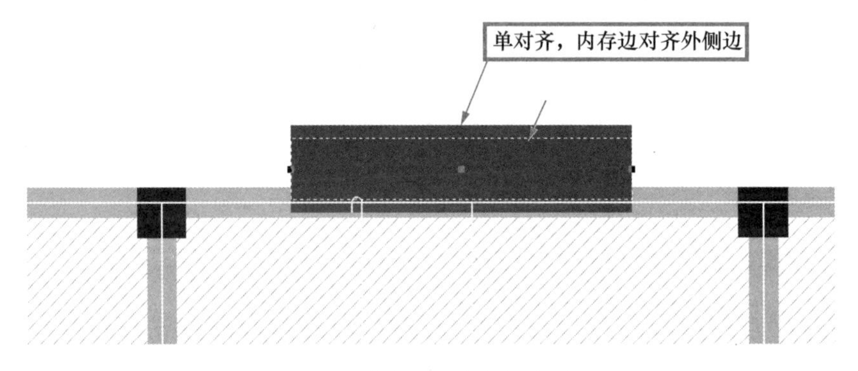

图 8.3.9　绘制 2-2 节点上（三）

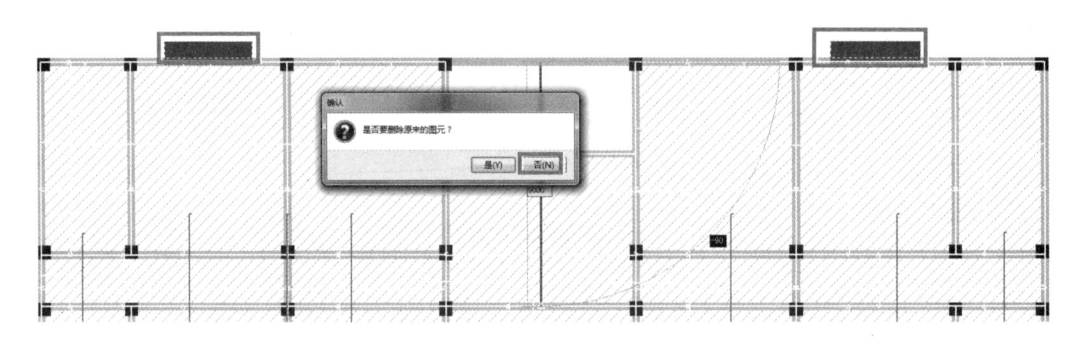

图 8.3.10　镜像 2-2 节点上

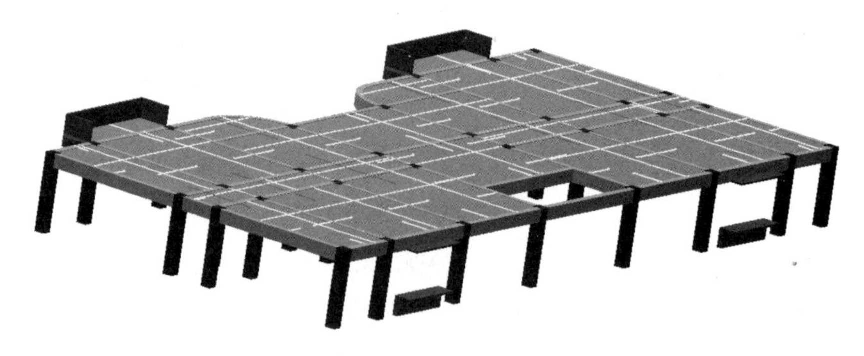

图 8.3.11　节点 2-2 三维图

图元绘制好以后还有 2-2 节点钢筋的处理，步骤如下。

2-2 节点下钢筋的处理：选择表格输入→从其他楼层复制构件，如图 8.3.12、图 8.3.13 所示。

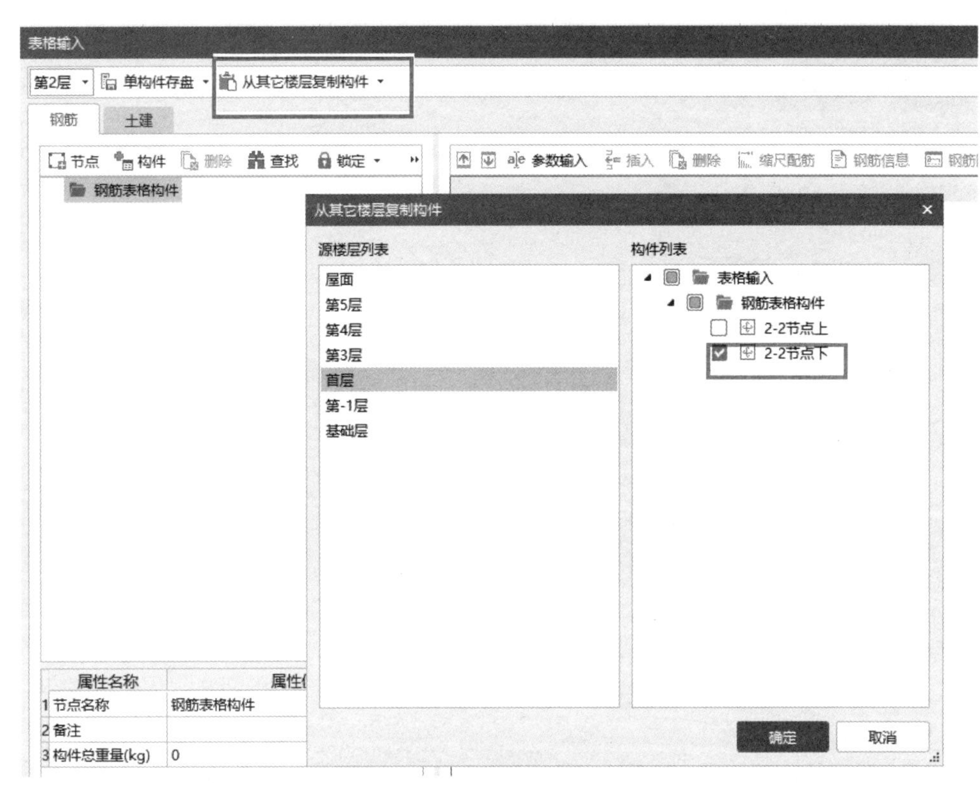

图 8.3.12　复制 2-2 节点下钢筋

	筋号	直径(mm)	级别	图号	图形	计算公式	公式描述	长度	根数	搭接	损耗(%)	单重(kg)	总重(kg)	钢筋归类	搭接形式	钢筋类型
1	1	8	Φ	1	L	3400-15*2		3370	4	0	0	1.331	5.324	直筋	绑扎	普通钢筋
2	2	10	Φ	1	L	3400-15*2		3370	10	0	0	2.079	20.79	直筋	绑扎	普通钢筋
3																

图 8.3.13　2-2 节点下钢筋构件

2-2 节点上水平钢筋处理：选择表格输入→构件→添加构件（图 8.3.14 ～图 8.3.16）→选择确定。

这样二层的 1-1 节点和 2-2 节点就绘制好了。

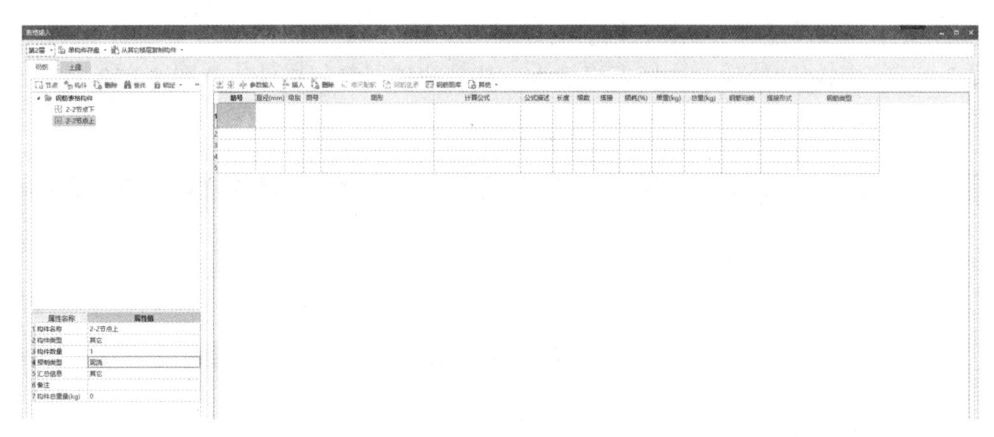

图 8.3.14　2-2 节点上水平钢筋（一）

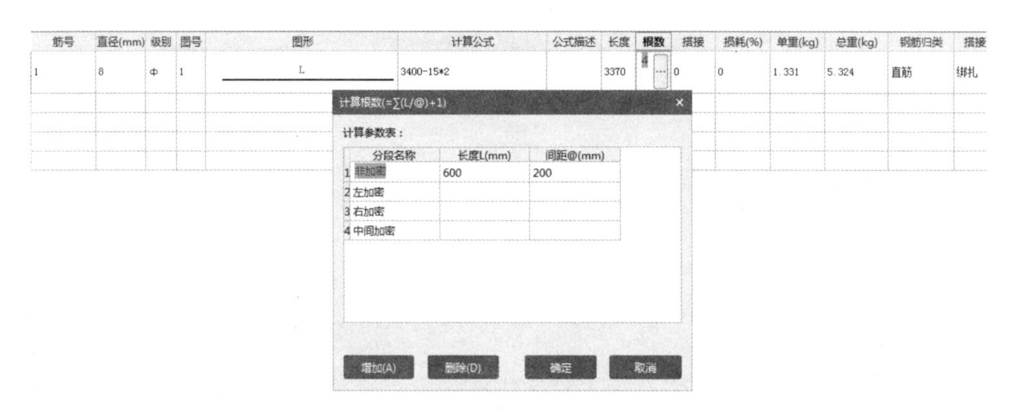

图 8.3.15　2-2 节点上水平钢筋（二）

图 8.3.16　2-2 节点上水平钢筋（三）

8.4　复制二层节点到三层

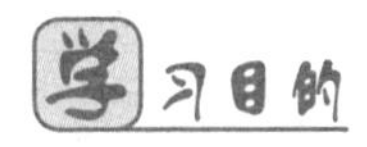

根据本工程图纸内容，完成节点从二层复制到三层。

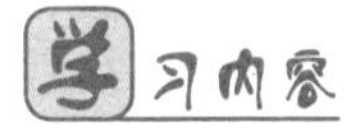

（1）栏板节点识图。

（2）层间复制节点。

操作步骤

复制节点：

由结施—13 可以看出，二层和三层的 1-1 节点和 2-2 节点是完全一样的，那么三层的节点就可以复制二层的节点。步骤如下：进入三层→栏板→从其他楼层复制构件图元，如图 8.4.1 所示。

这样三层的图元就复制过来了，如图 8.4.2 所示。

钢筋的处理：选择表格输入→从其他楼层复制构件，如图 8.4.3、图 8.4.4 所示。

这样三层的节点就绘制好了。

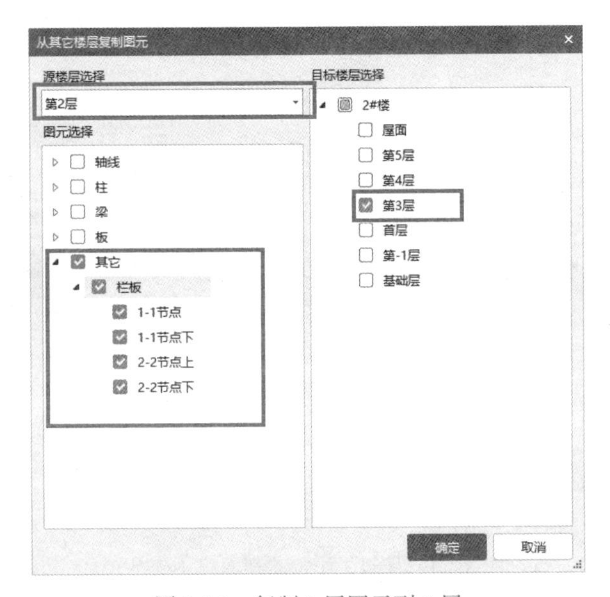

图 8.4.1　复制 2 层图元到 3 层

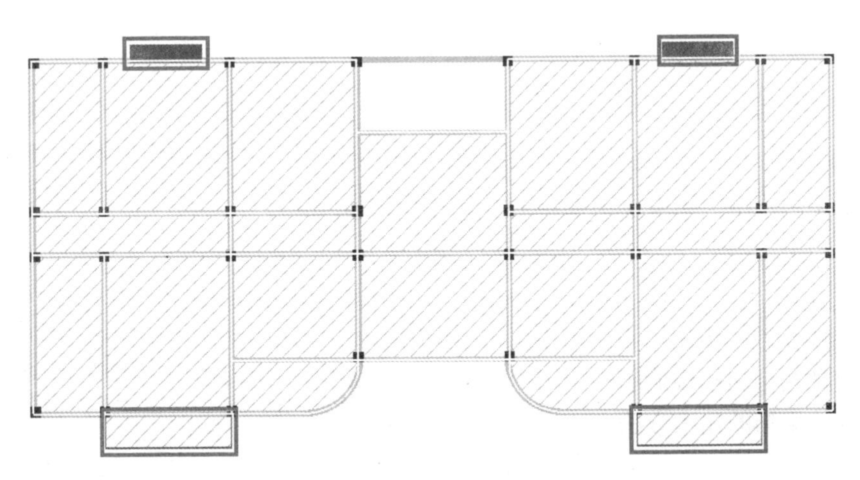

图 8.4.2　三层图元

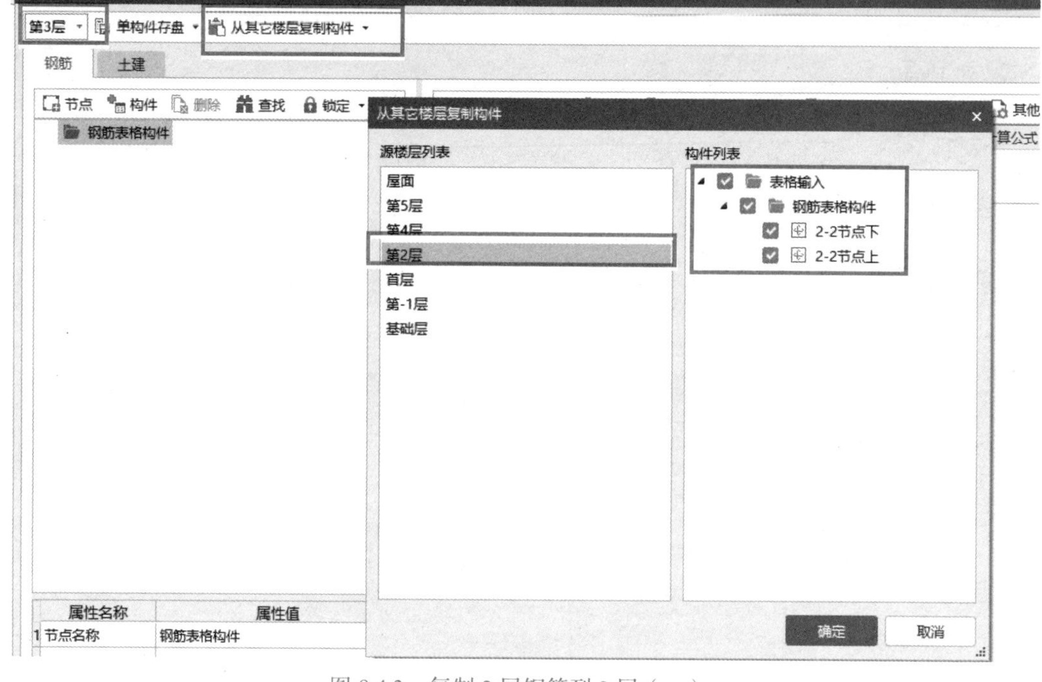

图 8.4.3　复制 2 层钢筋到 3 层（一）

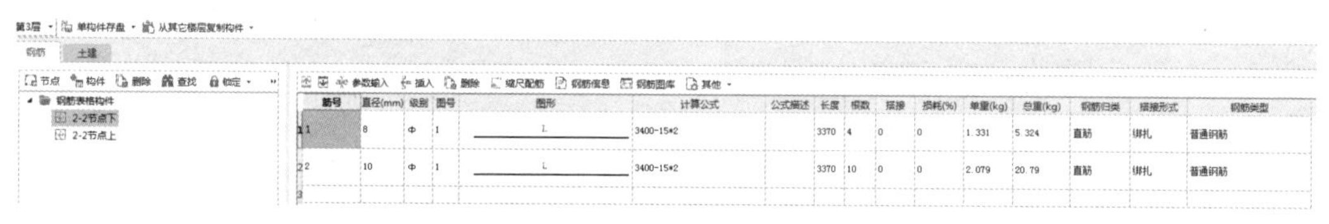

图 8.4.4　复制 2 层钢筋到 3 层（二）

8.5　定义及绘制四层节点

学习目的

根据本工程图纸内容，完成四层节点定义及绘制。

学习内容

（1）栏板节点识图。

（2）定义及绘制栏板节点。

（3）其他钢筋的输入方法。

我们进入到四层，根据结施—12 和结施—14 画四层的节点 1-1、2-2。

1．定义和绘制节点 1-1

由节点图 1-1 详图可以看出，节点上从板上起，高度为 200mm，宽度为 100mm，水平钢筋为 1 排 A8@200，垂直钢筋为 A8@100；节点下垂直钢筋同板的负筋相同为 A10@200，水平钢筋同板的分布筋相同为 A8@200。这样的构件我们可以用如下步骤定义：

1-1 节点上：四层→栏板→新建矩形栏板，如图 8.5.1 所示。

1-1 节点下：因为与三层 1-1 节点下一样，所以从三层复制即可。步骤如下：楼层→从其他楼层复制构件图元，如图 8.5.2、图 8.5.3 所示。

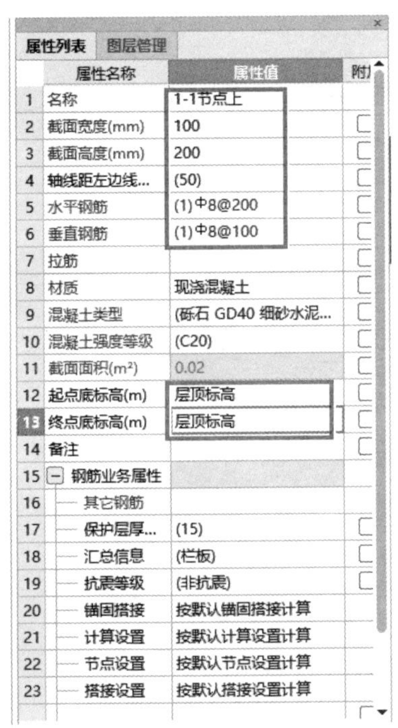

图 8.5.1　定义 1-1 节点上

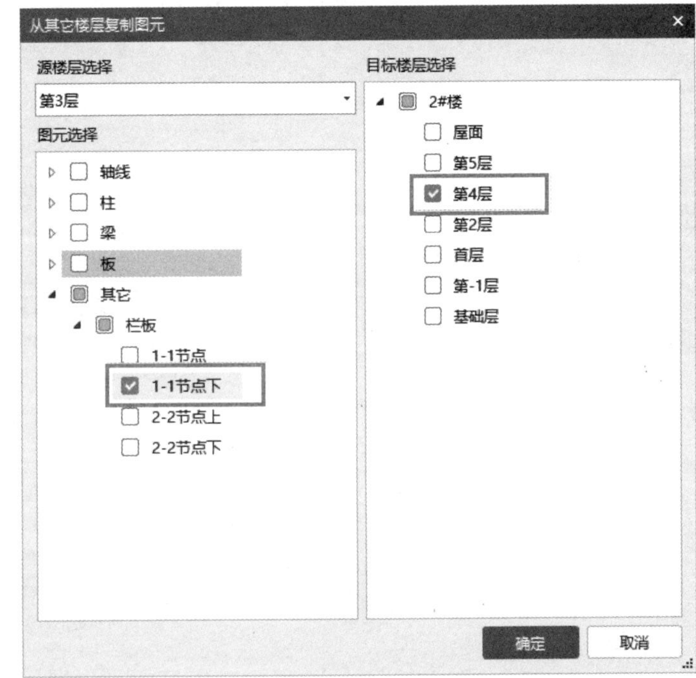

图 8.5.2　绘制 4 层 1-1 节点下（一）

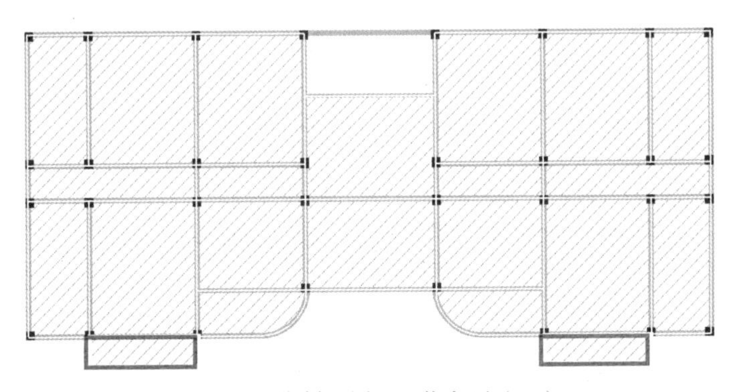

图 8.5.3　绘制 4 层 1-1 节点下（二）

因为 1-1 节点下已经绘制完毕，所以节点 1-1 上可以直接描绘一遍，如图 8.5.4 所示。左侧绘制完毕，右侧同样的方式绘制。这样 1-1 节点就绘制好了，如图 8.5.5 所示。

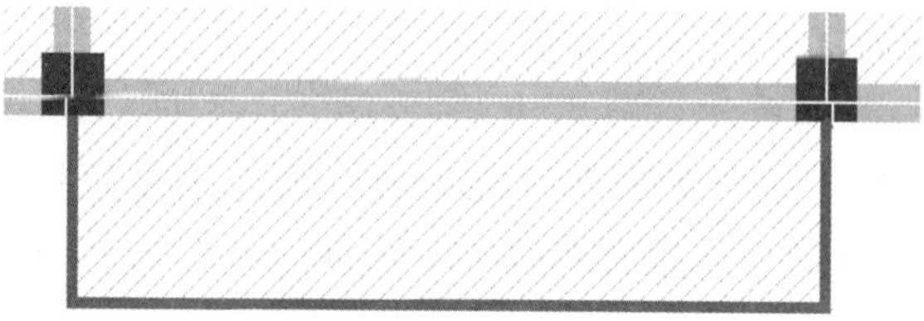

图 8.5.4　绘制 4 层 1-1 节点

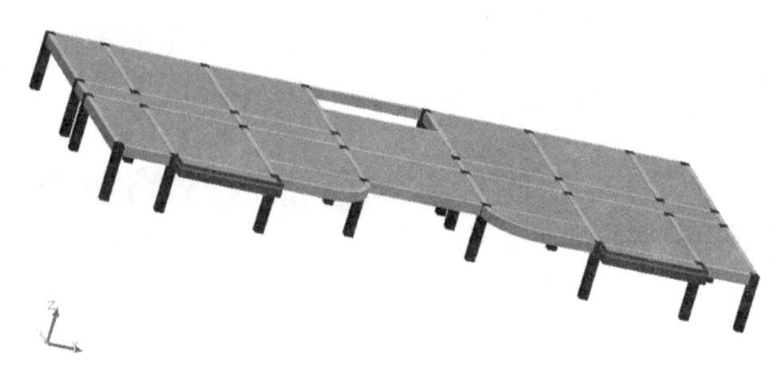

图 8.5.5　4 层节点 1-1 三维图

2．定义和绘制节点 2-2

由结施—12 节点图 2-2 详图可以看出，三层节点与四层节点完全一致，操作步骤如下：四层→栏板→楼层→从其他楼层复制构件图元，如图 8.5.6 所示。

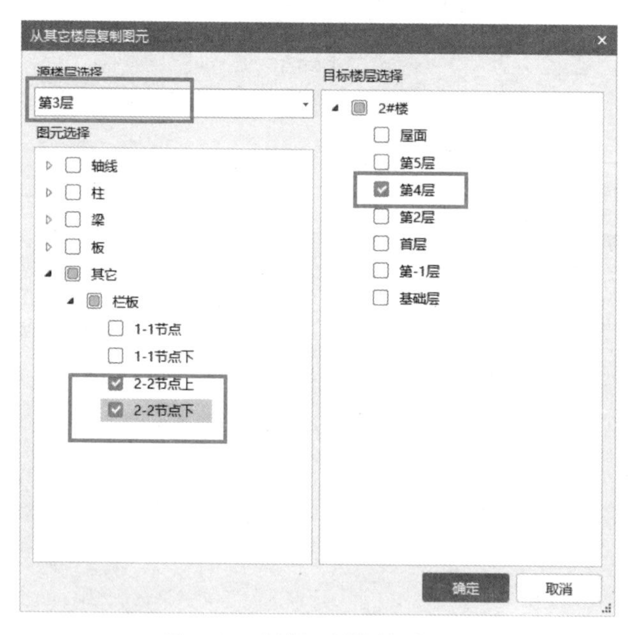

图 8.5.6　复制 3 层构件到 4 层

可以看出复制过来的 2-2 节点上标高不对，所以按照如下步骤调整：栏板→批量选择→栏板 2-2 节点上→属性→起点、终点底标高 −13.7，如图 8.5.8、图 8.5.9 所示。

把“单构件输入”中节点的钢筋量也要复制到相对应的楼层。

这样 2-2 节点就绘制好了。如图 8.5.10 所示。

图 8.5.7　4 层节点 2-2 三维图

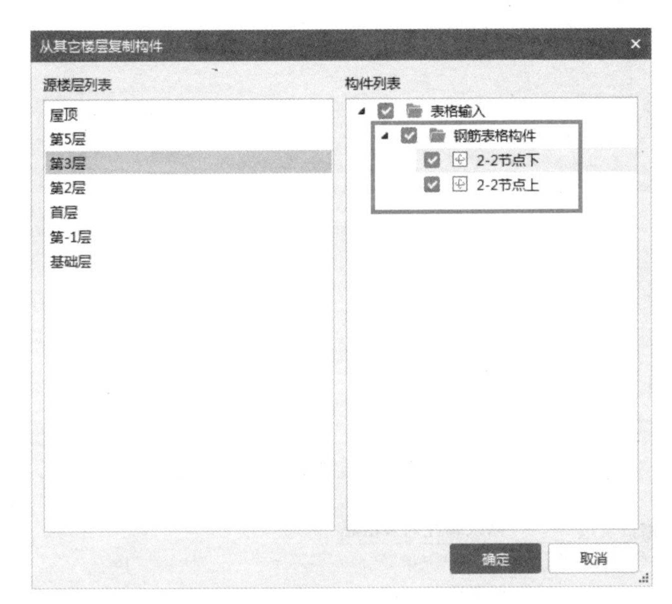

图 8.5.8　调整节点 2-2 标高（一）

属性编辑器

	属性名称	属性值
1	名称	2-2节点上
2	截面宽度(mm)	600
3	截面高度(mm)	100
4	轴线距左边线距离	(300)
5	水平钢筋	
6	垂直钢筋	
7	拉筋	
8	备注	
9	其它属性	
10	其它钢筋	88
11	汇总信息	栏板
12	保护层厚度(mm)	(15)
13	计算设置	按默认计算设置计算
14	节点设置	按默认节点设置计算
15	搭接设置	按默认搭接设置计算
16	垂直钢筋长度调	
17	起点底标高(m)	13.7
18	终点底标高(m)	13.7
19	锚固搭接	
34	显示样式	

图 8.5.9　调整节点 2-2 标高（二）

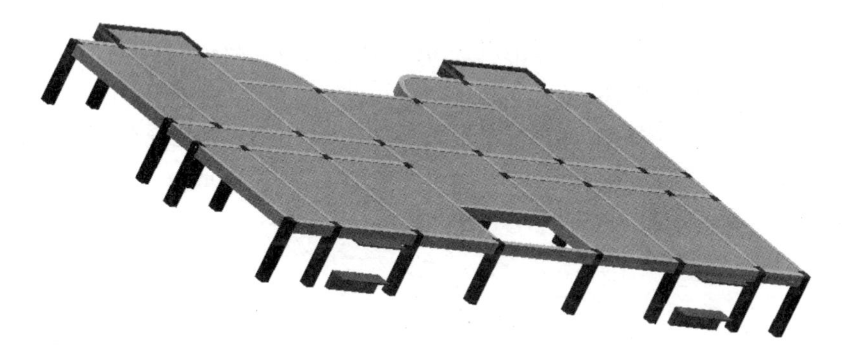

图 8.5.10　4 层节点 2-2 三维图

撤销和回退一步操作的快捷键分别是什么？

8.6 定义及绘制五层节点

学习目的

根据本工程图纸内容，完成五层节点定义及绘制。

学习内容

（1）栏板节点识图。

（2）定义及绘制老虎窗节点。

（3）定义及绘制斜板檐口。

操作步骤

操作步骤思维导图见图 8.6.1。

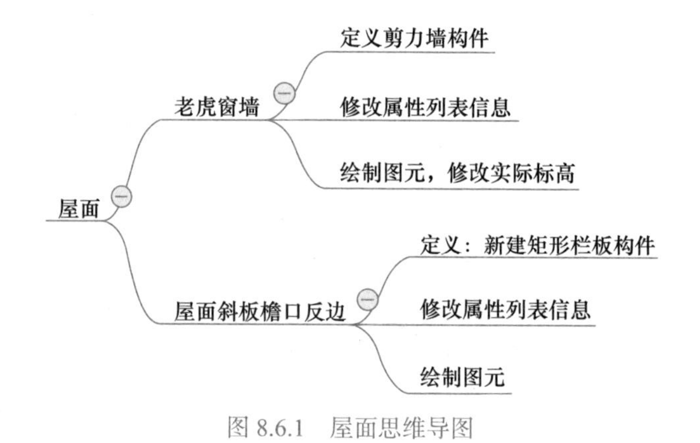

图 8.6.1　屋面思维导图

我们进入到五层，根据结施—15 画五层的节点老虎窗、斜板檐口。

1. 定义和绘制节点老虎窗

先定义老虎窗的墙，因为老虎窗是从屋面斜板上起的，所以老虎窗墙的钢筋采用斜板的钢筋 B10@150。由建施—12 可以看出，老虎窗的墙厚为 200mm。所以定义操作如下：剪力墙→新建剪力墙，如图 8.6.2 所示。

属性编辑

	属性名称	属性值	附加
1	名称	老虎窗墙	
2	厚度(mm)	200	☐
3	轴线距左墙皮距离(mm)	(100)	☐
4	水平分布钢筋	(2)⌀10@150	☐
5	垂直分布钢筋	(2)⌀10@150	☐
6	拉筋		☐
7	备注		☐
8	⊟ 其它属性		
9	其它钢筋		
10	汇总信息	剪力墙	☐
11	保护层厚度(mm)	(15)	☐
12	压墙筋		☐
13	纵筋构造	设置插筋	☐
14	插筋信息		☐
15	水平钢筋拐角增加搭接	否	
16	计算设置	按默认计算设置计算	
17	节点设置	按默认节点设置计算	
18	搭接设置	按默认搭接设置计算	
19	起点顶标高(m)	层顶标高	☐
20	终点顶标高(m)	层顶标高	☐
21	起点底标高(m)	层底标高	☐
22	终点底标高(m)	层底标高	☐
23	⊞ 锚固搭接		
38	⊞ 显示样式		

图 8.6.2　定义老虎窗墙

绘制老虎窗，因为在分割板的时候辅助轴线已经绘制了，从 1-2，2-3，3-4，4-5 绘制剪力墙，所以老虎窗的墙绘制如图 8.6.3 所示。

因为剪力墙是从板上起的，所以剪力墙要向进板内偏移 100mm，如图 8.6.4 所示。

偏移完，应用延伸命令，进行延伸剪力墙，如图 8.6.5 所示。

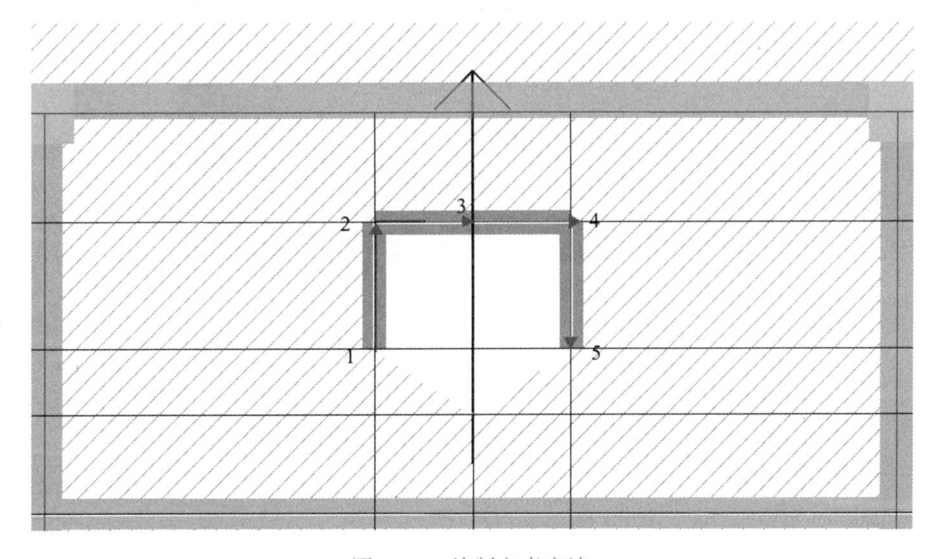

图 8.6.3　绘制老虎窗墙

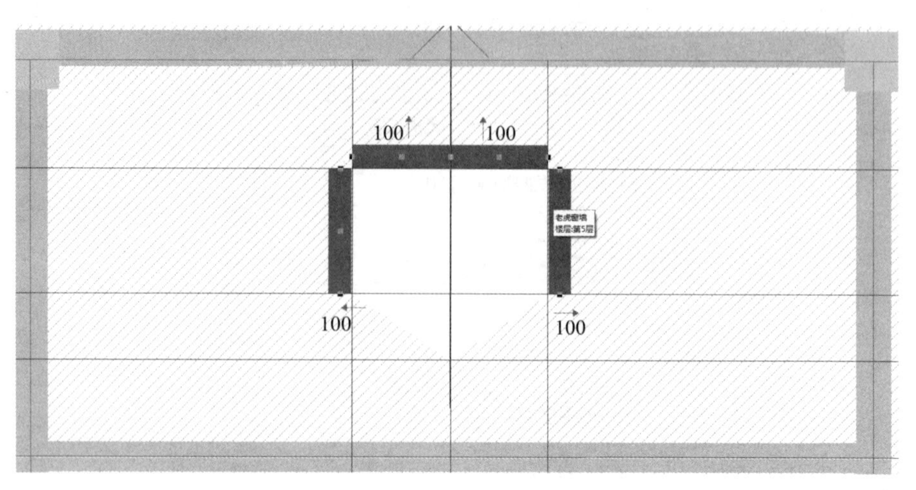

图 8.6.4　偏移老虎窗墙

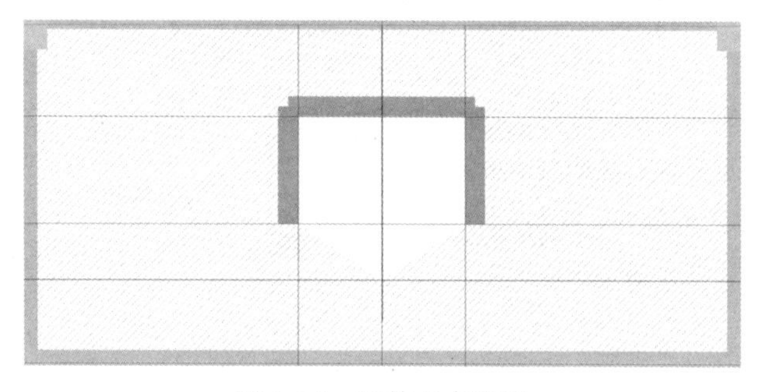

图 8.6.5　延伸老虎窗墙

从结施图上可以看出老虎窗墙的标高如图 8.6.6 所示。

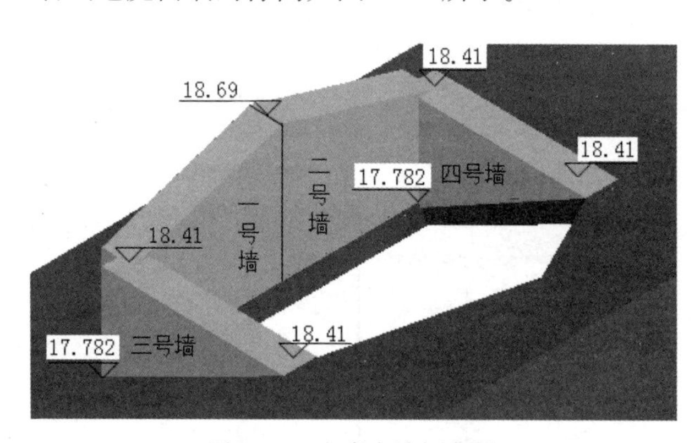

图 8.6.6　老虎窗墙标高图

分别选中一、二、三、四号墙调整标高，如图 8.6.6 所示。

选中一号墙→修改属性，如图 8.6.7 所示。

选中二号墙→修改属性，如图 8.6.8 所示。

选中三号墙→修改属性，如图 8.6.9 所示。

选中四号墙→修改属性，如图 8.6.10 所示。

这样老虎窗墙就绘制完毕了，如图 8.6.11。

属性编辑器

	属性名称	属性值
1	名称	老虎窗墙
2	厚度(mm)	200
3	轴线距左墙皮距离	(100)
4	水平分布钢筋	(2)Φ10@150
5	垂直分布钢筋	(2)Φ10@150
6	拉筋	
7	备注	
8	其它属性	
9	其它钢筋	
10	汇总信息	剪力墙
11	保护层厚度(mm)	(15)
12	压墙筋	
13	纵筋构造	设置插筋
14	插筋信息	
15	水平钢筋拐角增	否
16	计算设置	按默认计算设置计算
17	节点设置	按默认节点设置计算
18	搭接设置	按默认搭接设置计算
19	起点顶标高(m)	18.41
20	终点顶标高(m)	18.69
21	起点底标高(m)	17.782
22	终点底标高(m)	17.782
23	锚固搭接	

图 8.6.7　调整一号墙标高

属性编辑器

	属性名称	属性值
1	名称	老虎窗墙
2	厚度(mm)	200
3	轴线距左墙皮距离	(100)
4	水平分布钢筋	(2)Φ10@150
5	垂直分布钢筋	(2)Φ10@150
6	拉筋	
7	备注	
8	其它属性	
9	其它钢筋	
10	汇总信息	剪力墙
11	保护层厚度(mm)	(15)
12	压墙筋	
13	纵筋构造	设置插筋
14	插筋信息	
15	水平钢筋拐角增	否
16	计算设置	按默认计算设置计算
17	节点设置	按默认节点设置计算
18	搭接设置	按默认搭接设置计算
19	起点顶标高(m)	18.69
20	终点顶标高(m)	18.41
21	起点底标高(m)	17.782
22	终点底标高(m)	17.782
23	锚固搭接	

图 8.6.8　调整二号墙标高

属性编辑器

	属性名称	属性值
1	名称	老虎窗墙
2	厚度(mm)	200
3	轴线距左墙皮距离	(100)
4	水平分布钢筋	(2)Φ10@150
5	垂直分布钢筋	(2)Φ10@150
6	拉筋	
7	备注	
8	其它属性	
9	其它钢筋	
10	汇总信息	剪力墙
11	保护层厚度(mm)	(15)
12	压墙筋	
13	纵筋构造	设置插筋
14	插筋信息	
15	水平钢筋拐角增	否
16	计算设置	按默认计算设置计算
17	节点设置	按默认节点设置计算
18	搭接设置	按默认搭接设置计算
19	起点顶标高(m)	18.41
20	终点顶标高(m)	18.41
21	起点底标高(m)	18.41
22	终点底标高(m)	17.782
23	锚固搭接	

图 8.6.9　调整三号墙标高

属性编辑器

	属性名称	属性值
1	名称	老虎窗墙
2	厚度(mm)	200
3	轴线距左墙皮距离	(100)
4	水平分布钢筋	(2)Φ10@150
5	垂直分布钢筋	(2)Φ10@150
6	拉筋	
7	备注	
8	其它属性	
9	其它钢筋	
10	汇总信息	剪力墙
11	保护层厚度(mm)	(15)
12	压墙筋	
13	纵筋构造	设置插筋
14	插筋信息	
15	水平钢筋拐角增	否
16	计算设置	按默认计算设置计算
17	节点设置	按默认节点设置计算
18	搭接设置	按默认搭接设置计算
19	起点顶标高(m)	18.41
20	终点顶标高(m)	18.41
21	起点底标高(m)	17.782
22	终点底标高(m)	18.41
23	锚固搭接	

图 8.6.10　调整三号墙标高

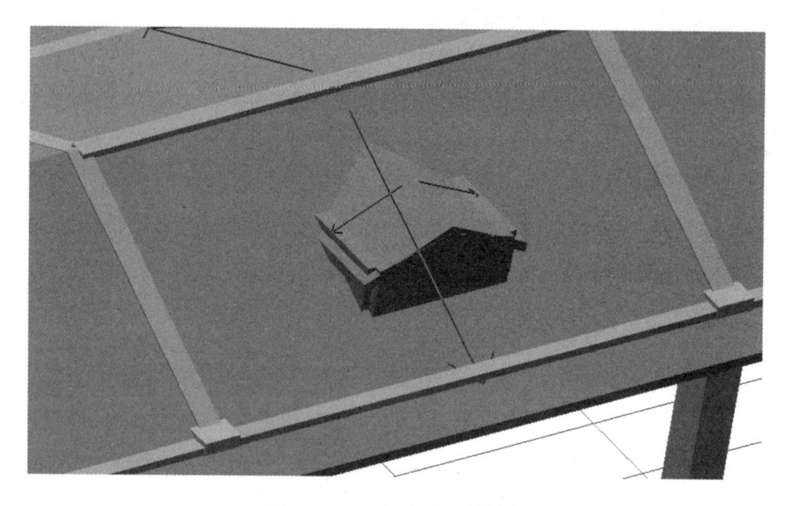

图 8.6.11　老虎窗三维图

2. 定义和绘制斜板檐口

定义栏板→新建矩形栏板→尺寸 100×100；如图 8.6.12 所示。

属性列表　图层管理

	属性名称	属性值	附加
1	名称	斜板檐口	
2	截面宽度(mm)	100	
3	截面高度(mm)	100	
4	轴线距左边线...	(50)	
5	水平钢筋		
6	垂直钢筋		
7	拉筋		
8	材质	现浇混凝土	
9	混凝土类型	(砾石 GD40 细砂水泥...	
10	混凝土强度等级	(C20)	
11	截面面积(m²)	0.01	
12	起点底标高(m)	顶板顶标高	
13	终点底标高(m)	顶板顶标高	
14	备注		
15	+ 钢筋业务属性		
25	+ 土建业务属性		
29	+ 显示样式		

图 8.6.12　定义斜板檐口

因为是在斜板边缘，所以按图 8.6.13 和图 8.6.14 方式绘制。箭头所到位置断开部位一定要断开。

因为栏板是与斜板边对齐的，所以栏板向板内偏移 50mm。如图 8.6.15 所示。

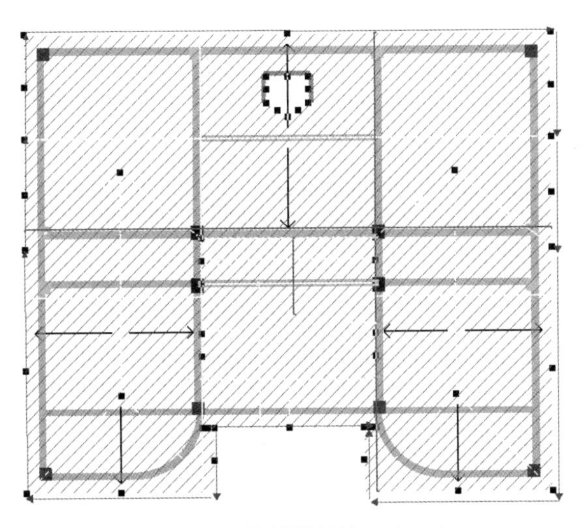

图 8.6.13　绘制斜板檐口（一）

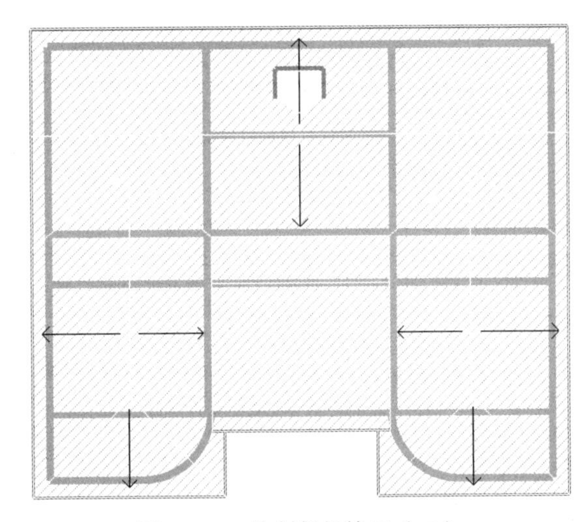

图 8.6.14　绘制斜板檐口（二）

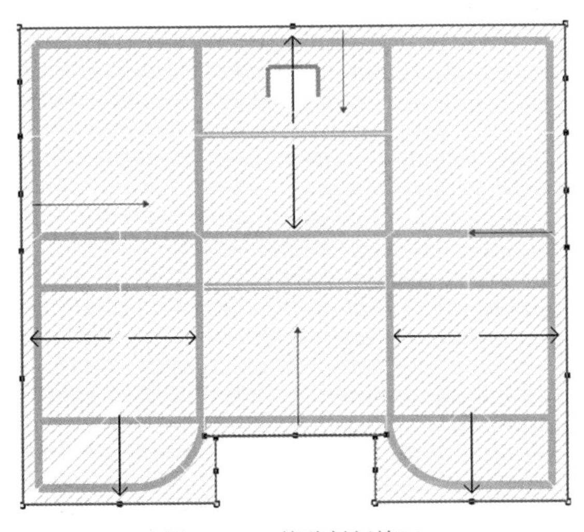

图 8.6.15　偏移斜板檐口

这样五层的节点就绘制好了，如图 8.6.16。

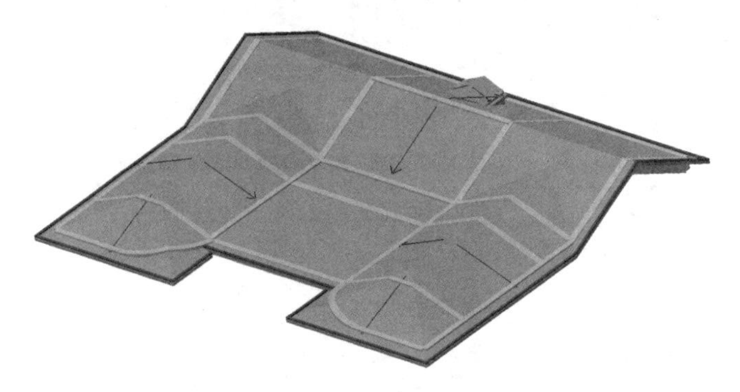

图 8.6.16　五层节点三维图

第 9 章　砌块墙工程量计算

9.1　定义及绘制地下一层～四层墙

根据本工程图纸内容，完成 -1 层墙的定义及绘制。

（1）定义及绘制砌体墙。

（2）使用单对齐功能对齐墙。

操作步骤思维导图见图 9.1.1。

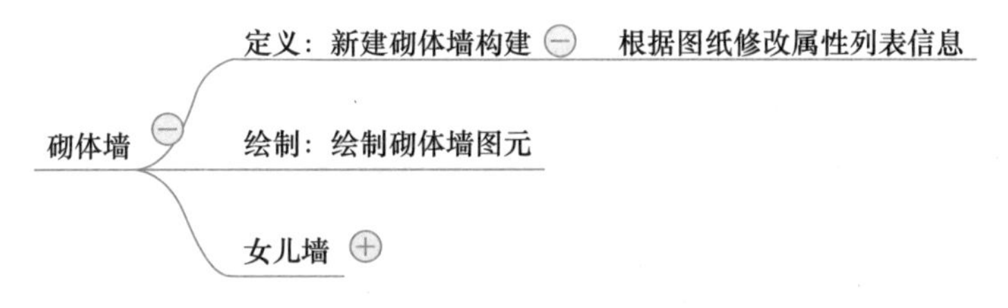

图 9.1.1　砌体墙思维导图

定义绘制 -1 层砌块墙：

由建施—01（2）7 条第 6 小点可以看出，砌体墙为通长筋 2A6@600。

回到 -1 层，根据建施—04 画地下一层的砌块墙，说明指出砌块墙为 200mm。

-1 层→模块导航栏→墙→砌体墙→新建砌体墙，如图 9.1.2 所示。

绘制砌块墙：绘图→直线→对照建施—04 绘制（有门窗的地方拉通绘制），如图 9.1.3 所示。

应用单对齐命令把墙与柱对齐，如图 9.1.4 所示。

一层～四层墙体定义及绘制方法与负一层相同。按照同样方法即可完成地下一层～四层的砌块墙绘制，如图 9.1.5 所示。

	属性名称	属性值	附加
1	名称	砌块墙	
2	厚度(mm)	200	☐
3	轴线距左墙皮...	(100)	☐
4	砌体通长筋	2Φ6@600	☐
5	横向短筋		☐
6	材质	标准砖	☐
7	砂浆类型	(水泥石灰砂浆 细砂 ...	☐
8	砂浆标号	(M5)	☐
9	内/外墙标志	内墙	☑
10	类别	砌体墙	☐
11	起点顶标高(m)	层顶标高	☐
12	终点顶标高(m)	层顶标高	☐
13	起点底标高(m)	层底标高	☐
14	终点底标高(m)	层底标高	☐
15	备注		☐
16	+ 钢筋业务属性		
22	+ 土建业务属性		
28	+ 显示样式		

图 9.1.2　定义 -1 层砌体墙

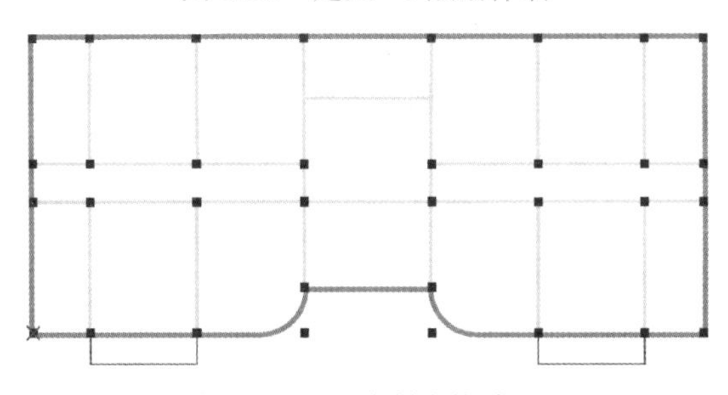

图 9.1.3　绘制砌块墙

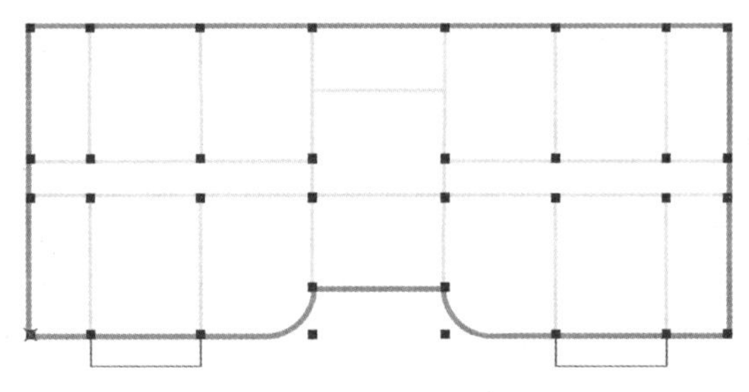

图 9.1.4　对齐砌块墙与柱

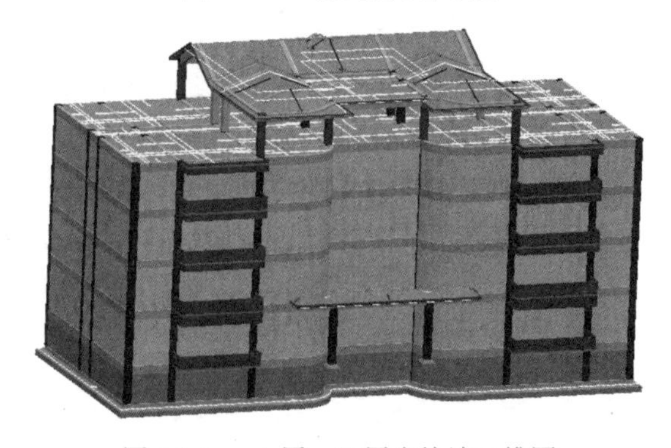

图 9.1.5　-1 层～四层砌块墙三维图

思考

1. 砌体通长筋与砌体加筋的区别是什么？
2. 砌体通长筋的作用是什么？砌体加筋作用是什么？

9.2　定义绘制五层砌块墙

学习目的

根据本工程图纸内容，完成五层墙的定义及绘制

（1）定义及绘制砌体墙。
（2）定义及绘制女儿墙。
（3）使用平齐板底调整墙体标高。
（4）女儿墙压顶的定义及绘制。

操作步骤

操作步骤思维导图见图 9.2.1。

1. 定义墙体

根据建施—09 可以看出，五层有三种墙体，外墙为 250mm，内墙为 200mm，女儿墙为 240mm。而且通过建施—10 可以看出，女儿墙高为 940mm。定义砌块墙如图 9.2.2、图 9.2.3 所示。

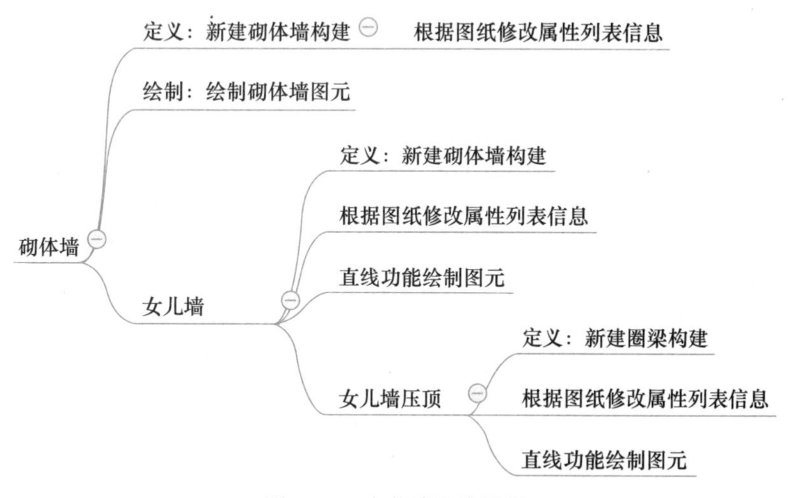

图 9.2.1　女儿墙思维导图

	属性名称	属性值	附加
1	名称	砌体墙200	
2	厚度(mm)	200	☐
3	轴线距左墙皮...	(100)	☐
4	砌体通长筋	2Φ6@600	☐
5	横向短筋		☐
6	材质	标准砖	☐
7	砂浆类型	(水泥石灰砂浆 细砂 ...	☐
8	砂浆标号	(M5)	☐
9	内/外墙标志	内墙	☑
10	类别	砌体墙	☐
11	起点顶标高(m)	层顶标高	☐
12	终点顶标高(m)	层顶标高	☐
13	起点底标高(m)	层底标高	☐
14	终点底标高(m)	层底标高	☐
15	备注		☐
16	+ 钢筋业务属性		
22	+ 土建业务属性		
28	+ 显示样式		

（一）

属性列表　图层管理

	属性名称	属性值	附加
1	名称	砌体墙250	
2	厚度(mm)	250	☐
3	轴线距左墙皮...	(125)	☐
4	砌体通长筋	2Φ6@600	☐
5	横向短筋		☐
6	材质	标准砖	☐
7	砂浆类型	(水泥石灰砂浆 细砂 ...	☐
8	砂浆标号	(M5)	☐
9	内/外墙标志	内墙	☑
10	类别	砌体墙	☐
11	起点顶标高(m)	层顶标高	☐
12	终点顶标高(m)	层顶标高	☐
13	起点底标高(m)	层底标高	☐
14	终点底标高(m)	层底标高	☐
15	备注		☐
16	+ 钢筋业务属性		
22	+ 土建业务属性		
28	+ 显示样式		

（二）

图 9.2.2　定义 5 层砌体墙

属性列表　图层管理

	属性名称	属性值	附加
1	名称	砌体墙240(女儿墙)	
2	厚度(mm)	240	☐
3	轴线距左墙皮...	(120)	☐
4	砌体通长筋	2Φ6@600	☐
5	横向短筋		☐
6	材质	标准砖	☐
7	砂浆类型	(水泥石灰砂浆 细砂 ...	☐
8	砂浆标号	(M5)	☐
9	内/外墙标志	外墙	☑
10	类别	砌体墙	☐
11	起点顶标高(m)	层底标高+0.94	☐
12	终点顶标高(m)	层底标高+0.94	☐
13	起点底标高(m)	层底标高	☐
14	终点底标高(m)	层底标高	☐
15	备注		☐
16	+ 钢筋业务属性		
22	+ 土建业务属性		
28	+ 显示样式		

图 9.2.3　定义 5 层女儿墙

2. 绘制墙体

绘图→250 外墙（200 内墙）→直线→对照建施—09 绘制（有门窗的地方拉通绘制）；注意单对齐和圆弧段的绘制，可以参照首层。如图 9.2.4 所示。

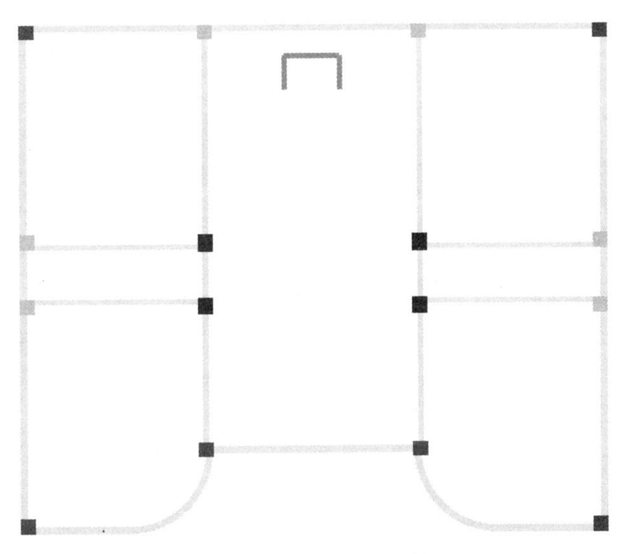

图 9.2.4　绘制 5 层墙体

绘图→240 女儿墙→直线→视图→其他楼层图元显示设置→四层→梁→对照梁结合建施—09 绘制五层女儿墙（注意对齐及延伸），如图 9.2.5 所示。

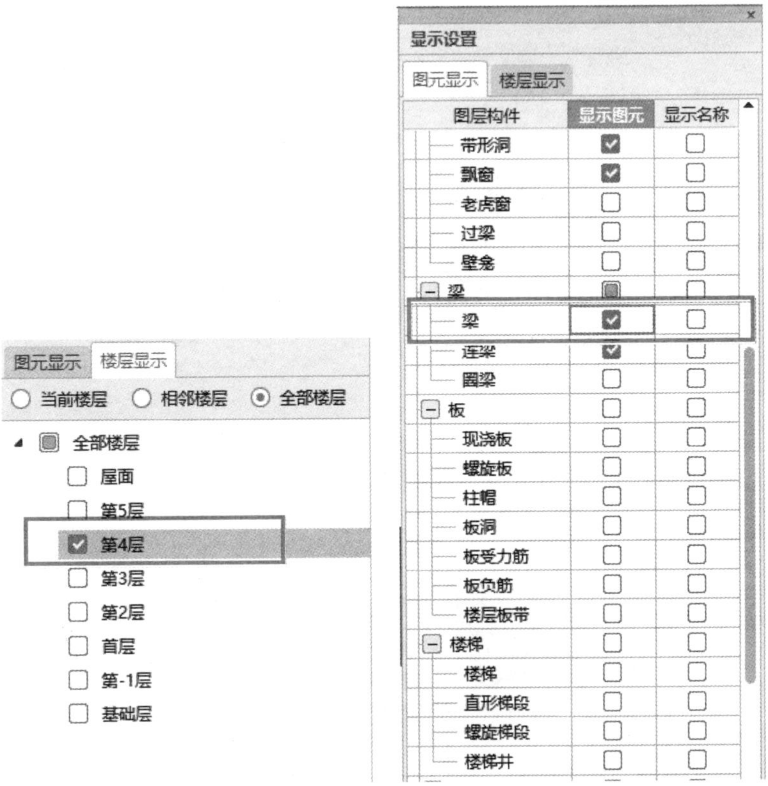

图 9.2.5　绘制 5 层女儿墙

显示下一层的梁，如图 9.2.6 所示。

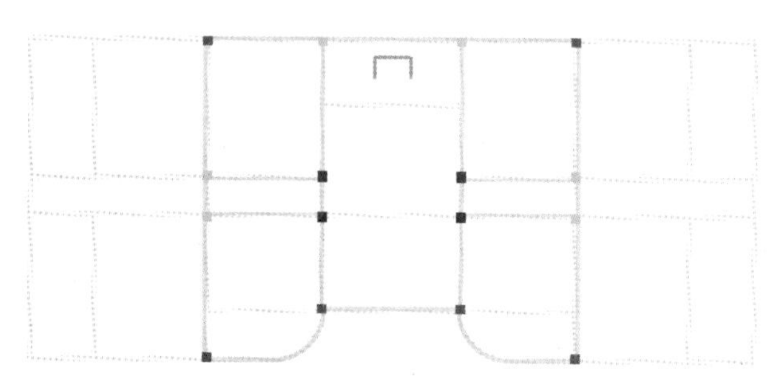

图 9.2.6　显示下一层的梁

绘制完女儿墙，如图 9.2.7 所示。

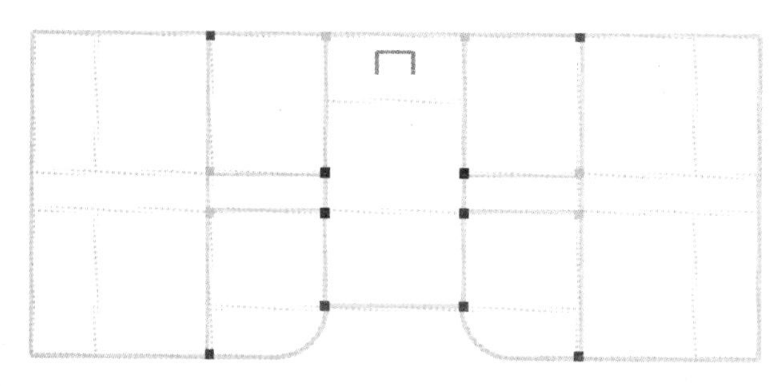

图 9.2.7　5 层女儿墙

5 层动态三维图，如图 9.2.8 所示。

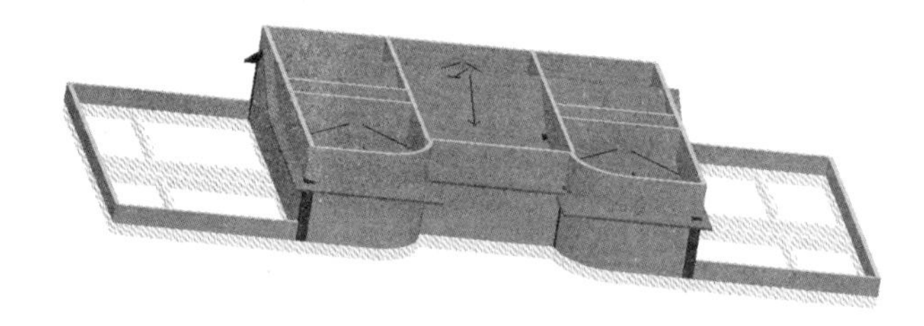

图 9.2.8　5 层砌体墙三维图

可以看出砌体墙的顶标高没有在板底：选中 250 和 200 砌块墙，应用指定平齐板顶，如图 9.2.9 所示。

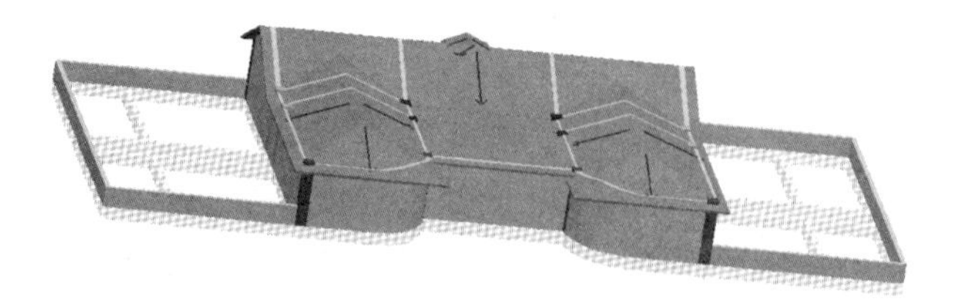

图 9.2.9　调整 5 层砌体墙顶标高

如此砌体墙顶标高就调整好了。

3. 定义及绘制女儿墙压顶

从建施—10 的 B-B 剖面图可以看出，女儿墙顶有压顶，可以应用如下步骤：模块导航栏→梁→圈梁→新建矩形圈梁，如图 9.2.10 所示。

绘制压顶→绘图→智能布置→砌体墙中心线→批量选择→砌体墙 240 →单击右键确定，这样压顶就绘制完了，如图 9.2.11、图 9.2.12 所示。

	属性名称	属性值	附加
1	名称	压顶	
2	截面宽度(mm)	360	☐
3	截面高度(mm)	60	☐
4	轴线距梁左边线距离(mm)	(180)	☐
5	上部钢筋	3Φ6	☐
6	下部钢筋		☐
7	箍筋	Φ6@200	☐
8	肢数	1	
9	其它箍筋		
10	备注		☐
11	− 其它属性		
12	侧面纵筋(总配筋值)		☐
13	汇总信息	圈梁	☐
14	保护层厚度(mm)	(15)	☐
15	拉筋		☐
16	L形放射箍筋		☐
17	L形斜加筋		☐
18	计算设置	按默认计算设置计算	
19	节点设置	按默认节点设置计算	
20	搭接设置	按默认搭接设置计算	
21	起点顶标高(m)	层底标高+1	☐
22	终点顶标高(m)	层底标高+1	☐
23	+ 锚固搭接		
38	+ 显示样式		

图 9.2.10 新建女儿墙压顶

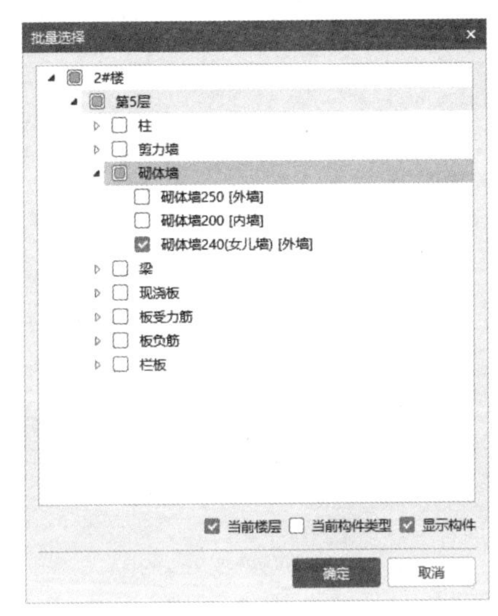

图 9.2.11 绘制女儿墙压顶

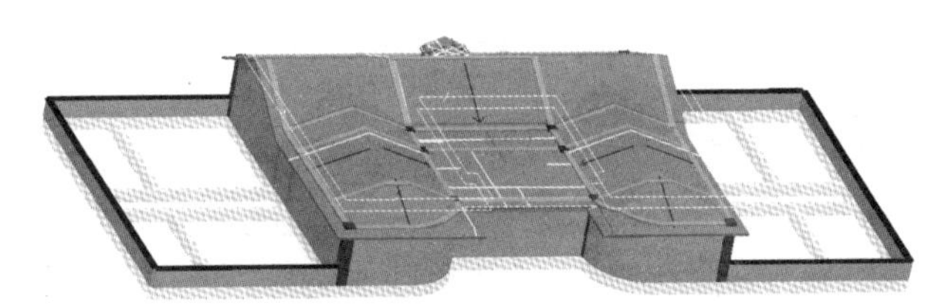

图 9.2.12 女儿墙压顶三维图

1. 如何区分内外墙?

2. 砌体墙绘制到女儿墙压顶面，软件是否会自动扣减伸入压顶部分的砌体墙工程量?

第10章　门窗洞及过梁、梯柱、构造柱工程量计算

10.1　定义及绘制地下一层门、洞

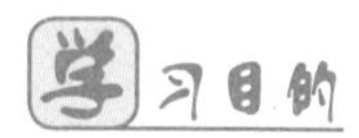

根据本工程图纸内容，完成 -1 层门、洞的定义及绘制。

学习内容

（1）定义及绘制门。

（2）定义及绘制洞。

操作步骤

操作步骤思维导图见图 10.1.1。

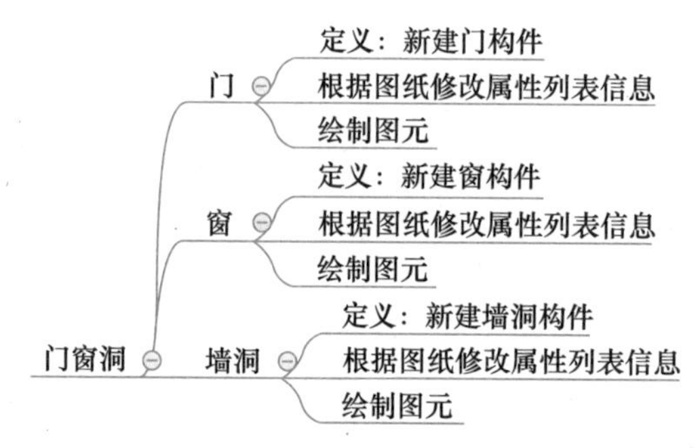

图 10.1.1　-1 层门窗墙洞思维导图

从建施—04 可以看出，地下一层出现两种门，一种是过道门 M1520，一种是进房间门 M1020。我们首先按照建施—01 的门窗表对其定义。

1. 定义及绘制门

单击“门窗洞”前面的“+”号使其展开→单击下一级的“门”→单击“新建矩形门”→在“属性编辑框”内修改门名称为“M1020”，如图 10.1.2。

同样方式定义 M1520，如图 10.1.3 所示。

选中“M1020”名称→单击“精确布置”按钮→单击 B 轴的墙→单击 1/B 交点，软件会自动出现“请输入偏移值对话框”→按照建施—04 要求填写偏移值“1700”，如图 10.1.4 所示→单击“确定”，这样 M1020 就画好了。

属性列表　图层管理

	属性名称	属性值	附加
1	名称	M1020	
2	洞口宽度(mm)	1000	☐
3	洞口高度(mm)	2000	☐
4	离地高度(mm)	0	☐
5	框厚(mm)	60	☐
6	立樘距离(mm)	0	☐
7	洞口面积(m²)	2	☐
8	是否随墙变斜	否	☐
9	备注		☐
10	+ 钢筋业务属性		
15	+ 土建业务属性		
17	+ 显示样式		

图 10.1.2　定义 M1020

属性列表　图层管理

	属性名称	属性值	附加
1	名称	M1520	
2	洞口宽度(mm)	1500	☐
3	洞口高度(mm)	2000	☐
4	离地高度(mm)	0	☐
5	框厚(mm)	60	☐
6	立樘距离(mm)	0	☐
7	洞口面积(m²)	3	☐
8	是否随墙变斜	否	☐
9	备注		☐
10	+ 钢筋业务属性		
15	+ 土建业务属性		
17	+ 显示样式		

图 10.1.3　定义 M1520

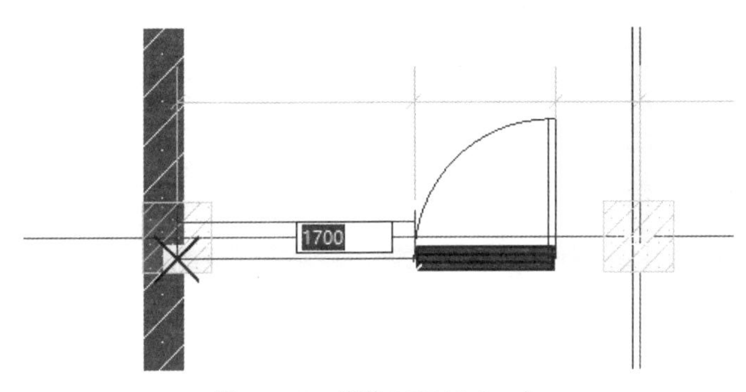

图 10.1.4　偏移 M1020（一）

单击 B 轴的墙→单击 3/B 交点，软件弹出“请输入偏移值对话框”→按照建施—04 填写偏移值“-600”，如图 10.1.5 所示。

用同样的方法画其他位置的 M1020。

选中“M1520”名称→单击“精确布置”按钮→单击 4 轴的墙→单击 4/C 交点，软件会弹出“请输入偏移值对话框”→按照建施—04 填写偏移值“-300”，如图 10.1.6 所示→单击“确定”，这样 M1520 就画好了。

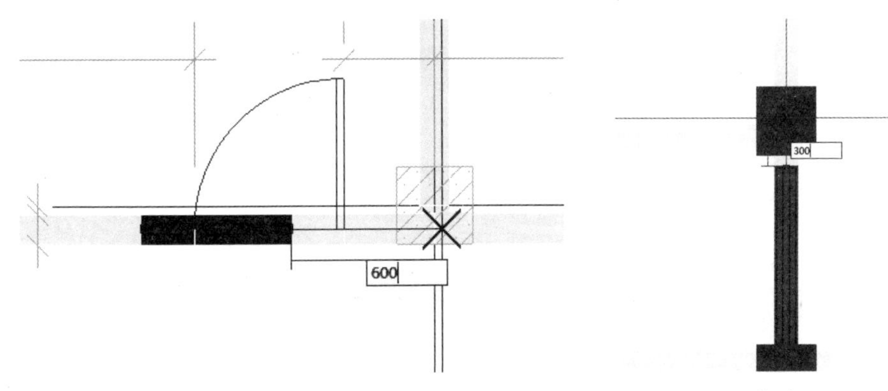

图 10.1.5　偏移 M1020（二）　　图 10.1.6　偏移 M1520

画好的地下一层门如图 10.1.7 所示。

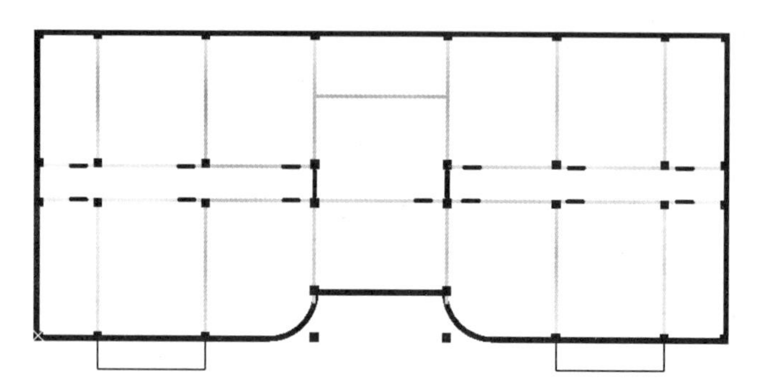

图 10.1.7　地下一层门平面图

2. 定义及绘制墙洞

单击“门窗洞”前面的“+”号使其展开→单击下一级的“墙洞”→单击“新建矩形墙洞”→在“属性编辑框”内修改墙洞名称为“D1220”→填写墙洞的属性和做法，如图 10.1.8 所示。

属性列表　图层管理

	属性名称	属性值	附加
1	名称	D1220	
2	洞口宽度(mm)	1200	☐
3	洞口高度(mm)	2000	☐
4	离地高度(mm)	0	☐
5	洞口每侧加强筋		☐
6	斜加筋		☐
7	加强暗梁高度(...		☐
8	加强暗梁纵筋		☐
9	加强暗梁箍筋		☐
10	洞口面积(m²)	2.4	☐
11	是否随墙变斜	是	☐
12	备注		☐
13	⊞ 钢筋业务属性		
16	⊞ 土建业务属性		
18	⊞ 显示样式		

图 10.1.8　定义 -1 层墙洞

用绘制门的方法绘制墙洞，应用智能布置如图 10.1.9 所示。

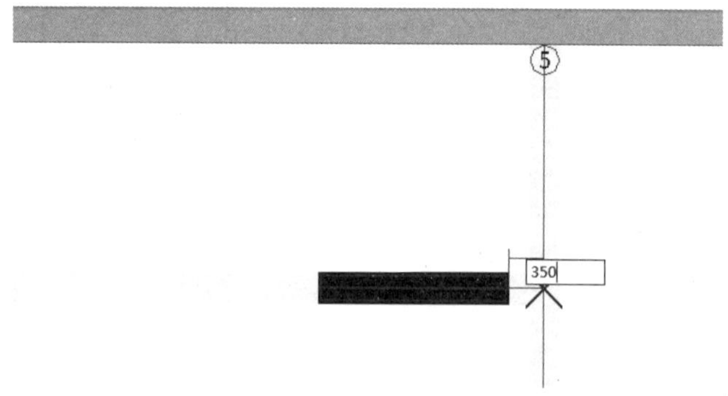

图 10.1.9　绘制 -1 层墙洞

这样 -1 层的门和墙洞就绘制好了。

10.2　定义及绘制一层～四层门窗洞

学习目的

根据本工程图纸内容，完成一层门、窗洞、飘窗的定义及绘制。

学习内容

（1）定义及绘制门。

（2）定义及绘制窗。

（3）定义及绘制洞。

（4）定义及绘制飘窗。

操作步骤

操作步骤思维导图见图 10.2.1。

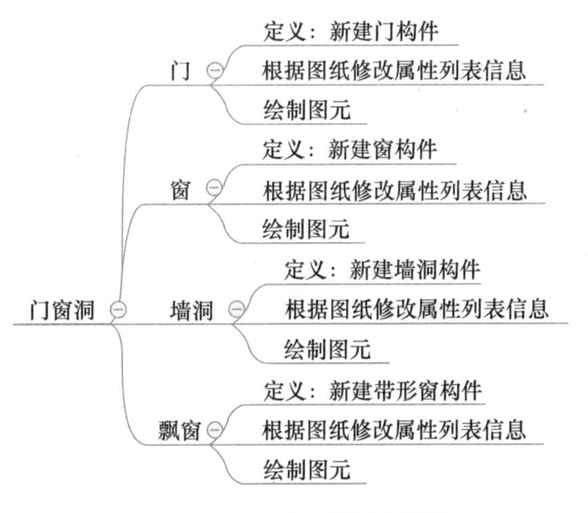

图 10.2.1　门窗墙洞思维导图

1. 定义及绘制门窗

首层门窗洞定义及绘制方法与 -1 层相同，根据 10.1 节方法绘制即可。

2. 定义飘窗

由建施—16 可以看出，首层飘窗底标高为 0.8，顶标高为 2.9，结合建施—05 飘窗详图可以得到飘窗宽度为 100mm，步骤如下：单击“门窗洞”前面的“＋”号使其展开→单击下一级的“带形窗”→单击“新建带形窗”，如图 10.2.2 所示。

3. 绘制飘窗

结合建施—05 平面图做辅助轴线：第 1 根距离 2 轴右侧 1500mm；第 2 根距离 3 轴左侧 1500mm，第 3 根距离 D 轴上侧 500mm。在绘制带形窗的状态下，单击“绘图”按钮进入绘图界面，选中“飘窗”名称，如图 10.2.3 所示。

属性列表　图层管理

	属性名称	属性值	附加
1	名称	飘窗	
2	框厚(mm)	60	☐
3	轴线距左边线...	(30)	☐
4	是否随墙变斜	是	☐
5	起点顶标高(m)	层底标高+3	☐
6	终点顶标高(m)	层底标高+3	☐
7	起点底标高(m)	层底标高+0.9	☐
8	终点底标高(m)	层底标高+0.9	☐
9	备注		☐
10	+ 钢筋业务属性		
13	+ 土建业务属性		
15	+ 显示样式		

图 10.2.2　定义飘窗

图 10.2.3　绘制飘窗（一）

应用单对齐，如图 10.2.4、图 10.2.5 所示。

图 10.2.4　绘制飘窗（二）

图 10.2.5　绘制飘窗（三）

应用镜像命令把另外一侧飘窗绘制上，如图 10.2.6 所示。

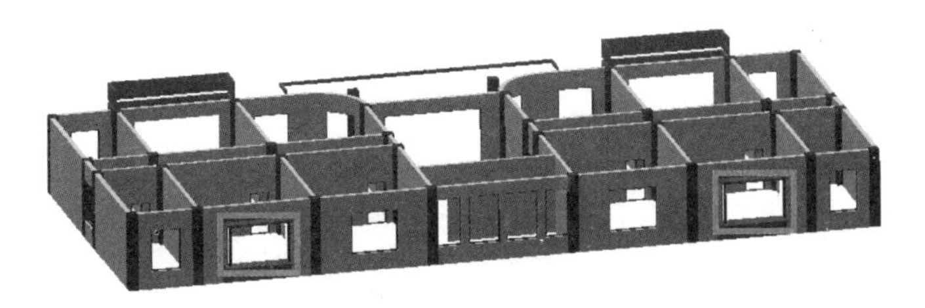

图 10.2.6　镜像飘窗

2～4层门窗洞定义及绘制方法与 -1 层相同。按照同样方法完成即可。

窗离地高度按结构标高差还是建施高差?

10.3　定义及绘制五层门窗洞

学习目的

根据本工程图纸内容，完成五层门、窗洞的定义及绘制。

学习内容

(1) 复制四层门至五层，并修改属性。
(2) 复制四层窗至五层，并修改属性。
(3) 复制四层洞至五层，并修改属性。
(4) 复制定义及绘制五层老虎窗。

操作步骤

操作步骤思维导图见图 10.3.1。

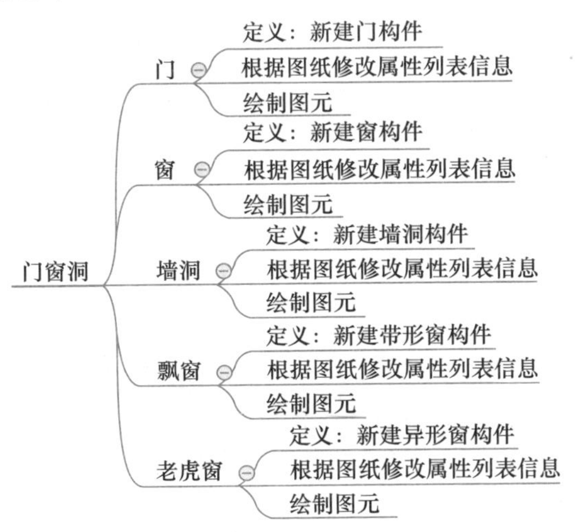

图 10.3.1　5 层门窗洞思维导图

1. 定义及绘制门

从建施—09 可以看出，五层出现三种门，M1021、M1521 都是在屋内而且同四层一样，但是 M1521 的尺寸有变化。M1621 重新定义绘制就可以了。所以从四层复制，四层→门→点选中与图上位置相同的门→楼层→复制构件图元到其他楼层，如图 10.3.2 所示。

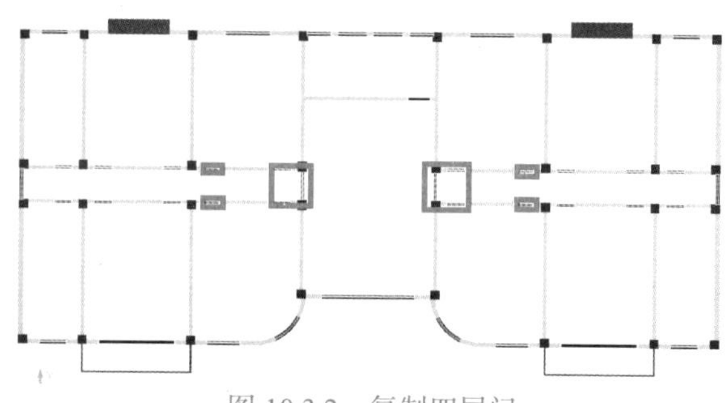

图 10.3.2 复制四层门

修改 M1524 为 M1521，如图 10.3.4 所示。

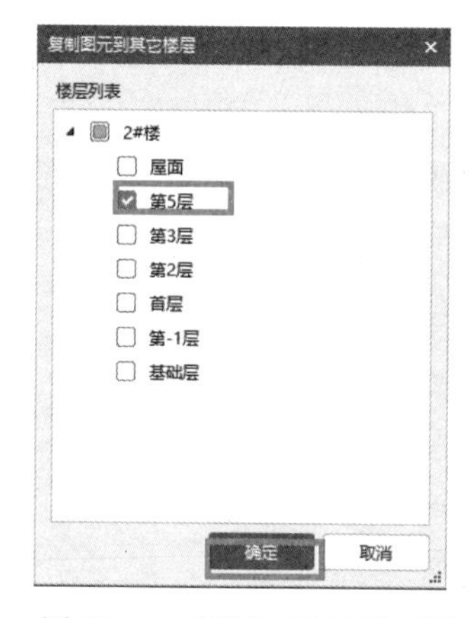

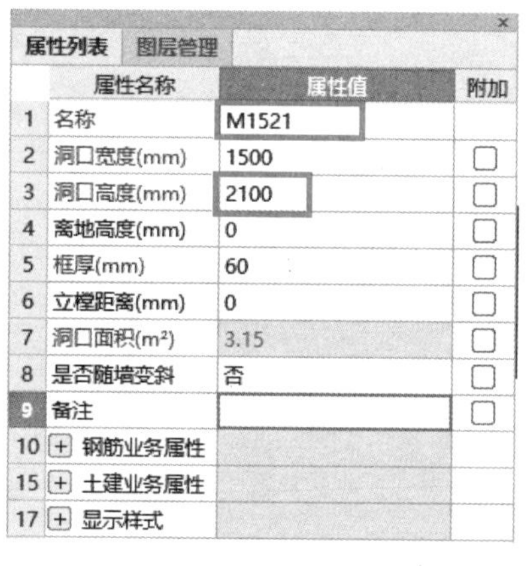

属性列表　图层管理

	属性名称	属性值	附加
1	名称	M1521	
2	洞口宽度(mm)	1500	☐
3	洞口高度(mm)	2100	☐
4	离地高度(mm)	0	☐
5	框厚(mm)	60	☐
6	立樘距离(mm)	0	☐
7	洞口面积(m²)	3.15	☐
8	是否随墙变斜	否	☐
9	备注		☐
10	+ 钢筋业务属性		
15	+ 土建业务属性		
17	+ 显示样式		

图 10.3.3 复制 4 层门到 5 层　　图 10.3.4 定义 M1521

定义门 M1621，如图 10.3.5 所示。

绘制一侧的门，如图 10.3.6 所示。

属性列表　图层管理

	属性名称	属性值	附加
1	名称	M1621	
2	洞口宽度(mm)	1600	☐
3	洞口高度(mm)	2100	☐
4	离地高度(mm)	0	☐
5	框厚(mm)	60	☐
6	立樘距离(mm)	0	☐
7	洞口面积(m²)	3.36	☐
8	是否随墙变斜	否	☐
9	备注		☐
10	+ 钢筋业务属性		
15	+ 土建业务属性		
17	+ 显示样式		

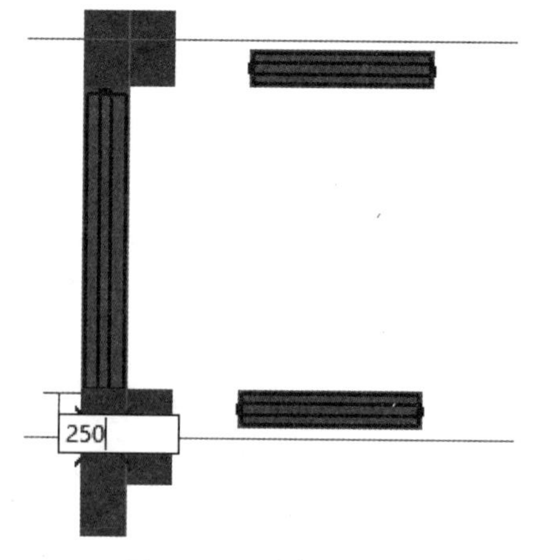

图 10.3.5 定义 M1621　　图 10.3.6 绘制 5 层门

应用同样的方法绘制另一侧同样的门。这样 5 层的门就绘制好了，如图 10.3.7 所示。

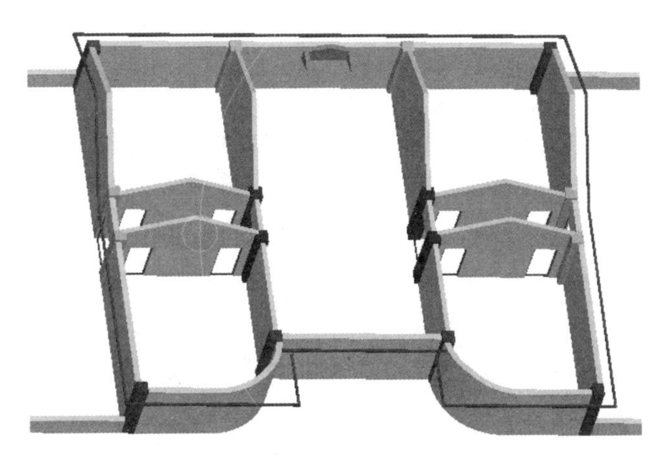

图 10.3.7　5 层门三维图

2. 复制及绘制窗

从建施—09 可以看出，五层出现三种窗，与四层窗的位置相同，只不过高度有变化，这样可以应用如下步骤：四层→窗→点选中与图上位置相同的窗→楼层→复制构件图元到其他楼层，如图 10.3.8、图 10.3.9 所示。

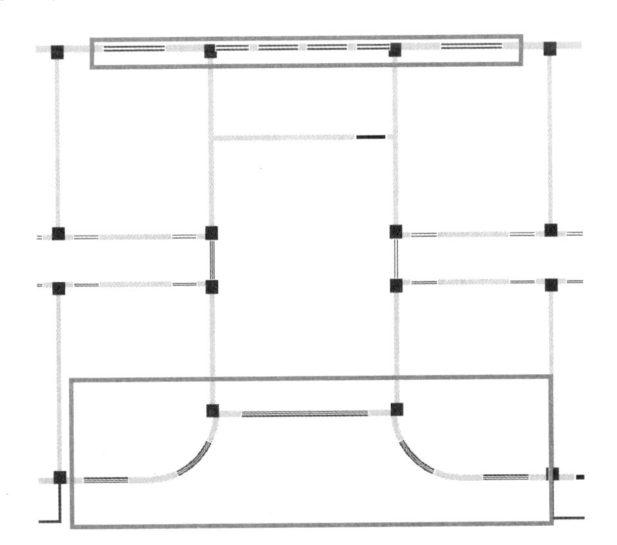

图 10.3.8　复制 4 层窗

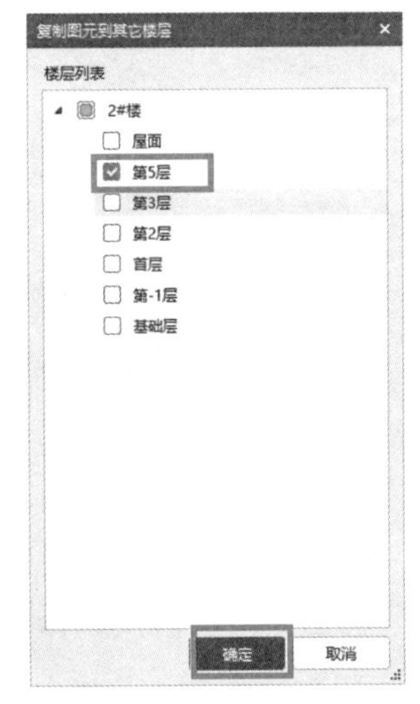

图 10.3.9　复制 4 层窗到 5 层

接下来进入定义界面修改窗的尺寸。

C1618 改为 C1615，如图 10.3.10 所示。

C2418 改为 C2415，如图 10.3.11 所示。

C1318 改为 C1315，如图 10.3.12 所示。

C1818 改为 C1815，如图 10.3.13 所示。

C5018 改为 C5015，如图 10.3.14 所示。

这样 5 层的窗就绘制好了。

属性列表	图层管理	
属性名称	属性值	附加
1 名称	C1615	
2 类别	普通窗	☐
3 顶标高(m)	层底标高+2.4	☐
4 洞口宽度(mm)	1600	☐
5 洞口高度(mm)	1500	☐
6 离地高度(mm)	900	☐
7 框厚(mm)	60	☐
8 立樘距离(mm)	0	☐
9 洞口面积(m²)	2.4	☐
10 是否随墙变斜	是	☐
11 备注		☐
12 + 钢筋业务属性		
17 + 土建业务属性		
19 + 显示样式		

图 10.3.10　定义 C1615

属性列表	图层管理	
属性名称	属性值	附加
1 名称	C2415	
2 类别	普通窗	☐
3 顶标高(m)	层底标高+2.4	☐
4 洞口宽度(mm)	2400	☐
5 洞口高度(mm)	1500	☐
6 离地高度(mm)	900	☐
7 框厚(mm)	60	☐
8 立樘距离(mm)	0	☐
9 洞口面积(m²)	3.6	☐
10 是否随墙变斜	是	☐
11 备注		☐
12 + 钢筋业务属性		
17 + 土建业务属性		
19 + 显示样式		

图 10.3.11　定义 C2415

属性列表	图层管理	
属性名称	属性值	附加
1 名称	C1315	
2 类别	普通窗	☐
3 顶标高(m)	层底标高+2.4	☐
4 洞口宽度(mm)	1300	☐
5 洞口高度(mm)	1500	☐
6 离地高度(mm)	900	☐
7 框厚(mm)	60	☐
8 立樘距离(mm)	0	☐
9 洞口面积(m²)	1.95	☐
10 是否随墙变斜	是	☐
11 备注		☐
12 + 钢筋业务属性		
17 + 土建业务属性		
19 + 显示样式		

图 10.3.12　定义 C1315

属性列表	图层管理	
属性名称	属性值	附加
1 名称	C1815	
2 类别	普通窗	☐
3 顶标高(m)	层底标高+2.4	☐
4 洞口宽度(mm)	1800	☐
5 洞口高度(mm)	1500	☐
6 离地高度(mm)	900	☐
7 框厚(mm)	60	☐
8 立樘距离(mm)	0	☐
9 洞口面积(m²)	2.7	☐
10 是否随墙变斜	是	☐
11 备注		☐
12 + 钢筋业务属性		
17 + 土建业务属性		
19 + 显示样式		

图 10.3.13　定义 C1815

属性列表	图层管理	
属性名称	属性值	附加
1 名称	C5015	
2 类别	普通窗	☐
3 顶标高(m)	层底标高+2.4	☐
4 洞口宽度(mm)	5000	☐
5 洞口高度(mm)	1500	☐
6 离地高度(mm)	900	☐
7 框厚(mm)	60	☐
8 立樘距离(mm)	0	☐
9 洞口面积(m²)	7.5	☐
10 是否随墙变斜	是	☐
11 备注		☐
12 + 钢筋业务属性		
17 + 土建业务属性		
19 + 显示样式		

图 10.3.14　定义 C5015

3. 复制及绘制洞

从建施—09 可以看出，五层出现一种墙洞，和四层的位置及宽度完全一样，只有高度不同。可以应用步骤如下：墙洞→楼层→从其他楼层复制构件图元，如图 10.3.15 所示。

修改洞口尺寸，如图 10.3.16 所示。

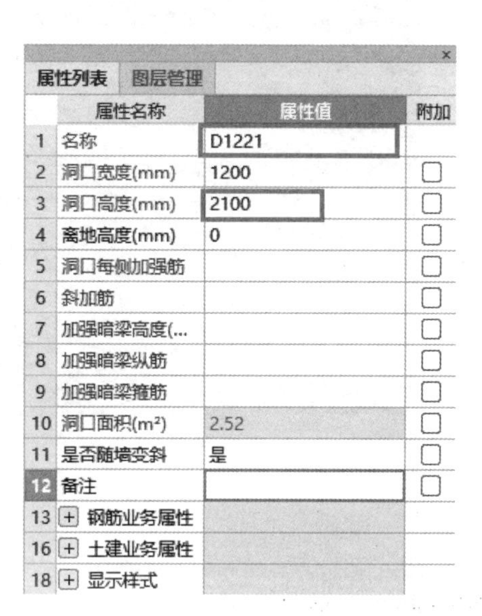

属性列表　图层管理

	属性名称	属性值	附加
1	名称	D1221	
2	洞口宽度(mm)	1200	☐
3	洞口高度(mm)	2100	☐
4	离地高度(mm)	0	☐
5	洞口每侧加强筋		☐
6	斜加筋		☐
7	加强暗梁高度(...		☐
8	加强暗梁纵筋		☐
9	加强暗梁箍筋		☐
10	洞口面积(m²)	2.52	☐
11	是否随墙变斜	是	☐
12	备注		☐
13	+ 钢筋业务属性		
16	+ 土建业务属性		
18	+ 显示样式		

图 10.3.15　复制 4 层墙洞到 5 层

图 10.3.16　定义 D1221

这样 5 层的洞就绘制好了。如图 10.3.17 所示。

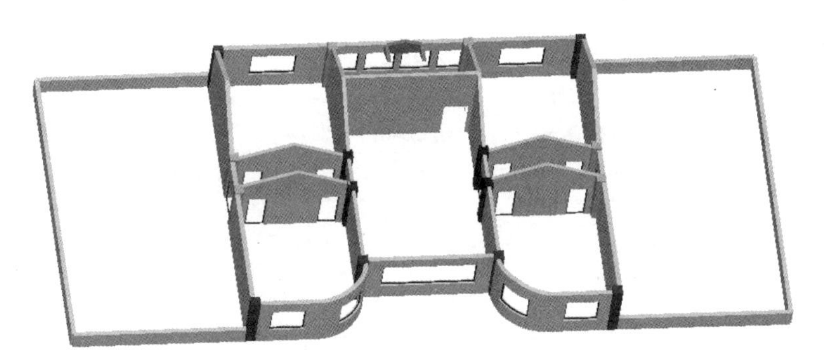

图 10.3.17　5 层墙洞三维图

4. 定义及绘制老虎窗

从建施—12 可以看出，老虎窗所在的墙是按照两道墙来画的，先来定义这两个窗。从结施—12 可以看出，老虎窗的底标高为 17.983，窗的离地高度应该从四层顶标高 14.3 算起，那么窗的离地高度就是 17.983 − 14.3 = 3.683，也就是 3683mm。

定义老虎窗：

在画窗状态下，单击新建下拉菜单→单击异形窗，弹出“异形截面编辑器”对话框→单击“设置网格”，弹出“定义网格”对话框→在“水平方向间距”下方空白栏内输入“831”→在“竖直方向间距”下方空白栏内输入“427，280”→单击“确定”→单击“画直线”→在定义好网格内画出如图 10.3.18 所示的异形窗→单击“确定”。

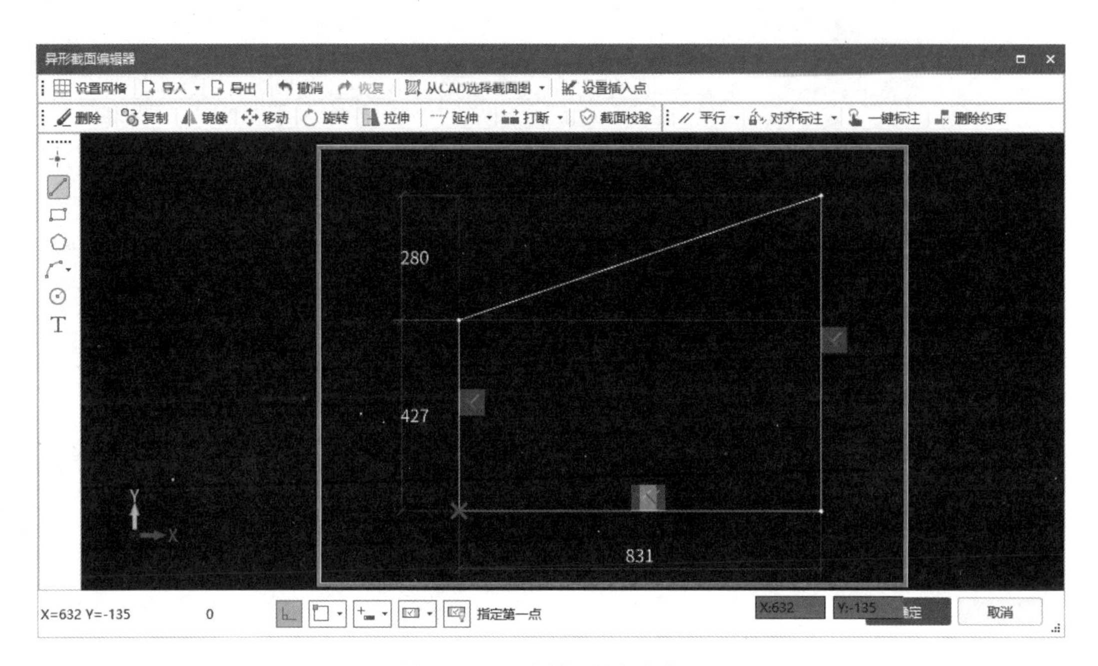

图 10.3.18　绘制 5 层老虎窗 1

修改老虎窗 1 的属性如图 10.3.19 所示。

属性列表　图层管理

	属性名称	属性值	附加
1	名称	老虎窗1	
2	类别	普通窗	☐
3	截面形状	异形	☐
4	顶标高(m)	层底标高+4.39	☐
5	洞口宽度(mm)	831	☐
6	洞口高度(mm)	707	☐
7	离地高度(mm)	3683	☐
8	框厚(mm)	60	☐
9	立樘距离(mm)	0	☐
10	洞口面积(m²)	0.471	☐
11	是否随墙变斜	是	☐
12	备注		☐
13	+ 钢筋业务属性		
18	+ 土建业务属性		
20	+ 显示样式		

图 10.3.19　定义老虎窗 1

单击异形窗，弹出“多边形编辑器”对话框→单击“定义网格”，弹出“定义网格”对话框→在“水平方向间距”下方空白栏内输入“831”→在“竖直方向间距”下方空白栏内输入“427、280”→单击“确定”→单击“画直线”→在定义好网格内画出如图 10.3.20 所示的异形窗→单击“确定”。

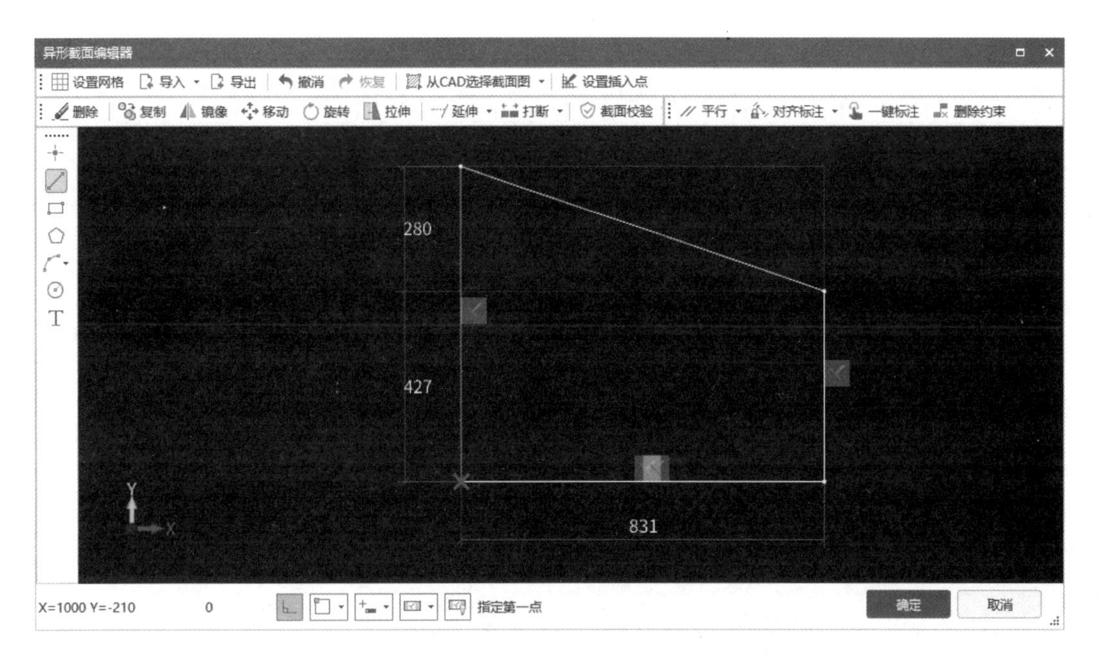

图 10.3.20　绘制 5 层老虎窗 2

修改老虎窗 2 属性如图 10.3.21 所示。

属性列表　图层管理

	属性名称	属性值	附加
1	名称	老虎窗2	
2	类别	普通窗	
3	截面形状	异形	
4	顶标高(m)	层底标高+4.39	
5	洞口宽度(mm)	831	
6	洞口高度(mm)	707	
7	离地高度(mm)	3683	
8	框厚(mm)	60	
9	立樘距离(mm)	0	
10	洞口面积(m²)	0.471	
11	是否随墙变斜	是	
12	备注		
13	+ 钢筋业务属性		
18	+ 土建业务属性		
20	+ 显示样式		

图 10.3.21　定义老虎窗 2

在绘制窗状态下，选中“老虎窗 1”名称→单击“精确布置”按钮→单击“一号墙”→单击图中的“6 号交点”，弹出“请输入偏移值”对话框→在空白栏内填写“100”→单击确定。

选中构件名称下的“老虎窗 2”→单击“精确布置”按钮→单击“二号墙”→单击图中的“9 号交点”，弹出“请输入偏移值”对话框→在空白栏内填写“100”→单击确定。

这样老虎窗就画好了，画好的老虎窗如图 10.3.22、图 10.3.23 所示。

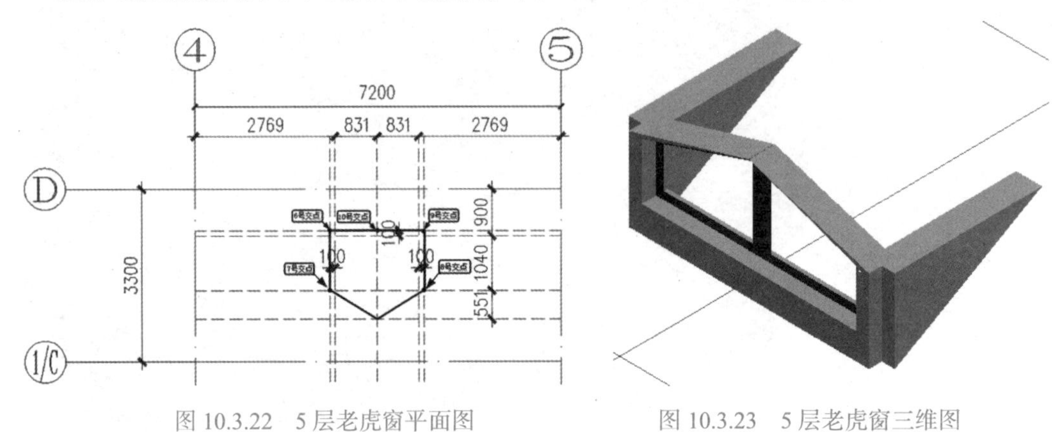

图 10.3.22　5 层老虎窗平面图

图 10.3.23　5 层老虎窗三维图

这样五层的门窗洞就绘制好了，如图 10.3.24 所示。

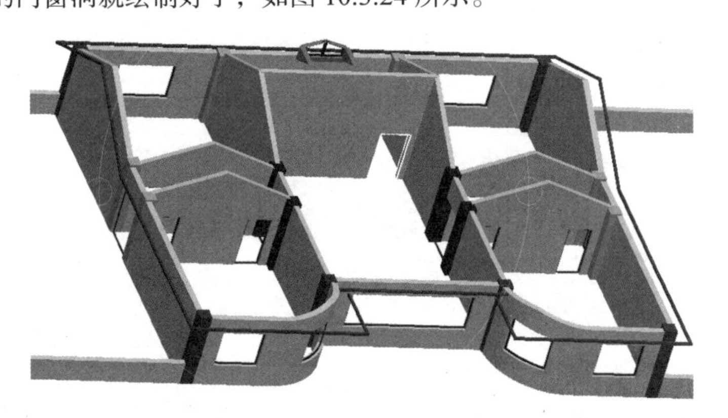

图 10.3.24　5 层门窗洞三维图

这样整栋楼的门窗洞就绘制完毕了，如图 10.3.25、图 10.3.26 所示。

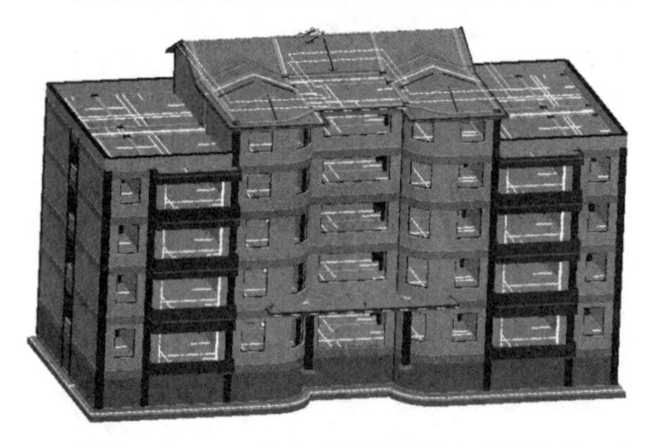

图 10.3.25　二号办公楼门窗洞三维图（一）

图 10.3.26　二号办公楼门窗洞三维图（二）

门窗的属性里面有一个门窗的立樘距离是什么意思？

10.4　定义及绘制一层～五层过梁

学习目的

根据本工程图纸内容，完成一层过梁的定义及绘制。

定义及绘制一层过梁。

操作步骤思维导图见图 10.4.1。

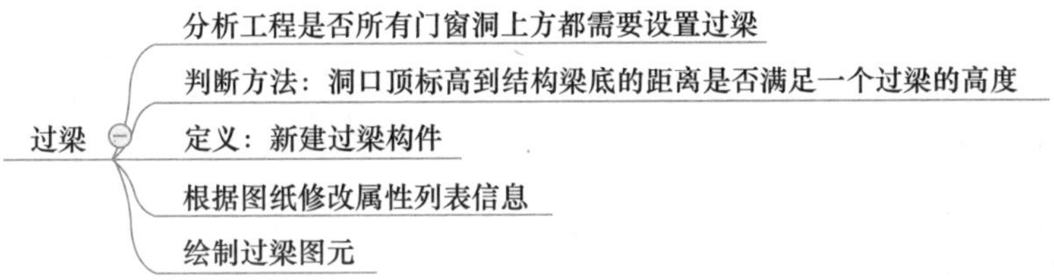

过梁
- 分析工程是否所有门窗洞上方都需要设置过梁
- 判断方法：洞口顶标高到结构梁底的距离是否满足一个过梁的高度
- 定义：新建过梁构件
- 根据图纸修改属性列表信息
- 绘制过梁图元

图 10.4.1　过梁思维导图

1. 分析过梁信息

（1）-1 层过梁这里先要判断门窗洞口上是否有过梁，判断方法就是看洞口顶标高到梁底的距离是否满足一个过梁的高度。

从结施—06 可以看出，4 轴线、B 轴线、C 轴线梁高全为 0.6m，梁顶标高为 -0.1m，那么梁底标高为（-0.1）－ 0.6 ＝ -0.7m，4 轴、B 轴、C 轴线上门高度均为 2m，门底标高为 -2.7m，那么门顶标高为 -2.70 ＋ 2.0 ＝ -0.7m，说明门顶上面就是框架梁底，此处没有过梁。

（2）首层过梁

1）如何判断洞口上有无过梁。

洞口上有无过梁从建筑平面图上看不出来，判断有无过梁需要 2 个条件：

① 砌块墙（含砖墙）上有洞口（门、窗、门联窗、门洞、窗洞）。

② 洞口顶标高与梁底（无梁底时是板底）标高之间有高差。

从本工程立面图可以计算出，首层窗洞顶标高为 2.900m，从结施—07 可以看出，外墙梁高为 0.6m，梁顶装修层为 0.1m，由此可推算出梁底标高为 3.9－0.6－0.1 ＝ 3.2m，也就是说梁底到窗顶的距离是 3.2－2.9 ＝ 0.3m，说明外墙窗上应该有过梁。

2）关于过梁的尺寸。

关于过梁的尺寸我们可以参考结施—01（2）中的“过梁尺寸及配筋表”，从表中可以看出，洞口宽度≤ 1200mm 时过梁高度是 120mm 高过梁，1200mm ＜洞口宽度≤ 2400mm 时是 180mm 高过梁。

从建施—05 和结施—07 及其他图可以分析出，飘窗洞口顶因有飘窗板根部混凝土构件，此处并无过梁；阳台处洞口顶标高就是梁底标高，此处无过梁；中间大门 M5032 顶标高也是梁底标高，此处也无过梁；D 轴线 4-5 轴线的窗顶标高也是梁底标高，此处也无过梁；剩余的门窗洞口宽度≤ 1200mm 时，布置 120mm 高的过梁，当 1200mm ＜洞口宽度≤ 2400mm 时，布置 180mm 高的过梁。

2. 定义过梁

下面开始定义这两种过梁的属性和做法。用以上的方法判断出首层“M1021”“D1224”上有 120mm 高的过梁；“C1521”“M1524”“C1621”“C1821”“C2421”上有 180mm 高的过梁。

定义首层过梁的属性和做法：结合结施—01 的过梁配筋，单击“门窗洞”前面的“+”号使其展开→单击“过梁”→单击“新建”下拉菜单→单击“新建矩形过梁”→在“属性编辑框”内修改过梁名称为“GL-120”→填写过梁的属性，如图 10.4.2、图 10.4.3 所示。

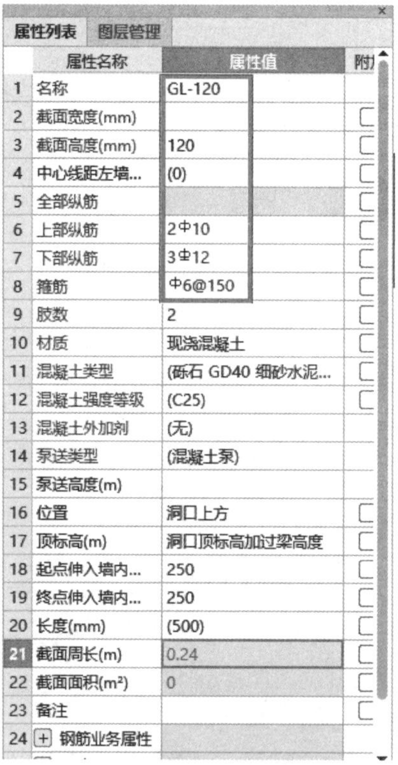

属性列表　图层管理

	属性名称	属性值	附加
1	名称	GL-120	
2	截面宽度(mm)		☐
3	截面高度(mm)	120	☐
4	中心线距左墙...	(0)	☐
5	全部纵筋		☐
6	上部纵筋	2Φ10	☐
7	下部纵筋	3Φ12	☐
8	箍筋	Φ6@150	☐
9	肢数	2	☐
10	材质	现浇混凝土	☐
11	混凝土类型	(砾石 GD40 细砂水泥...	☐
12	混凝土强度等级	(C25)	☐
13	混凝土外加剂	(无)	
14	泵送类型	(混凝土泵)	
15	泵送高度(m)		
16	位置	洞口上方	☐
17	顶标高(m)	洞口顶标高加过梁高度	☐
18	起点伸入墙内...	250	☐
19	终点伸入墙内...	250	☐
20	长度(mm)	(500)	☐
21	截面周长(m)	0.24	☐
22	截面面积(m²)	0	☐
23	备注		☐
24	⊞ 钢筋业务属性		

图 10.4.2　定义 GL-120

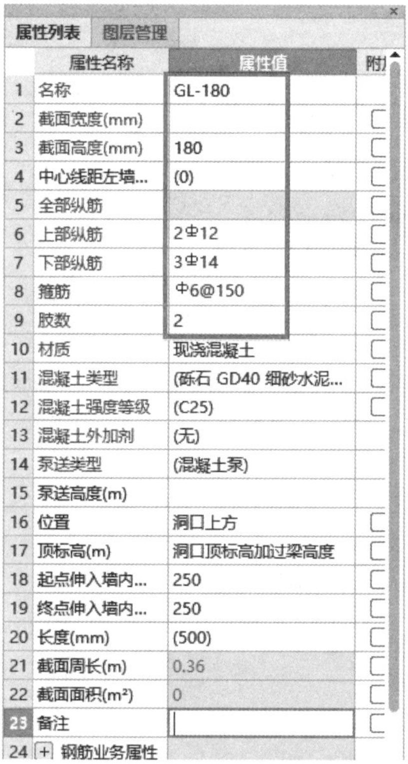

属性列表　图层管理

	属性名称	属性值	附加
1	名称	GL-180	
2	截面宽度(mm)		☐
3	截面高度(mm)	180	☐
4	中心线距左墙...	(0)	☐
5	全部纵筋		☐
6	上部纵筋	2Φ12	☐
7	下部纵筋	3Φ14	☐
8	箍筋	Φ6@150	☐
9	肢数	2	☐
10	材质	现浇混凝土	☐
11	混凝土类型	(砾石 GD40 细砂水泥...	☐
12	混凝土强度等级	(C25)	☐
13	混凝土外加剂	(无)	
14	泵送类型	(混凝土泵)	
15	泵送高度(m)		
16	位置	洞口上方	☐
17	顶标高(m)	洞口顶标高加过梁高度	☐
18	起点伸入墙内...	250	☐
19	终点伸入墙内...	250	☐
20	长度(mm)	(500)	☐
21	截面周长(m)	0.36	☐
22	截面面积(m²)	0	☐
23	备注		☐
24	⊞ 钢筋业务属性		

图 10.4.3　定义 GL-180

3. 绘制过梁

在绘制过梁的状态下，选中“GL120”名称→单击“智能布置”下拉菜单→单击“门、窗、门联窗、墙洞、带形窗、带形洞”→单击“批量选择”按钮，弹出“批量选择构件图元”对话框→勾选“M1021”、“D1224”→单击“确定”→单击右键结束。

选中“GL180”名称→单击“智能布置”下拉菜单→单击“门、窗、门联窗、墙洞、带形窗、带形洞”→单击“批量选择”按钮，弹出“批量选择构件图元”对话框→勾选“M1524”“C1521”“C1621”“C1821”“C2421”→单击“确定”→单击右键结束。

这样就把首层的过梁就布置好了，画好的首层过梁如图 10.4.4 所示。

二～五层过梁定义及绘制方法与一层相同。按照同样方法即可。

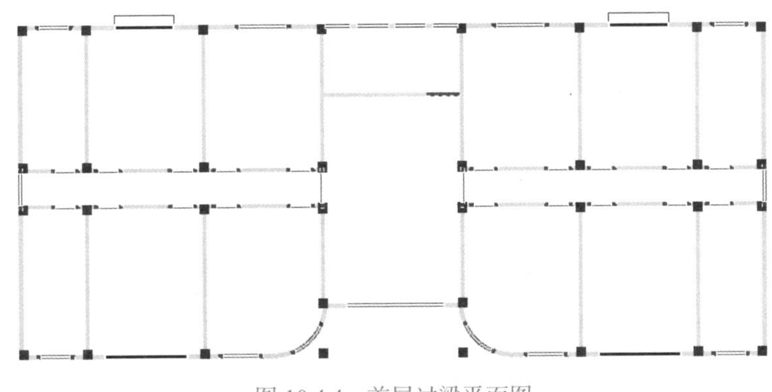

图 10.4.4　首层过梁平面图

思考

1. 过梁的作用是什么？
2. 过梁还有哪些分类？
3. 过梁左右两侧一般伸入多少毫米到墙内？

10.5　定义及绘制圈梁

学习目的

根据本工程图纸内容，完成本工程圈梁的定义及绘制。

学习内容

（1）定义及绘制一层圈梁。
（2）定义及绘制二～五层圈梁。

操作步骤

操作步骤思维导图见图 10.5.1。

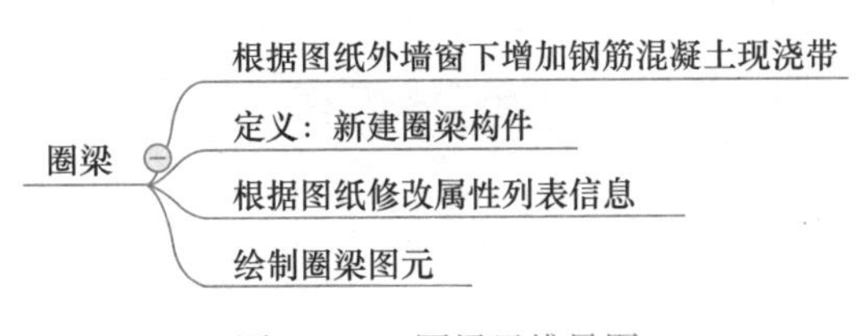

图 10.5.1　圈梁思维导图

从结施—01（2）过梁配筋表下可以看到：“外墙窗下增加钢筋混凝土现浇带，截面尺寸为：墙厚 ×180”，这个现浇带其实就是圈梁，不过这个工程是把圈梁放到窗下。

1. 定义首层圈梁的属性和做法

单击“梁”前面的“+”号使其展开→单击“圈梁”→单击“新建”下拉菜单→单击“新建矩形圈梁”→在“属性编辑框”内修改圈梁名称为“QL250×180”→填写过梁的属性、做法，如图 10.5.2 所示。

注意：圈梁属性里的起点顶标高和终点顶标高都要修改成“层底标高＋0.9”，否则会与已经绘制的框架梁标高冲突，会出现圈梁绘制不上的结果。

	属性名称	属性值	附加
1	名称	QL-250*180	
2	截面宽度(mm)	250	☐
3	截面高度(mm)	180	☐
4	轴线距梁左边线距	(125)	☐
5	上部钢筋	2Φ10	☐
6	下部钢筋	2Φ10	☐
7	箍筋	Φ6@200	☐
8	肢数	2	
9	其它箍筋		
10	备注		☐
11	− 其它属性		
12	侧面纵筋(总配筋		☐
13	汇总信息	圈梁	☐
14	保护层厚度(mm)	(15)	☐
15	拉筋		☐
16	L形放射箍筋		☐
17	L形斜加筋		☐
18	计算设置	按默认计算设置	
19	节点设置	按默认节点设置	
20	搭接设置	按默认搭接设置	
21	起点顶标高(m)	层底标高+0.9	☐
22	终点顶标高(m)	层底标高+0.9	☐
23	+ 锚固搭接		
38	+ 显示样式		

图 10.5.2　定义首层圈梁

2. 绘制圈梁

从结施—01（2）中可以知道，本工程圈梁只有外墙有，只需把圈梁 QL250×180 布置到外墙上。操作步骤如下：在绘制圈梁的状态下，选中“QL250×180”名称→单击“智能布置”下拉菜单→单击“墙中心线”→单击“批量选择”弹出“批量选择构件图元”对话框→勾选“砌块墙 250［外墙］”→单击“确定”→单击“确定”→单击右键结束，这样“QL250×180”就绘制好了。

如此首层的圈梁就绘制好了。应用同样的方法绘制二～五层的圈梁。这样本楼的圈梁就绘制完毕了。如图 10.5.3 所示。

图 10.5.3　二号办公楼圈梁三维图

思考

1. 圈梁施工时做几面模板？
2. 圈梁的作用是什么？
3. 圈梁的宽度和墙厚的关系是什么？

10.6　构造柱及梯柱的绘制

学习目的

根据本工程图纸内容，完成本工程构造柱的定义及绘制。

学习内容

（1）定义及绘制负一层构造柱。
（2）使用层间复制功能完成一～五层构造柱。

操作步骤

操作步骤思维导图见图 10.6.1。

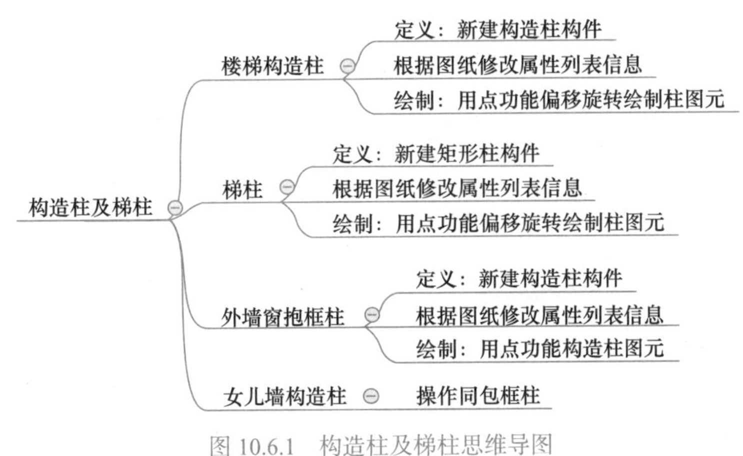

图 10.6.1　构造柱及梯柱思维导图

1. −1 层构造柱定义及绘制

由结施—05 可以看出构造柱的尺寸及配筋，柱→构造柱→定义如图 10.6.2 所示。绘制构造柱→绘图→点选→5 轴和 1/C 轴交点→单对齐，如图 10.6.3 所示。

属性列表　图层管理

	属性名称	属性值	附
1	名称	GZ-2	
2	类别	构造柱	☐
3	截面宽度(B边)(...	200	☐
4	截面高度(H边)(...	300	☐
5	马牙槎设置	带马牙槎	☐
6	马牙槎宽度(mm)	60	☐
7	全部纵筋	4⌀12	☐
8	角筋		☐
9	B边一侧中部筋		☐
10	H边一侧中部筋		☐
11	箍筋	⌀6@200(2*2)	☐
12	箍筋肢数	2*2	
13	材质	现浇混凝土	☐
14	混凝土类型	(砾石 GD40 细砂水泥...	☐
15	混凝土强度等级	(C25)	☐
16	混凝土外加剂	(无)	
17	泵送类型	(混凝土泵)	
18	泵送高度(m)		
19	截面周长(m)	1	☐
20	截面面积(m²)	0.06	☐
21	顶标高(m)	层顶标高	☐
22	底标高(m)	层底标高	☐
23	备注		☐

图 10.6.2　定义 GZ-2

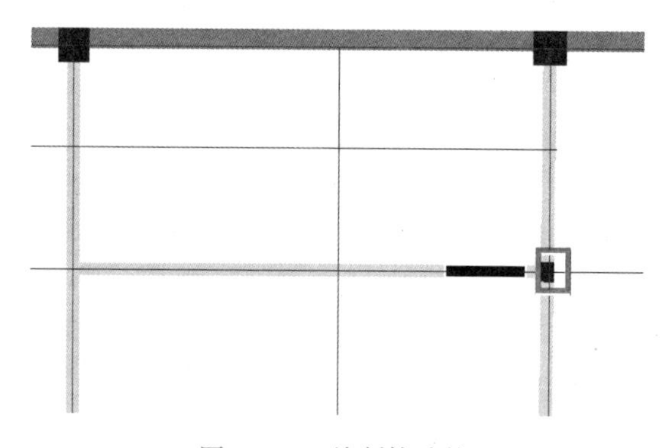

图 10.6.3　绘制构造柱

2. −1 层梯柱定义及绘制

由结施—05 可以看出梯柱的尺寸及配筋，柱→框柱→定义如图 10.6.4 所示。绘制梯柱→绘图→点选→4 轴和 1/C 轴交点，如图 10.6.5 所示。

属性列表　图层管理

	属性名称	属性值	附加
4	截面宽度(B边)(...	200	
5	截面高度(H边)(...	300	
6	全部纵筋	4⌀12	
7	角筋		
8	B边一侧中部筋		
9	H边一侧中部筋		
10	箍筋	⌀6@200	
11	节点区箍筋		
12	箍筋肢数	按截面	
13	柱类型	(中柱)	
14	材质	现浇混凝土	
15	混凝土类型	(砾石 GD40 细砂水泥...	
16	混凝土强度等级	(C30)	
17	混凝土外加剂	(无)	
18	泵送类型	(混凝土泵)	
19	泵送高度(m)		
20	截面面积(m^2)	0.06	
21	截面周长(m)	1	
22	顶标高(m)	层顶标高	
23	底标高(m)	层底标高	
24	备注		
25	+ 钢筋业务属性		

图 10.6.4　定义梯柱

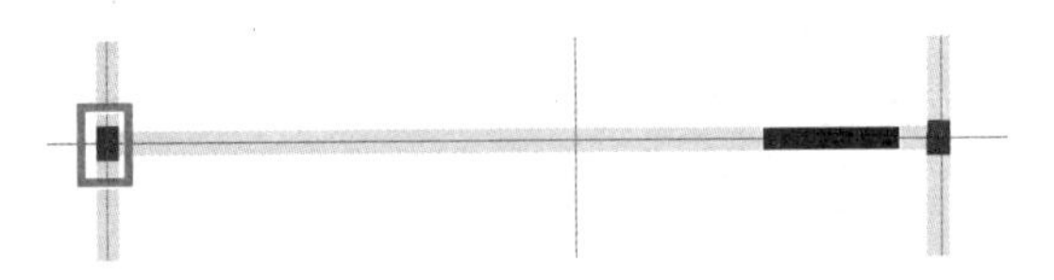

图 10.6.5　绘制梯柱

绘制梯柱→Shift +旋转点→4 轴和 1/C 轴交点→输入 1700 →选择垂点，如图 10.6.6 所示。应用同样方式绘制其他梯柱即可，这样 −1 层的 GZ2 和 TZ1 就绘制完了。如图 10.6.7 所示。

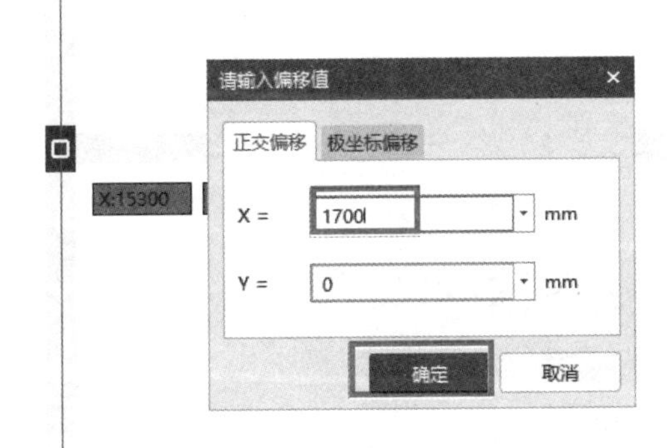

图 10.6.6　偏移梯柱

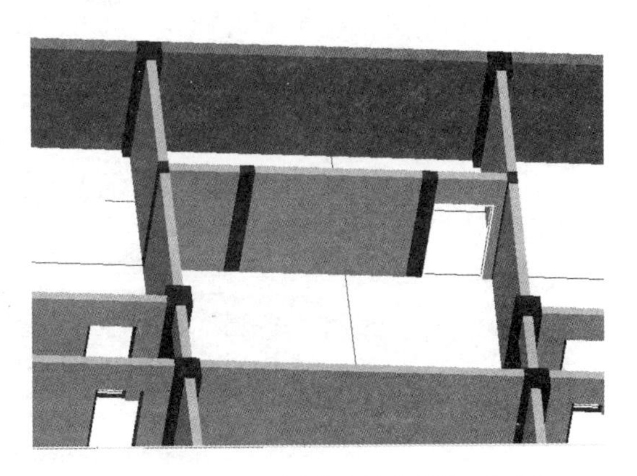

图 10.6.7　−1 层构造柱和梯柱三维图

因为这两个柱首层到五层都有，所以应用如下步骤：批量选择→框架柱→ TZ1 和构造柱→楼层→复制选中构件图元到其他楼层→勾选首层～五层→单击确定，如图 10.6.8、图 10.6.9 所示。

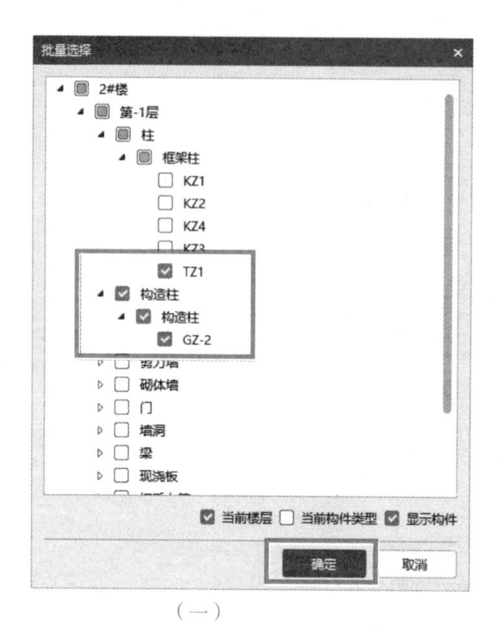

（一）

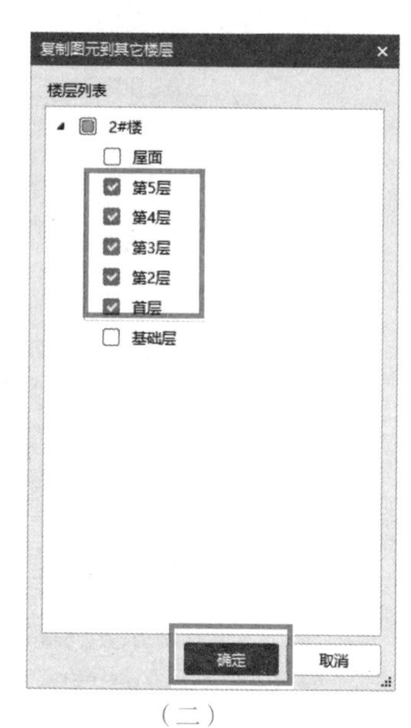

（二）

图 10.6.8 复制构造柱和梯柱

属性列表 图层管理

	属性名称	属性值	附
1	名称	GZ-1	
2	类别	构造柱	
3	截面宽度(B边)(...	250	
4	截面高度(H边)(...	250	
5	马牙槎设置	带马牙槎	
6	马牙槎宽度(mm)	60	
7	全部纵筋	4Φ12	
8	角筋		
9	B边一侧中部筋		
10	H边一侧中部筋		
11	箍筋	Φ6@200(2*2)	
12	箍筋肢数	2*2	
13	材质	现浇混凝土	
14	混凝土类型	(砾石 GD40 细砂水泥...	
15	混凝土强度等级	(C25)	
16	混凝土外加剂	(无)	
17	泵送类型	(混凝土泵)	
18	泵送高度(m)		
19	截面周长(m)	1	
20	截面面积(m²)	0.063	
21	顶标高(m)	层顶标高	
22	底标高(m)	层底标高	
23	备注		

图 10.6.9 定义 GZ-1

这样 GZ2 和 TZ1 就绘制好了，注意五层的要平齐板底。

3. 定义及绘制首层构造柱

由结施—01（2）可以看出构造柱的尺寸及配筋，柱→构造柱→定义如图 10.6.9 所示。

绘制构造柱→由建施—05 可以看出 GZ1 的位置→绘图→智能布置→门窗洞→选择图纸上有 GZ1 门窗洞→单击右键，这样就绘制好了。如图 10.6.10 所示。

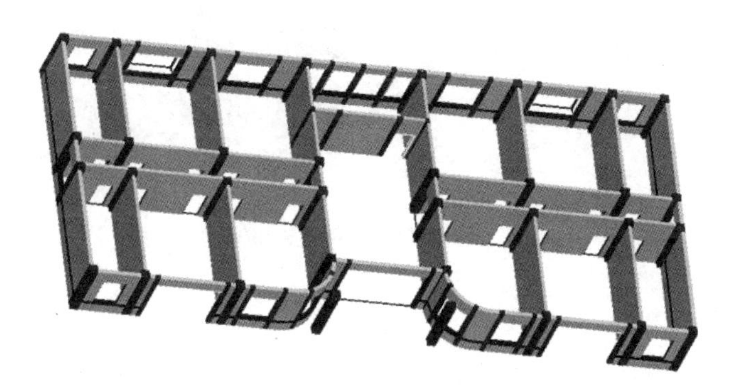

图 10.6.10　首层构造柱三维图

应用同样的方法将二～五层的构造柱绘制上，注意五层 GZ1 需平齐板顶。

应用同样的方式定义五层 GZ3，如图 10.6.11 所示。

属性列表　图层管理

	属性名称	属性值	附加
1	名称	GZ-3	
2	类别	构造柱	
3	截面宽度(B边)(...	240	
4	截面高度(H边)(...	240	
5	马牙槎设置	带马牙槎	
6	马牙槎宽度(mm)	60	
7	全部纵筋	4Φ12	
8	角筋		
9	B边一侧中部筋		
10	H边一侧中部筋		
11	箍筋	Φ6@200(2*2)	
12	箍筋肢数	2*2	
13	材质	现浇混凝土	
14	混凝土类型	(砾石 GD40 细砂水泥...	
15	混凝土强度等级	(C20)	
16	混凝土外加剂	(无)	
17	泵送类型	(混凝土泵)	
18	泵送高度(m)		
19	截面周长(m)	0.96	
20	截面面积(m^2)	0.058	
21	顶标高(m)	层底标高+0.94	
22	底标高(m)	层底标高	
23	备注		

图 10.6.11　定义 GZ3

应用点和 Shift ＋点，将 GZ3 绘制上即可，这里不做更多重复讲解。

这样所有层的构造柱及梯柱就绘制好了，如图 10.6.12 所示。

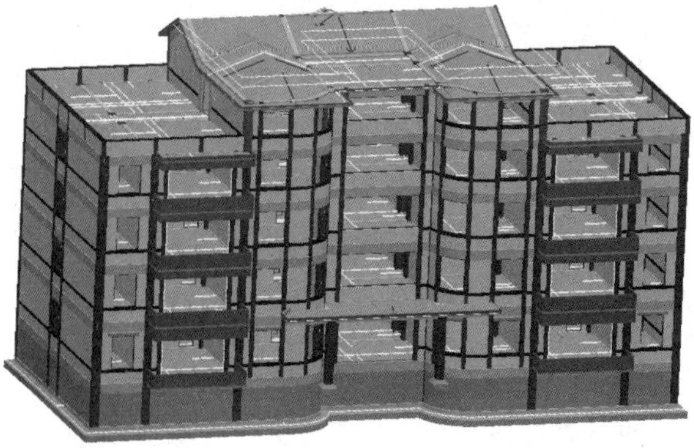

图 10.6.12　二号办公楼构造柱和梯柱三维图

1. 构造柱的作用是什么？
2. 构造柱作为承重构件吗？
3. 梯柱工程量是否含在整体楼梯工程量里？
4. 转角处一般需不需要设置构造柱？

第11章　楼梯工程量计算

学习目的

根据本工程图纸内容，完成 -1 层楼梯的定义及绘制。

学习内容

（1）表格输入法计算楼梯斜板和休息平台钢筋工程量。
（2）定义及绘制梯梁、梯板、平台板。

操作步骤

操作步骤思维导图见图 11.1.1。

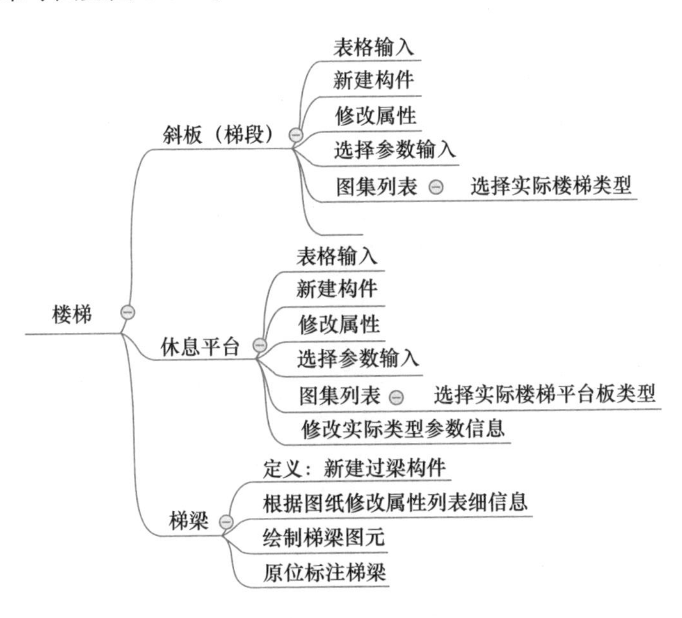

图 11.1.1　楼梯思维导图

由结施—16 楼梯结构详图可以看出，楼梯是从地下一层到四层。需要我们处理的有以下几部分：楼梯斜板，梯梁，休息平台，楼层平台。

1. 楼梯斜板和休息平台钢筋

结合结施—16 的 3-3 剖面和楼梯地下一层平面详图和楼梯一层平面详图：-1 层→表格输入→钢筋→构件添加→楼梯→添加构件，如图 11.1.2 所示。

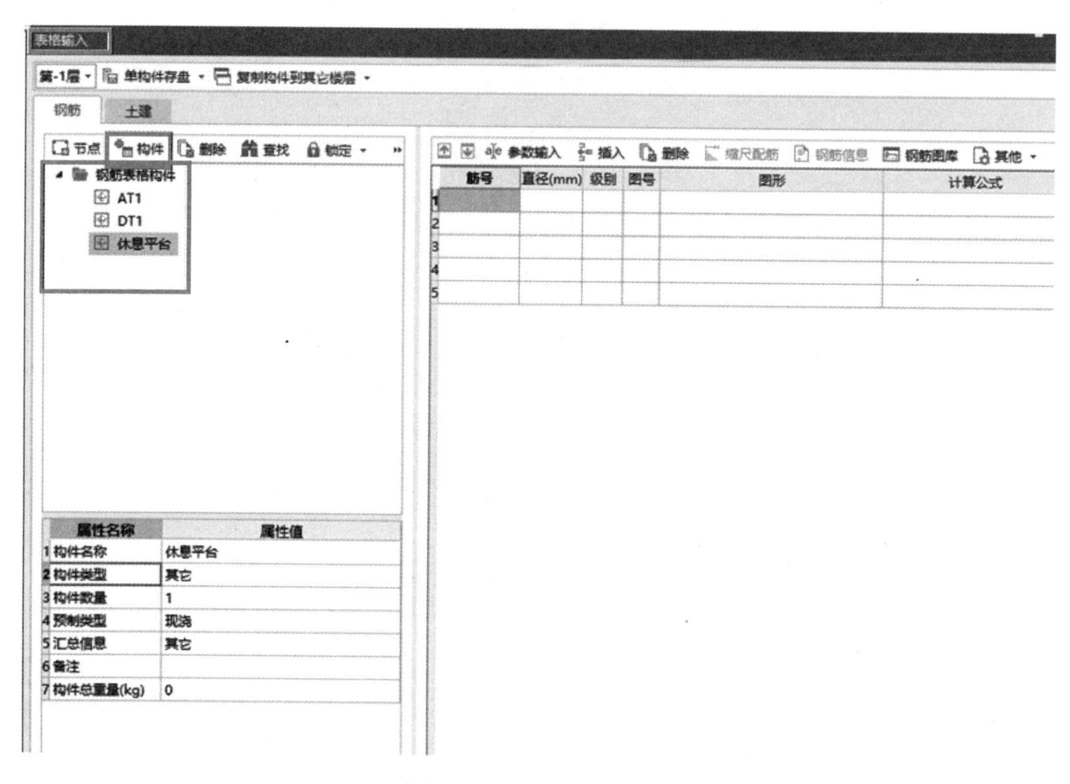

图 11.1.2　添加楼梯构件

单击确定→单击参数输入→选择图集，如图 11.1.3 所示。

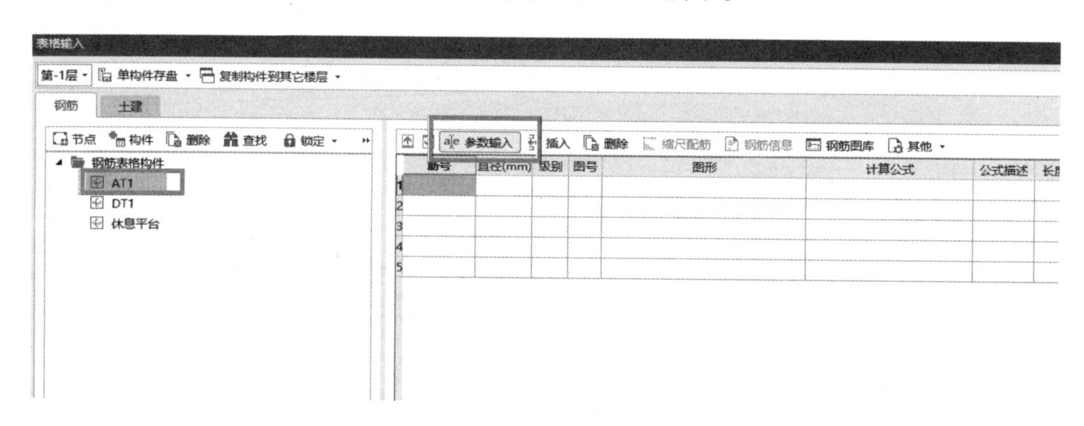

图 11.1.3　选择楼梯图集

单击图集列表 A-E 楼梯→ AT 型楼梯→单击选择，如图 11.1.4 所示。

进入默认的 AT 型楼梯界面，如图 11.1.5 所示。

楼梯为非抗震构件，由楼梯地下一层平面详图可以看出 AT 型楼梯厚 100mm，上部钢筋为 B10@200；下部钢筋为 B12@150；分布筋为 a8@200；梯板宽度为 1500mm。

所以由图集可以查到二级钢筋锚固为 29D；楼梯的保护层 15mm；由 3-3 剖面看出踏步总高度为 150×8 ＝ 1200mm；踏步总宽度为 300×8 ＝ 2400mm；修改如图 11.1.6 ～图 11.1.9 所示。

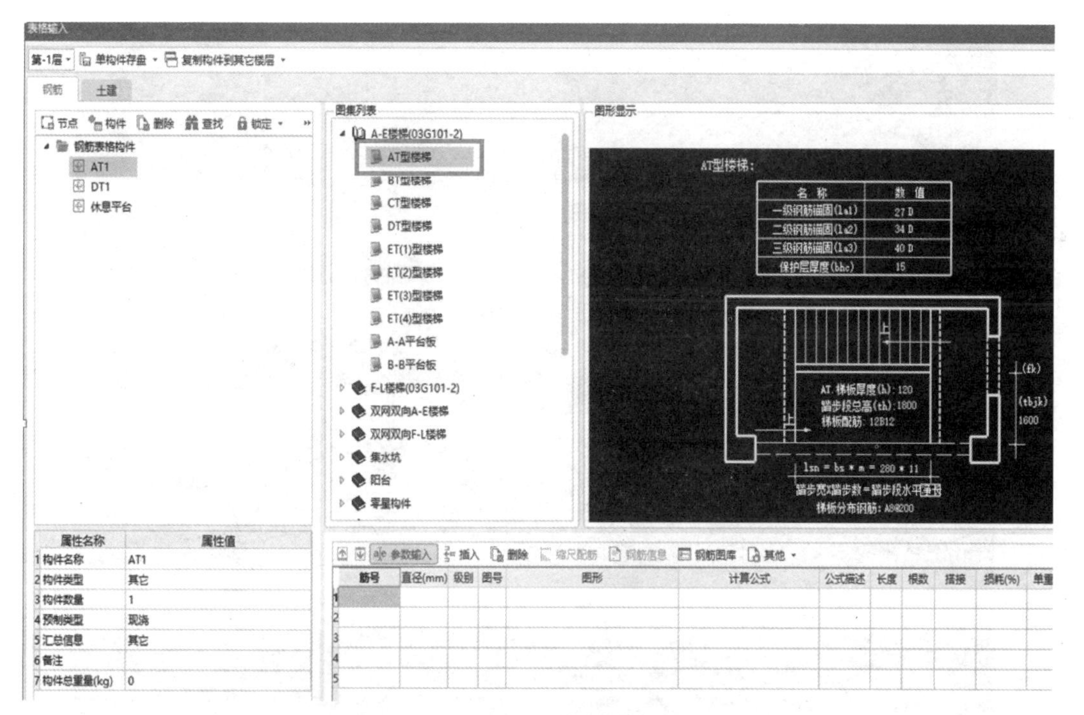

图 11.1.4　选择楼梯类型

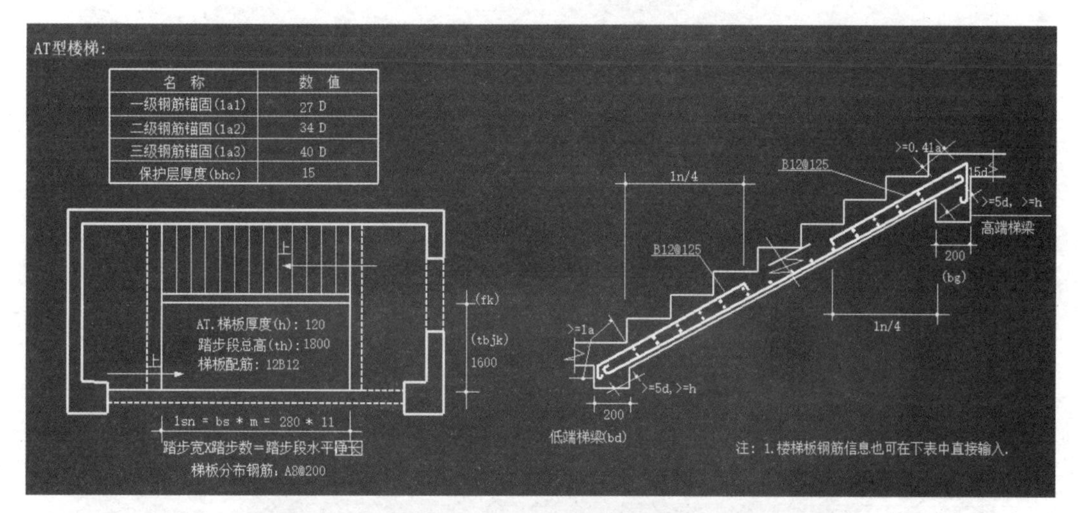

图 11.1.5　AT 型楼梯界面

名　称	数　值
一级钢筋锚固(1a1)	27 D
二级钢筋锚固(1a2)	29 D
三级钢筋锚固(1a3)	40 D
保护层厚度(bhc)	15

图 11.1.6　修改 AT 型楼梯（一）

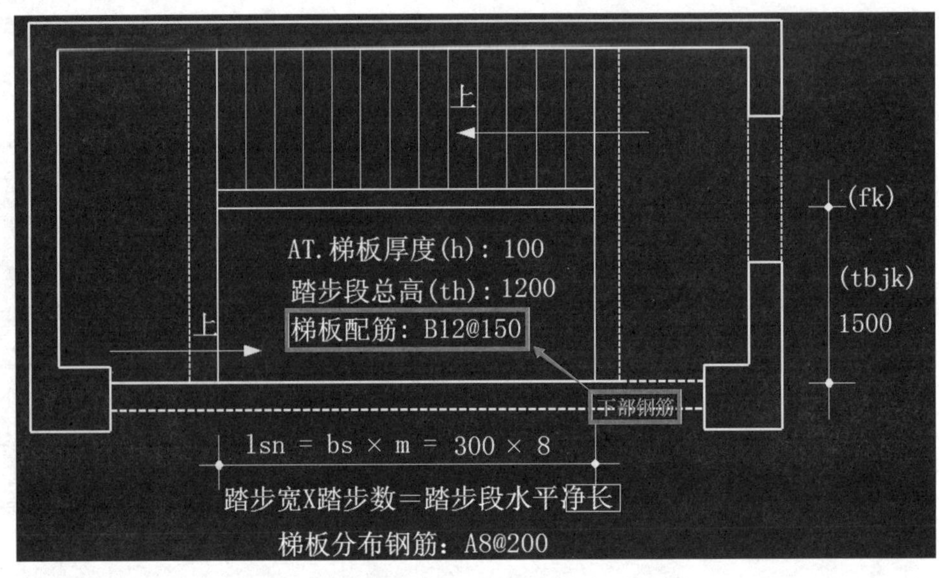

图 11.1.7　修改 AT 型楼梯（二）

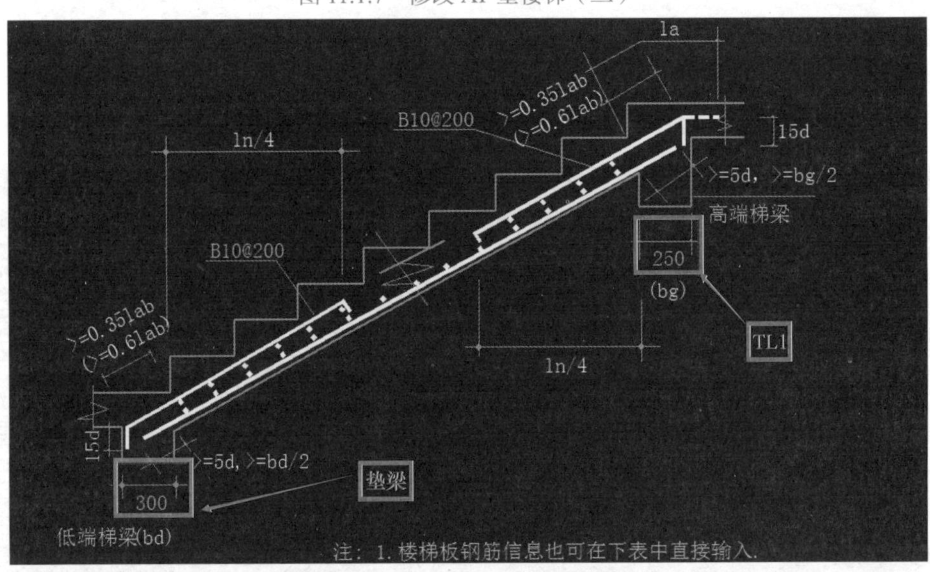

图 11.1.8　修改 AT 型楼梯（三）

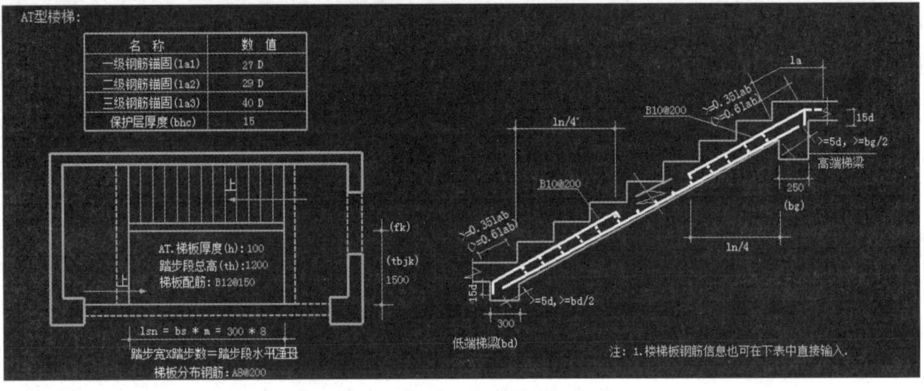
AT型楼梯：

名称	数值
一级钢筋锚固(la1)	27 D
二级钢筋锚固(la2)	29 D
三级钢筋锚固(la3)	40 D
保护层厚度(bhc)	15

图 11.1.9　修改 AT 型楼梯（四）

计算保存，这样 AT 型楼梯就编辑完毕了。

同样方式单击 DT1 →选择图集→选择图集列表的 DT 型楼梯→单击选择；结合 3-3 剖面和楼梯一层平面详图输入信息，如图 11.1.10 所示。

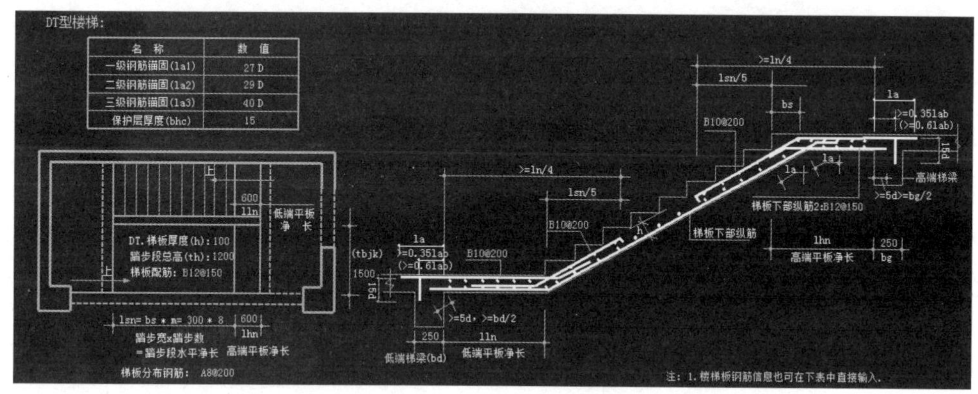

图 11.1.10　绘制 DT 型楼梯

这样 DT 型楼梯就编辑完毕了。

同样方式点击休息平台→图集列表→选择双网双向 A-E 楼梯→ B-B 平台板→单击选择；结合 3-3 剖面和楼梯一层平面详图输入信息，如图 11.1.11 所示。

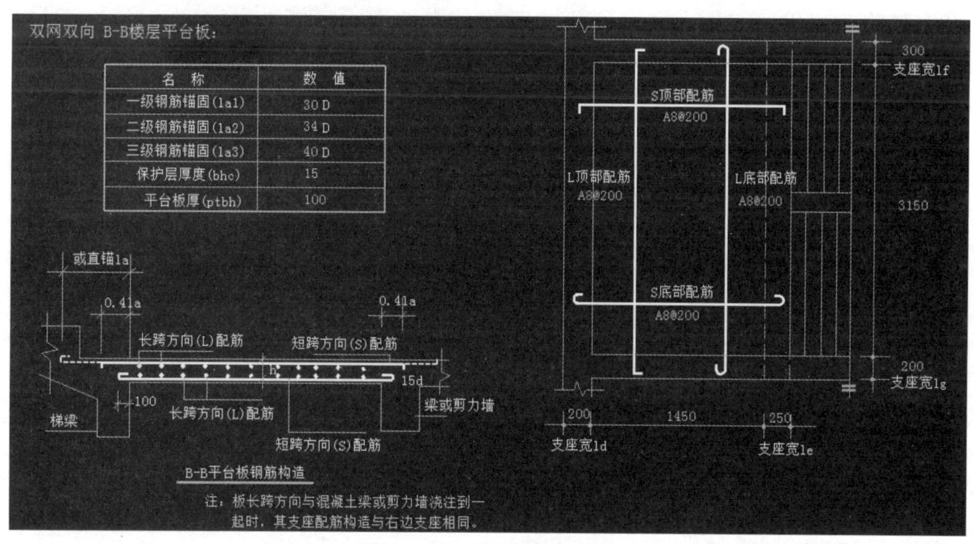

图 11.1.11　绘制休息平台

这样休息平台就绘制完毕了，单击计算退出，可以看到楼梯斜板及休息平台的钢筋量，如图 11.1.12 ～图 11.1.14 所示。

	筋号	直径(mm)	级别	图号	图形	计算公式	公式描述	长度(mm)	根数	搭接	损耗(%)	单重(kg)	总重(kg)	钢筋归类	搭接形式
1*	梯板下部纵筋	12	Φ	3	2901	2400*1.094+125+150		2901	11	0	0	2.576	28.337	直筋	绑扎
2	下梯梁端上部纵筋	10	Φ	149	150 968 533 70	2400/4*1.094+290+100-2*15		1016	9	0	0	0.627	5.642	直筋	绑扎
3	梯板分布钢筋	8	Φ	3	1470	1470+12.5*d		1570	24	0	0	0.62	14.884	直筋	绑扎
4	上梯梁端上部纵筋	10	Φ	149	33 968 533 70	2400/4*1.094+290+100-2*15		1016	9	0	0	0.627	5.642	直筋	绑扎
5															

图 11.1.12　AT1 钢筋表

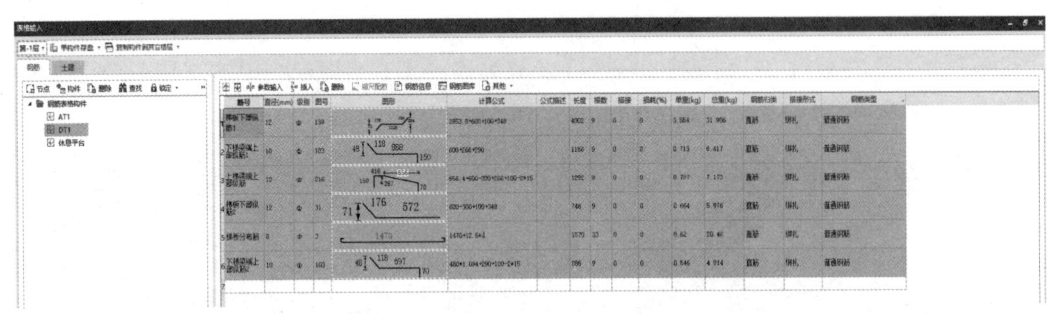

图 11.1.13　DT1 钢筋表

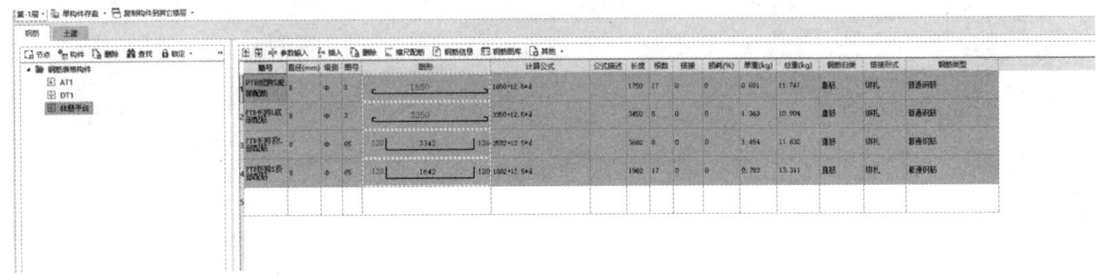

图 11.1.14　休息平台钢筋表

楼梯的混凝土及模板工程量是按投影面积计算的，在实际工作中使用广联达算量软件仅算出钢筋工程量即可，混凝土及模板工程量可直接根据图纸结合本地清单定额计算规则计算投影面积，在此不做具体解析。

2. 梯梁及楼层平台

绘图输入→模块导航栏→梁→定义→新建矩形梁，如图 11.1.15、图 11.1.16 所示。

属性列表　图层管理

	属性名称	属性值	附加
1	名称	TL1	
2	结构类别	非框架梁	
3	跨数量		
4	截面宽度(mm)	250	
5	截面高度(mm)	400	
6	轴线距梁左边...	(125)	
7	箍筋	Φ8@200(2)	
8	肢数	2	
9	上部通长筋	2Φ16	
10	下部通长筋	4Φ16	
11	侧面构造或受...		
12	拉筋		
13	定额类别	单梁/连续梁	
14	材质	现浇混凝土	
15	混凝土类型	(砾石 GD40 细砂水泥...	
16	混凝土强度等级	(C30)	
17	混凝土外加剂	(无)	
18	泵送类型	(混凝土泵)	
19	泵送高度(m)		
20	截面周长(m)	1.3	
21	截面面积(m²)	0.1	
22	起点顶标高(m)	-1.4	
23	终点顶标高(m)	-1.4	
24	备注		

图 11.1.15　定义 TL1

属性列表　图层管理

	属性名称	属性值	附加
1	名称	TL2	
2	结构类别	非框架梁	
3	跨数量		
4	截面宽度(mm)	200	
5	截面高度(mm)	400	
6	轴线距梁左边...	(100)	
7	箍筋	Φ8@200(2)	
8	肢数	2	
9	上部通长筋	2Φ16	
10	下部通长筋	2Φ16	
11	侧面构造或受...		
12	拉筋		
13	定额类别	单梁/连续梁	
14	材质	现浇混凝土	
15	混凝土类型	(砾石 GD40 细砂水泥...	
16	混凝土强度等级	(C30)	
17	混凝土外加剂	(无)	
18	泵送类型	(混凝土泵)	
19	泵送高度(m)		
20	截面周长(m)	1.2	
21	截面面积(m²)	0.08	
22	起点顶标高(m)	-1.4	
23	终点顶标高(m)	-1.4	
24	备注		

图 11.1.16　定义 TL2

（1）绘制梯梁

绘图→ TL2 →直线→ D 轴 /4 轴交点→ 1/C 轴 /4 轴交点→动态观察→重提梁跨→选中图元 TL2 →单击右键结束，如图 11.1.17 所示。

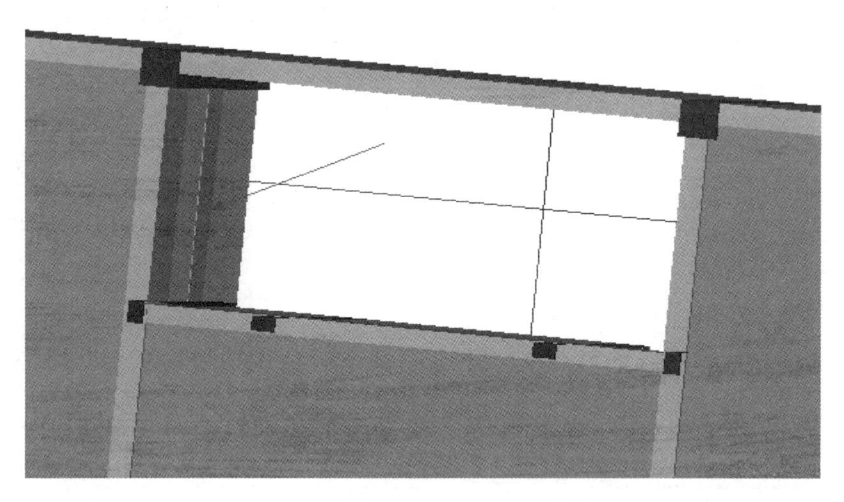

图 11.1.17　绘制 TL2

绘图→ TL1 →直线→ Shift ＋直线 D 轴 /4 轴交点（X 方向输入 1675，Y 方向 0）→选择与 1/C 轴的垂点→动态观察→重提梁跨→选中图元 TL1 →单击右键结束。同样方式绘制另外一道 TL1；分别选中两道 TL1 输入标高即可。如图 11.1.18 所示。

这样本层的梯梁就绘制完成。

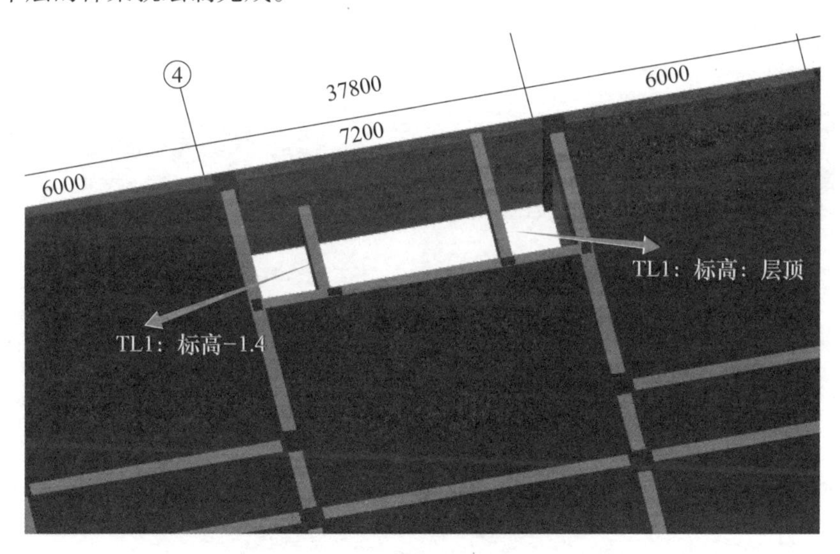

图 11.1.18　绘制 TL1

（2）楼层平台的绘制

模块导航栏→板→现浇板→输入信息，如图 11.1.19 所示。

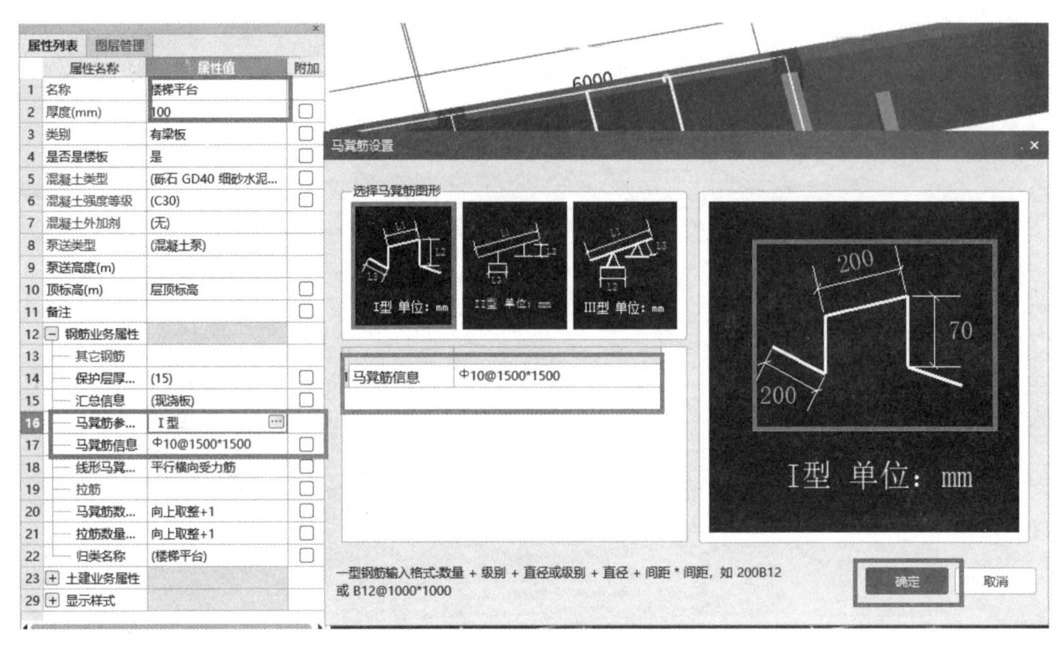

图 11.1.19 选择楼梯平台类型

绘图→点→点击板所在范围内任意一点即可。

板钢筋绘制：A8@200 双层双向；板受力筋→新建板受力筋，如图 11.1.20 所示。

应用单板→ XY 方向绘制板筋，如图 11.1.21 所示。

这样 -1 层的楼梯就绘制完成，其余楼层楼梯定义与绘制方法与其相同。本工程所有楼梯的混凝土及模板工程量都以投影面积计算，把所有楼层的楼梯投影面积相加即是本工程总工程量。

属性列表 图层管理

	属性名称	属性值	附加
1	名称	平台板筋	
2	类别	底筋	☐
3	钢筋信息	Φ8@200	☐
4	左弯折(mm)	(0)	☐
5	右弯折(mm)	(0)	☐
6	备注		☐
7	⊞ 钢筋业务属性		
16	⊞ 显示样式		

图 11.1.20 新建平台板受力筋

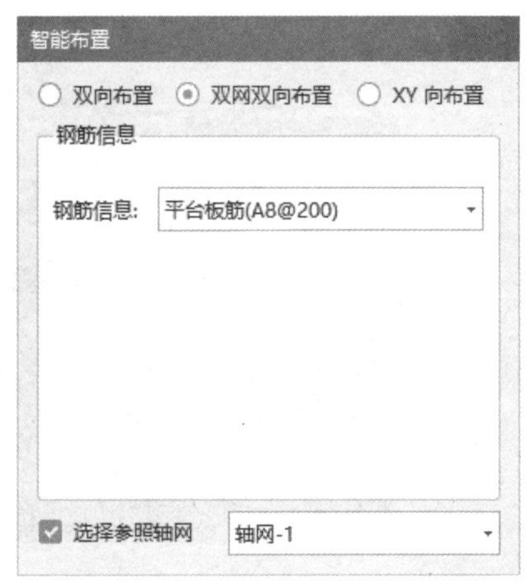

图 11.1.21 智能布置平台板筋

1. AT、BT、CT、DT 型楼梯的区别是什么？
2. 楼梯混凝土工程量按投影面积计算，是否包含梯柱工程量？

第 12 章 其他构件钢筋量计算

学习目的

根据本工程图纸内容，完成吊筋与附加箍筋的设置。

学习内容

（1）设置吊筋。

（2）设置附加箍筋。

操作步骤

1. 绘制吊筋及附加箍筋

由地下一层顶梁配筋图可以看出 4 轴和 5 轴的 KL7 上有吊筋 2B20；3 轴和 6 轴上有附加箍筋 6A10（2）。

吊筋绘制：梁→自动生成吊筋→如图 12.1.2 所示→选中 KL7 和 L1 →单击右键确定。如图 12.1.1 所示。

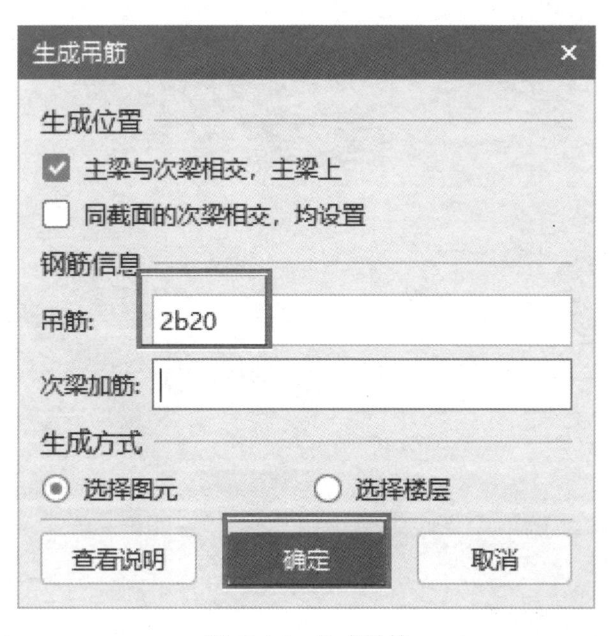

图 12.1.1 生成吊筋

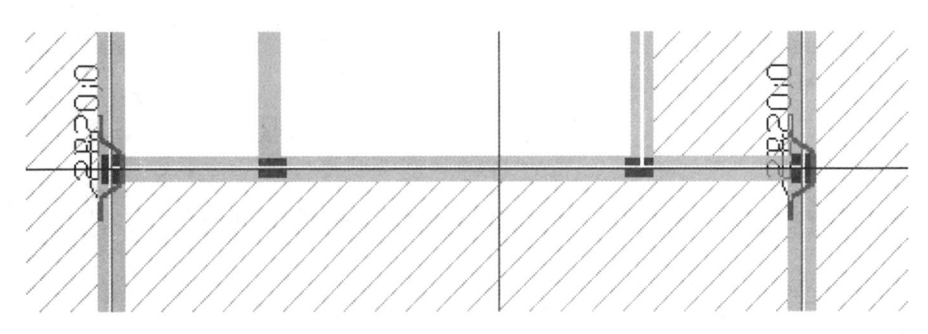

图 12.1.2　吊筋图

附加箍筋的绘制：梁→自动生成吊筋→如图 12.1.3 所示→选中 KL1 和 KL6 →单击右键确定，如图 12.1.4 所示。

应用同样的方式将首层到五层的吊筋和附件箍筋绘制上。这里就不重复讲解了。

注意：如果有梯柱处布置吊筋不成功时，可将梯柱顶标高调至梁底再布置吊筋即可。

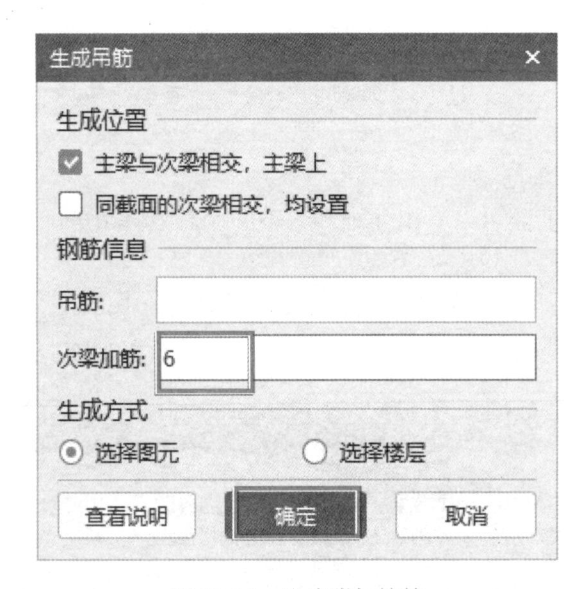

图 12.1.3　生成附加箍筋

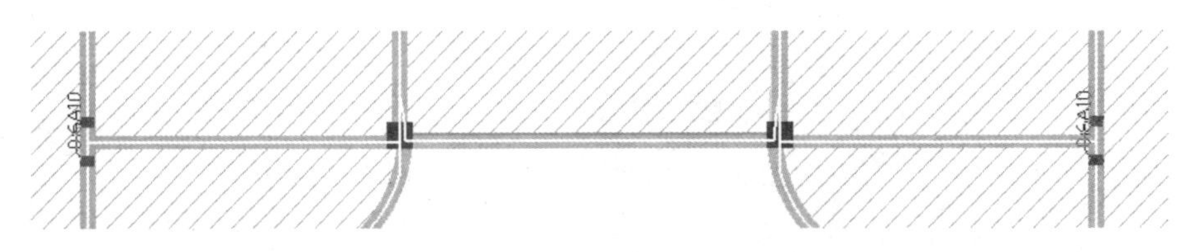

图 12.1.4　附加箍筋图

1. 吊筋及附加箍筋的作用是什么？
2. 设置有附加箍筋处是否都需要设置吊筋？

第 13 章　装饰装修工程量计算

13.1　垫层及土方

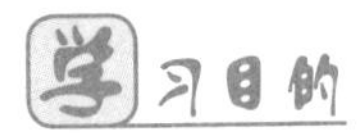

根据图纸内容，完成本工程混凝土垫层及土方的计算，掌握软件定义及绘制方法。

学习内容

（1）定义及绘制垫层。
（2）定义及绘制土方。

操作步骤

操作步骤思维导图见图 13.1.1、图 13.1.2。

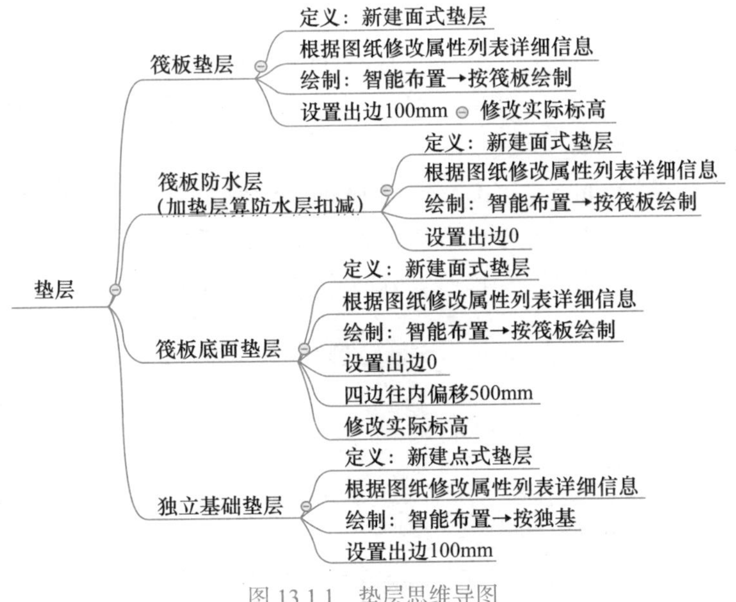

图 13.1.1　垫层思维导图

土方
定义：新建大开挖土方
根据图纸修改属性列表详细信息
绘制土方　智能布置　面式垫层布置

图 13.1.2　土方思维导图

1. 定义筏板基础垫层

从结施—02 可以看出，基础垫层比筏板基础宽出 100mm，其底标高为 −3.77，要先定义垫层，再绘制垫层。

（1）定义基础垫层的属性

单击基础前面的“+”将其展开→单击“垫层”→单击“新建”下拉菜单→单击“新建面式垫层”，软件会自动默认一个名字 DC-1，为了和图纸保持一致，在“属性编辑框”里将其修改为“垫层”，其属性如图 13.1.3 所示。

属性列表　图层管理

	属性名称	属性值	附加
1	名称	垫层	
2	形状	面型	☐
3	厚度(mm)	100	☐
4	材质	现浇混凝土	☐
5	混凝土类型	(碎石 GD20 粗砂水泥32.5 现...	☐
6	混凝土强度等级	(C15)	☐
7	混凝土外加剂	(无)	
8	泵送类型	(混凝土泵)	
9	顶标高(m)	基础底标高	☐
10	备注		☐
11	+ 钢筋业务属性		
14	+ 土建业务属性		
18	+ 显示样式		

图 13.1.3　定义垫层

（2）定义回填土扣减的防水厚度

筏板基础和垫层之间的防水层处理，以前软件在计算回填土的时候并不会扣减防水层的量，这里需采用画一个假垫层的方法来解决这个问题，定义一个 70mm 厚的垫层，命名为防水层就可以解决这个问题。

（3）定义基础上部 200mm 厚 GL7.5 轻集料混凝土垫层

从建施—17 中可以看出，在基础上部有 200mm 厚 GL7.5 轻集料混凝土垫层，也属于基础层构件，这里也用基础垫层来做，其属性如图 13.1.4 所示。

属性列表　图层管理

	属性名称	属性值	附加
1	名称	地面垫层	
2	形状	面型	☐
3	厚度(mm)	200	☐
4	材质	现浇混凝土	☐
5	混凝土类型	(碎石 GD20 粗砂水泥32.5 现...	☐
6	混凝土强度等级	(C15)	☐
7	混凝土外加剂	(无)	
8	泵送类型	(混凝土泵)	
9	顶标高(m)	基础底标高	☐
10	备注		☐
11	+ 钢筋业务属性		
14	+ 土建业务属性		
18	+ 显示样式		

图 13.1.4　定义轻集料混凝土垫层

2. 绘制筏板基础垫层

（1）绘制基础垫层

在绘制垫层的状态下，选中“垫层”名称→单击“智能布置”下拉菜单→单击“筏板”→选中已画好的筏板基础→单击右键，弹出“请输入出边距离”对话栏→输入偏移值“100”→单击“确定”，这样基础垫层就绘制好了。

这时候基础垫层虽然画好了，但是底标高不对，软件默认垫层的顶标高为基础底标高 -3.6m，而图纸垫层的顶标高为 -3.67m，要将垫层的顶标高修改为 -3.67m。操作步骤如下：选中已经画好的垫层→在属性编辑框内将垫层顶标高修改为“基础底标高 -0.07”，如图 13.1.5 所示。

属性列表　图层管理

	属性名称	属性值	附加
1	名称	垫层	
2	形状	面型	☐
3	厚度(mm)	100	☐
4	材质	现浇混凝土	☐
5	混凝土类型	(碎石 GD20 粗砂水泥32.5 现...	☐
6	混凝土强度等级	(C15)	☐
7	混凝土外加剂	(无)	
8	泵送类型	(混凝土泵)	
9	顶标高(m)	基础底标高-0.07	☐
10	备注		☐
11	＋ 钢筋业务属性		
14	＋ 土建业务属性		
18	＋ 显示样式		

图 13.1.5　修改垫层标高

（2）绘制防水层（垫层）

刚才建立好的防水垫层也要绘制上，否则软件计算回填土的时候不会扣减防水层的体积。操作步骤如下：在绘制垫层状态下，选中“防水层”构件→单击“智能布置”下拉菜单→单击“筏板”→选中已画好的筏板基础→单击右键，弹出“请输入出边距离”对话栏→在空白栏内输入“0”→单击“确定”，这样防水垫层就绘制好了，绘制好的垫层如图 13.1.6 所示。

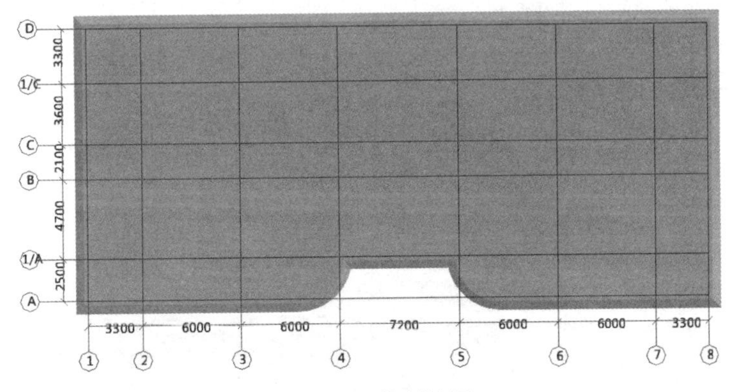

图 13.1.6　绘制垫层

（3）绘制基础上部垫层

在绘制垫层状态下，绘制方法同防水层，由于地面垫层是在基础放坡的内边，所以需要向内偏移500mm，选中“地面垫层”→单击“偏移”→在“请选择偏移方式”中选择整体偏移→鼠标向内侧移动→输入“500”→回车，这样基础上部地面垫层就画好了。画好之后需要修改地面垫层的标高为基础底标高＋0.8m。

3. 绘制基础土方

从建施—17可以看出，本工程基础采用大开挖的方式，距离垫层边工作面为1000mm（此处为《建设工程工程量计算规范广西壮族自治区实施细则（修订本）》中规定），放坡系数为0.33，下面开始绘制基础大开挖。

（1）定义大开挖土方的属性

在定义大开挖的属性之前，要先计算大开挖的开挖深度。本工程室外标高为−0.45m，从结施—02基础剖面可以看出，本工程垫层底标高为−3.77m，那么，土方大开挖深度＝室外地坪标高－垫层底标高＝−0.45－(−3.77)＝3.32m。

单击土方前面的“＋”将其展开→单击“大开挖土方”。其属性如图13.1.7所示。

属性列表　图层管理

	属性名称	属性值
1	名称	大开挖土方
2	土壤类别	二类土
3	深度(mm)	(3320)
4	放坡系数	0.33
5	工作面宽(mm)	1000
6	挖土方式	机械
7	顶标高(m)	垫层底标高+3.32(-0.45)
8	底标高(m)	垫层底标高(-3.77)
9	备注	
10	＋ 土建业务属性	
13	＋ 显示样式	

图13.1.7　定义大开挖土方

（2）布置大开挖土方

在这里采用智能布置的方法绘制大开挖土方，根据垫层布置大开挖土方，操作步骤如下：在绘制大开挖土方的状态下，选中“大开挖土方”名称→单击“智能布置”下拉菜单→单击“面式垫层”→选择垫层→单击右键结束。这样大开挖土方就布置好了，如图13.1.8所示（东南等轴测图）。

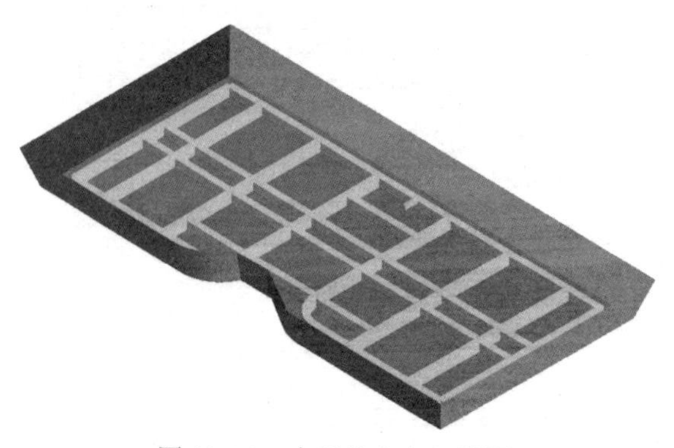

图13.1.8　大开挖土方三维图

4. 绘制独立基础垫层

（1）定义独立基础垫层的属性

切换到“垫层”→单击“新建”下拉菜单→单击“新建点式垫层”，软件自动会生成一个名字“DC-l”→将“DC-l”修改为“KZ4 独基垫层”，默认属性是对的，接下来填写 KZ4 独基垫层做法，定义好的 KZ4 独基垫层如图 13.1.9 所示。

属性列表　图层管理

	属性名称	属性值	附加
1	名称	KZ4独基垫层	
2	形状	点型	☐
3	长度(mm)	1200	☐
4	宽度(mm)	1200	☐
5	厚度(mm)	100	☐
6	材质	现浇混凝土	☐
7	混凝土类型	(碎石 GD20 粗砂水泥...	☐
8	混凝土强度等级	(C15)	☐
9	混凝土外加剂	(无)	
10	泵送类型	(混凝土泵)	
11	截面面积(m²)	1.44	☐
12	顶标高(m)	-1.2	☐
13	备注		☐
14	+ 钢筋业务属性		
17	+ 土建业务属性		
21	+ 显示样式		

图 13.1.9　定义独基垫层

（2）绘制独立基础垫层

在绘制基础下垫层的状态下，选中“KZ4 独基垫层”名称→单击“智能布置”下拉菜单→单击“独基”→单击画好的两个独立基础→单击右键，独立基础垫层就布置好了，如图 13.1.10 所示。

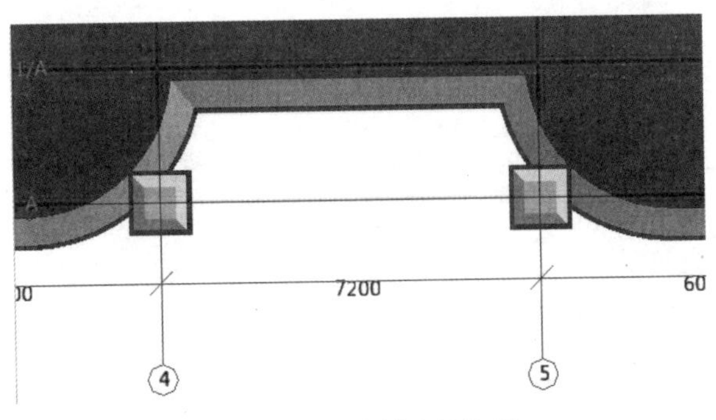

图 13.1.10　绘制独基垫层

1. 选择大开挖土方的条件是什么？
2. 点式、线式、面式垫层的区别是什么？

13.2 地下一层装饰装修

学习目的

根据图纸内容，完成地下一层装饰装修工程计算，掌握软件中布置装修的方法。

学习内容

（1）定义及绘制地面。
（2）定义及绘制墙面。
（3）定义及绘制房间。
（4）室外放水及建筑面积计算。

操作步骤

操作步骤思维导图见图 13.2.1。

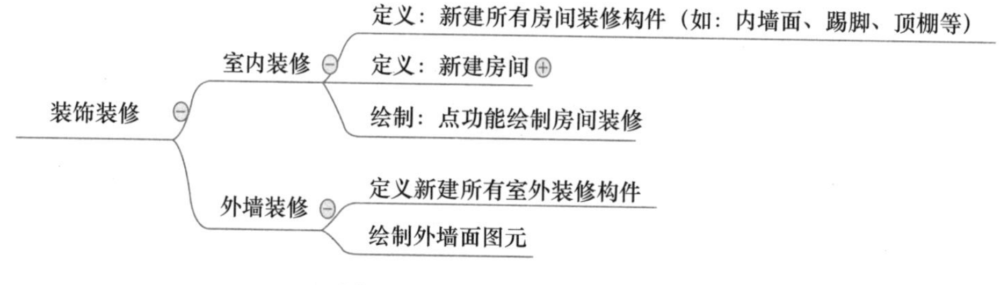

图 13.2.1 装饰装修思维导图

从建施—01 室内装修做法表可以看出，地下一层有楼梯间、大厅、走廊、储藏间 4 种房间，每个房间都有地面、踢脚、墙面、顶棚。室内装修就是把这些工程量计算出来。用软件计算室内装修有两种方式。

第一种方式是先计算每个房间的地面，再计算每个房间的踢脚，依次计算墙面和顶棚等。

第二种方式是先定义所有的地面、踢脚、墙面、顶棚这些分构件，然后按照图纸的要求组合成各个房间，整体计算每个房间的地面、踢脚、墙面和顶棚。

在这里选择第二种方式。

1. 定义地下一层房间分构件的属性

地下一层房间分构件有地面、踢脚、墙面、顶棚，分别进行定义。

（1）地下一层地面的属性

地下一层一共出现了 A、B、C、D 四种地面，从建施—02 可以看到这 4 种地面的做法。要定义这 4 种地面，先弄清楚图纸要求的地面做法。

① 了解地下一层各地面具体做法。

② 定义地下一层地面的属性：单击“装修”前面的“+”号使其展开→单击“楼地

面”→单击“新建”下拉菜单→单击“新建楼地面”→修改名称为“地面 A”，建立好的地面 A 属性如图 13.2.2 所示。

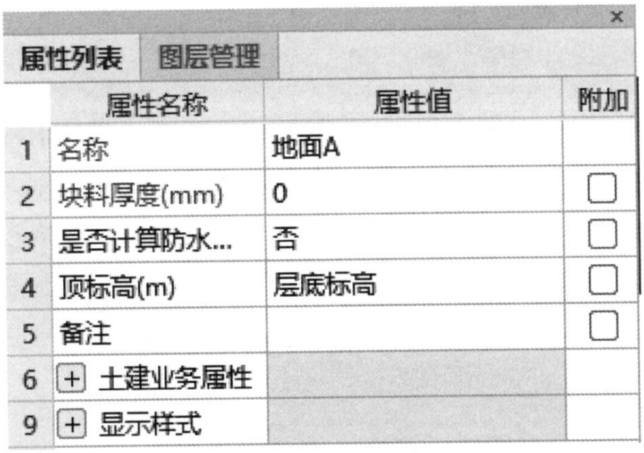

属性列表　图层管理

	属性名称	属性值	附加
1	名称	地面A	
2	块料厚度(mm)	0	☐
3	是否计算防水...	否	☐
4	顶标高(m)	层底标高	☐
5	备注		☐
6	+ 土建业务属性		
9	+ 显示样式		

图 13.2.2　定义地面 A

用同样的方法建立地面 B、地面 C、地面 D 的属性。如图 13.2.3 所示。

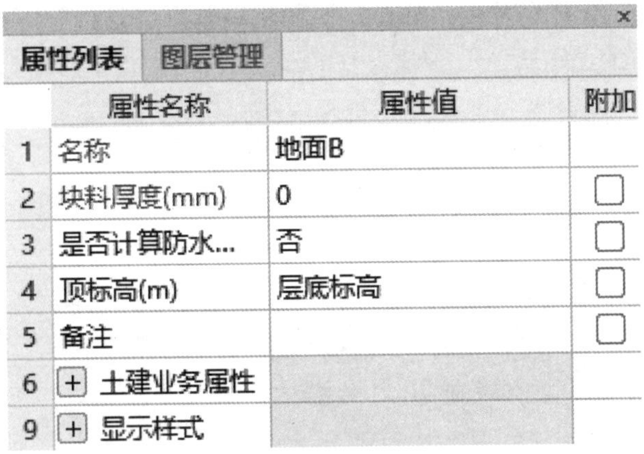

属性列表　图层管理

	属性名称	属性值	附加
1	名称	地面B	
2	块料厚度(mm)	0	☐
3	是否计算防水...	否	☐
4	顶标高(m)	层底标高	☐
5	备注		☐
6	+ 土建业务属性		
9	+ 显示样式		

（一）

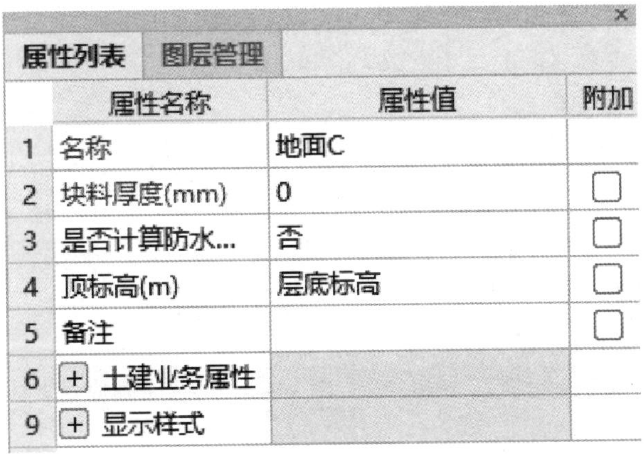

属性列表　图层管理

	属性名称	属性值	附加
1	名称	地面C	
2	块料厚度(mm)	0	☐
3	是否计算防水...	否	☐
4	顶标高(m)	层底标高	☐
5	备注		☐
6	+ 土建业务属性		
9	+ 显示样式		

（二）

图 13.2.3　（一）

属性列表　图层管理

	属性名称	属性值	附加
1	名称	地面D	
2	块料厚度(mm)	0	☐
3	是否计算防水...	否	☐
4	顶标高(m)	层底标高	☐
5	备注		☐
6	⊞ 土建业务属性		
9	⊞ 显示样式		

（三）

图 13.2.3　（二）

（2）地下一层踢脚的属性

与地面一样，还是先研究图纸要求的做法。

① 从建施—01 室内装修做法表可以看出，地下一层踢脚做法均为踢脚 A，了解踢脚 A 具体做法。

② 定义地下一层踢脚的属性：单击“踢脚”→单击“新建”下拉菜单→单击“新建楼踢脚”→修改名称为“踢脚 A”→建立好的踢脚 A 属性如图 13.2.4 所示。

属性列表　图层管理

	属性名称	属性值	附加
1	名称	踢脚A	
2	高度(mm)	100	☐
3	块料厚度(mm)	10	☐
4	起点底标高(m)	墙底标高	☐
5	终点底标高(m)	墙底标高	☐
6	备注		☐
7	⊞ 土建业务属性		
10	⊞ 显示样式		

图 13.2.4　定义踢脚 A

（3）地下一层内墙面的属性

① 从建施—01 室内装修做法表可以看出，地下一层内墙做法均为内墙 A，了解内墙 A 具体做法。

② 定义地下一层内墙面的属性：单击“墙面”→单击“新建”下拉菜单→单击“新建内墙面”→修改名称为“内墙 A”→建立好的内墙面属性，如图 13.2.5 所示。

（4）地下一层顶棚的属性

① 从建施—01 室内装修做法表可以看出，地下一层顶棚做法均为“顶棚 A”，了解顶棚具体做法。

② 定义地下一层顶棚的属性：单击“顶棚”→单击“新建”下拉菜单→单击“新建顶棚”→修改名称为“棚 A”→建立好的顶棚属性如图 13.2.6 所示。

	属性名称	属性值	附加
1	名称	内墙A	
2	块料厚度(mm)	0	☐
3	所附墙材质	(程序自动判断)	☐
4	内/外墙面标志	内墙面	☑
5	起点顶标高(m)	墙顶标高	☐
6	终点顶标高(m)	墙顶标高	☐
7	起点底标高(m)	墙底标高	☐
8	终点底标高(m)	墙底标高	☐
9	备注		☐
10	+ 土建业务属性		
13	+ 显示样式		

图 13.2.5　定义内墙 A

	属性名称	属性值	附加
1	名称	棚A	
2	备注		☐
3	+ 土建业务属性		
6	+ 显示样式		

图 13.2.6　定义棚 A

2. 地下一层房间组合

（1）组合“楼梯间”房间

单击“房间”→单击“新建”下拉菜单→单击“新建房间”→修改名称为“楼梯间”→（这时如果在“绘图”界面请单击“定义”，进入“定义”界面，如果就在“定义”界面省略此操作）→单击“构件类型”下的“楼地面”→单击“添加依附构件”，软件默认构件名称为“地面 A”与图纸要求一致不再改动→单击“构件类型”下的“踢脚”→单击“添加依附构件”，软件默认构件名称为“踢脚 A”与图纸要求一致不再改动→单击“构件类型”下的“墙面”→单击“添加依附构件”，软件默认构件名称为“内墙 A”与图纸要求一致不再改动→单击“构件类型”下的“顶棚”→单击“添加依附构件”，软件默认构件名称为顶棚 A 与图纸要求一致不再改动，这样楼梯间的房间就组合好了，组合好的楼梯间如图 13.2.7 所示。

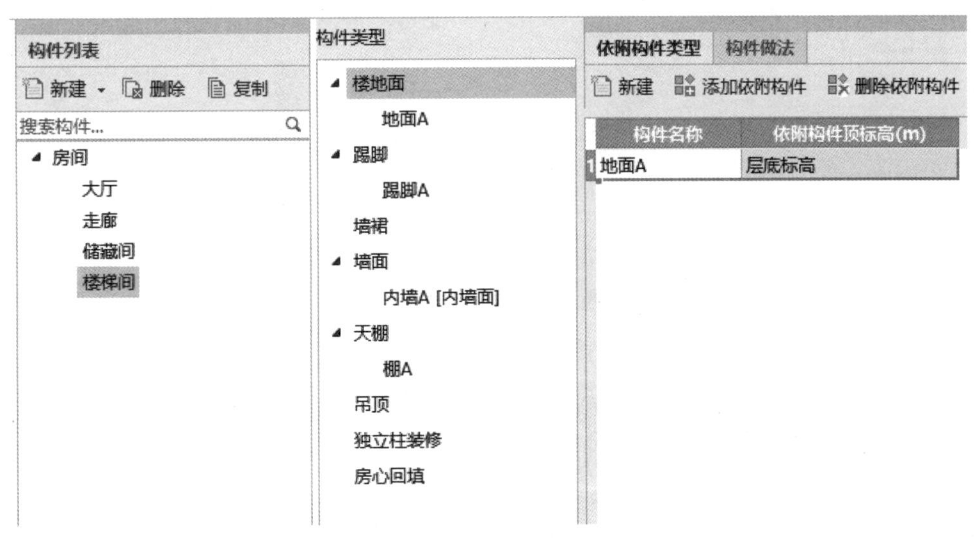

图 13.2.7　组合“楼梯间”

（2）组合“大厅”房间

同样，应用复制“楼梯间”房间，直接修改成“大厅”房间，只是要把地面A换成地面B，其他不变。

（3）组合“走廊”房间

用同样的方法组合“走廊”房间，组合好的“走廊”房间如图13.2.8所示。

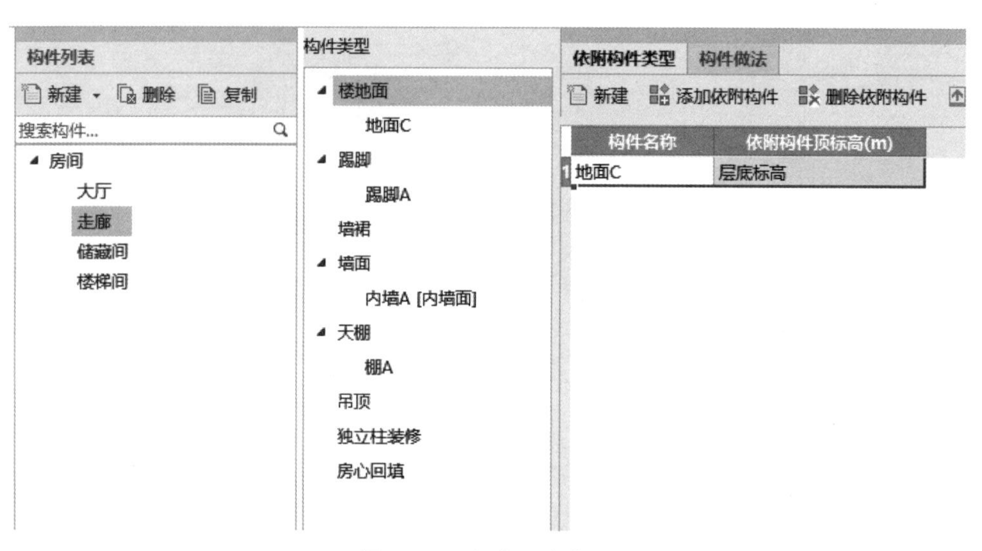

图13.2.8 组合“走廊”

（4）组合“储藏间”房间

用同样的方法组合“储藏间”房间，组合好的“储藏间”房间如图13.2.9所示。

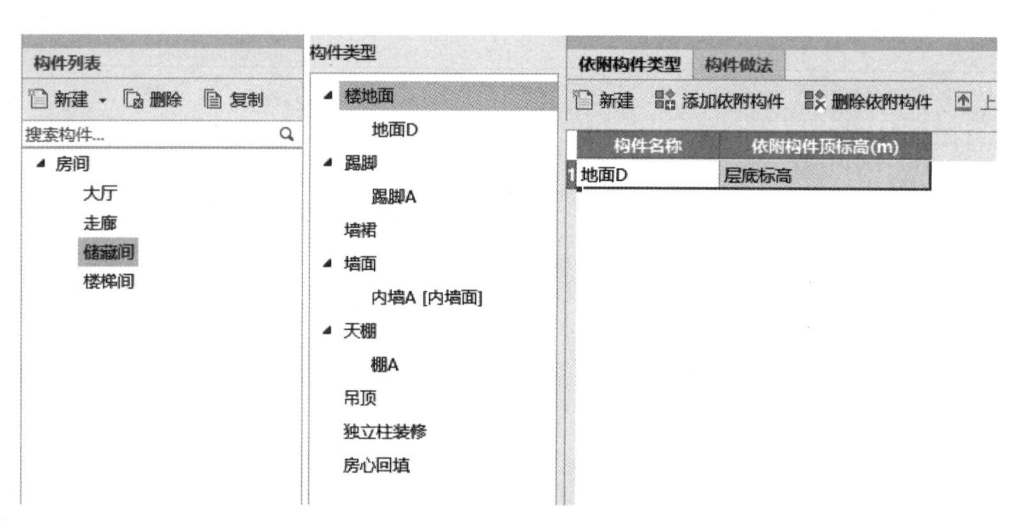

图13.2.9 组合“储藏间”

3. 绘制地下一层房间

根据建施—04来画地下一层的房间，单击“绘图”按钮进入绘图界面→选中“楼梯间”名称→单击“点”按钮→单击楼梯间房间，绘制好楼梯间装修，如图13.2.10所示。

用同样的方法点布其他房间，装修好的房间如图13.2.11所示。

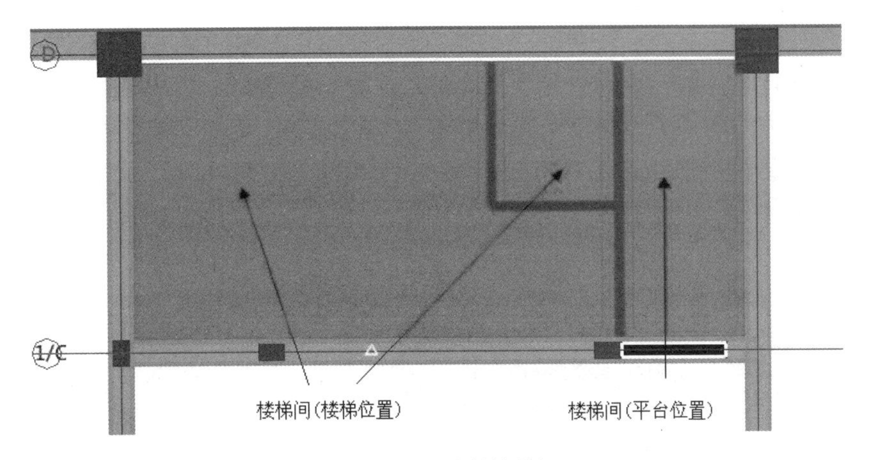

图 13.2.10　绘制楼梯间

注意：软件没有计算的楼梯间工程量有，底层楼梯斜段顶棚后期需要手算；休息平台和斜段楼面，后期计算水平投影面积；楼层平台楼面在软件中操作，选择楼 A1 智能布置现浇板。

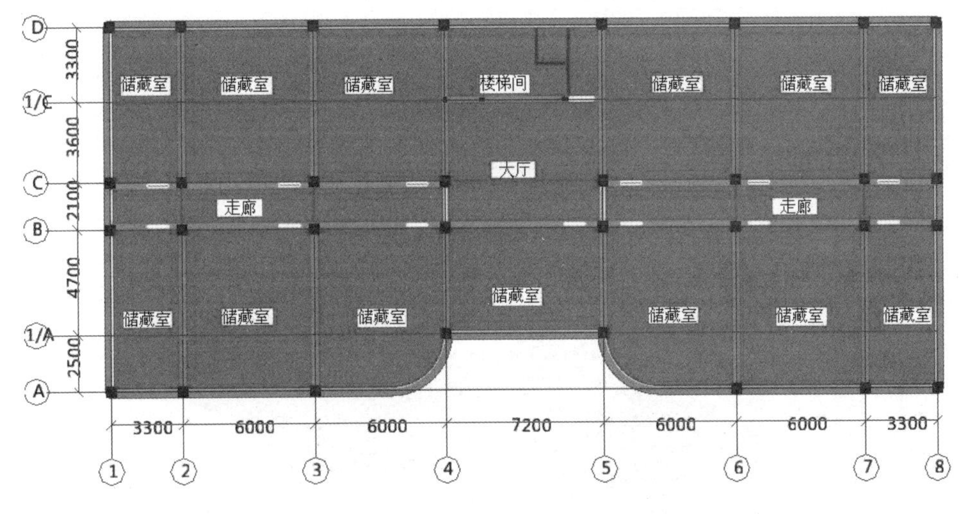

图 13.2.11　−1 层装修平面图

4. 地下一层室外防水定义及绘制

从建施—17 可以看出，地下一层室外地坪以下是外墙防水，室外地坪到 ±0.000 之间是外墙装修，因此此处的外墙装修露在室外，把室外地坪到 ±0.000 之间的外墙装修放到首层去做，这里只做外墙防水。

软件里没有专门的外墙防水构件，利用装修里的墙面功能来做外墙防水。先了解图纸要求的外墙防水做法。

（1）从建施—17 可以看到外墙防水的做法，了解外墙防水具体做法。

（2）定义地下一层外墙防水层的属性：单击“装修”前面的“+”号使其展开→单击装修下一级“墙面”→单击“新建”下拉菜单→单击“新建外墙面”→修改名称为“外墙防水”，建立好的外墙装修的属性，如图 13.2.12 所示。

（3）绘制外墙防水。

单击“绘图”按钮进入绘图界面→单击“外墙防水”名称→单击“点”按钮→将鼠标放到外墙外边的任意一点可显示外墙装修，如果位置准确，点一下鼠标左键，外墙防水就布置上了。用此方法将外墙装修所有的墙面都点一遍，这时候点一下三维，用鼠标左键旋转检查一下外墙装修是否都布置上，如图 13.2.13 所示。

属性列表　图层管理

	属性名称	属性值	附加
1	名称	外墙防水	
2	块料厚度(mm)	0	☐
3	所附墙材质	(程序自动判断)	☐
4	内/外墙面标志	外墙面	☑
5	起点顶标高(m)	-0.45	☐
6	终点顶标高(m)	-0.45	☐
7	起点底标高(m)	-3	☐
8	终点底标高(m)	-3	☐
9	备注		☐
10	+ 土建业务属性		
13	+ 显示样式		

图 13.2.12　定义外墙防水

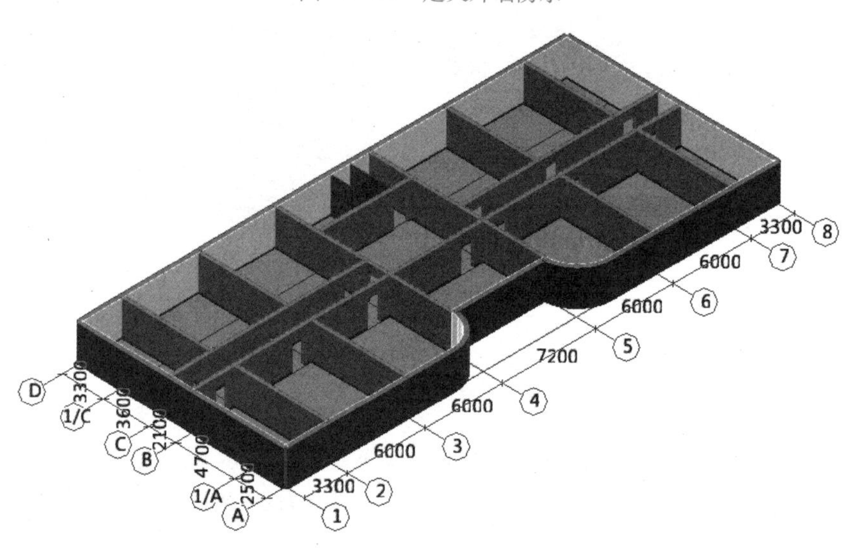

图 13.2.13　外墙装修三维图

5. 建筑面积的定义及绘制

前面已经做完地下一层主体及装修的工程量，接下来计算地下一层建筑面积，这个量虽然不直接套定额，但对计算指标特别有用，是计算工程造价不可缺少的一个工程量。所以在每一层都要计算建筑面积这个工程量。

（1）定义地下一层建筑面积

在建筑面积里定义地下一层的建筑面积，定义好的建筑面积如图 13.2.14 所示。

属性列表	图层管理	
	属性名称	属性值
1	名称	建筑面积
2	底标高(m)	层底标高
3	建筑面积计算...	计算全部
4	备注	
5	⊞ 土建业务属性	
8	⊞ 显示样式	

图 13.2.14　定义 −1 层建筑面积

（2）绘制地下一层建筑面积

在画建筑面积的状态下，单击“点”按钮→单击外墙内的任意一点，这样建筑面积就布置好了。如图 13.2.15 所示。

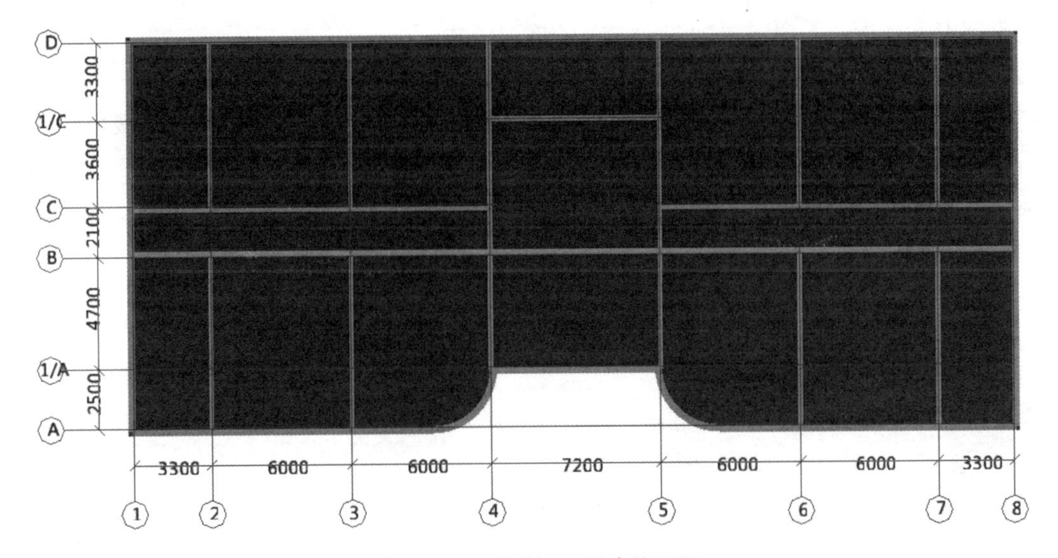

图 13.2.15　绘制 −1 层建筑面积

13.3　一～五层装饰装修

学习目的

根据图纸内容，完成一～五层装饰装修工程绘制，掌握软件中布置装修的方法。

学习内容

（1）定义及绘制楼面。

（2）定义及绘制墙裙及墙面。

（3）定义及绘制顶棚。

（4）定义及绘制建筑面积。

（5）定义及绘制屋面。

操作步骤思维导图见图 13.2.1。

1. 首层室内装修

从建施—01 室内装修做法表可以看出，首层有楼梯间、大堂、走廊、办公室 1、办公室 2、办公室 3、卫生间共七种房间，每个房间都有楼面、踢脚、墙面、顶棚 4 种做法，唯独大堂另有墙裙。首层房间的楼面、踢脚、墙裙、墙面、顶棚的具体做法在建施—02 上，下面先来定义这些具体做法。

（1）定义首层房间分构件的属性

1）首层楼面的属性

首层一共出现了 A、B、C、D、E 五种楼面，从建施—02 可以看到这五种楼面的做法，要定义这五种地面，先要弄清楚图纸要求的地面做法。

① 弄清楚首层楼面的做法。

② 定义首层楼面的属性：单击“装修”前面的“+”号使其展开→单击“楼地面”→单击“新建”下拉菜单→单击“新建楼地面”→修改名称为“楼面 A”，建立好的地面属性如图 13.3.1 所示。

属性列表　图层管理

	属性名称	属性值	附加
1	名称	楼面A	
2	块料厚度(mm)	0	☐
3	是否计算防水...	否	☐
4	顶标高(m)	层底标高	☐
5	备注		☐
6	+ 土建业务属性		
9	+ 显示样式		

图 13.3.1　定义楼面 A

用同样的方法建立楼面 Al、楼面 A2、楼面 B、楼面 c、楼面 D、楼面 E。

2）首层踢脚的属性

从建施—0l 室内装修做法表可以看出，首层踢脚出现了三种做法，分别是踢脚 B、踢脚 C 和踢脚 D。与楼面一样，还是先研究图纸要求的踢脚做法。

① 弄清首层踢脚做法。

② 定义首层踢脚的属性：单击“踢脚”→单击“新建”下拉菜单→单击“新建楼踢脚”→修改名称为“踢脚 B”→建立好的踢脚 B 的属性如图 13.3.2 所示。

属性列表 图层管理

	属性名称	属性值	附加
1	名称	踢脚B	
2	高度(mm)	100	☐
3	块料厚度(mm)	10	☐
4	起点底标高(m)	墙底标高	☐
5	终点底标高(m)	墙底标高	☐
6	备注		☐
7	+ 土建业务属性		
10	+ 显示样式		

图 13.3.2 定义踢脚 B

用同样的方式建立踢脚 C 和踢脚 D。

3）首层墙裙的属性

① 弄清首层墙裙做法。

② 定义首层墙裙的属性：单击“墙裙”→单击“新建”下拉菜单→单击“新建内墙裙”→修改名称为“裙 A”→建立好的内墙面属性如图 13.3.3 所示。

属性列表 图层管理

	属性名称	属性值	附加
1	名称	裙A	
2	高度(mm)	1500	☐
3	块料厚度(mm)	0	☐
4	所附墙材质	(程序自动判断)	☐
5	内/外墙裙标志	内墙裙	☑
6	起点底标高(m)	墙底标高	☐
7	终点底标高(m)	墙底标高	☐
8	备注		☐
9	+ 土建业务属性		
12	+ 显示样式		

图 13.3.3 定义墙裙 A

4）首层内墙面的属性

① 弄清首层内墙面做法。

② 首层内墙面的属性：单击“墙面”→单击“新建”下拉菜单→单击“新建内墙面”→修改名称为“内墙 B”→建立好的内墙面 B 属性如图 13.3.4 所示。

5）首层顶棚的属性

① 弄清首层顶棚做法：从建施—01 室内装修做法表可以看出，首层顶棚做法有棚 A、棚 B、棚 C、棚 D、棚 E，其中棚 A 在地下一层已经做过，查看棚 B、棚 C、棚 D、棚 E 的做法。

属性列表　图层管理

	属性名称	属性值	附加
1	名称	内墙B	
2	块料厚度(mm)	0	☐
3	所附墙材质	(程序自动判断)	☐
4	内/外墙面标志	内墙面	☑
5	起点顶标高(m)	墙顶标高	☐
6	终点顶标高(m)	墙顶标高	☐
7	起点底标高(m)	墙底标高	☐
8	终点底标高(m)	墙底标高	☐
9	备注		☐
10	+ 土建业务属性		
13	+ 显示样式		

图 13.3.4　定义内墙 B

② 首层顶棚的属性：单击“吊顶”→单击“新建”下拉菜单→单击“新建吊顶”→修改名称为“棚 B”→建立好的顶棚 B 属性如图 13.3.5 所示。

属性列表　图层管理

	属性名称	属性值	附加
1	名称	棚B	
2	离地高度(mm)	3000	☐
3	备注		☐
4	+ 土建业务属性		
7	+ 显示样式		

图 13.3.5　定义棚 B

用同样的方法建立棚 C、棚 D、棚 E 的属性。

（2）首层房间组合

从结施—01 室内装修做法表可以看出，首层要组合七种房间，分别是楼梯间、大堂、走廊和办公室 1、办公室 2、办公室 3 和卫生间。下面分别组合这些房间。在组合房间之前，先把地下一层已经建立好的房间分构件复制到首层来。

1）复制地下一层定义好的房间分构件到首层

单击“构件列表”下拉菜单→单击“层间复制”，弹出“从其他楼层复制构件”对话框→勾选“踢脚 A”“内墙 A”“顶棚 A”→单击“确定”，弹出“提示”对话框→单击“确定”。这样地下一层建立好的构件就复制到首层了，首层就可以直接应用。

2）组合“楼梯间”房间，组合好的房间如图 13.3.6 所示。

3）用同样的方法组合其余房间。

（3）画首层房间装修

先画楼梯间：用点画的方式进行布置，根据建施—05，点好的首层楼梯间、其他房间及阳台装修如图 13.3.7 所示（注意，阳台也点成办公室 3）。

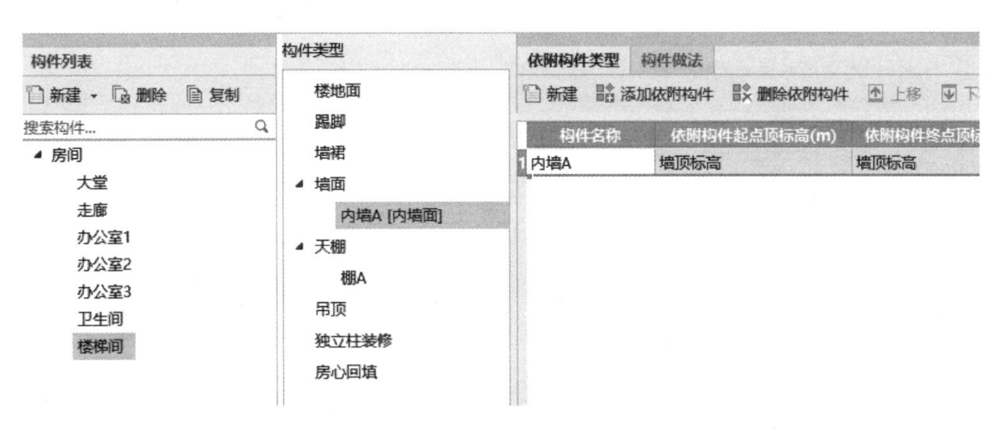

图 13.3.6　组合首层“楼梯间”

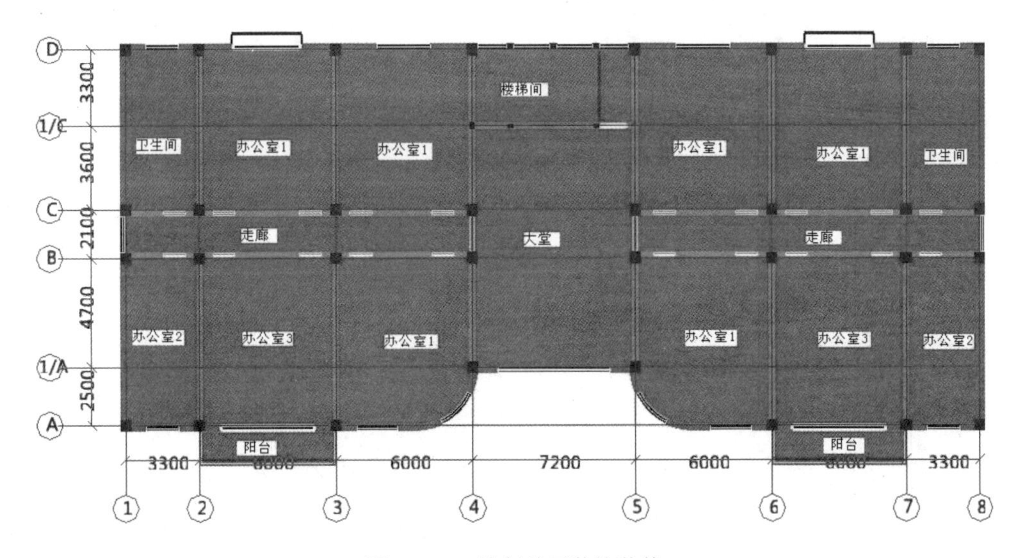

图 13.3.7　绘制首层装饰装修

注意：软件没有计算的楼梯间工程量有，首层楼梯斜段顶棚后期需要手算；休息平台和斜段楼面，后期计算水平投影面积；楼层平台楼面在软件中操作，选择楼 A1 智能布置现浇板。

2. 室外装修

室外装修做法见建施—03，具体装修位置见建施—11、建施—12、建施—13 的立面图。从建施—11 南立面图可以看出，外墙裙做法为红色文化石墙面（外墙 A），外墙面做法为白色彩釉面砖（外墙 B），阳台栏板外装修外浅灰色外墙涂料（外墙 C），雨篷下的两根柱子挂贴花岗岩（外墙 D），雨篷梁和雨篷立板粘贴红色彩釉面砖（外墙 E）。下面先定义这些外墙的属性。

（1）定义外墙的属性

定义外墙 A 的属性：

① 了解外墙 A 做法。

② 定义外墙 A 的属性：单击“装修”前面的“+”号使其展开→单击下一级“墙裙”→单击“新建”下拉菜单→单击“新建外墙裙”→修改名称为“外墙 A”，建立好的外墙 A 属性如图 13.3.8 所示。

③ 用同样的方法定义外墙 B、外墙 C、外墙 D、外墙 E 的属性。

（2）绘制首层外墙装修

1）绘制首层外墙裙（外墙 A）

① 点画外墙裙。

先来画首层外墙裙，操作步骤如下：在画墙裙的状态下→选中“外墙 A”名称→单击“点”按钮→分别点每段外墙的外墙皮。

属性列表　图层管理

	属性名称	属性值	附加
1	名称	外墙A	
2	高度(mm)	1500	☐
3	块料厚度(mm)	0	☐
4	所附墙材质	(程序自动判断)	☐
5	内/外墙裙标志	外墙裙	☑
6	起点底标高(m)	墙底标高-0.35	☐
7	终点底标高(m)	墙底标高-0.35	☐
8	备注		☐
9	+ 土建业务属性		
12	+ 显示样式		

图 13.3.8　定义外墙 A

注意：要在三维状态下检查一下外墙一周，以免有些部位没点上或点错位置。

注意：删除多画的外墙 A，在画外墙 A 时，软件会自动在阳台内画上墙裙的，所以需要将阳台内布置的墙 A 删掉。

② 修改外墙裙底标高。

现在外墙裙虽然绘制好了，但是底标高只到 −0.1m 上，没有到室外标高 −0.45m 上，要把外墙 A 修改到室外标高位置，操作步骤如下：在绘制墙裙状态下→单击“选择”按钮→单击“批量选择”按钮，弹出“批量选择构件图元”对话框→勾选“外墙 A”→单击“确定”→修改属性里的“起点底标高”和“终点底标高”为“墙底标高 −0.35”→单击右键弹出菜单→单击“取消选择”。

2）绘制首层外墙面（外墙 B）

在绘制墙面的状态下→选中“外墙 B”名称→单击“点”按钮→分别点每段外墙的外墙皮（要放大了点，否则容易点错位置）。这时候外墙面的底标高在 −0.1 位置，与外墙裙有一段重叠，不用担心，软件会自动扣除外墙裙部分。

3）绘制首层阳台栏板外装修（外墙 C）

在绘制墙面的状态下→选中“外墙 C”名称→单击“点”按钮→点 2 轴线阳台栏板外侧 2 次（因此处有上下两块栏板），这样 2 轴线位置的阳台栏板外侧就装修好了，用同样的方式画两个阳台其他 5 个位置的栏板装修，装修好的阳台栏板三维图如图 13.3.9 所示（这里一定要用三维图检查一下，以免有些栏板装修不上）。

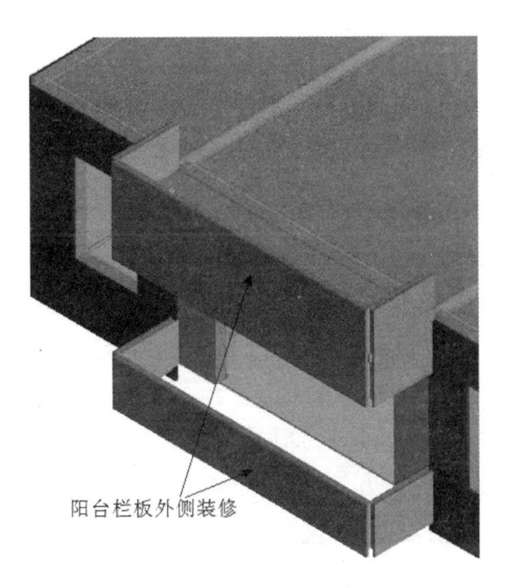

图 13.3.9　阳台栏板三维图

此时阳台下栏板的外装修，并没有装修到阳台板底，因阳台板底侧面也需要装修，要将外墙 C 底标高修改到阳台板底，操作步骤如下：在绘制话框→勾选外墙 C→单击“确定”按钮→修改外墙 C 的“起点底标高”和“终点底标高”为“墙底标高 −0.14”。

4）绘制首层雨篷柱装修（外墙 D）

从建施—11 可以看出，雨篷下独立柱装修是外墙 D，软件里专门有独立柱装修，操作步骤如下：

① 绘制独立柱装修：在绘制独立柱装修的状态下，选中“外墙 D”→单击“点”按钮→单击 4 轴线的 KZ4→单击 5 轴线的 KZ4，这样雨篷柱就装修好了。

② 修改独立柱装修标高：这时候独立柱虽然装修好了，但是软件默认独立柱的装修底标高在 −0.7m 位置，要将其底标高修改到 ±0.000 位置。选中已画好的外墙 D，修改其底标高为柱底标高＋ 0.7m。

5）绘制首层雨篷立板装修（外墙 E）

① 绘制首层雨篷立板装修：从建施—11 可以看出，雨篷立板装修均为外墙 E，操作方法同阳台栏板。在画外墙面的状态下画外墙 E。

② 修改首层雨篷立板装修标高：这时候首层雨篷立板装修虽然绘制好了，但是装修底标高在 3.8m 位置，而实际上雨篷平板的立面也要装修，要将其底标高修改到板底，操作步骤如下。

在绘制墙面的状态下，选中 3 面画好的雨篷立板装修→在属性编辑框内修改“起点底标高”和“终点底标高”均为“墙底标高 −0.12”→单击右键出现菜单→单击“取消选择”。

6）手算雨篷梁外侧装修（外墙 E）

从建施—11 可以看出，雨篷下的梁装修均为外墙 E，软件不能用画图的方法装修，这里需要手算，从结施—12 可以看出，雨篷梁外露部分长度为 2500 + 7200 + 2500 = 12200m，KL8 的高度为 600m，雨篷板厚为 120m，此梁外装修的高度为 600 − 120 = 480m。最后工程量 12.2×0.48 = 5.856m^2。

7）绘制首层雨篷顶棚装修

① 了解雨篷顶棚做法。

② 定义雨篷顶棚的属性。

回到绘制顶棚状态，用定义顶棚的方法定义雨篷的顶棚“棚 F”，只是这里顶棚的做法要减去手工已经算过的梁外侧装修面积，因为软件一旦布置了顶棚装修，就会自动计算顶棚梁的两侧面积，而此处雨篷外梁的外侧面积属于外墙 E，手算已经算过了，所以这里要把这个梁外侧装修扣除出来。定义好的雨篷顶棚装修的属性如图 13.3.10 所示。

③ 分割雨篷板。

前面在绘制雨篷板的时候与房间内的板画在一起，这里因要布置雨篷板的装修，必须把雨篷板单独分出来，用板分割的方法将其分开，操作步骤如下：在画现浇板的状态下，选中 3-6/A-1/A 范围的板→单击右键出现菜单→单击“按梁分割”→分别单击两个弧形梁→单击右键弹出“提示”对话框→单击“确定”，这样雨篷板就分割好了。

属性列表　图层管理

	属性名称	属性值	附加
1	名称	棚F	
2	备注		☐
3	⊞ 土建业务属性		
6	⊞ 显示样式		

图 13.3.10　定义棚 F

④ 绘制雨篷顶棚装修。

在绘制之前，需要合并雨棚板，如图 13.3.11 所示。

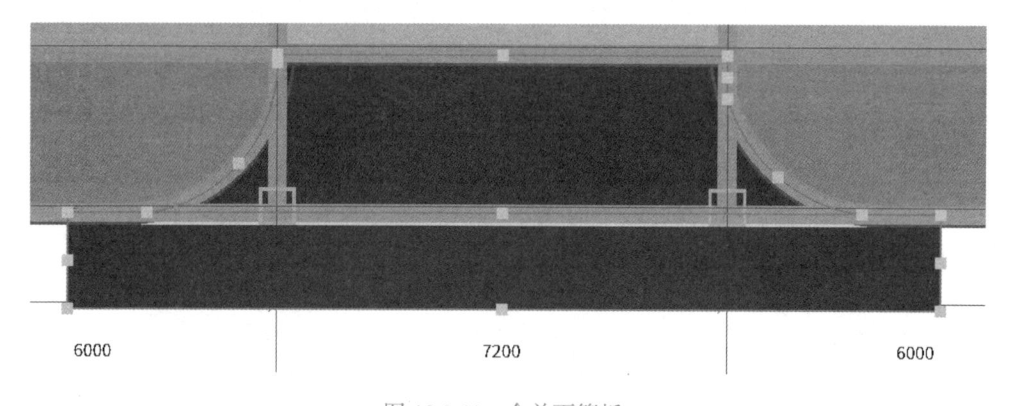

图 13.3.11　合并雨篷板

选中“棚 F”名称→单击“智能布置”现浇板按钮→选择合并板，这样雨篷顶棚装修就绘制好了。

3. 首层阳台底板顶棚装修计算

从建施—16 的 2 号大样图可以看出，阳台顶棚装修为棚温 A，在首层外墙装修时并没有做这个装修，因阳台板画在地下一层，要在地下一层里计算这个装修量。

（1）定义首层阳台底板顶棚

将楼层切换到地下一层，在画顶棚的状态下，定义首层阳台顶棚的属性，如图 13.3.12 所示。

属性列表　图层管理

	属性名称	属性值	附加
1	名称	首层阳台底板天棚	
2	备注		☐
3	+ 土建业务属性		
6	+ 显示样式		

图 13.3.12　定义首层阳台底板顶棚

（2）绘制首层阳台底板顶棚

将楼层切换到地下一层，在画顶棚的状态下，选中“首层阳台底板顶棚”名称→单击“智能布置”下拉菜单→单击“现浇板”→单击两个阳台板→单击右键，阳台顶棚就布置上了。

4. 首层阳台底板下部墙面装修计算

因在绘制首层外墙装修时，阳台板范围内并没有画外墙装修，阳台板范围内画的是内墙装修，所以阳台板范围下部并没有装修上，这部分需要手算。$6.1 \times 0.16 \times 2 = 1.952\text{m}^2$，如图 13.3.13 所示。

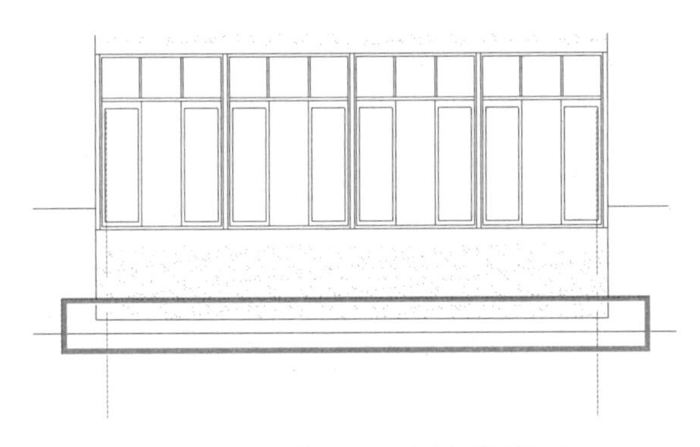

图 13.3.13　首层阳台底板下部墙面

5. 首层外墙保温层

（1）定义首层外墙保温层

单击“其他”前面的“＋”号使其展开→单击下一级的“保温层”→单击“新建”下拉菜单→单击“新建保温层”→在“属性编辑框”内修改保温层名称为“外墙保温”→填写保温层的属性如图 13.3.14 所示。

（2）绘制首层外墙保温层

在绘制保温层的状态下→单击“智能布置”下拉菜单→单击“外墙外边线”。

首层阳台也有保温层→在画保温层状态下→单击“点”，布置在阳台栏板外边线。

属性列表	图层管理		
	属性名称	属性值	附加
1	名称	外墙保温	
2	厚度(不含空气...	60	☐
3	空气层厚度(mm)	0	☐
4	起点顶标高(m)	墙顶标高	☐
5	终点顶标高(m)	墙顶标高	☐
6	起点底标高(m)	墙底标高	☐
7	终点底标高(m)	墙底标高	☐
8	备注		☐
9	+ 土建业务属性		
12	+ 显示样式		

图 13.3.14　定义首层外墙保温

6. 首层建筑面积

首层建筑面积包括外墙皮以内的建筑面积、阳台建筑面积和雨篷建筑面积。根据2013建筑面积计算规则，外墙保温层也要计算建筑面积，阳台按照外围面积的一半来计算建筑面积，雨篷外边线距离外墙外边线超过2.1m者，按照雨篷板面积的一半计算建筑面积。先来定义这三个面积。

（1）定义首层建筑面积

① 外墙皮以内建筑面积。

定义好的外墙皮以内建筑面积如图 13.3.15 所示。

属性列表	图层管理	
	属性名称	属性值
1	名称	外墙皮以内建筑面积
2	底标高(m)	层底标高
3	建筑面积计算...	计算全部
4	备注	
5	+ 土建业务属性	
8	+ 显示样式	

图 13.3.15　定义外墙皮以内建筑面积

② 用同样的方法建立阳台建筑面积和雨篷建筑面积。

注意：雨篷建筑面积都按一半计算。

（2）绘制首层建筑面积

① 绘制外墙皮以内建筑面积。

在绘制建筑面积的状态下，单击“点”按钮→单击外墙内的任意一点，这样首层建筑面积就布置好了。这时建筑面积虽然布置好，但是布置在外墙外边线上，从建—03外墙可以看出，外墙保温层为60mm厚，要将建筑面积外放60mm，采用偏移的方法外放

60mm，这样含保温层的建筑面积就绘制好了。

② 绘制阳台建筑面积。

在绘制建筑面积状态下，选中“阳台建筑面积”构件→单击“矩形”按钮→在英文状态下按“B”让板显示出来→在屏幕右下方单击“顶点”按钮，让顶点处于工作状态→单击 2/A 交点→单击 2/A 点对角线阳台板的顶点→单击右键结束。

按“B”取消板的显示，可以看到阳台建筑面积已经画好了（软件自动会将与外墙外边线以内建筑面积重叠部分扣除）。但是这时候的面积并不正确，要将此面积偏移到阳台保温层的外边线，偏移尺寸如图 13.3.16 所示（注意这里要用多边偏移，三边偏移尺寸并不相同）。

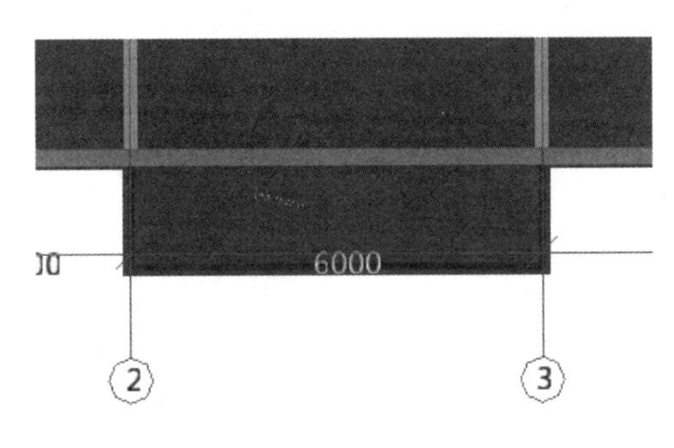

图 13.3.16 面积偏移

③ 绘制雨篷建筑面积

先绘制一周虚墙：这里不能利用雨篷板布置建筑面积，需要先绘制虚墙再绘制雨篷建筑面积。在前面已经按照栏板绘制过雨篷立板，利用前面绘制楼梯时候已经建立好的虚墙，现在沿着栏板中心线先绘制一周内虚墙。

绘制雨篷建筑面积：接下来用“点”画的方式画雨篷建筑面积，因绘制的虚墙是沿着雨篷立板中心线画的，现在“点”绘制上雨篷以后，需要外偏 100mm 才到雨篷的外边线。绘制好的首层整体建筑面积如图 13.3.17 所示。

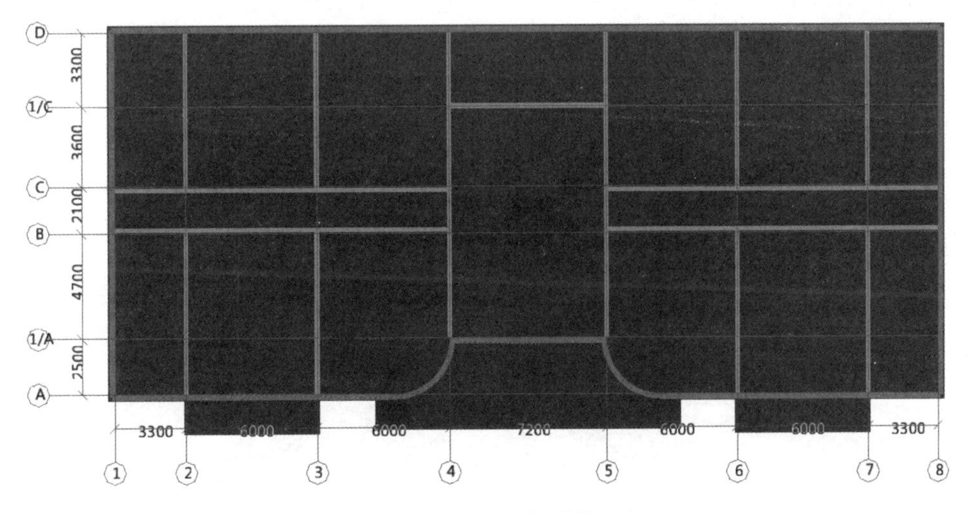

图 13.3.17 首层整体建筑面积

删除绘制雨篷用的虚墙：在绘制墙的状态下删除画雨篷所用的虚墙。

7. 二～四层装饰装修和建筑面积相关工程量

二～四层装饰装修和建筑面积相关工程量与首层同理。

8. 五层室内装修

从建施—01 室内装修做法表可以看出，五层房间有大堂、走廊、办公室 1 和楼梯间，其中大堂、走廊、办公室 1 在四层已经画过，直接复制四层定义好的构件就可以。楼梯间因五层与四层有所不同，到五层需要重新定义，下面分别讲解。

（1）复制四层定义好的房间到五层

要把四层已经定义好的大堂、走廊、办公室 1 复制到五层。

（2）新建五层楼梯间

从结施—16 的 3-3 剖面可以看出，五层楼梯间并没有楼梯，其地面就是标高 14.3m 的楼层平台，墙面就是正常的楼梯间的墙面装修，顶棚装修就是斜板或者平板的抹灰。

① 定义楼梯间的属性。

组合好的楼梯间房间如图 13.3.18 所示。

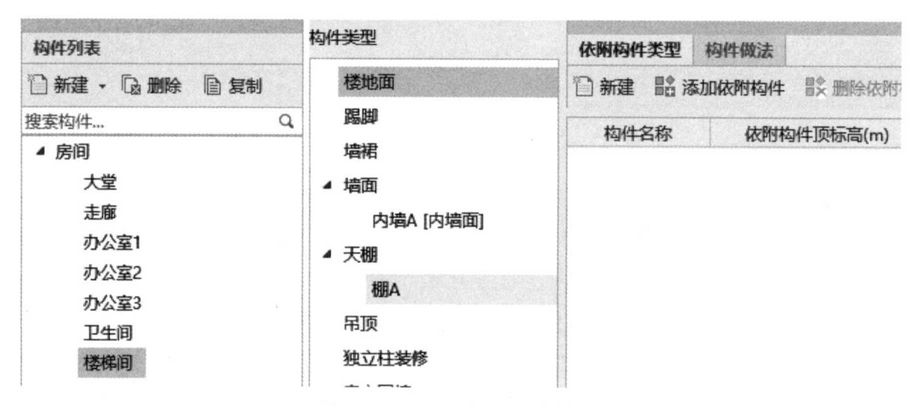

图 13.3.18　组合 5 层楼梯间

② 绘制五层房间装修

采用点画的方式画楼梯间装修和五层其他房间装修。如图 13.3.19 所示。

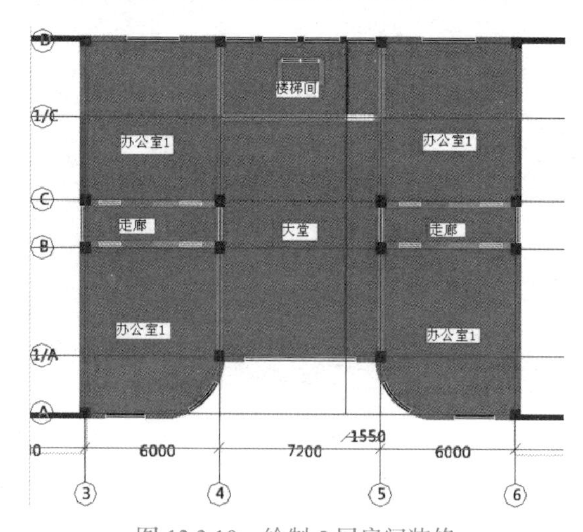

图 13.3.19　绘制 5 层房间装修

注意：软件没有计算的楼梯间工程量，楼层平台楼面在软件选择楼 A1 智能布置现浇板。

9. 屋面装修（图 13.3.20）

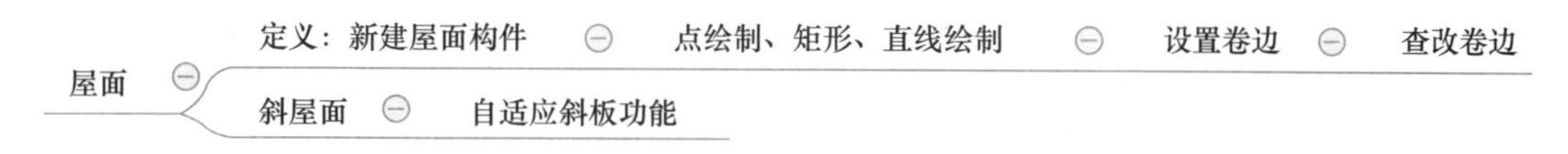

图 13.3.20　屋面装修思维导图

从建施—10 可以看出，五层有上人屋面、阳台顶部屋面、屋顶平屋面和屋顶斜屋面。从建施—06 可以看出，雨篷顶也有屋面。这些屋面的做法见建施—03，分别是屋面 B、屋面 C、屋面 D 和屋面 E，下面先来分析这些屋面的做法。

（1）了解屋面的做法

（2）定义屋面的属性

接下来定义屋面的属性和做法，在“其他”的下一级“屋面”里来定义屋面的属性。

① 定义屋面 B 的属性：屋面 B 的属性如图 13.3.21 所示。

属性列表　图层管理

	属性名称	属性值	附加
1	名称	屋面B	
2	底标高(m)	层底标高	☐
3	备注		☐
4	+ 钢筋业务属性		
6	+ 土建业务属性		
8	+ 显示样式		

图 13.3.21　定义屋面 B

② 用同样的方法定义屋面 C、屋面 E 的属性。

（3）绘制五层屋面

① 绘制屋面 B。

屋面 B 属于上人屋面，按照常规，找平层和防水层要上翻 250mm，布置屋面 B 的操作步骤如下：在绘制屋面的状态下，选择“屋面 B”名称→单击“智能布置”下拉菜单→单击“外墙内边线”→拉框选择 1 ～ 3 轴线所有的女儿墙和 3 轴线的外墙→拉框选择 6 ～ 8 轴线所有的女儿墙和 6 轴线的外墙→单击右键结束。这样屋面 B 就布置上了。

这时候屋面 B 虽然布置好了，但是标高不对，软件默认的标高在 19.1m 位置，要将其修改到 14.3m 位置。

到这里屋面 B 虽然标高对了，但是找平层和 SBS 并没有卷边，按照常规，要让其上翻 250mm，操作步骤如下：在绘制屋面的状态下，选中画好的两个屋面 B →单击“定义屋面卷边”的下拉菜单→单击“设置所有边”，弹出“请输入屋面卷边高度”对话框→填写卷边高度 250 →单击“确定”，这样屋面 B 的找平层和 SBS 防水卷边就布置上了。

② 画屋面 E。

屋面E属于坡屋面，按照斜板来布置，操作步骤如下。在画屋面的状态下，选中“屋面E”名称→单击“智能布置”下拉菜单→单击“现浇板”→在显示板的状态下拉框选择3～6轴线五层顶屋面所有板→单击取消4～5轴线两块平板（图13.3.22）→单击右键结束，这样斜板就布置上屋面E了。

从建施—16的斜屋面大样图可以看出，屋面E找平和防水卷边为100mm，下面要沿着板一周将屋面E卷边100mm，操作步骤如下：绘制屋面的状态下，单击“定义屋面卷边”下拉菜单→单击“设置多边”→沿着斜屋面一周点一圈，如图13.3.22所示（虚线）→单击右键弹出“请输入屋面卷边高度”对话框→填写卷边高度100→单击“确定”，这样屋面E的找平层和SBS防水卷边就布置好了。

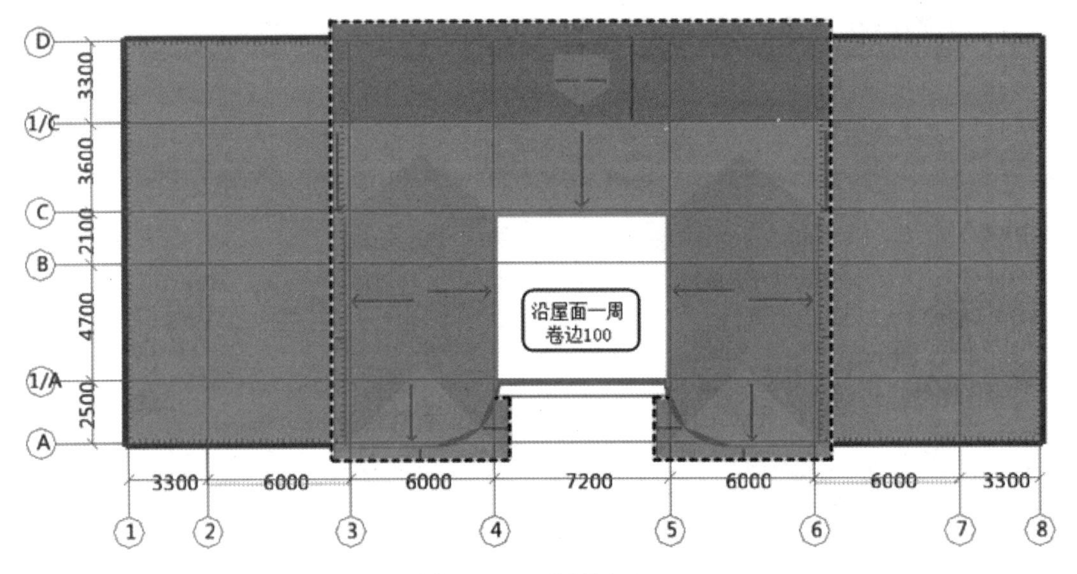

图13.3.22　绘制屋面E

③绘制屋面C（五层顶平屋面处）。

从建施—10可以看出，五层顶平屋面处应该是屋面C，下面来画屋面C。在画屋面的状态下，选择“屋面C”名称→单击“智能布置”下拉菜单→单击6“现浇板”→分两次选中4～5轴线两块平板（图7.3.16中的平板6）→单击右键结束，这样平板6就布置上屋面C了。

这时候屋面C虽然布置好了，但是平行于1/A轴的那条边需要卷边100mm（此处按照建施—16的斜屋面大样图处理），操作步骤如下：在绘制屋面的状态下，单击“定义屋面卷边”下拉菜单→单击“设置多边”→单击平行于1/A轴下面的那条边→单击右键弹出“请输入屋面卷边高度”对话框→填写卷边高度100→单击“确定”，这样屋面C卷边就绘制好了。

绘制好的屋面C如图13.3.23所示。

④绘制四层阳台顶屋面。

从建施—10看到的阳台顶屋面C需要到4层来画（因阳台顶板画在四层）。这样首先将楼层切换到“第4层”。

a. 复制屋面 C 的属性和做法到四层：因屋面 C 在五层已经定义，屋面 C 的属性和做法如图 13.3.24 所示。

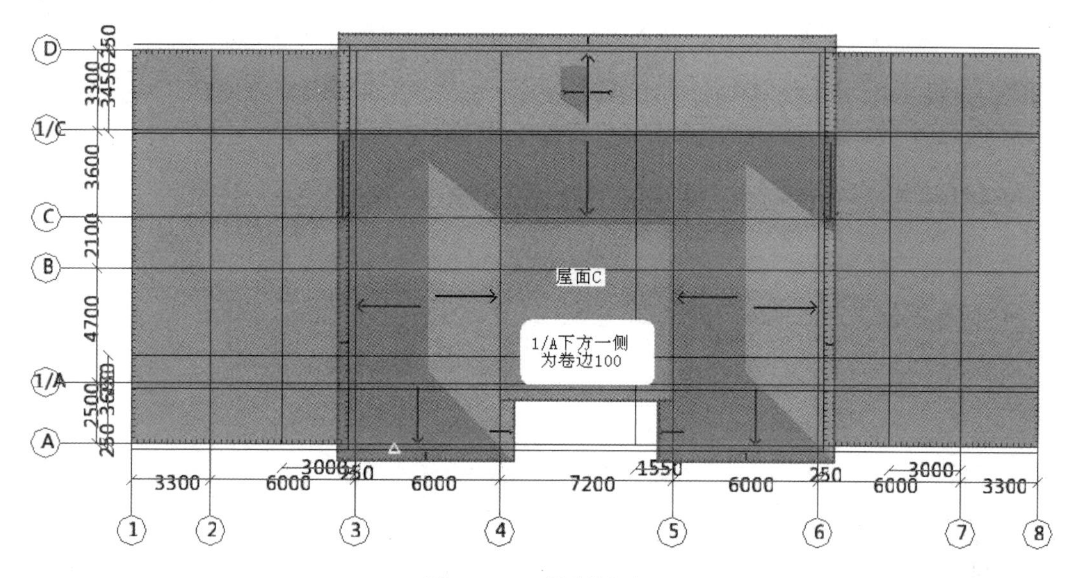

图 13.3.24　绘制屋面 C

属性列表	图层管理		
	属性名称	属性值	附加
1	名称	屋面C	
2	底标高(m)	层底标高	☐
3	备注		☐
4	⊞ 钢筋业务属性		
6	⊞ 土建业务属性		
8	⊞ 显示样式		

图 13.3.24　屋面 C 的属性图

b. 绘制阳台顶屋面：这里采用布置的方法绘制阳台顶屋面，操作步骤如下：在绘制屋面的状态下，选中“屋面 C”名称→单击“智能布置”下拉菜单→单击“现浇板”→分别单击两块阳台雨篷顶板→单击右键结束，这样阳台顶屋面 C 就布置上了。

将阳台屋面缩回到栏板和外墙以内：这时候阳台屋面虽然布置好了，但是比实际大，要将其缩回到外墙外边线以内及栏板以内，操作步骤如下：在绘制屋面的状态下，选中已经画好的一个阳台屋面→单击右键出现菜单→单击“偏移”，弹出“请选择偏移方式”对话框→选中“多边偏移”→单击“确定”→分别选中阳台的外面三条边→移动鼠标向里偏移→填写偏移值 100→回车，这样阳台屋面外面的三条边就缩回 100mm 了，用同样的方法将阳台屋面的另一条边缩回 150mm，如图 13.3.25 所示。

另一个阳台屋面用同样的方法修改。

阳台屋面卷边：这里阳台屋面因一面靠女儿墙，三面外侧有 200mm 高的栏板，所以靠女儿墙一边我们按照常规给250mm的卷边，靠栏板的三面只能卷边200mm，将绘制好的两个阳台屋面分别设置卷边，如图13.3.26所示。

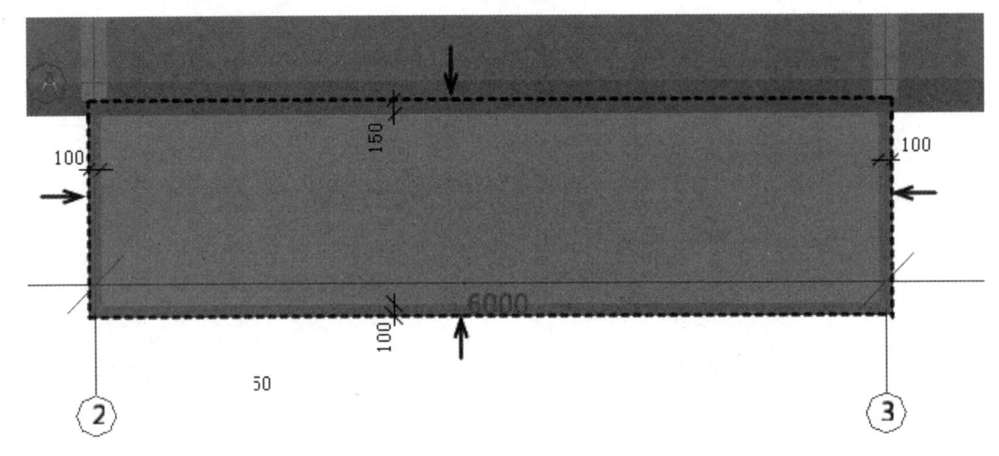

图13.3.25　调整阳台顶屋面

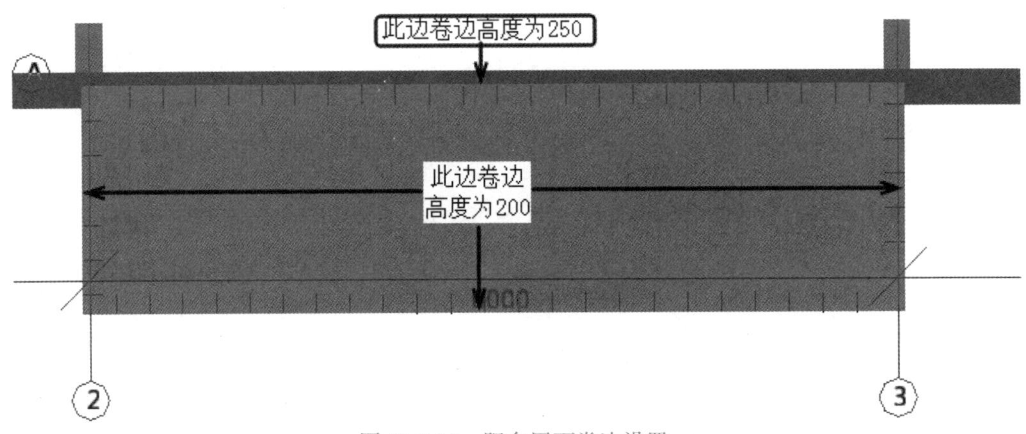

图13.3.26　阳台屋面卷边设置

注意：这里只给一个阳台屋面卷边的图，另一个阳台顶屋面卷边是一样的。

⑤ 绘制首层雨篷屋面。

从建施—6看到，首层雨篷屋面为屋面D，这里要将楼层切换到“首层”。

a. 定义屋面D的属性和做法:在首层里定义好屋面D的属性和做法如图13.3.27所示。

属性列表　图层管理

	属性名称	属性值	附加
1	名称	屋面D	
2	底标高(m)	顶板顶标高	☐
3	备注		☐
4	+ 钢筋业务属性		
6	+ 土建业务属性		
8	+ 显示样式		

图13.3.27　屋面D的属性图

b. 绘制首层雨篷屋面。

这里采用布置的方法画首层雨篷屋面，操作步骤如下：在绘制屋面的状态下，选中“屋面 D”名称→单击“智能布置”下拉菜单→单击“现浇板”→分别单击两块雨篷板→单击右键结束。

c. 合并雨篷屋面：这里屋面虽然布置上了，但是现在是两块屋面，需要合并。

d. 用偏移的方法将雨篷屋面缩回到栏板和外墙边线内：这时候雨篷屋面虽然布置好了，但是比实际大，要将其缩回，缩回的方法在前面阳台屋面已经讲过了，方法是一样的。

e. 设置雨篷屋面卷边：这里雨篷的屋面，有一部分边是靠墙的，一部分边是屋面的立板和斜板，高度超过 250mm，按照常规，将屋面卷边设置为 250mm（选择设置所有边）。

10. 五层室外装修

从建施—11 ～ 14 可以看出，五层室外装修就是外墙 B，外墙 B 在其他层已经画过，这时候需要把四层已经定义好的外墙 B 复制到五层来。

（1）复制四层定义好的外墙 B 到五层。

（2）画外墙 B。

采用点画的方式绘制外墙装修，这里要绘制五层外墙、女儿墙、屋顶老虎窗墙的外墙装修，要点画的位置如图 13.3.28 所示。

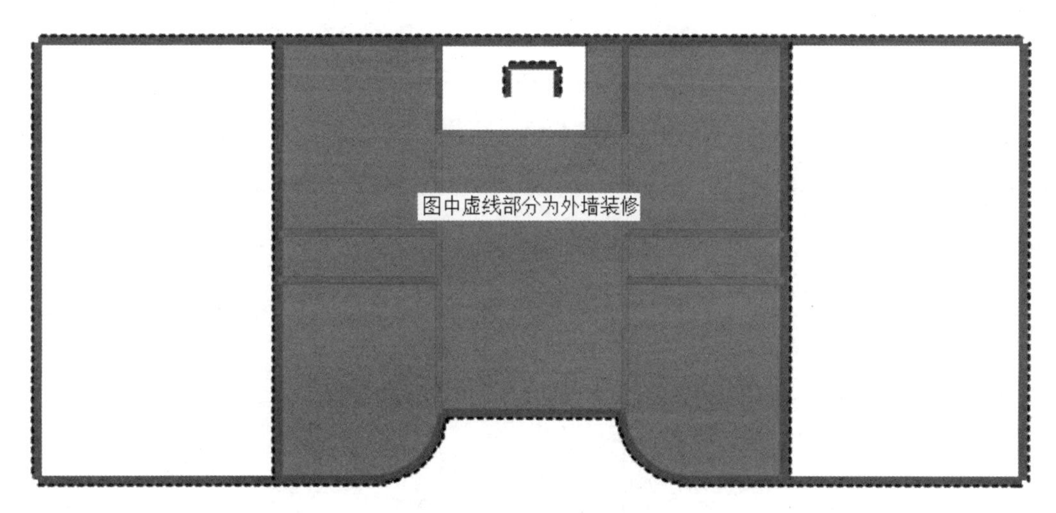

图 13.3.28　绘制外墙装修

11. 女儿墙内装修

从建施—10 的 B-B 剖面可以看出，女儿墙内装修为外墙 F。

（1）了解外墙 F 的做法。

（2）定义女儿墙内装修的属性。

用新建外墙面的方法建立女儿墙内装修的属性，建立好的女儿墙内装修属性如图 13.3.29 所示。

（3）画女儿墙内装修

用点画的方式绘制女儿墙的内装修。

属性列表	图层管理	
属性名称	属性值	附加
1 名称	外墙F（女儿墙内装修）	
2 块料厚度(mm)	0	☐
3 所附墙材质	(程序自动判断)	☐
4 内/外墙面标志	外墙面	☑
5 起点顶标高(m)	墙顶标高	☐
6 终点顶标高(m)	墙顶标高	☐
7 起点底标高(m)	墙底标高	☐
8 终点底标高(m)	墙底标高	☐
9 备注		☐
10 ⊞ 土建业务属性		
13 ⊞ 显示样式		

图 13.3.29　女儿墙内装修

12. 屋面排水管工程量计算

从建施—10 可以看到屋面排水管的位置，如图 13.3.30 所示。

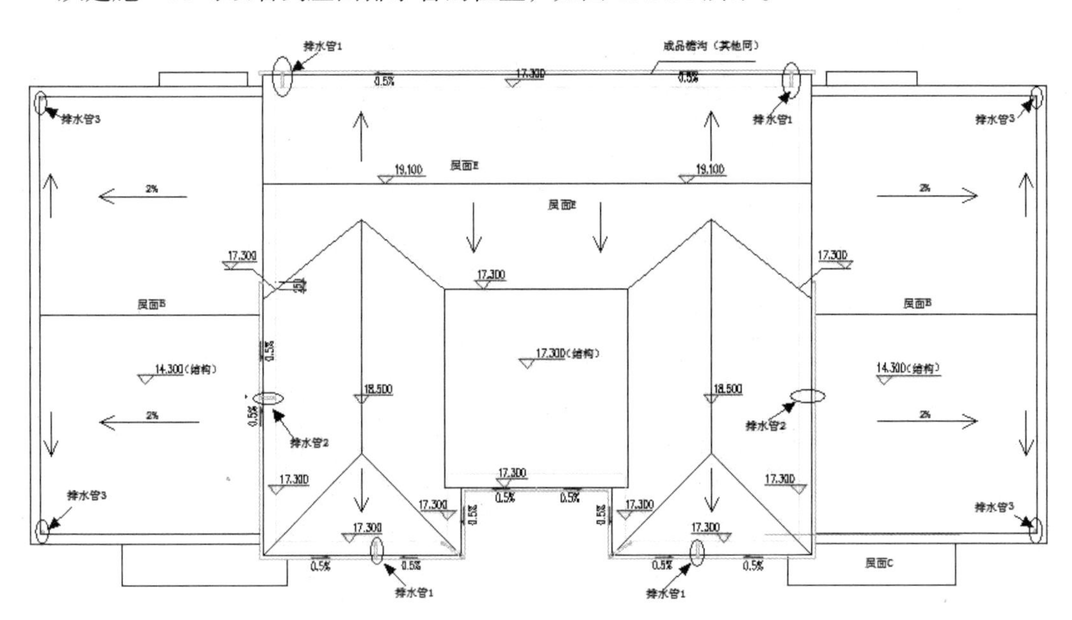

图 13.3.30　屋面排水管图

图 13.3.30 中的 4 个排水管 1 是从斜屋面檐口直接排到室外地坪的，2 个排水管 2 是从斜屋面排到四层顶的，4 个排水管 3 是从四层顶排到室外地坪的，排水管高度都不一样，下面分别计算。

（1）排水管 1 工程量计算

排水管 1 是从斜屋面檐口到室外地坪，从建施—16 的斜屋面檐口大样可以看出，其上口直接接成品檐沟的，这里应该有个水口，下面应该接一个水斗，排水管还有一段是弯的，顶标高图纸没有给出具体标高，如果将弯曲部分拉直按 17.3m 估计，其室外地坪是 −0.45m，那么一根排水管高度就是 17.3 −（−0.45）= 17.75m。

（2）排水管工程量计算

排水管 2 是从斜屋面檐口排到四层顶，顶标高按照 17.3m 估计，其底标高为 14.3m，其高度为 17.3 − 14.3 = 3m。与排水管 1 一样，每根排水管顶部也应该有一个水口和水斗。

（3）排水管 3 工程量计算

排水管 3 是从四层顶（14.3m）排到室外地坪的（−0.45m），因从女儿墙内往外排，每根排水管应该有一个弯头，因外面无挑檐，所以应该没有水口，外面直接接水斗，其高度为 14.3 −（−0.45）= 14.75m。

13. 画五层外墙保温

因为女儿墙不需要布置外墙保温，所以这一层不采用智能布置的方法。在画外墙保温的状态下，单击“点”→单击五层外墙外边线，如图 13.3.31 所示。

14. 五层建筑面积

定义五层建筑面积：在绘制建筑面积的状态下，单击“点”按钮→单击外墙内的任意一点，这样五层建筑面积就布置好了，紧接着把绘制好的建筑面积整体往外偏移 60mm（因五层外墙也有保温层）。

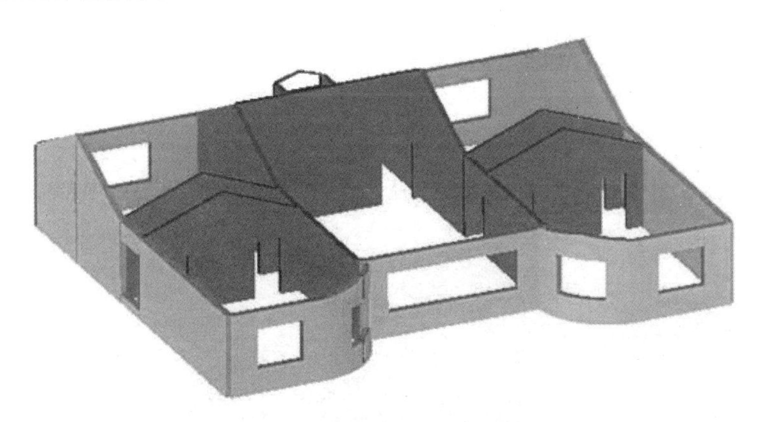

图 13.3.31 五层外墙保温

思考

1. 墙体布置装饰时，内外侧可以直接布置，墙侧面装饰是否自动布置？
2. 悬挑板侧面抹灰如何布置？

第 14 章　查看三维及汇总计算

14.1　查 看 三 维

学会使用三维查看构件，检查缺漏的构件。

（1）查看单个楼层的三维视图。

（2）查看整个工程的三维视图。

1. 查看楼层三维

在“视图”菜单栏下，选择“动态观察”功能，按住鼠标左键移动翻转，即可观看当前楼层的三维视图，在三维视图下可以按住〈Caps Lock〉键加相应构件的快捷方式，选择显示不同的构件三维，本层的三维视图如图 14.1.1 所示。

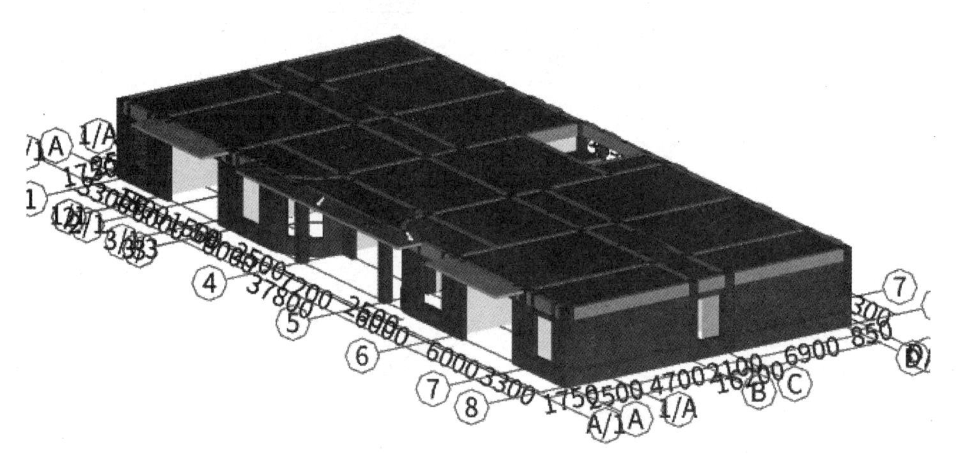

图 14.1.1　查看楼层三维图

2. 查看整栋楼三维

在三维视图下，选择窗口右边功能栏的显示设置下的楼层设置，可勾选当前楼层或者全部楼层，勾选全部楼层，选择所需要在三维视图中显示的楼层，如图 14.1.2 所示。

选择完成后，在三维显示窗口即可显示相应楼层的三维视图，如图 14.1.3 所示。

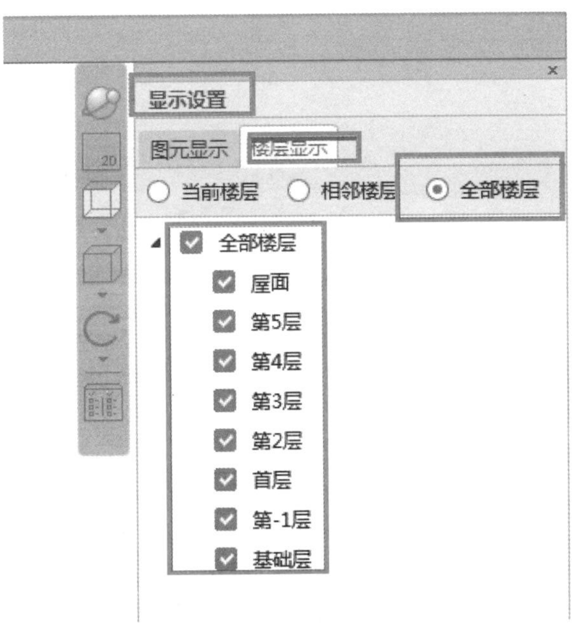

图 14.1.2　选择全部楼层

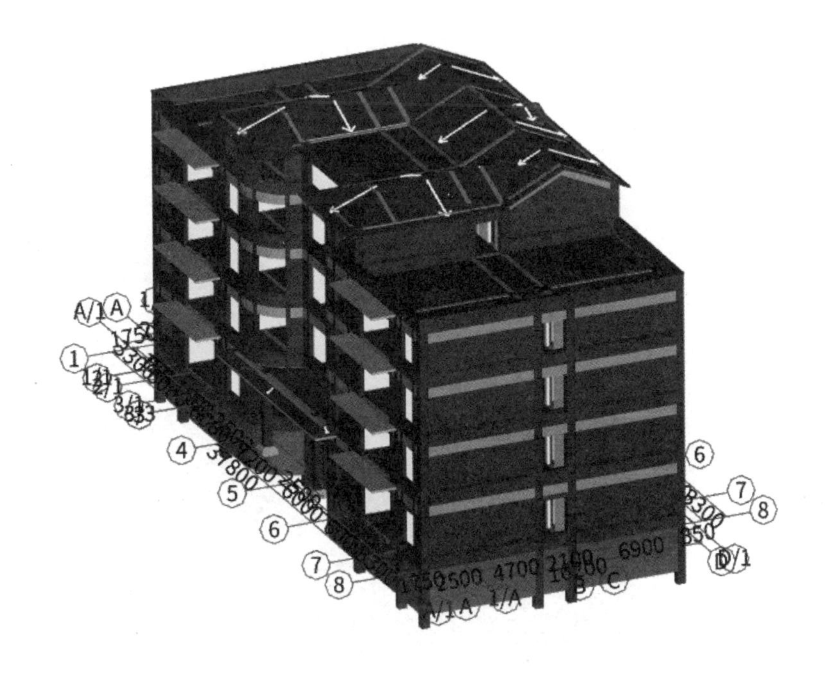

图 14.1.3　查看整栋楼三维图

1. 三维状态下能否绘制图元？
2. 三维状态下能否修改图元属性？

14.2 汇总计算

学习目的

学会汇总计算工程量。

学习内容

（1）汇总计算选中图元工程量。

（2）汇总计算整个工程全部工程量。

操作步骤

1. 计算单个图元工程量

在“工程量”菜单栏下，“汇总选中图元”此功能用于选中图元工程量的计算，在此可以选择以一个梁为例，在图元窗口单击选择一根梁，如图 14.2.1 所示。

再单击“汇总选中图元”功能，软件汇总计算后提示计算成功后，计算完成。如图 14.2.2 所示。

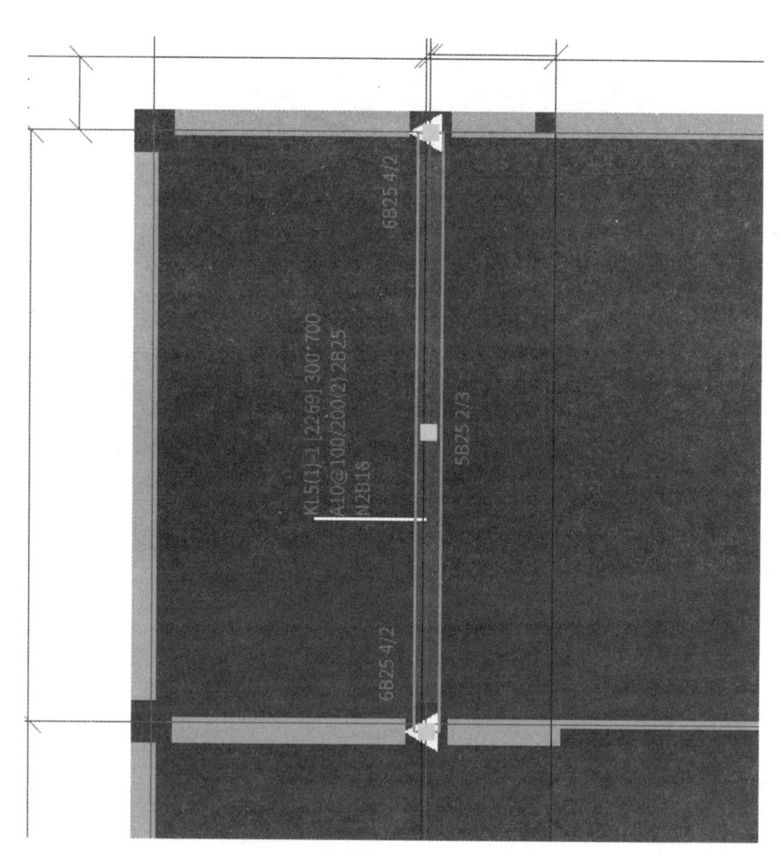

图 14.2.1　选择单构件图元

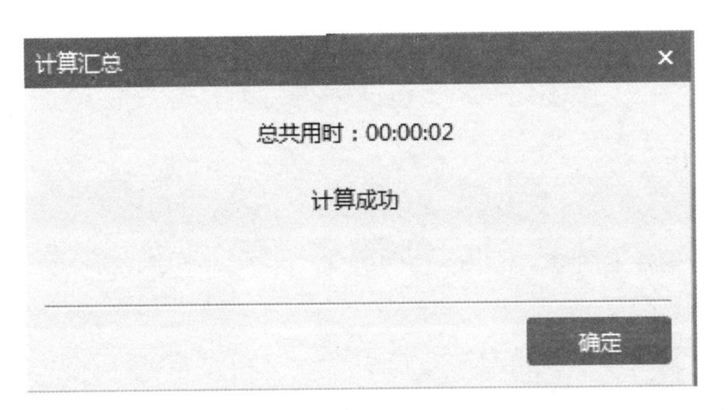

图 14.2.2 选中图元汇总计算

2. 计算多个图元工程量

有多个图元时，可以单击选择多个图元同时计算，也可以使用“建模”菜单栏下的批量选择功能，选择所需要计算的构件，如图 14.2.3 所示。

批量选择
砌体墙
门
窗
墙洞
带形窗
过梁
圈梁
现浇板
板受力筋
板负筋
栏板
第-1层
基础层
柱
基础梁
筏板基础
筏板主筋
筏板负筋
当前楼层 当前构件类型 显示构件
确定 取消

图 14.2.3 批量选择多图元

点击确认，这样所有想选择计算的工程量就计算完成。

能否选择其他楼层构件进行汇总计算？

14.3　查看工程量及报表

学会查看所有构件工程量。

（1）查看构件钢筋工程量。

（2）编辑钢筋。

（3）钢筋三维。

（4）查看构件土建工程量。

（5）查看报表。

操作步骤

1. 查看图元钢筋工程量

在“工程量”菜单栏下，“查看钢筋量”功能为选择构件查看，这里选择以一根梁为例，单击选择一根梁，如图 14.3.1 所示。

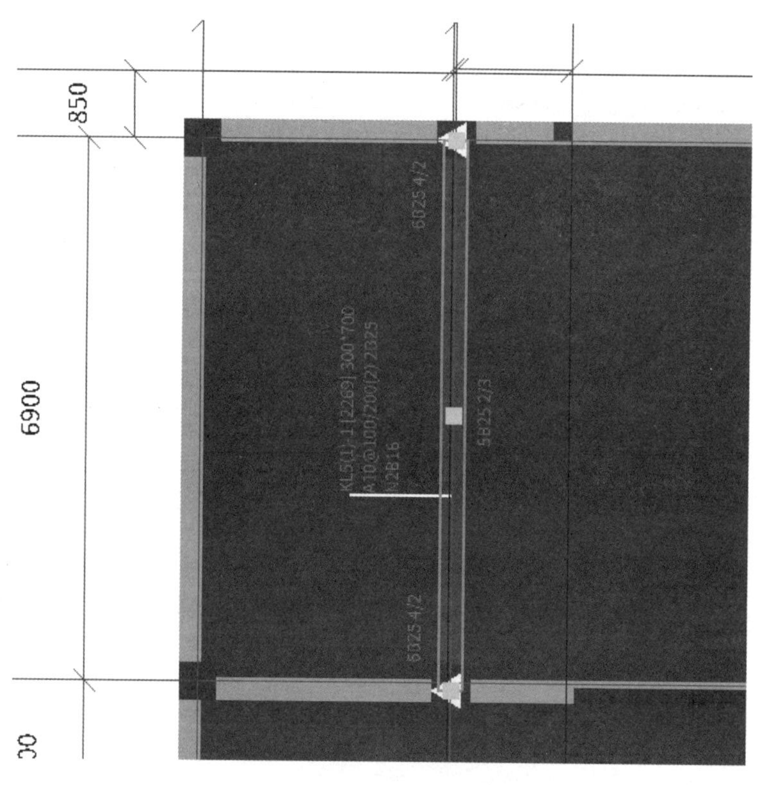

图 14.3.1　选择一根梁

单击“查看钢筋量”，即可弹出该构件的钢筋工程量，如图 14.3.2 所示。

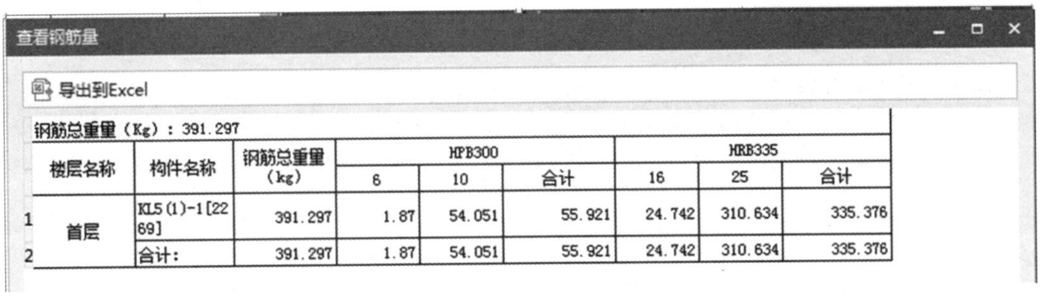

查看钢筋量

导出到Excel

钢筋总重量（Kg）：391.297

	楼层名称	构件名称	钢筋总重量（kg）	HPB300			HRB335		
				6	10	合计	16	25	合计
1	首层	KL5(1)-1[2269]	391.297	1.87	54.051	55.921	24.742	310.634	335.376
2		合计：	391.297	1.87	54.051	55.921	24.742	310.634	335.376

图 14.3.2　查看梁钢筋量

2. 编辑图元钢筋

单击“编辑钢筋”，选择所需要编辑钢筋的构件，同样以一根梁为例，窗口下部弹出编辑钢筋窗口，列表从上到下为该梁的各类钢筋的计算结果，包括钢筋的信息（直径、级别、根数等），以及每个钢筋的公式，并且有该公式的具体描述。如图 14.3.3 所示。

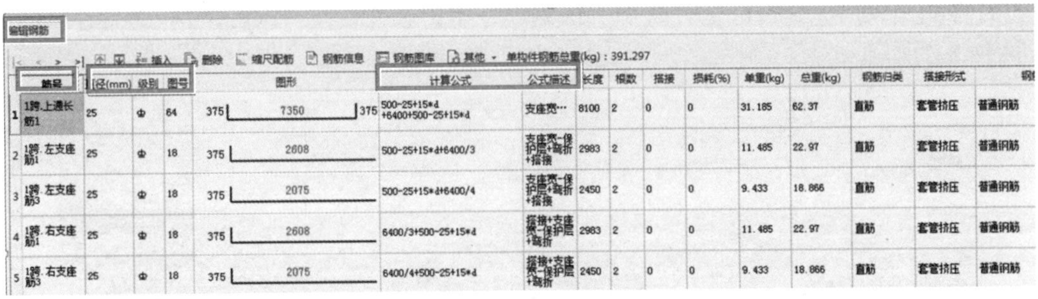

编辑钢筋

插入　删除　缩尺配筋　钢筋信息　钢筋图库　其他　单构件钢筋总重(kg)：391.297

	筋号	直径(mm)	级别	图号	图形	计算公式	公式描述	长度	根数	搭接	损耗(%)	单重(kg)	总重(kg)	钢筋归类	搭接形式	钢
1	1跨.上通长筋1	25	⌀	64	375 7350 375	500-25+15*d+6400+500-25+15*d	支座宽…	8100	2	0	0	31.185	62.37	直筋	套管挤压	普通钢筋
2	1跨.左支座筋1	25	⌀	18	375 2608	500-25+15*d+6400/3	支座宽-保护层+弯折+搭接	2983	2	0	0	11.485	22.97	直筋	套管挤压	普通钢筋
3	1跨.左支座筋3	25	⌀	18	375 2075	500-25+15*d+6400/4	支座宽-保护层+弯折+搭接	2450	2	0	0	9.433	18.866	直筋	套管挤压	普通钢筋
4	1跨.右支座筋1	25	⌀	18	375 2608	6400/3+500-25+15*d	搭接+支座宽-保护层+弯折	2983	2	0	0	11.485	22.97	直筋	套管挤压	普通钢筋
5	1跨.右支座筋3	25	⌀	18	375 2075	6400/4+500-25+15*d	搭接+支座宽-保护层+弯折	2450	2	0	0	9.433	18.866	直筋	套管挤压	普通钢筋

图 14.3.3　编辑梁钢筋

“编辑钢筋”窗口最下面有空白表格，可以在空白表格处手动输入钢筋的信息，软件自动生成的钢筋为浅绿色底色，用户手动添加进去的为白色底色。如图 14.3.4 所示。

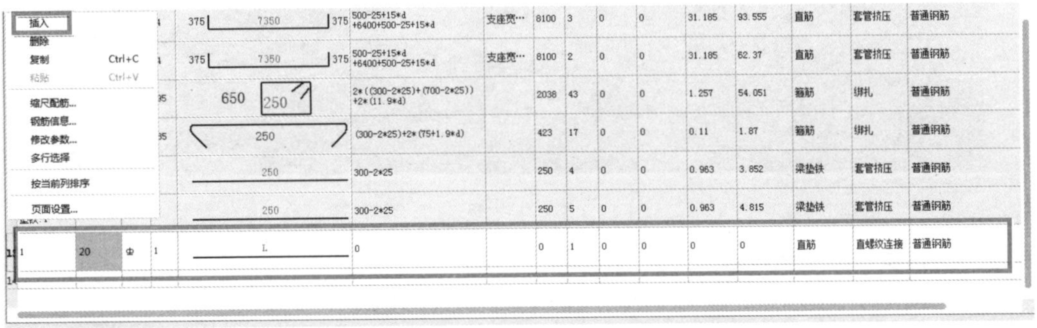

插入
删除
复制　Ctrl+C
粘贴　Ctrl+V
缩尺配筋...
钢筋信息...
修改参数...
多行选择
按当前列排序
页面设置...

筋号	直径	级别	图号	图形	计算公式	公式描述	长度	根数	搭接	损耗	单重	总重	钢筋归类	搭接形式	钢筋类型
				375 7350 375	500-25+15*d+6400+500-25+15*d	支座宽…	8100	3	0	0	31.185	93.555	直筋	套管挤压	普通钢筋
				375 7350 375	500-25+15*d+6400+500-25+15*d	支座宽…	8100	2	0	0	31.185	62.37	直筋	套管挤压	普通钢筋
				650 250	2*((300-2*25)+(700-2*25))+2*(11.9*d)		2038	43	0	0	1.257	54.051	箍筋	绑扎	普通钢筋
				250	(300-2*25)+2*(75+1.9*d)		423	17	0	0	0.11	1.87	箍筋	绑扎	普通钢筋
				250	300-2*25		250	4	0	0	0.963	3.852	梁垫铁	套管挤压	普通钢筋
				250	300-2*25		250	5	0	0	0.963	4.815	梁垫铁	套管挤压	普通钢筋
1	20	⌀	1	L	0		0	1	0	0	0	0	直筋	直螺纹连接	普通钢筋

图 14.3.4　手动添加钢筋信息

3. 查看图元钢筋三维

单击“钢筋三维”，即可进入钢筋三维动态视图状态，按着左键移动鼠标，选择适当角度即可观察该构件的钢筋三维，鼠标滚轮可以调节视图大小，如图 14.3.5 所示。

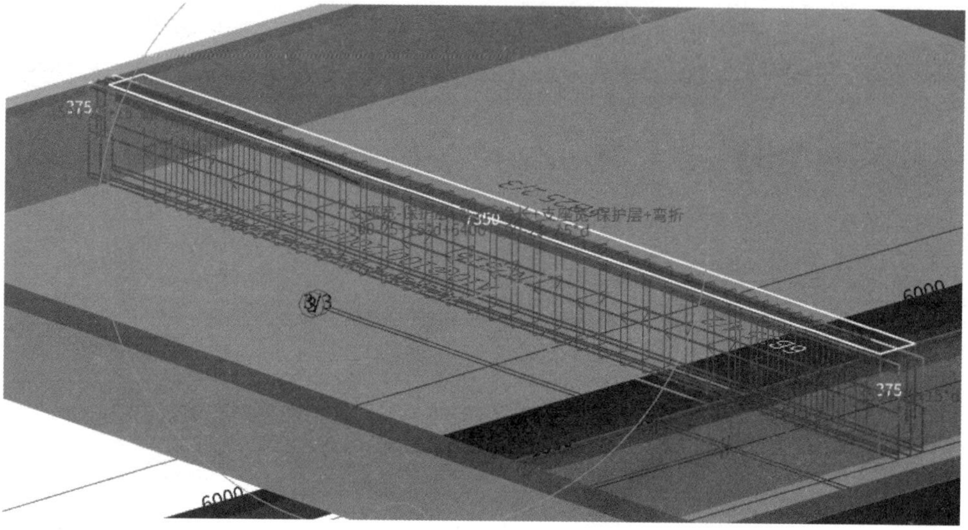

图 14.3.5　查看钢筋三维视图

将钢筋三维放大，可以选择其中一根钢筋，单击选择，即可查看该钢筋的长度构成，如图 14.3.6 所示。

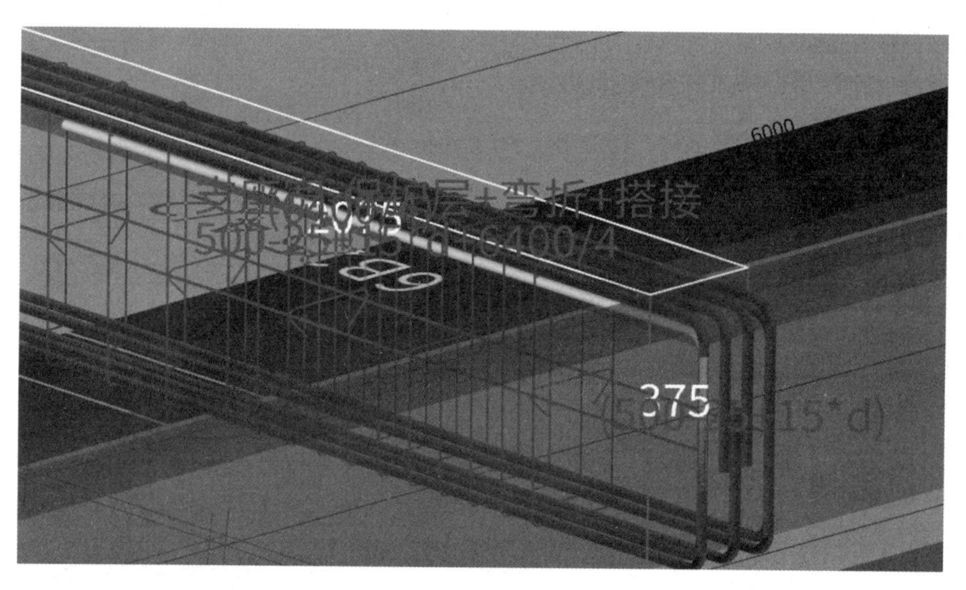

图 14.3.6　查看钢筋信息

4. 查看图元土建工程量

单击“查看工程量”选择所需要查看土建工程量的构件，以梁为例，单击选择梁，即可弹出“查看构件图元工程量”窗口，从该窗口可以查看混凝土体积、模板面积等相关工程量，如图 14.3.7 所示。

5. 查看图元土建工程量计算式

单击“查看计算式”选择所需要查看计算式的构件，以梁为例，单击选择梁，即可弹出“查看工程计算式”窗口，从该窗口可以查看该构件工程量的计算式，如图 14.3.8 所示。

查看构件图元工程量

构件工程量　做法工程量

◉ 清单工程量 ○ 定额工程量 ☑ 显示房间、组合构件量 ☑ 只显示标准层单层量

	楼层	名称	结构类别	定额类别	材质	混凝土类型	混凝土强度等级	体积(m3)	模板面积(m2)	脚手架面积(m2)	截面周长(m)	梁净长(
1	首层	KL5(1)-1	楼层框架梁	单梁/连续梁	现浇混凝土	砾石 GD40 细砂水泥42.5 现场普通混凝土	C30	1.344	9.088	17.28	2	6
2							小计	1.344	9.088	17.28	2	6.
3						小计		1.344	9.088	17.28	2	6.
4					小计			1.344	9.088	17.28	2	6.
5				小计				1.344	9.088	17.28	2	6.
6			小计					1.344	9.088	17.28	2	6.
7		小计						1.344	9.088	17.28	2	6.
8	合计							1.344	9.088	17.28	2	6

图 14.3.7　查看构件土建工程量

查看工程量计算式

工程量类别　◉ 清单工程量 ○ 定额工程量

构件名称：KL5(1)-1

工程量名称：[全部]

计算机算量

体积=(0.3<宽度>*0.7<高度>*7.4<中心线长度>)-0.21<扣柱>=1.344m3
模板面积=((0.7<高度>*2+0.3<宽度>)*7.4<中心线长度>)+0.42<梁端头模板面积>-2.12<扣柱>-1.792<扣现浇板>=9.088m2
脚手架面积=(0.3<截面宽度>+2.4)*6.4<梁净长>*1<梁脚手架长度水平投影系数>=17.28m2
截面周长=((0.3<宽度>+0.7<高度>)*2)=2m
梁净长=7.4<梁长>-1<扣柱>=6.4m
轴线长度=7m
梁侧面面积=10.36<原始侧面面积>-0.72<扣梁>-0.68<扣柱>=8.96m2
截面宽度=0.3m
截面高度=0.7m
截面面积=(0.3<宽度>*0.7<高度>)=0.21m2

手工算量

重新输入　手工算量结果=

查看计算规则　查看三维扣减图　显示详细计算式

图 14.3.8　查看土建工程量计算式

6. 汇总计算整个工程及查看报表

汇总计算整个工程后，需要查看构件的钢筋及土建工程量时，可以通过“查看报表”来实现。单击“工程量”导航栏下的“查看报表”功能，即可打开报表窗口，如图 14.3.9 所示。

报表窗口下钢筋报表量中的“设置报表范围”可以设置报表的楼层范围、钢筋的类型以及区分绘图输入和表格输入，如图 14.3.10 所示。

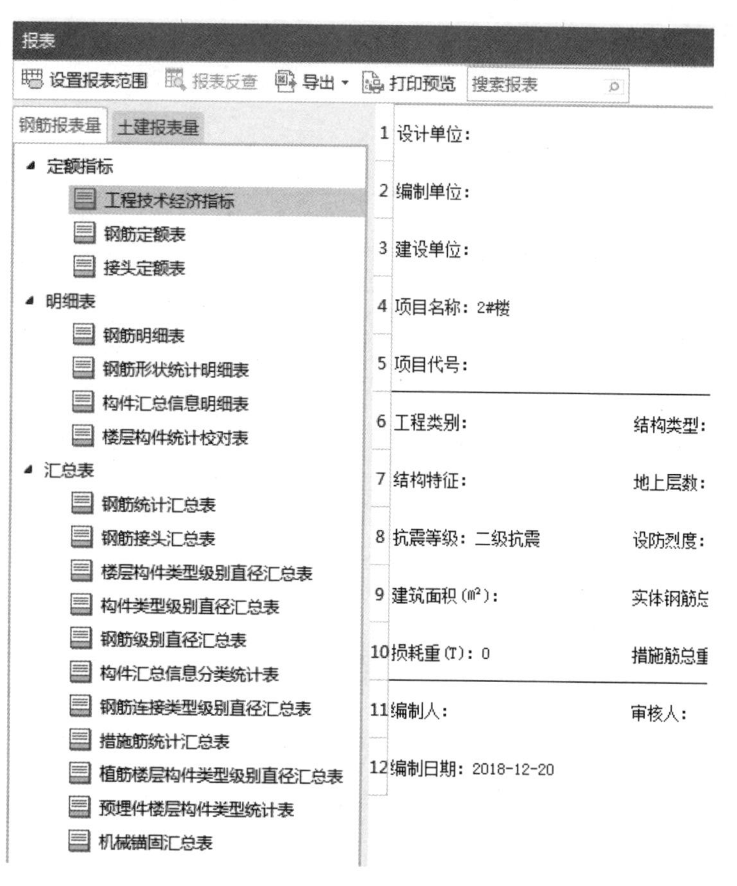

图 14.3.9　查看报表

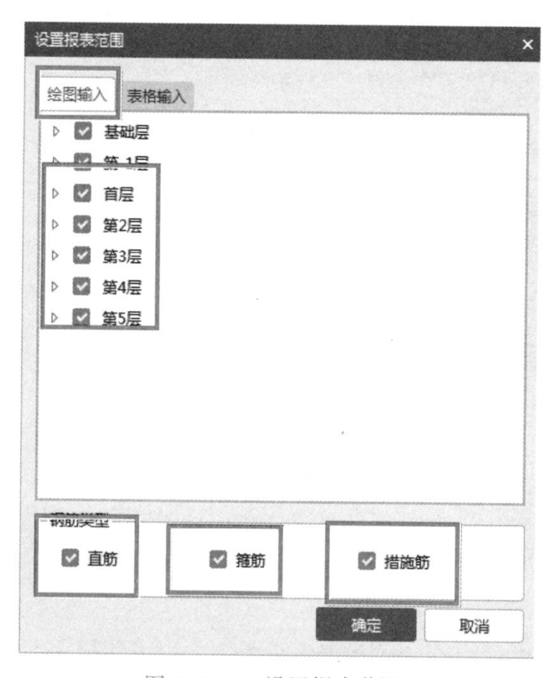

图 14.3.10　设置报表范围

钢筋报表量中软件提供了多种报表样式，可以根据实际要求选择不同的表格。如“构件类型级别直径汇总表”中可以看出每个构件类型的钢筋工程量，如图 14.3.11 所示。

打印预览 搜索报表

	构件类型	钢筋总重(kg)	HPB300				HRB335						
			6	8	10	12	8	10	12	14	16	18	20
1	柱	31969.47	185.667	9629.775					315.246			1570.048	7876
2	构造柱	3097.167	686.211						2410.956				
3	剪力墙	10768.746	122.912					60.01					
4	砌体墙	3094.294	3094.294										
5	过梁	1050.795	240.195		185.018				451.987	173.595			
6	梁	73989.202	407.622	293.535	12090.788				2095.768		1802.584		2372
7	圈梁	1763.401	591.073		1172.328								
8	现浇板	38595.017		4137.401	25447.654	367.4	53.224		8589.338				
9	基础梁	38659.159											
10	筏板基础	27050.218									2785.104	24265.114	
11	独立基础	19.608											
12	栏板	1655.232		847.44	807.792								
13	其它	1177.987		512.846	97.713			154.872	412.556				
14	合计	232890.296	5327.974	15420.997	39801.293	367.4	53.224	214.882	14275.851	173.595	4587.688	25835.162	1024

图 14.3.11 钢筋报表

土建报表量中软件提供了多种报表形式，可以根据实际要求选择不同报表。如“绘图输入工程汇总表”中可以看出每个构件对应的土建工程量，如图 14.3.12 所示。

	楼层	名称	结构类别	定额类别	材质	混凝土类型	混凝土强度等级	工程量名称						
								周长(m)	体积(m3)	模板面积(m2)	数量(根)	脚手架面积(m2)	高度(m)	截面面积(m2)
1	基础层	KZ1	框架柱	普通柱	现浇混凝土	砾石 GD40 细砂水泥42.5 现场普通混凝土	C30	32	0	0	16	71.68	12.8	4
2							小计	32	0	0	16	71.68	12.8	4
3						小计		32	0	0	16	71.68	12.8	4
4					小计			32	0	0	16	71.68	12.8	4
5				小计				32	0	0	16	71.68	12.8	4
6			小计					32	0	0	16	71.68	12.8	4
7		KZ2	框架柱	普通柱	现浇混凝土	砾石 GD40 细砂水泥42.5 现场普通混凝土	C30	8.4	0	0	4	18.24	3.2	1.1
8							小计	8.4	0	0	4	18.24	3.2	1.1
9						小计		8.4	0	0	4	18.24	3.2	1.1
10					小计			8.4	0	0	4	18.24	3.2	1.1
11				小计				8.4	0	0	4	18.24	3.2	1.1
12			小计					8.4	0	0	4	18.24	3.2	1.1
13						砾石 GD40 细砂水泥4	C30	24	0	0	12	53.76	9.6	3

图 14.3.12 土建报表

1. 在钢筋编辑中修改钢筋属性后，再汇总计算，修改过的属性是否保留？
2. 土建报表不同表格的工程量是否一致？

第15章　CAD识别

15.1　CAD识别概述

学习目的

了解CAD识别的基本原理，了解CAD识别的构件范围，了解构件CAD识别基本流程。

学习内容

（1）CAD识别概述。

（2）CAD识别实际案例工程。

操作步骤

1. CAD识别的原理

（1）CAD识别是软件依据建筑工程制图规则，快速从Auto CAD的结果中拾取构件、图元、快速完成工程建模的方法。同使用手工绘图方法一样，需要先识别构件，然后再根据图纸上构建边缘线与标注，建立构件与图元的联系。

（2）CAD识别的效率取决于图纸的标准化程度，各类构件是否严格按照图层进行区分，各类尺寸或配筋信息是否按图层进行区分，标准方式是否按照制图标准进行。

（3）GTJ 2021软件中提供了CAD识别的功能，可以识别设计院图纸文件（.dwg），有利于快速完成工程建模的工作，提高工作效率。

（4）CAD识别的文件类型主要包括：

① CAD图纸文件（-dwg）。支持AutoCAD2011/2010/2013/2008/2007/2006/2005/2004/2000、AutoCADR14版生成的图形格式文件。

② 广联达软件分解过的图纸（.GVD）。在CAD制图中，通常会将多张图纸放在一个CAD文件中，而在软件识别过程中，需要分层分构件按每张图纸识别。软件提供了图纸分解功能，输入文件扩展名为 *.GVD。

③ 正确认识识别功能。CAD识别，是绘图建模的补充；CAD识别的效率，取决于图纸的标准化程度，取决于钢筋算量软件的熟练程度。

2. CAD识别的构件范围及流程

（1）GTJ 2021软件CAD能够识别的构件范围

① 楼层表；② 柱表、柱大样、柱；③ 梁、连梁表；④ 剪力墙配筋表、剪力墙；⑤ 板、

板筋；⑥ 独立基础；⑦ 承台；⑧ 桩；⑨ 砌体墙、门窗表、门窗洞；⑩ 装修表。

（2）CAD 识别做工程流程

CAD 识别做工程，主要通过“导入图纸→转换符号→提取标志→提取构件→识别构件”的方式，将 CAD 图纸中的线条及文字标注转换成广联达算量软件中的基本构件图元（如轴网、柱、梁等），从而快速地完成构件的建模操作，提高整体绘图效率。

（3）CAD 识别方法

① 首先需要新建工程，按照图纸建立楼层，并进行相应的设置。

② 与手动绘制相同，需要先识别轴网，再识别其他构件。

③ 识别构件，按照绘图类似的顺序，先识别竖向构件，再识别水平构件。

在进行实际工程的 CAD 识别时，软件的基本操作流程如图 15.1.1 所示。

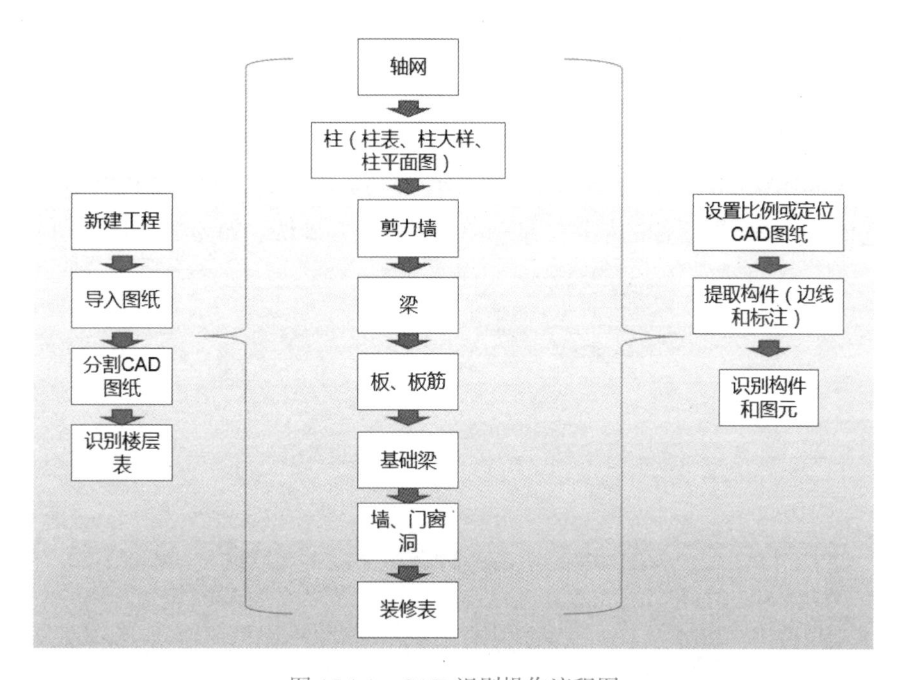

图 15.1.1 CAD 识别操作流程图

构件的识别流程是：导入 CAD 图纸→设置比例→分割图纸→提取构件→识别构件和图元。

操作顺序是：新建工程→导入图纸→设置比例→分割图纸→识别楼层表→轴网→柱→墙一梁→板、板筋→基础梁→砌体墙→门窗洞→装修表。

识别过程与绘制构件类似，先首层再其他层，识别完一层的构件后，通过同样的方法识别其他楼层的构件，或是复制构件到其他楼层，最后“汇总计算”。

通过以上流程，即可完成通过 CAD 识别绘制工程的过程。

1. 是否所有 CAD 图纸都能进行识别吗？

2. CAD 识别出错时，应怎么解决？

15.2　新建工程及识别楼层表

学习目的

根据本工程图纸内容，学会使用 CAD 识别“识别楼层表”的功能，完成楼层的建立。

学习内容

（1）新建工程。

（2）导入 CAD 图纸，分割 CAD 图纸。

（3）识别楼层表。

操作步骤

1. 添加图纸

建立工程完毕之后，进入建模界面，单击构件列表旁边的“图纸管理”→单击添加图纸功能→选择电脑里需要添加的结构图纸→单击“打开”确认。如图 15.2.1、图 15.2.2 所示。

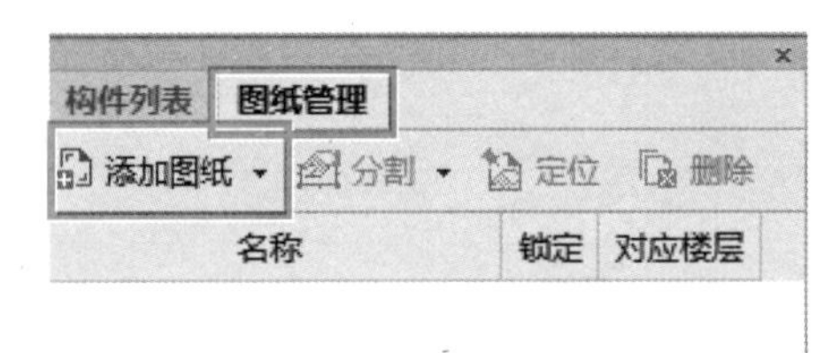

图 15.2.1　添加图纸

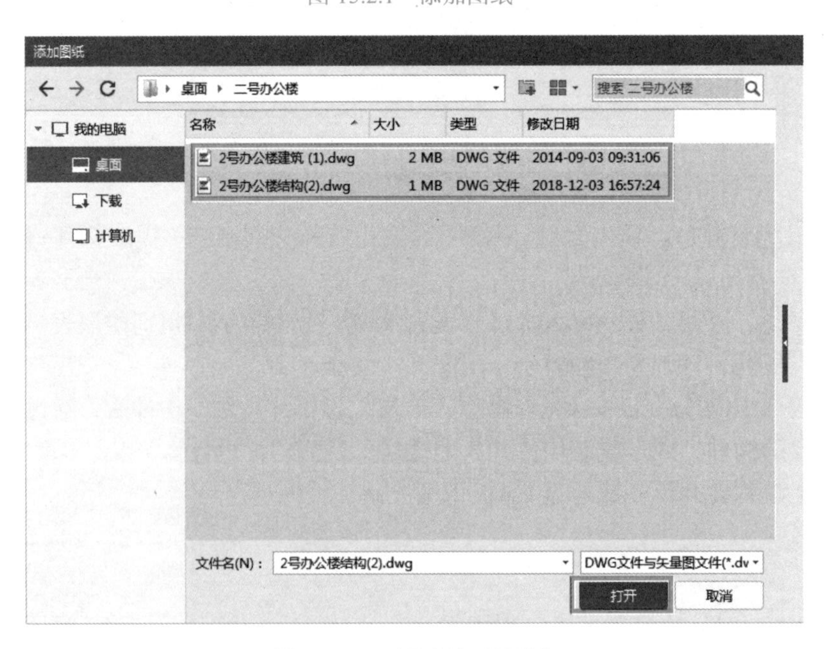

图 15.2.2　选取添加的图纸

2. 设置比例

导入图纸之后，在建模界面功能组区单击选择“设置比例”功能，将导入进来的CAD图设置正确的1∶1比例。如图15.2.3、图15.2.4所示。

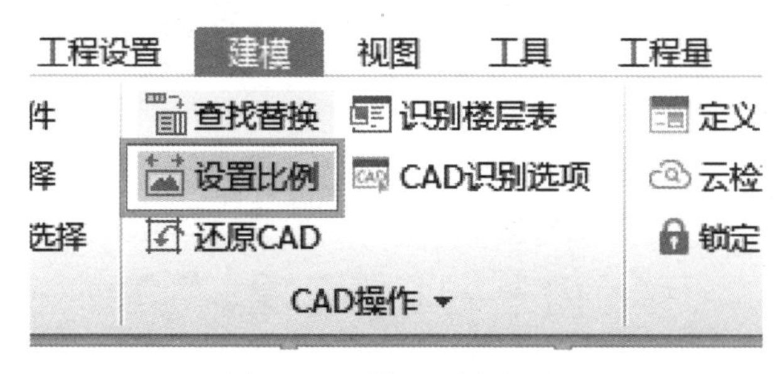

图15.2.3 设置比例（一）

图15.2.4 设置比例（二）

3. 分割图纸

（1）单击“自动分割”功能，软件就会自动将每张平面图单独分割。

（2）将不需要绘制的图纸锁定解开后删除后再锁定回来（如总说明、目录等），最后进行分割。如图15.2.5所示，自动分割成功后如图15.2.6所示。

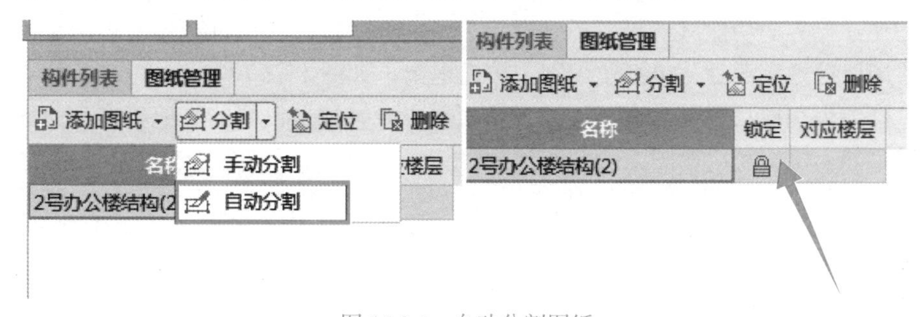

图15.2.5 自动分割图纸

构件列表　图纸管理

添加图纸 ▾　分割 ▾　定位　删除

名称	锁定	对应楼层
⊟ 基础层 (-3.05~-0.05)		
筏基结构平面图	🔒	(基础层)
基础梁配筋图	🔒	(基础层)
柱子结构平面图	🔒	(基础层,...
⊟ 首层 (-0.05~2.95)		
首层顶板配筋图	🔒	(首层)
首层顶梁配筋图	🔒	(首层)
柱子结构平面图	🔒	(基础层,...
⊟ 未对应图纸		
地下一层墙体结构图	🔒	
地下一层顶板配筋图	🔒	
地下一层顶梁配筋图	🔒	
二三层顶板配筋图	🔒	
二三层顶梁配筋图	🔒	
四层顶板配筋图	🔒	
四层顶梁配筋图	🔒	
五层顶板配筋图	🔒	
五层顶梁配筋图	🔒	
2号办公楼结构(2)	🔒	

图 15.2.6　自动分割后图纸列表

4. 识别楼层

（1）从分割出来的 CAD 图纸中，双击选择其中一张有楼层表的平面图进行楼层表识别，如地下一层顶梁配筋图。

（2）在建模界面功能区选择“识别楼层表”功能→按住左键框选楼层表，单击右键确认→确认楼层信息无误后，单击“识别”按钮退出。如图 15.2.7 所示。

（3）楼层识别成功后，点击工程设置→楼层设置，楼层设置的其他操作与前面的绘图部分相同。导入楼层表后如图 15.2.8 所示。

图 15.2.7　识别楼层

首层	编码	楼层名称	层高(m)	底标高(m)	相同层数	板厚(mm)	建筑面积(m2)
☐	6	屋 顶	3	17.3	1	120	(0)
☐	5	第5层	3	14.3	1	120	(0)
☐	4	第4层	3.3	11	1	120	(0)
☐	3	第3层	3.6	7.4	1	120	(0)
☐	2	第2层	3.6	3.8	1	120	(0)
☑	1	首层	3.9	-0.1	1	120	(0)
☐	-1	第-1层	2.7	-2.8	1	120	(0)
☐	0	基础层	3	-5.8	1	500	(0)

图 15.2.8　导入楼层表

识别楼层表与新建楼层的作用是否相同?

15.3 识别轴网

学习目的

根据本工程平面图，学会使用CAD识别“轴网表”的功能，完成轴网的识别。

（1）提取轴网。

（2）提取标注。

（3）自动识别轴网。

1. 选择识别的轴网

CAD识别做工程，首先需要识别轴网，先选择一张轴网最完整、辅助轴线较少的图纸，一般选择基础或柱平面图。

2. 识别轴网

（1）在广联达软件图纸管理中，双击选择分割出来的柱平面图，导航树列表选择“轴网”构件，在建模界面选择“识别轴网”功能→单击提取轴线→单击左键点选轴线（一般红色线为轴线），单击右键确认→单击提取标注→单击左键选择轴距、轴号，单击右键确认→单击自动识别轴网。

（2）需要注意的是，提取的信息优先按图层选择或同颜色图元，如图15.3.1～图15.3.3所示。

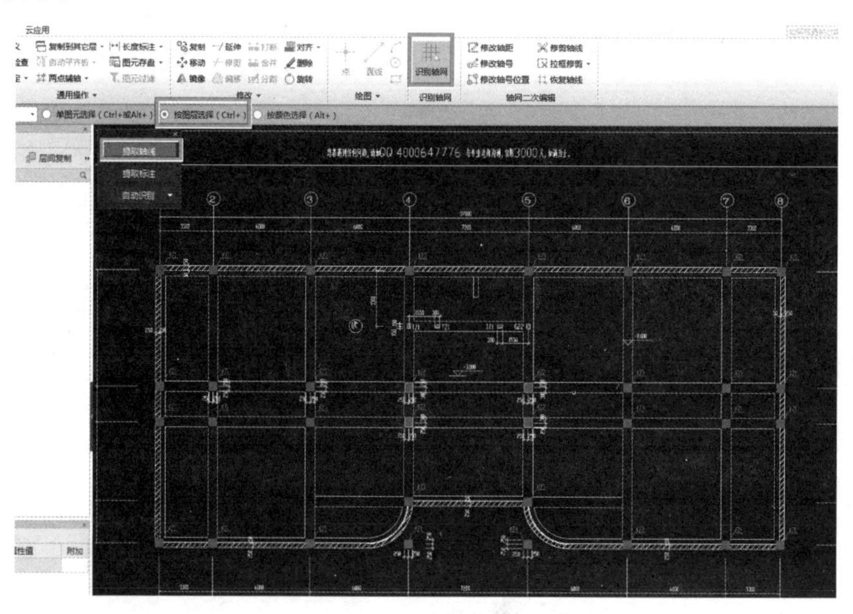

图15.3.1　提取轴线

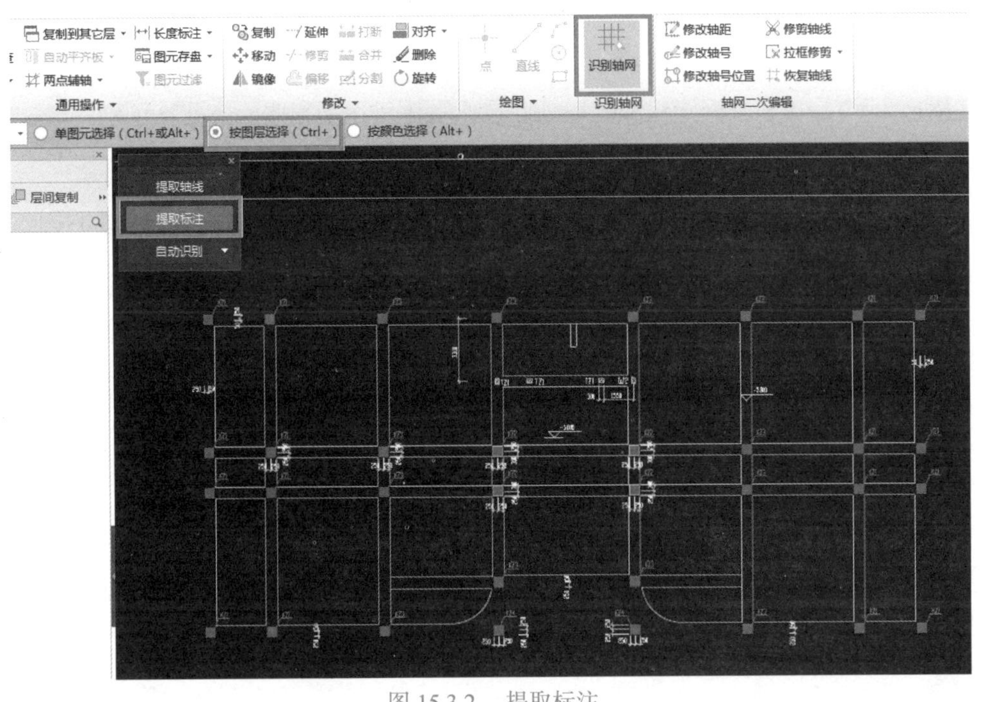

图 15.3.2　提取标注

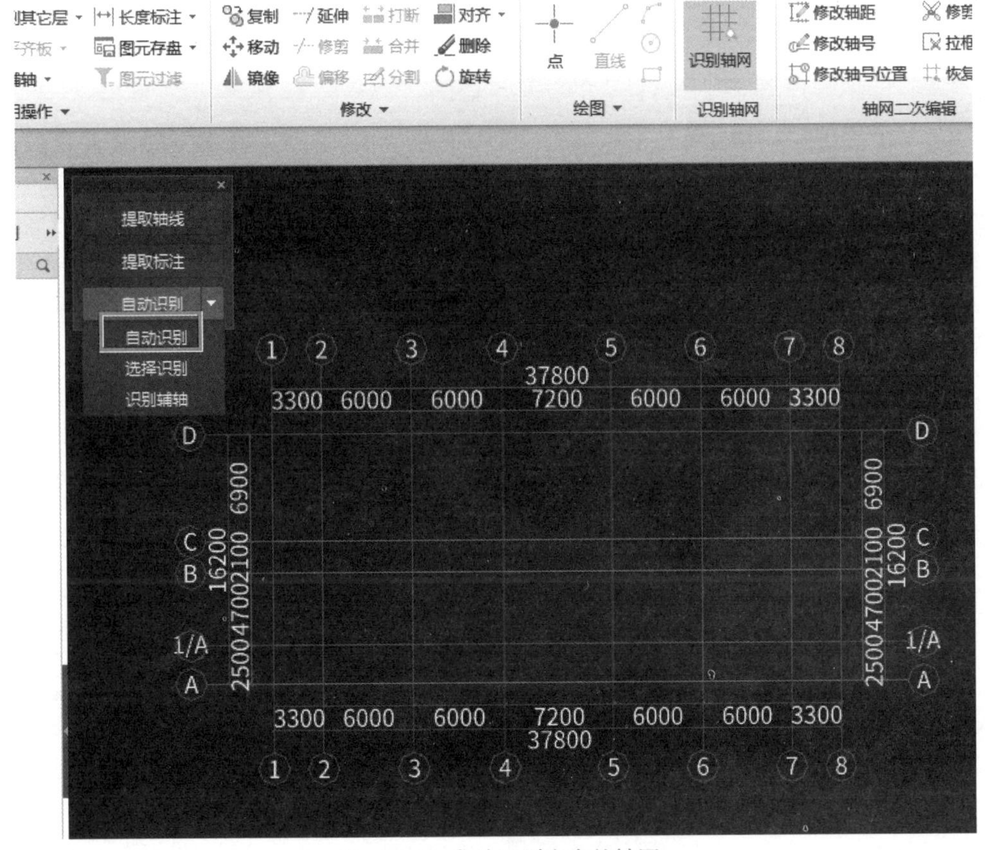

图 15.3.3　自动识别出来的轴网

思考

识别轴网中，提取轴网标注和提取轴网操作顺序可以交换吗？有什么区别？

15.4 识 别 柱

学习目的

（1）学会使用 CAD 识别柱表生成柱构件。
（2）学会使用 CAD 识别首层柱图元的绘制。

学习内容

（1）设置比例，定位 CAD 图纸到轴网。
（2）识别柱表，生成柱构件。
（3）识别柱，生成柱图元。
（4）复制到其他层。

操作步骤

1. 定位图纸

（1）在图纸管理双击打开有柱表的结构平面图。
（2）确认 CAD 图纸比例是否 1：1（设置比例）。
（3）确认图层管理原始图层与识别出来的轴网是否吻合。如果轴网与原始图层不重叠吻合，需要定位 CAD →选择定位功能→将 CAD 图纸移动定位到轴网。如图 15.4.1 所示。

2. 识别柱表

（1）图层管理显示原始图层→导航树选择“柱”构件，在建模界面功能分组区单击选择“识别柱表”功能→按住左键框选柱表→单击右键确认→生成表格。
（2）将表格标高里的屋面板修改为 19.1（标高含文字无法识别出构件），如图 15.4.2 所示。
（3）确认信息无误后，单击“识别”确认，退出生成柱构件，如图 15.4.3 所示。最后检查识别出来的柱构件属性信息是否与图纸信息一致。

3. 识别柱

识别柱表生成柱构件后，用 CAD 识别的方式将柱图元识别出来，操作如下：
（1）将原始图层显示出来→在建模界面单击选择“识别柱”功能。
（2）提取柱边线（按图层颜色，确认每根柱边线都成功选择）→单击左键点选柱边线→单击右键确认。
（3）提取标注（按涂层颜色，确认每个名称都被选择成功）→单击左键点选柱名称→单击右键确认。
（4）自动识别柱→将识别多出来的梯柱先删除图元，再删除构件。如图 15.4.4 所示。

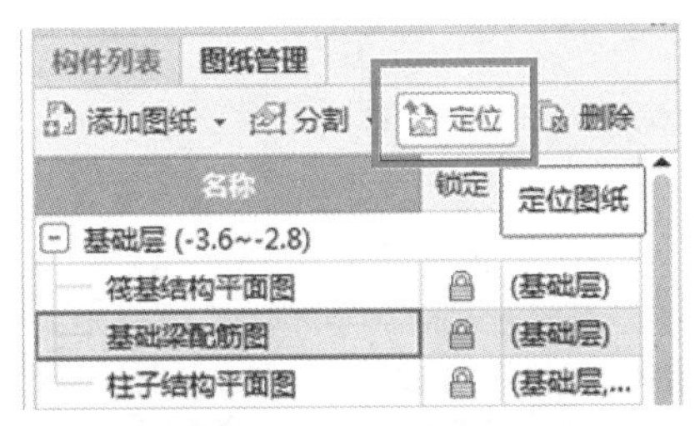

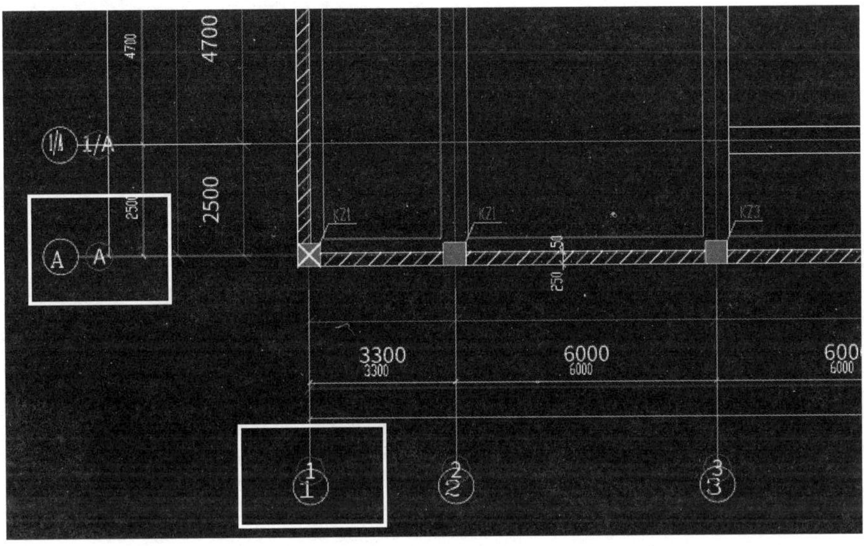

图 15.4.1　定位 CAD 图纸

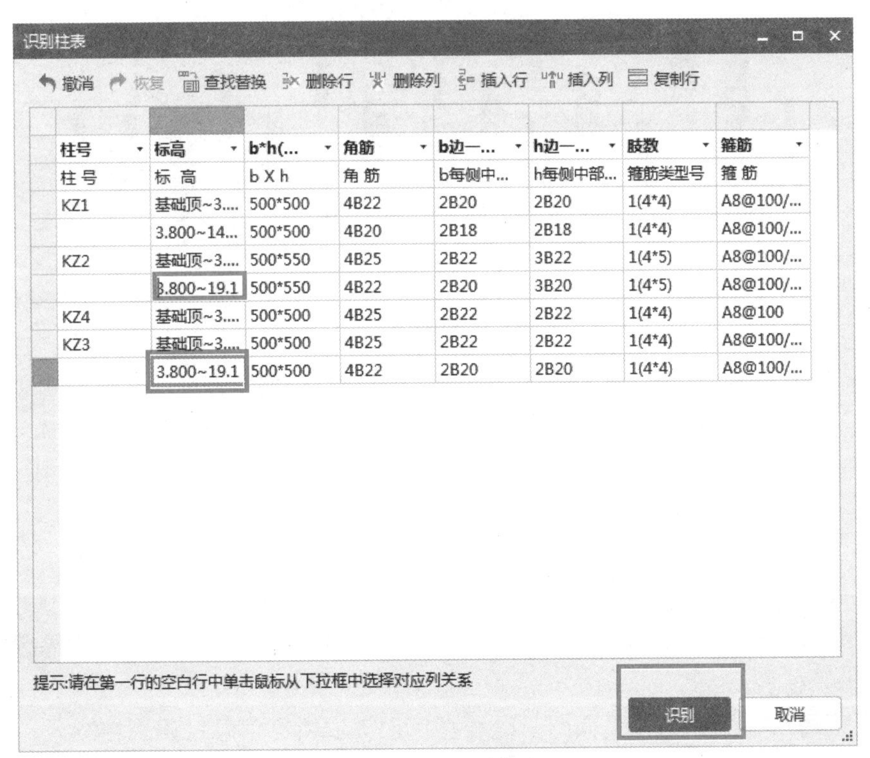

柱号	标高	b*h(...	角筋	b边一...	h边一...	肢数	箍筋
柱 号	标 高	b X h	角 筋	b每侧中...	h每侧中部...	箍筋类型号	箍 筋
KZ1	基础顶~3....	500*500	4B22	2B20	2B20	1(4*4)	A8@100/...
	3.800~14...	500*500	4B20	2B18	2B18	1(4*4)	A8@100/...
KZ2	基础顶~3....	500*550	4B25	2B22	3B22	1(4*5)	A8@100/...
	3.800~19.1	500*550	4B22	2B20	3B20	1(4*5)	A8@100/...
KZ4	基础顶~3....	500*500	4B25	2B22	2B22	1(4*4)	A8@100
KZ3	基础顶~3....	500*500	4B25	2B22	2B22	1(4*4)	A8@100/...
	3.800~19.1	500*500	4B22	2B20	2B20	1(4*4)	A8@100/...

图 15.4.2　识别柱表

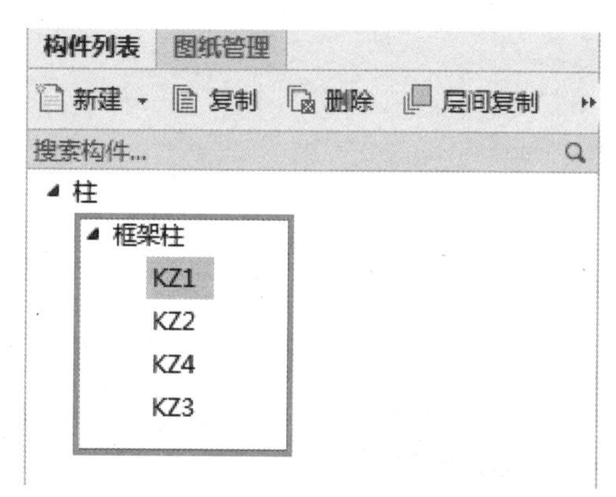

图 15.4.3　柱构件列表

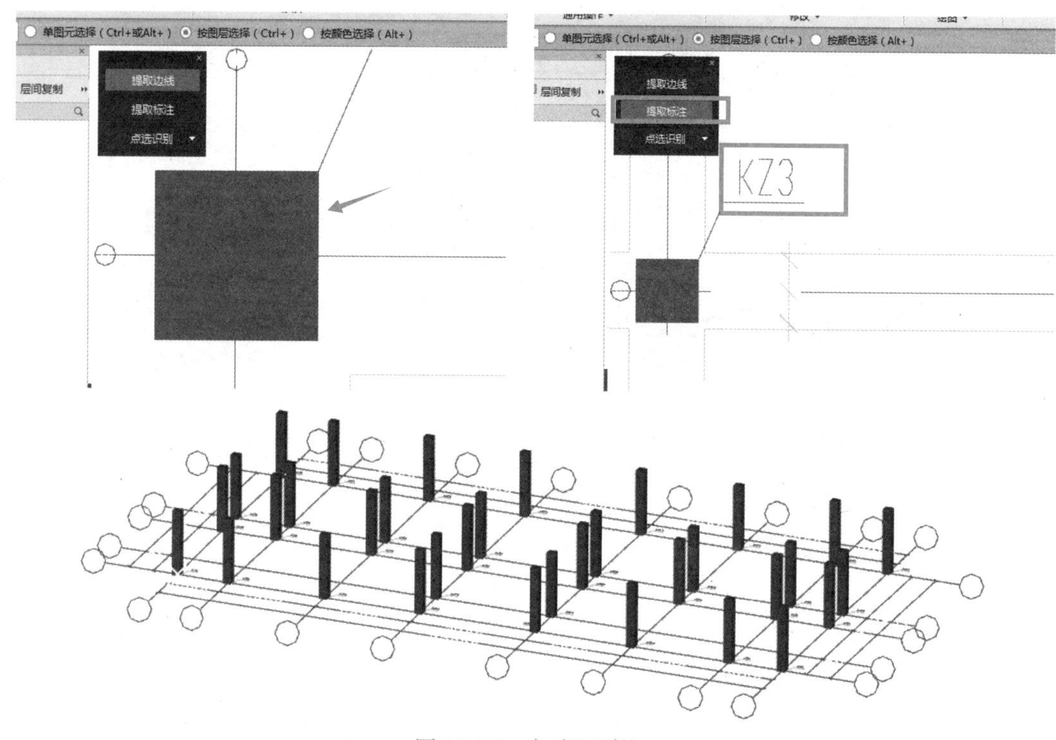

图 15.4.4　自动识别柱

首层柱图元绘制就识别成功了。识别柱表时，软件根据柱表里的标高在其他层也生成柱构件，且柱平面图同一张，切换到其他层直接单击“自动识别柱”即可，因为同张平面图柱边线与标注都已经提取过。相同楼层可进行复制到其他层或从其他层复制。

1. 提取边线和提起标注后，想在广联达软件中看到提取的图纸，应如何操作？

2. 识别柱表时，软件是根据柱表标高信息每层自动生成柱构件，还是需要每一层都进行一次识别柱表？

3. 工程每层共用一张柱平面图，已经在首层提取所有信息且识别柱图元，到二、三层是否还需要重新提取边线与标注？

15.5 识别剪力墙

学习目的

（1）学会使用 CAD 识别剪力墙身表生成剪力墙构件。

（2）学会使用 CAD 识别地下一层剪力墙图元的绘制。

学习内容

（1）设置比例，定位 CAD 图纸到轴网。

（2）识别剪力墙身表，生成剪力墙构件。

（3）识别剪力墙，生成剪力墙图元。

（4）复制到其他层。

操作步骤

1. 定位图纸

（1）把楼层切换到地下一层，从图纸管理双击打开地下一层墙体结构图。

（2）在图层管理勾选 CAD 原始图层。

（3）将 CAD 图纸定位到轴网，确认工程轴网与 CAD 图纸轴线和轴号吻合。

2. 识别剪力墙表

（1）导航树选择“剪力墙”构件。

（2）建模界面功能分组区单击选择“识别剪力墙表”功能→按住左键框选剪力墙表→单击右键确认→单击识别确认，剪力墙构件就识别出来了，最后确认属性信息是否有误。如图 15.5.1 所示。

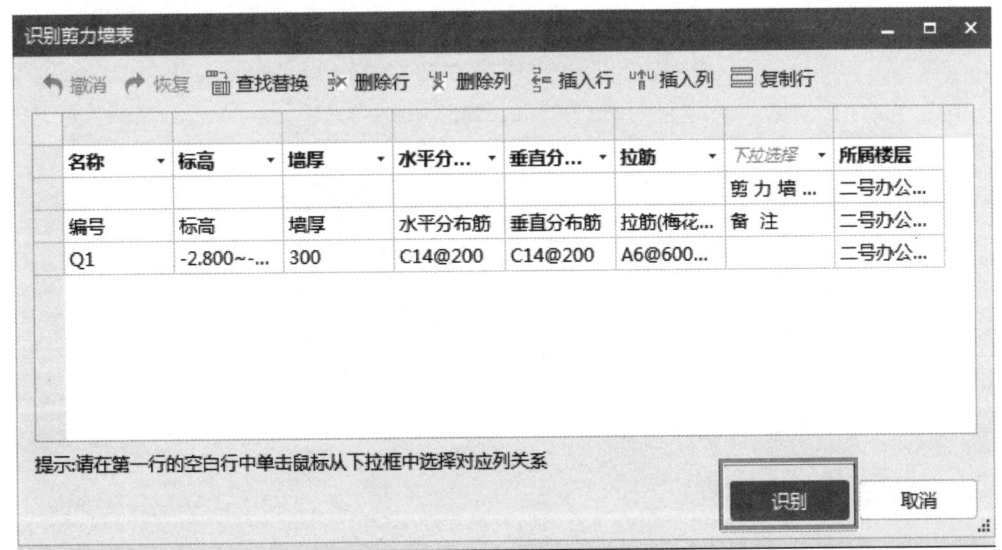

图 15.5.1 识别剪力墙表

3. 识别剪力墙

（1）建模界面功能分组区单击选择“识别剪力墙”功能。

（2）提取剪力墙边线（按图层颜色单击）→单击右键确认→提取门窗线（本工程剪力墙平面图没有标注和门窗线，所以提取标注和门窗线可忽略此操作）。

（3）识别剪力墙（图 15.5.2）→单击对话框“自动识别”→单击对话框“识别墙之前先绘好柱 ....”的“是”确认退出，剪力墙图元识别绘制完成，如图 15.5.3 所示。

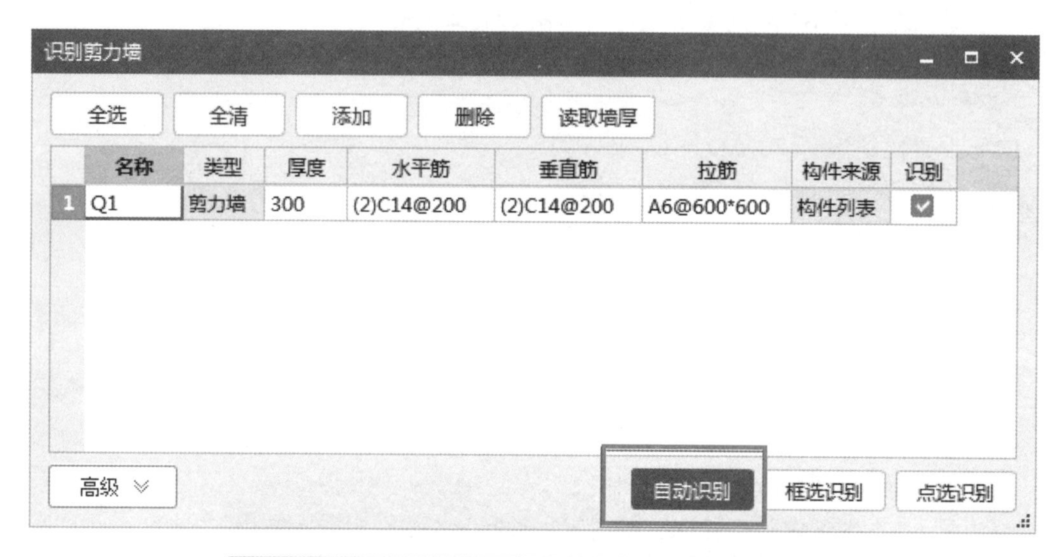

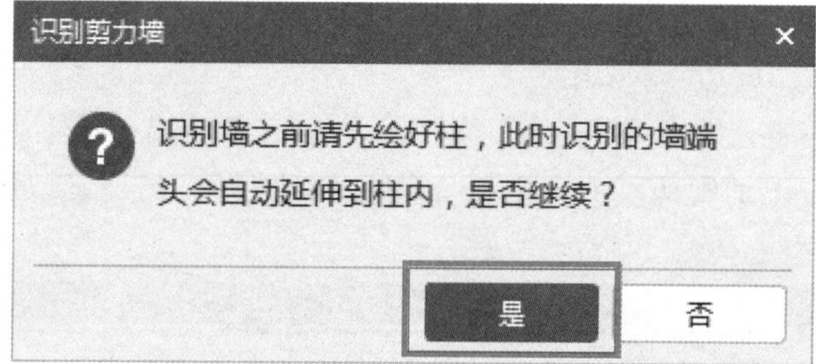

图 15.5.2　识别剪力墙

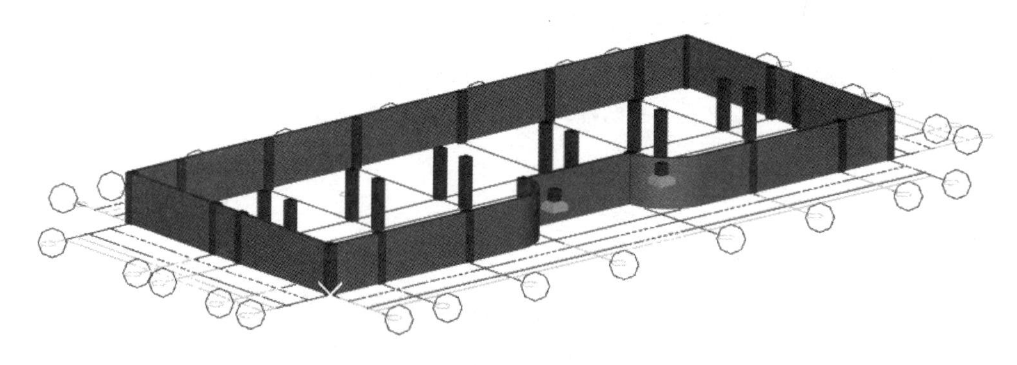

图 15.5.3　识别剪力墙三维图

思考

1. 当发现识别剪力墙时，分割出来的剪力墙平面图纸被不小心删掉，此时是否重新添加图纸自动分割？还是双击打开在前面添加的结构图进行单独的手动分割？

2. 识别剪力墙之前未绘制柱有什么影响？

15.6 识 别 梁

学习目的

（1）学会使用 CAD 识别首层梁。

（2）学会使用 CAD 识别首层梁原位标注。

（3）学会使用 CAD 识别功能识别吊筋。

学习内容

（1）设置比例，定位 CAD 图纸到轴网。

（2）识别梁构件图元。

（3）识别梁原位标注信息。

（4）识别首层吊筋图元。

1. 定位 CAD 图

自动识别梁：

（1）把楼层切换到首层，从图纸管理双击打开首层顶梁配筋图，在图层管理勾选 CAD 原始图层。

（2）将 CAD 图纸定位到轴网，确认工程轴网与 CAD 图纸轴线和轴号吻合。

2. 识别梁

（1）导航树选择“梁”构件→建模界面功能分组区单击选择“识别梁”功能。

（2）提取梁边线（按图层选择）→单击左键点选→单击右键确认→自动提取梁标注（按图层选择，选择所有集中标注及引线和所有原位标注信息）→单击左键点选、单击右键确认→识别梁“自动识别梁”，如图 15.6.1 所示。

（3）自动识别梁之后会弹出对话框，如图 15.6.2 所示，确认对话框表格里面是否缺少钢筋信息和缺少界面信息，确认无误后单击“继续”确定退出。

（4）弹出“校核梁图元”窗口，“编辑支座”修改梁跨不匹配的梁，如图 15.6.3 所示，L2 问题描述：当前图元梁跨为 0A，属性中跨数为 1，即 L2 缺少一个支座。

（5）双击问题描述→编辑支座→在缺少支座的梁跨端部左键单击添加支座，如图 15.6.4 所示。修改完问题描述，单击对话框“刷新”按钮，确认无错误信息后关闭对话框。

（6）自动识别原位标注

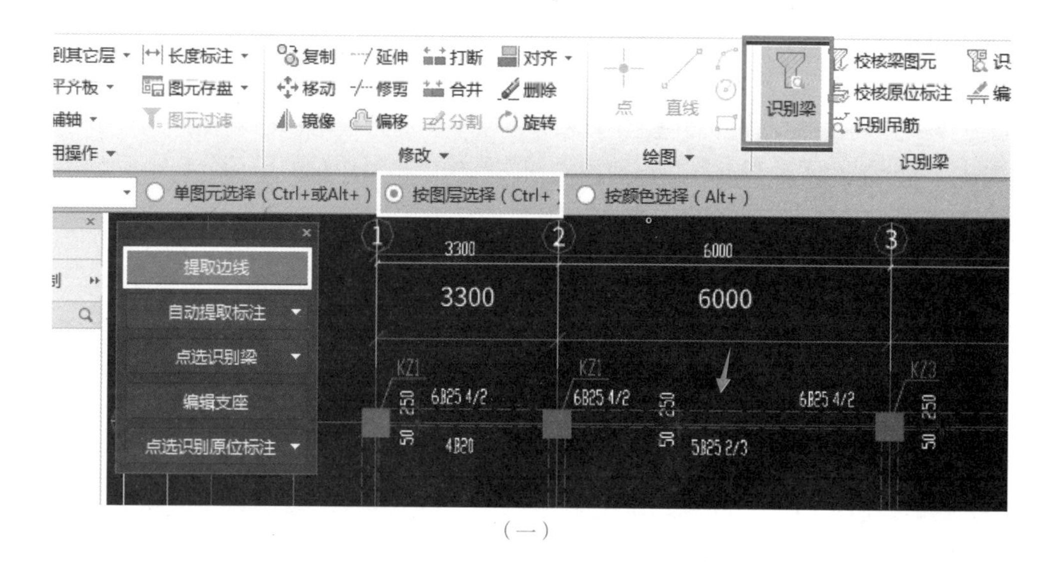

（一）

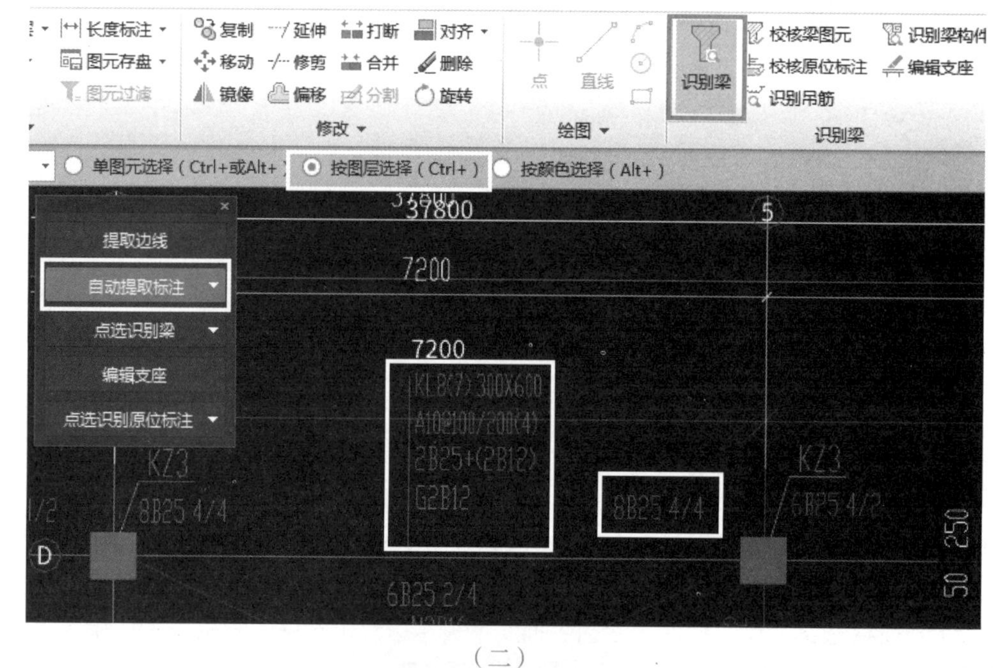

（二）

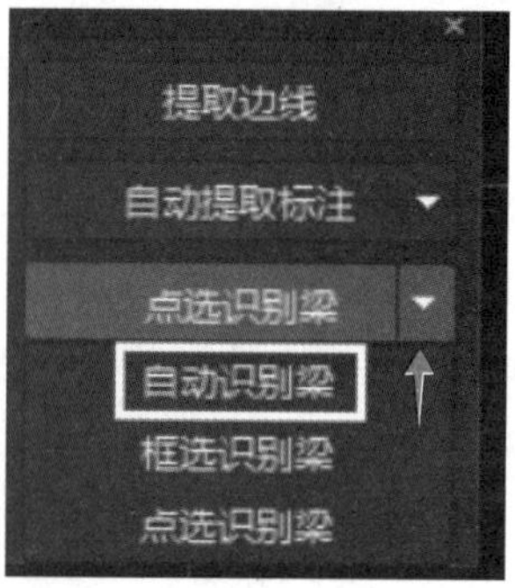

提取边线
自动提取标注
点选识别梁
自动识别梁
框选识别梁
点选识别梁

（三）

图 15.6.1　自动识别梁

	名称	截面(b*h)	上通长筋	下通长筋	侧面钢筋	箍筋	胶数
1	KL1(3)	250*600	2B25		G2B12	A10@100/200(2)	2
2	KL2(7)	300*600	2B25		G2B12	A10@100/200(2)	2
3	KL3(3)	300*600	2B25		G2B12	A10@100/200(2)	2
4	KL4(1)	300*700	2B25		N2B16	A10@100/200(2)	2
5	KL5(1)	300*700	2B25		N2B16	A10@100/200(2)	2
6	KL6(3)	300*700	2B25		G2B12	A10@100/200(2)	2
7	KL7(4)	300*600	2B25		G2B12	A10@100/200(2)	2
8	KL8(7)	300*600	2B25+(2B...		G2B12	A10@100/200(4)	4
9	KL9(3)	300*600	2B25		G2B12	A10@100/200(2)	2
10	L1(1)	250*600	2B25		G2B12	A8@200(2)	2
11	L2(1)	250*450	2B20	4B20		A8@200(2)	2

图 15.6.2　确定钢筋和截面信息

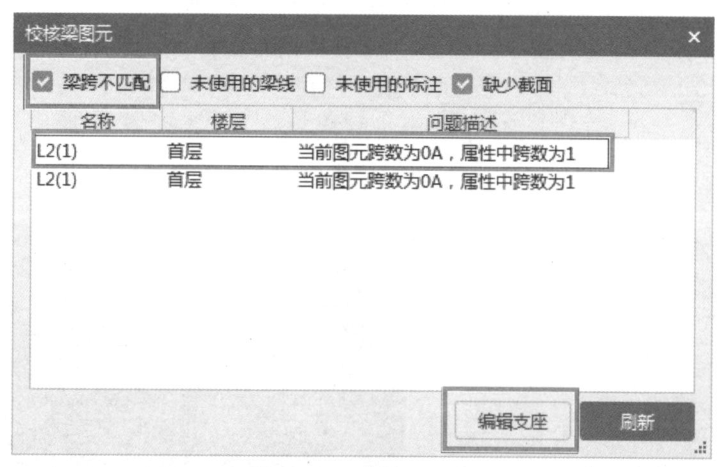

图 15.6.3　校核梁图元

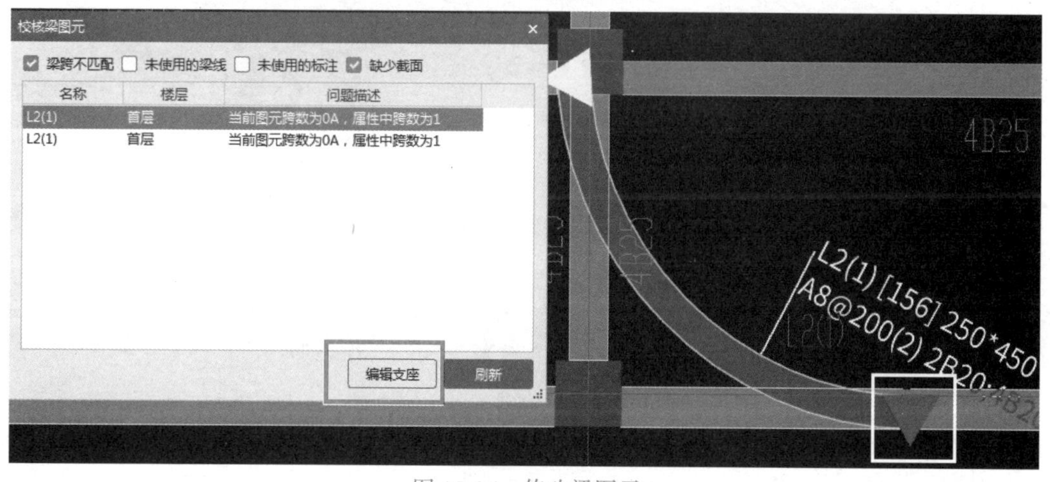

图 15.6.4　修改梁图元

① 单击"自动识别原位标注"功能，如图 15.6.5 所示，弹出提示对话框如图 15.6.6 所示，单击"确定"。

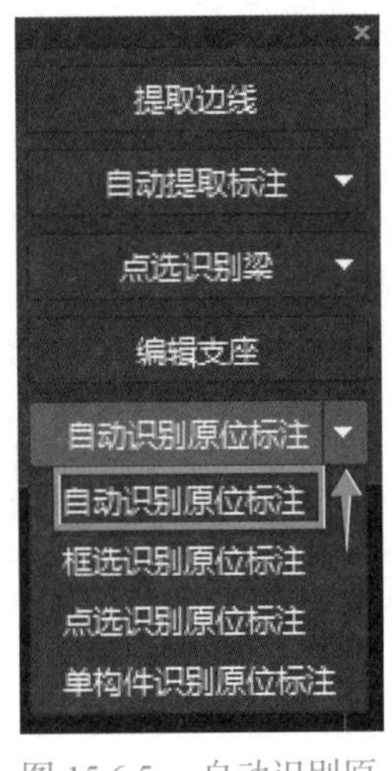

图 15.6.5　自动识别原位标注

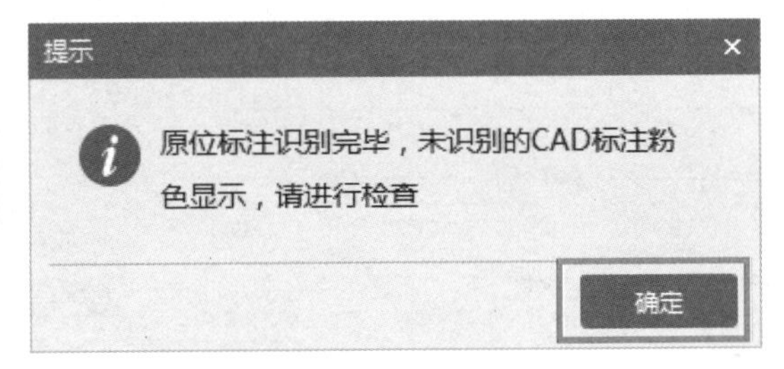

图 15.6.6　原位标注识别提示

② 然后软件会弹出"校核原位标注"对话框，需要将未识别成功的原位标注手动识别，双击问题描述→单击对话框"手动识别"功能→单击左键点选未成功识别标注的梁跨→单击左键点选未成功识别（呈粉红色）原位标注→单击右键确认。如图 15.6.7 所示。原位标注确认都已标注无误后，直接关闭校核窗口。

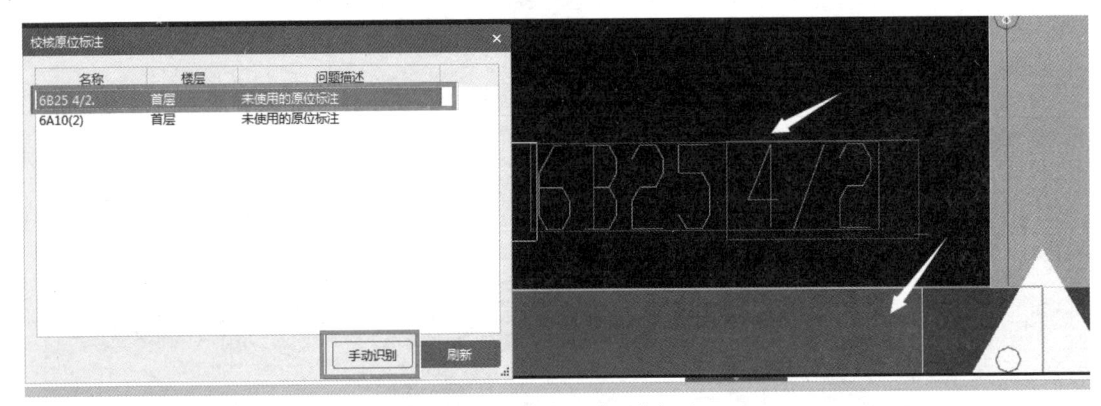

图 15.6.7　手动识别原位标注

3. 识别吊筋

因在识别梁操作过程中也将吊筋标注的钢筋信息提取了，所以在识别吊筋之前先还原 CAD 图纸。

（1）在建模界面点选"还原 CAD"功能→按住左键框选整张 CAD 图纸、单击右键确认→打开图层管理、勾选 CAD 原始图层显示出来。如图 15.6.8 所示。

（2）成功还原 CAD 图后，在建模界面功能分组区点选"识别吊筋"功能→按图层颜色提取钢筋与标注→单击左键点选吊筋钢筋线与钢筋标注，单击右键确认→自动识别→弹出对话框（图 15.6.9）单击"确定"，如图 15.6.9 所示。

图 15.6.8 还原 CAD

图 15.6.9 识别吊筋

1. 为什么 CAD 图纸必须要定位到轴网?

2. 在识别柱或剪力墙时都需要先识别构件再识别图元，识别梁之前需要先识别构件还是同时识别生产构件图元?

3. 在识别梁原位标注过程中，有个别原位标注未识别成功，手动识别也不成功，还有什么方法可以解决?

15.7 识别板、板筋

学习目的

(1) 学会使用 CAD 识别板。
(2) 学会使用 CAD 识别受力筋。
(3) 学会使用 CAD 识别负筋。

学习内容

(1) 设置比例，定位 CAD 图纸到轴网。
(2) 识别首层板构件图元。
(3) 识别首层板筋、修改板筋。

操作步骤

1. 定位 CAD 图

(1) 把楼层切换到首层，从图纸管理双击打开首层顶板配筋图，在图层管理勾选

CAD 原始图层。

（2）将 CAD 图纸定位到轴网，确认工程轴网与 CAD 图纸轴线和轴号吻合。

2. 识别现浇板

（1）导航树选择“现浇板”构件→建模界面功能分组区单击选择“识别板”功能。

（2）按图层选择，提取板标识→单击左键点选“板厚”标注，单击右键确认（首层顶板没有板洞线，可忽略“提取板洞线”操作步骤）。

（3）单击“自动识别板”→弹出对话框“识别板选项”，板支座选项（图 15.7.1），单击对话框“确定”按钮确认退出→根据图纸说明未注明板厚为 120mm，单击对话“确定”按钮退出，如图 15.7.2 所示。

（4）将楼梯处识别多出来的现浇板删除，识别板成功后如图 15.7.3 所示。

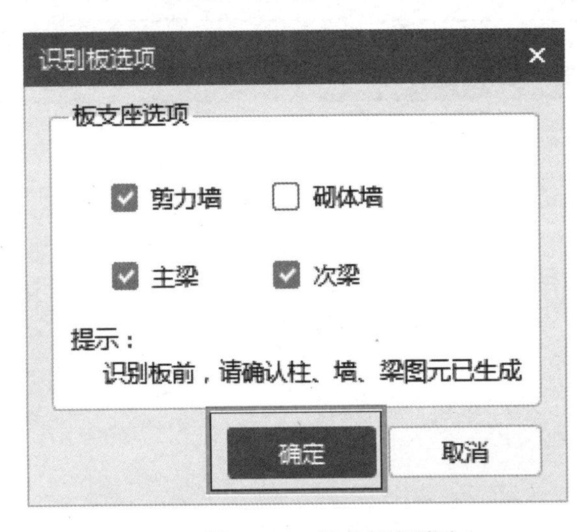

图 15.7.1　板支座选项图

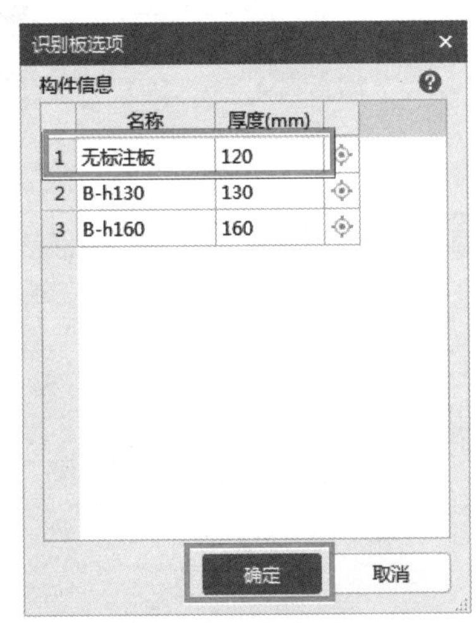

图 15.7.2　识别板选项

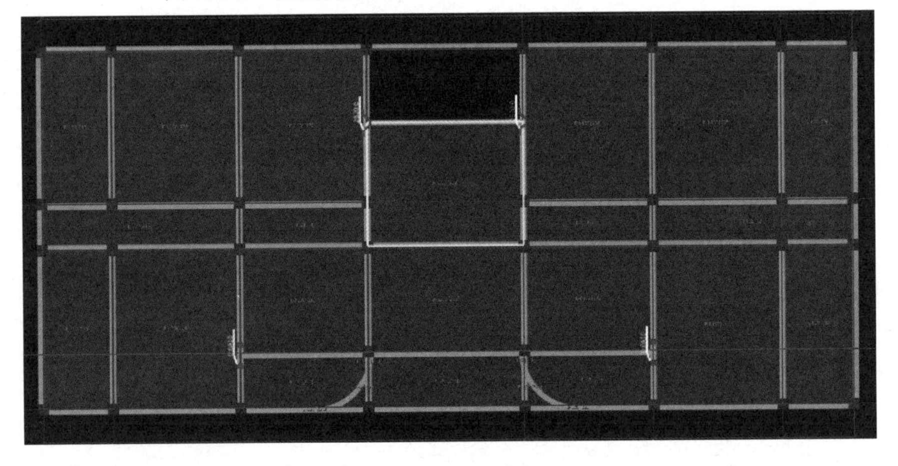

图 15.7.3　识别现浇板

（5）图层管理取消勾选已提取 CAD 图层和原始图层，〈Shift ＋ B〉显示板图元名称，确认识别出来的板厚是否与图纸一致。

（6）手动修改板属性马凳筋信息，根据 CAD 原始图板线手动绘制阳台板和雨篷板。

3. 识别板受力筋

（1）还原 CAD 图纸，显示原始图层。

（2）导航树选择“板受力筋”构件→建模界面单击选择“识别受力筋”功能→按图层选择提取钢筋线→单击左键点选受力筋底筋钢筋线，单击右键确认→按图层选择提取板筋标注→单击左键点选底筋钢筋信息，单击右键确认→自动识别板筋→弹出“识别板筋选项”对话框，如图 15.7.4 所示。

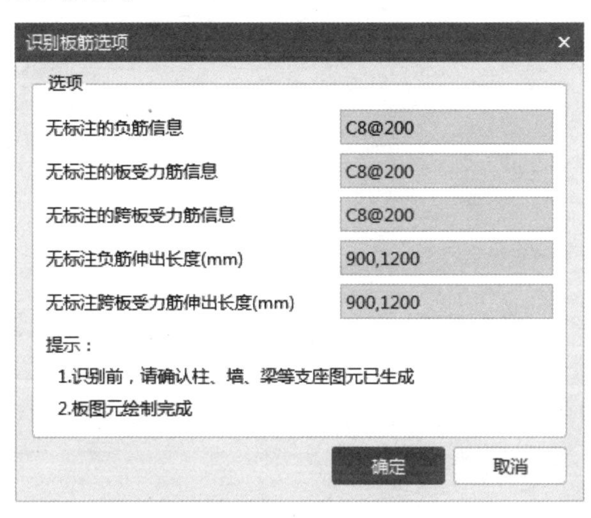

图 15.7.4 识别板筋选项

（3）在对话框中可设置识别板筋的归属，本工程首层顶板不存在没有标注信息的板钢筋线，可以直接删掉无标注板筋信息默认的钢筋信息。

（4）本工程首层顶板不存在没有标注长度的板负筋与跨板受力筋长度，可以直接忽略，不用删掉默认长度，软件会根据提取的信息自动识别板筋，单击对话框“确定”按钮确认退出，如图 15.7.5 所示。如果图纸中存在没有标注信息的钢筋线，可以在此对话框中输入无标注的钢筋线实际信息。

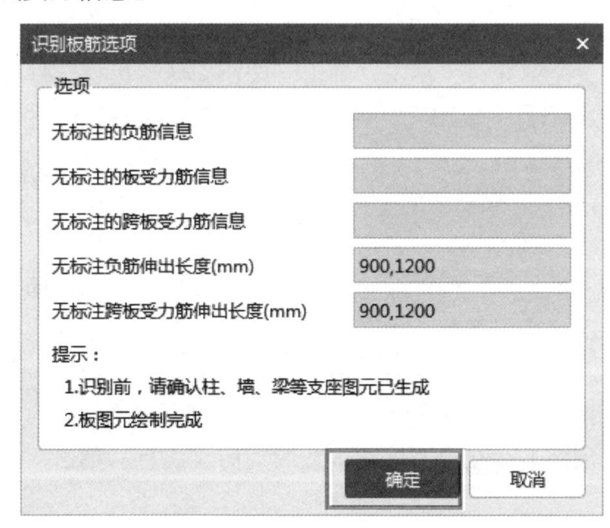

图 15.7.5 确定板筋信息

（5）单击“确定”后，软件会自动对提取的钢筋线及标注进行搜索，搜索完成后弹出“自动识别板筋”对话框，将搜索到的钢筋信息加入构件列表，供查看与修改，如图 15.7.6 所示。

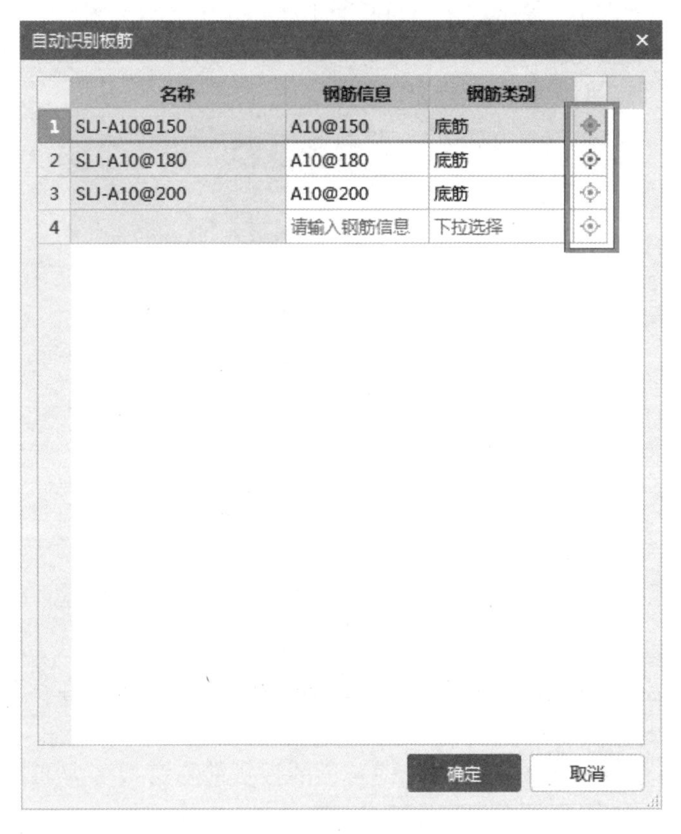

图 15.7.6　自动识别板筋

（6）鼠标单击钢筋类别后面的“鱼眼睛”图标，软件自动定位到图纸中此项钢筋所在的位置。第 4 行信息为空白，单击“鱼眼睛”图标，可以看到软件误把板厚标注边线识别为钢筋线，所以直接忽略第 4 行，单击“确定”按钮确认退出，软件会弹出提示窗口“钢筋信息或类别为空的项不会生成图元，是否继续”，单击提示窗口“是”确认退出，最后手动绘制未识别成功的板底筋。

4. 识别负筋、面筋（跨板受力筋）

（1）显示原始图层。

（2）导航树选择“板负筋”构件→建模界面单击选择“识别负筋”功能→按图层选择提取钢筋线→单击左键点选负筋与跨板受力筋钢筋线，单击右键确认→按图层选择提取板筋标注→单击左键点选负筋与跨板受力筋钢筋信息，单击右键确认→自动识别板筋→弹出“识别板筋选项”对话框，如图 15.7.7 所示，操作同识别受力筋。

（3）本工程首层顶板不存在没有标注信息的钢筋线信息，单击“确定”按钮，操作同识别受力筋。

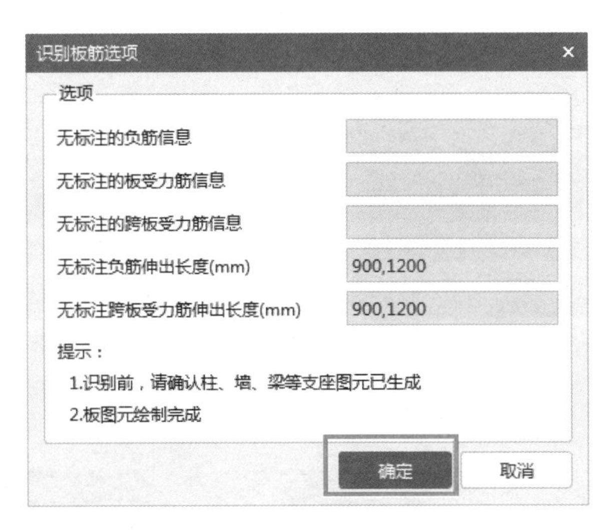

图 15.7.7 识别板负筋

（4）单击“确定”后软件弹出“自动识别板筋”对话框，单击“鱼眼睛”图标将空的钢筋信息项手动输入补上，如图 15.7.8 所示。单击对话框“确定”按钮识别板筋。

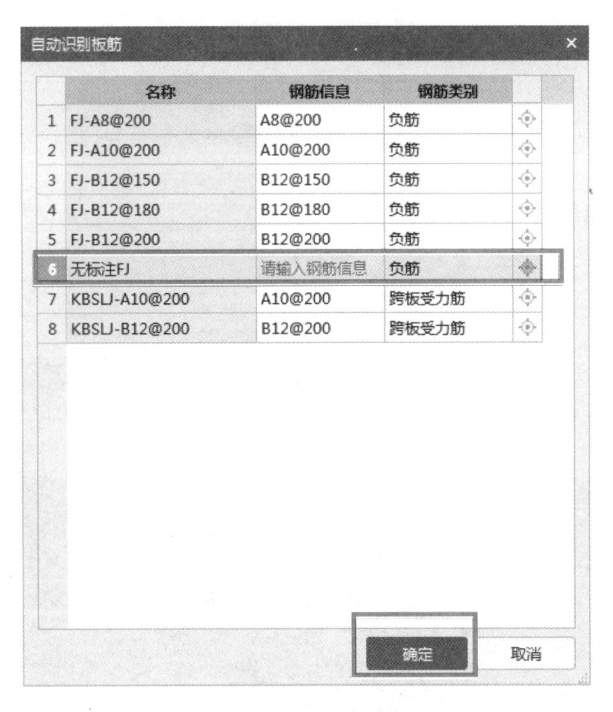

	名称	钢筋信息	钢筋类别
1	FJ-A8@200	A8@200	负筋
2	FJ-A10@200	A10@200	负筋
3	FJ-B12@150	B12@150	负筋
4	FJ-B12@180	B12@180	负筋
5	FJ-B12@200	B12@200	负筋
6	无标注FJ	请输入钢筋信息	负筋
7	KBSLJ-A10@200	A10@200	跨板受力筋
8	KBSLJ-B12@200	B12@200	跨板受力筋

图 15.7.8 手动输入钢筋信息

5. 修改板筋重叠范围

（1）确认识别板筋，软件此时弹出“校核板筋图元”对话框，选择负筋修改重叠范围，如果没有重叠问题描述可忽略，如图 15.7.9 所示。

（2）确认无误后选择“面筋”修改重叠范围，如图 15.7.10 所示。双击问题描述，软件自动跳到所选面筋布置位置显示布置范围，如图 15.7.11 所示。

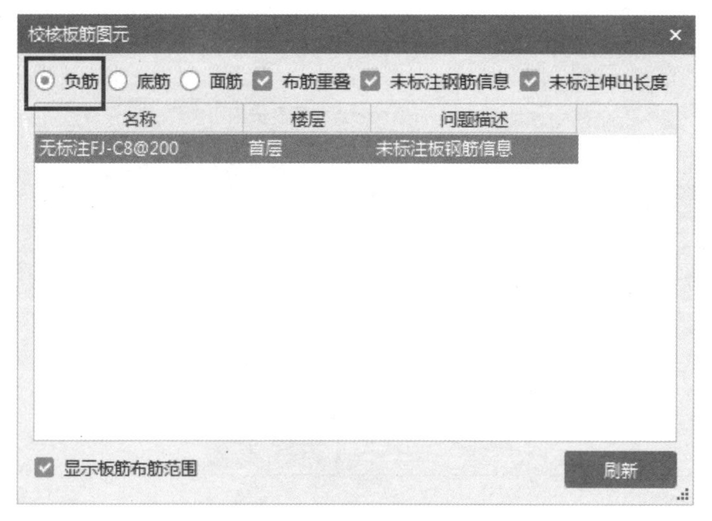

图 15.7.9　校核负筋

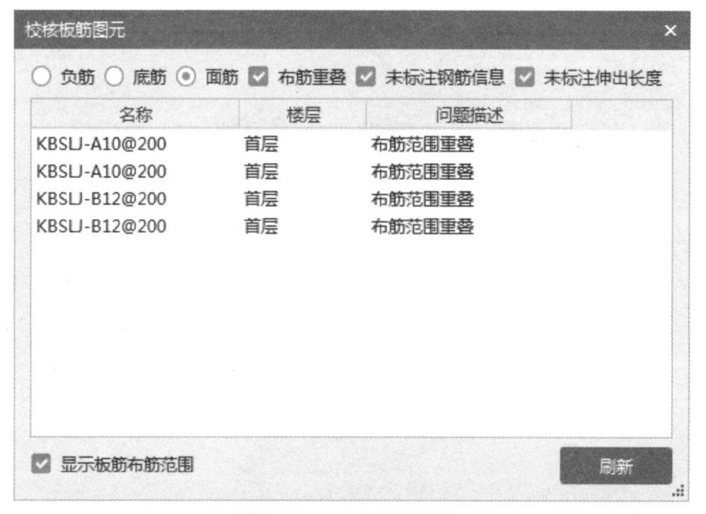

图 15.7.10　校核面筋

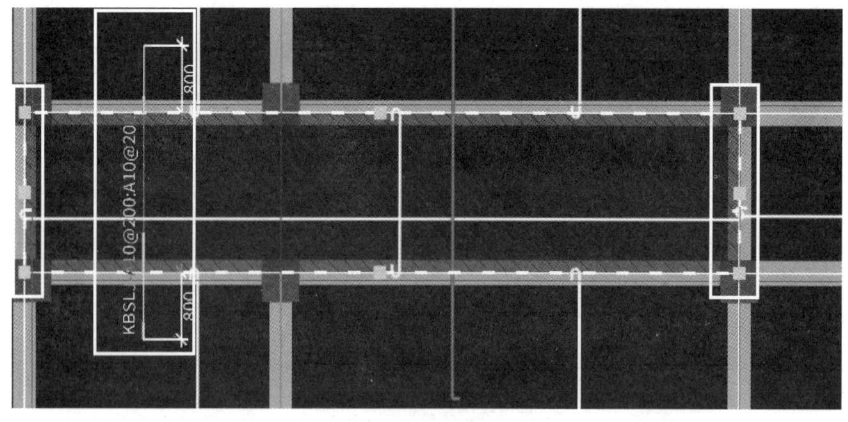

图 15.7.11　面筋重叠范围

（3）手动拉伸范围区域中间点调整正确范围，如图 15.7.12 所示。

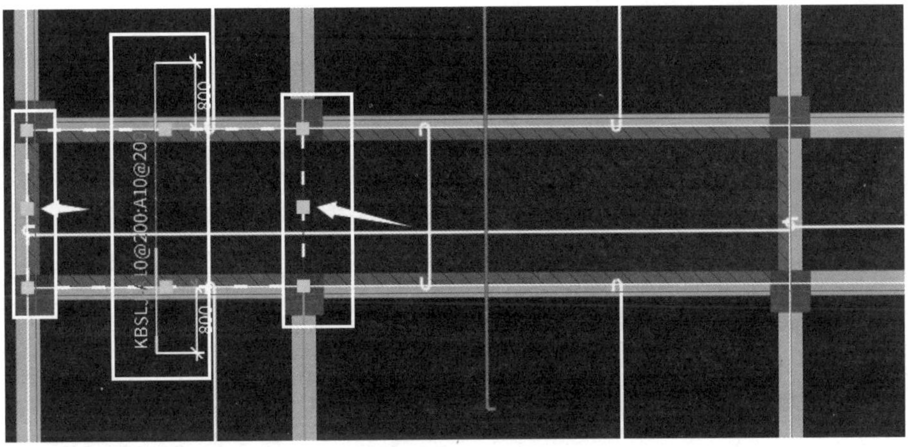

图 15.7.12　手动调整板筋重叠

（4）修改完单击对话框“刷新”按钮，确认无重叠信息后关闭对话框。最后检查识别出来的板筋与图纸信息是否一致，识别没有成功的板筋手动绘制添加。

识别筏板筋操作同理。

思考

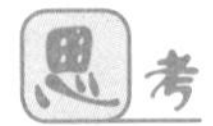

1. 识别板过程中，软件是否可以自动识别？还是识别成功后在属性列表里手动输入信息？

2. 识别板筋软件有重叠提示，若不进行修改，是否影响钢筋工程量？

15.8　识别基础梁

学习目的

（1）学会使用 CAD 识别基础梁。

（2）学会使用 CAD 识别基础梁原位标注。

学习内容

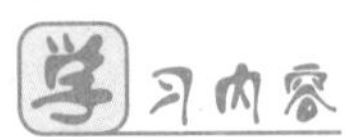

（1）设置比例，定位 CAD 图纸到轴网。

（2）识别基础梁构件图元。

（3）转换梁构件。

（4）基础梁原位标注。

操作步骤

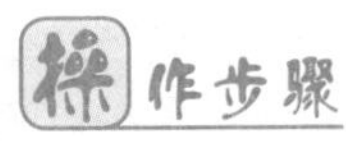

1. 定位 CAD 图操作同理

2. 识别基础梁操作同识别梁

识别梁：提取梁边线→提取梁标识→自动识别梁→修改识别不正确的梁跨信息。

3. 转换构件

（1）识别梁图元成功后，软件将基础梁构件判断为非框架构件，如图 15.8.1 所示。

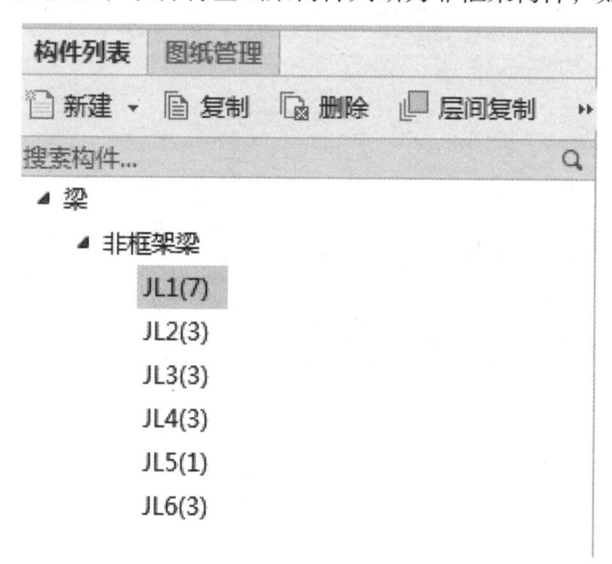

图 15.8.1　识别为非框架梁

（2）框选或批量选择识别出来的梁图元，单击右键选择“构件转换”功能，将非框架梁构件转换成基础梁构件，如图 15.8.2、图 15.8.3 所示。

（3）构件转换成功后，就可以直接将原来识别出来的非框架梁构件删除。根据 CAD 原始图层，手动绘制楼梯垫梁。

4. 自动识别基础梁原位标注

操作同梁。

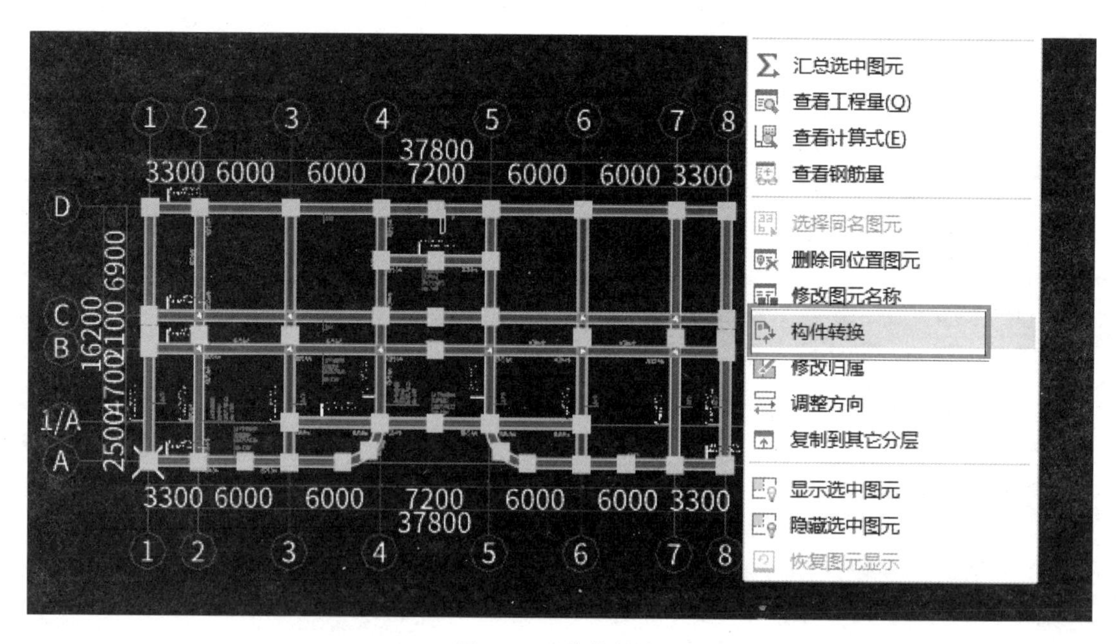

图 15.8.2　构件转换

构件转换 ×
转换为:
基础主梁
基础次梁
承台梁
圈梁
连梁
同名构件处理方式
新建构件，名称 + n
覆盖目标构件类型下同名构件属性
保留目标构件类型下同名构件属性
保留做法
确定 取消

图 15.8.3 转换为基础梁构件

在本工程识别基础梁，软件自动将基础梁归类到“梁构件”，若不将梁构件转换成基础梁是否对工程量有影响?

15.9 识别砌体墙

学习目的

学会运用 CAD 功能识别本工程首层砌体墙。

学习内容

（1）设置比例，定位 CAD 图纸到轴网。
（2）提取砌体墙边线。
（3）提取门窗线。
（4）识别砌体墙生成构件图元。

操作步骤

1. 设置比例、分割图纸

在图纸管理添加本工程建筑图纸→设置比例→分割 CAD 图纸。

2. 识别砌体墙

（1）导航树选择“砌体墙”构件→建模界面功能分组区单击“识别砌体墙”功能。

（2）提取砌体墙边线，按图层颜色选择→单击左键点选砌体墙边线，单击右键确认（因平面图未标识砌体墙标注，“提取墙标注”可忽略此步骤）→“提取门窗线”左键点选门窗线、右键确认→识别砌体墙，只勾选首层实际墙厚，自动识别，如图 15.9.1 所示。

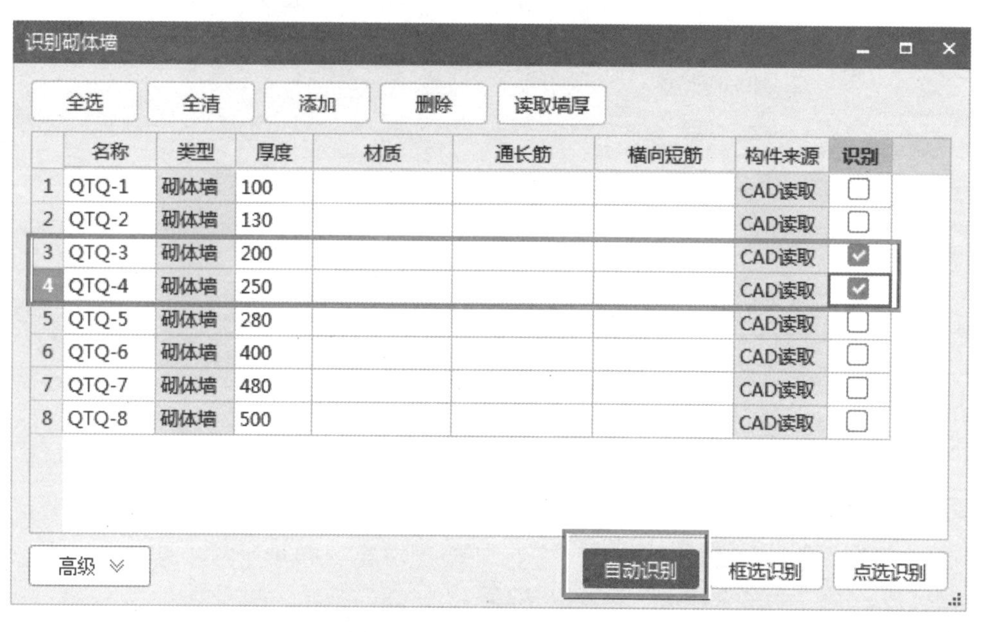

图 15.9.1　自动识别砌体墙

（3）将识别多出来的砌体墙删掉，带墙洞部位未成功识别出砌体墙图元进行手动绘制，如图 15.9.2、图 15.9.3 所示。属性列表输入砌体通长筋信息。

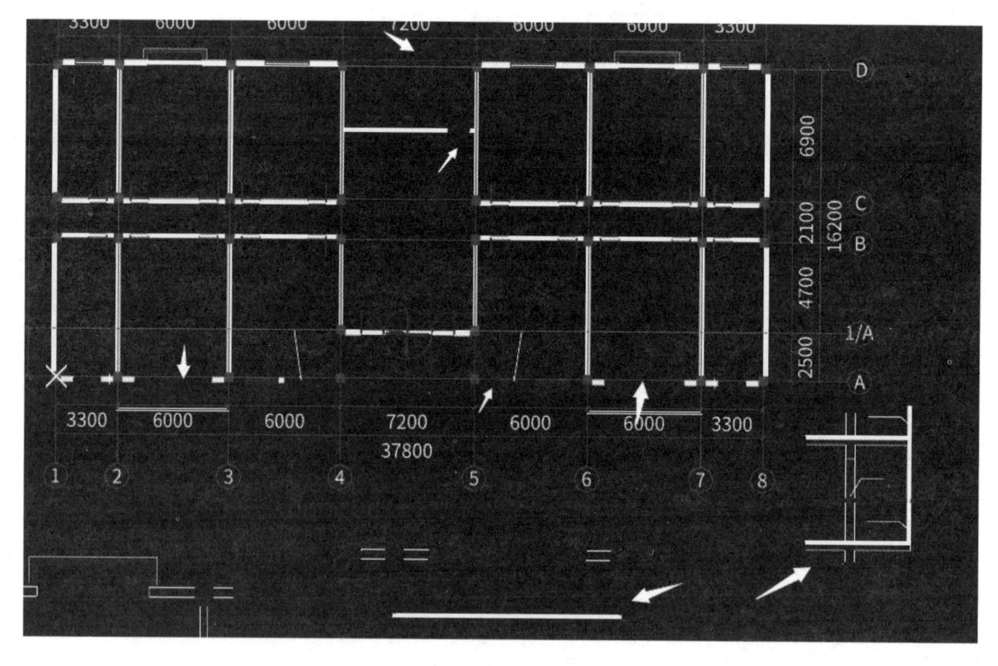

图 15.9.2　删除多余砌体墙

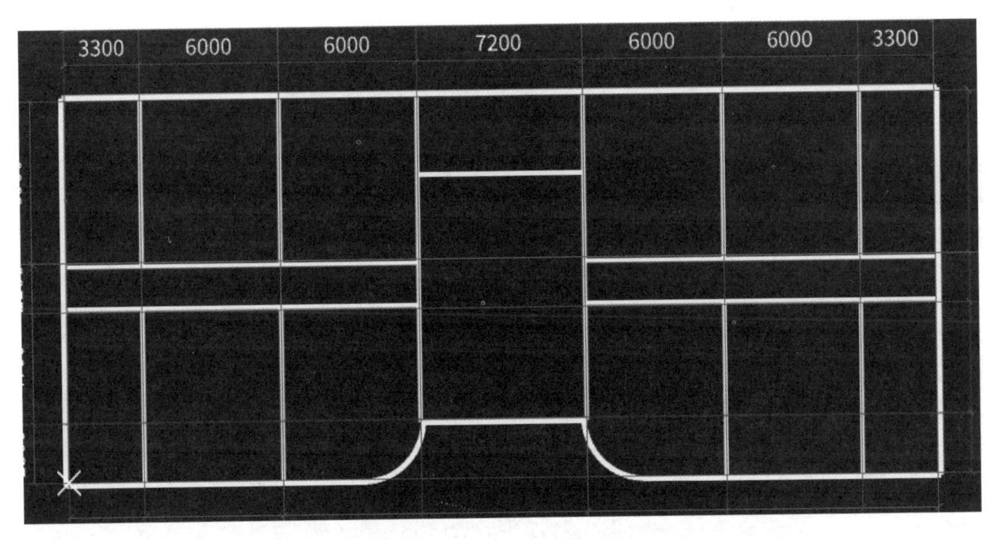

图 15.9.3 手动绘制砌体墙

1. 识别砌体墙为什么一定要提取门窗线?

2. 识别砌体墙过程中是否可以同时识别砌体钢筋?还是识别成功后在属性列表手动输入砌体钢筋?

15.10 识别门窗洞

学习目的

学会运用 CAD 功能识别本工程门窗表、首层门窗。

学习内容

(1)识别门窗表,生成门窗构件。

(2)识别门窗。

1. 识别门窗表

(1)导航树选择“门”或“窗”构件→建模界面功能分组区单击“门窗表”功能。

(2)图纸管理双击打开带门窗表的建筑总说明图纸→按住左键框选门窗表 1(门),单击右键确认,如图 15.10.1 所示。弹出对话框“识别门窗表”,单击“识别”按钮,门构件就生成了,如图 15.10.2、图 15.10.3 所示。

(3)识别窗表构件操作同识别门表构件,飘窗表不用识别,操作同(2),新建带型窗构件手动绘制。手动新建墙洞构件。

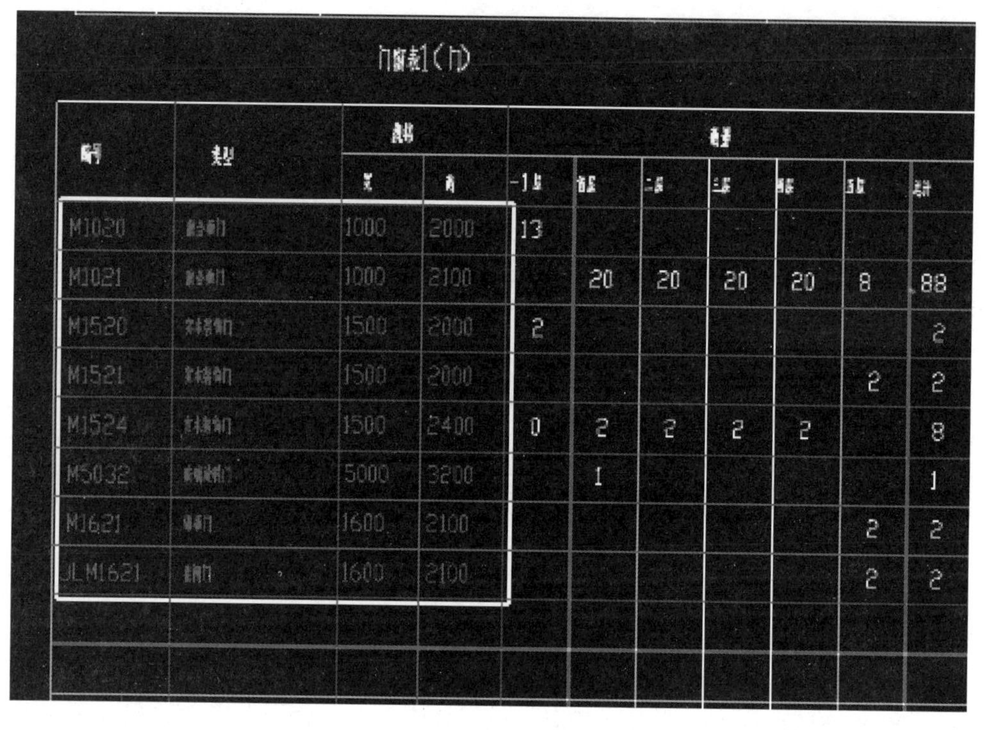

门窗表1（门）

[illegible]	[illegible]	[illegible]		[illegible]						
		[illegible]	[illegible]	-1层	[illegible]	[illegible]	[illegible]	[illegible]	[illegible]	[illegible]
M1020	[illegible]	1000	2000	13						
M1021	[illegible]	1000	2100		20	20	20	20	8	88
M1520	[illegible]	1500	2000	2						2
M1521	[illegible]	1500	2000						2	2
M1524	[illegible]	1500	2400	0	2	2	2	2		8
M5032	[illegible]	5000	3200		1					1
M1621	[illegible]	1600	2100						2	2
JLM1621	[illegible]	1600	2100						2	2

图 15.10.1　框选门窗表

名称	下拉选择	宽度	高度	类型	所属楼层
M1020	胶合板门	1000	2000	门	二号办公...
M1021	胶合板门	1000	2100	门	二号办公...
M1520	实木装饰门	1500	2000	门	二号办公...
M1521	实木装饰门	1500	2000	门	二号办公...
M1524	实木装饰门	1500	2400	门	二号办公...
M5032	玻璃旋转门	5000	3200	门	二号办公...
M1621	镶板门	1600	2100	门	二号办公...
JLM1621	卷闸门	1600	2100	门	二号办公...

图 15.10.2　识别门窗表

◢ 门
M1020
M1021
M1520
M1521
M1524
M5032
M1621
JLM1621

图 15.10.3　门构件列表

2. 识别门窗图元

（1）把图纸切换回建施图首层平面图，建模界面功能分组区单击选择“识别门窗洞”功能。

（2）因为在识别砌体墙时已经提取过门窗线，所以此步骤可以略过，直接提取门窗标识→自动识别门窗洞。弹出“校核门窗”对话框，如图 15.10.4 所示。

（3）飘窗位置因识别门窗图元前无构件信息，软件自动进行识别反建，把反建飘窗图元构件删除。未识别成功缺少图元信息双击“问题描述”手动绘制修改，修改完成后关闭“校核门窗”对话框。

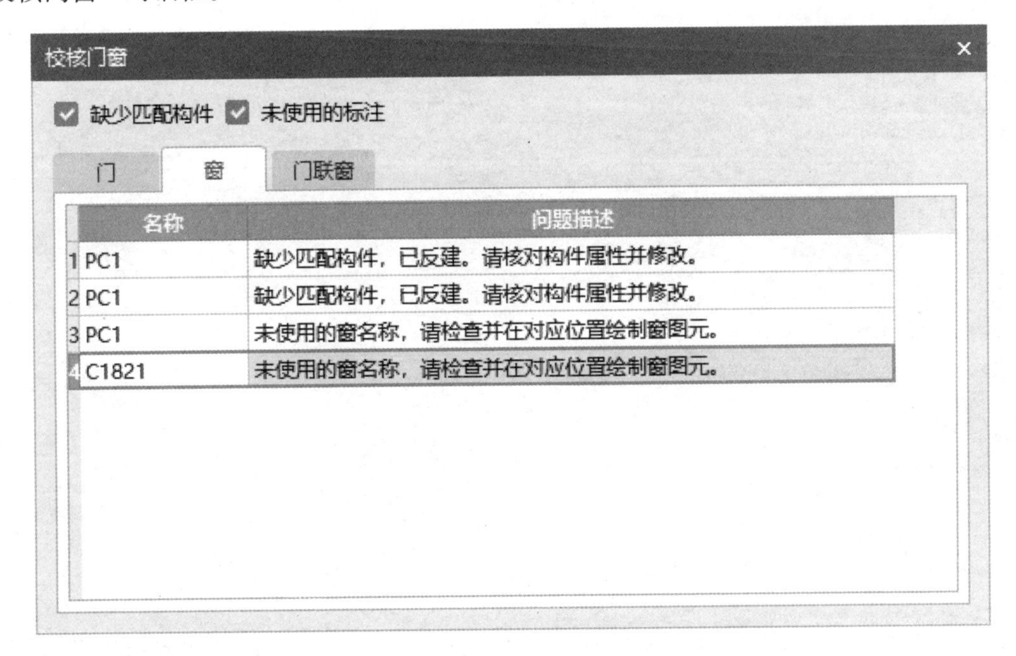

图 15.10.4　校核门窗

1. 绘制门窗洞过程中，能否先识别门窗洞图元，再识别门窗表或建立构件？
2. 飘窗构件是否可以识别？

15.11 识别装修表构件

学习目的

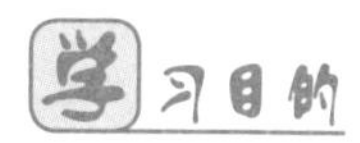

学会运用CAD功能识别本工程装修表构件。

学习内容

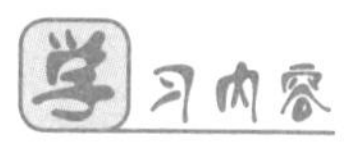

识别首层装修表构件。

操作步骤

识别装修表构件：

（1）在图纸管理双击打开建施总说明（带室内装修表）。

（2）导航树选择装修列表房间构件，建模界面选择“按房间装修表功能”→按住左键框选首层装修表，单击右键确认，如图15.11.1所示→弹出“按房间识别楼层表”对话框，单击对话框“识别”按钮确认退出，如图15.11.2所示。

（3）检查各装修构件列表，多出的构件进行删除，房间构件手动添加依附构件。

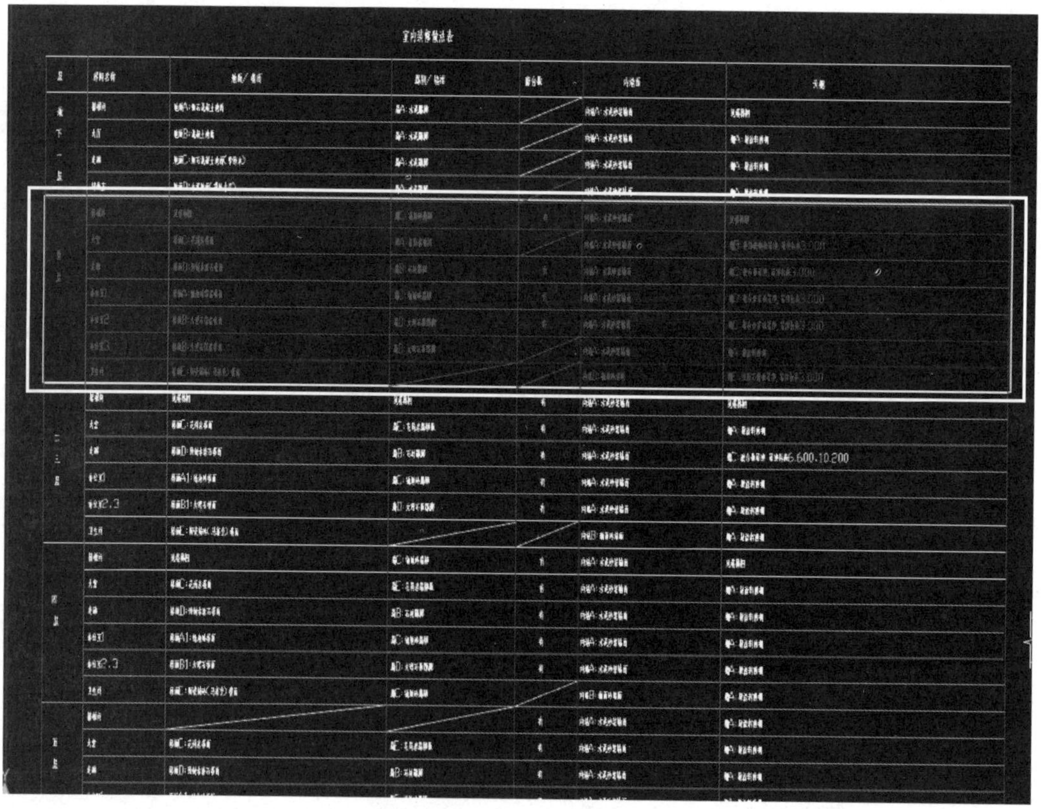

图15.11.1 框选首层装修表

下拉选择	房间	楼地面	踢脚	内墙面	吊顶	所属楼层
首层	楼梯间	见楼梯图	踢C:铺地...	内墙A:水...	见楼梯图	二号办公...
	大堂	楼面C:花...	裙A:花岗...	内墙A:水...	棚B:装饰...	二号办公...
	走廊	楼面D:预...	踢B:石材...	内墙A:水...	棚C:胶合...	二号办公...
	办公室1	楼面A:铺...	踢C:铺地...	内墙A:水...	棚D:铝合...	二号办公...
	办公室2	楼面B:大...	踢D:大理...	内墙A:水...	棚D:铝合...	二号办公...
	办公室3	楼面B:大...	踢D:大理...	内墙A:水...	棚A:刷涂...	二号办公...
	卫生间	楼面E:陶...		内墙B:釉...	棚E:纸面...	二号办公...

图 15.11.2　识别装修表

1. 识别装修表生成构件时，生成出来的房间构件是否含装修依附构件?
2. 装饰装修软件能否识别图元?

第16章　其他功能应用

16.1　装　配　式

认识装配式功能及其使用方法。

（1）装配式功能介绍。
（2）装配式构件定义及绘制方法。

操作步骤

1. 功能介绍

BIM装配式算量依附于土建计量平台，为用户提供三维建模、智能算量功能，快速解决装配式算量难、操作繁琐的问题，软件提供预制柱、预制墙、叠合梁、叠合板等一系列装配式构件（图16.1.1），为客户提供全面、专业的装配式BIM模型。

装配式
预制柱(Z)
预制墙(Q)
预制梁(L)
叠合板(整厚)(B)
叠合板(预制底板)(B)
叠合板受力筋(S)
叠合板负筋(F)

图16.1.1　装配式构件栏

2. 构件使用方法

（1）预制柱：

使用竖向装配构件，一遍成模，效率高。预制柱、预制墙：模型内置坐浆、预制、后浇等多个单元。

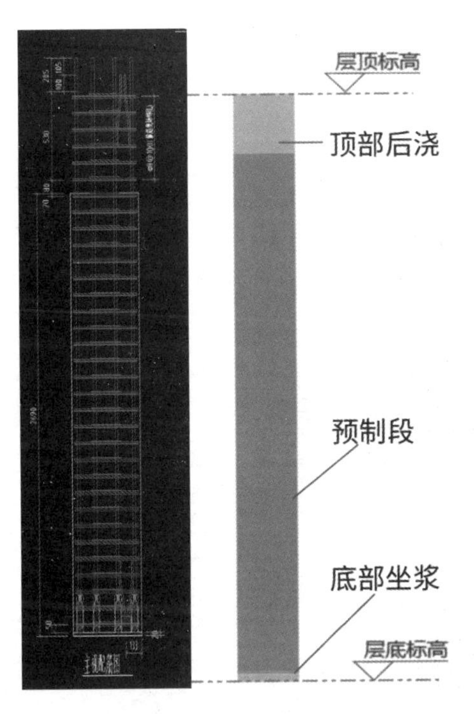

图 16.1.2　分段浇筑图

一遍成模：后浇高度自动计算，顶底高差—预制高度—坐浆高度；工程量计算：总体积、坐浆体积、预制体积、后浇体积、后浇模板，结果显示如图 16.1.3 所示。

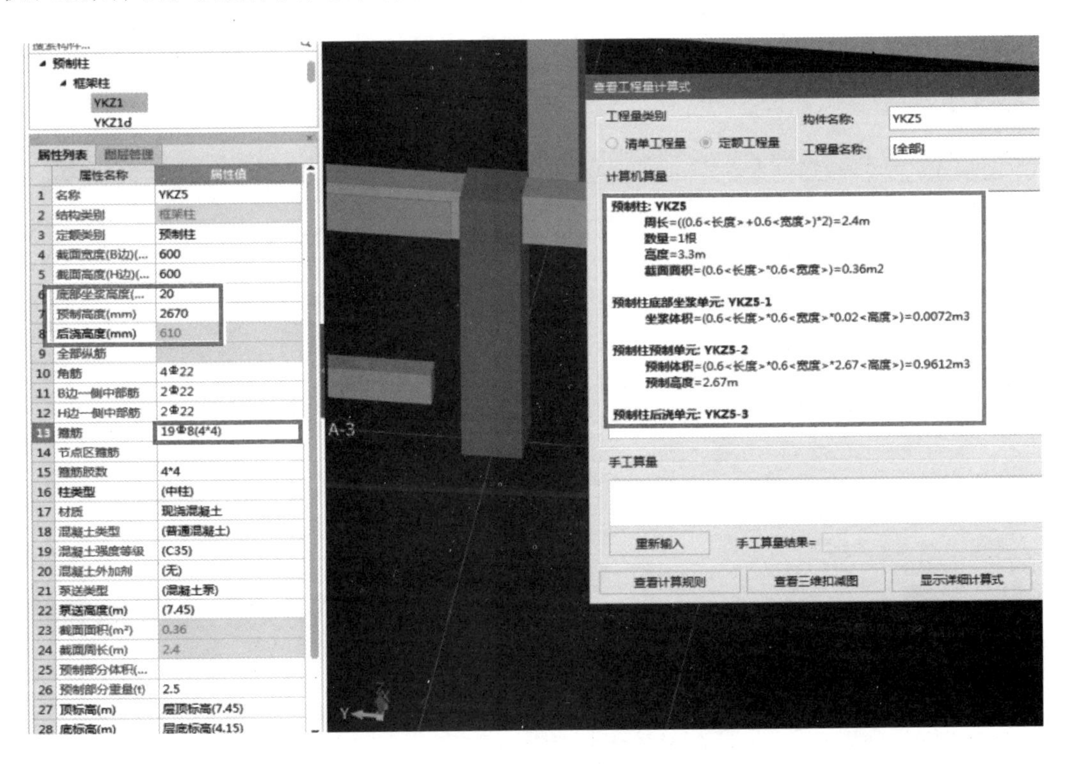

图 16.1.3　工程量计算式（预制柱）

内置坐浆单元、预制单元和后浇单元，可一次建模，实现预制柱其他构件的混凝土扣减，实现上下层现浇柱与预制柱的钢筋节点计算。预制柱、后浇钢筋处理三维效果演示如图 16.1.4 所示。

图 16.1.4　预制柱构件三维效果图

预制柱绘制完成后与其他构件汇总方式相同，汇总计算后即可生成计算结果，如图 16.1.5 所示。

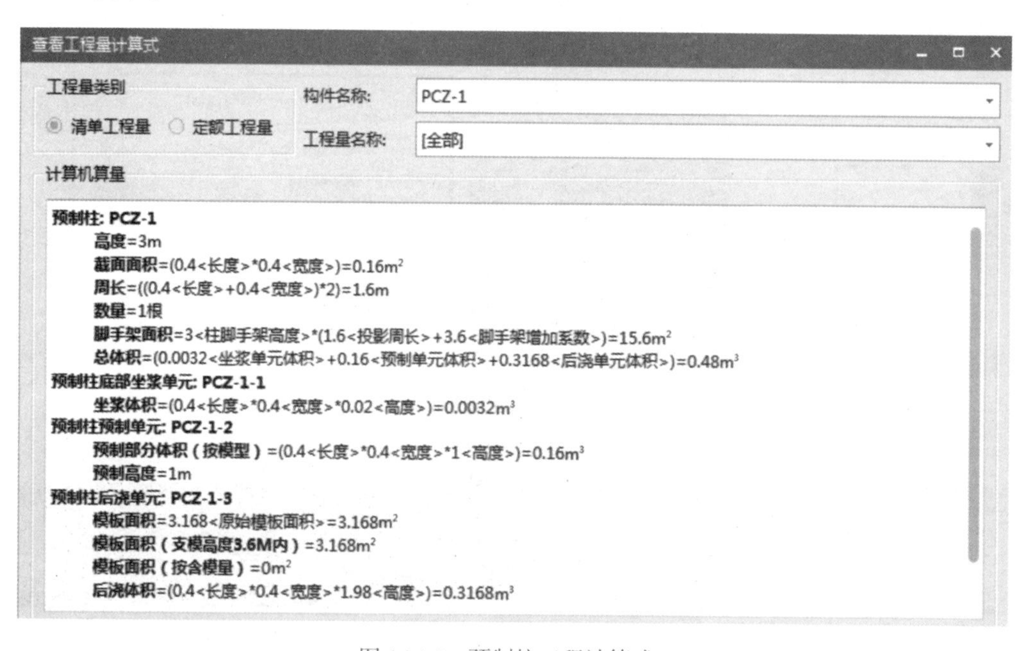

图 16.1.5　预制柱工程计算式

（2）预制墙：

软件使用参数化建模，内置了各向视图的模板，可以支持更改、保存个人模板、数据反复使用，支持常见的且较规则的预制墙、门窗装修房间等布置、校验与剪力墙等重叠绘制，剪力墙可以转换为矩形预制墙，参数化预制墙支持用户保存模板，以便下次使用。如图 16.1.6 所示。

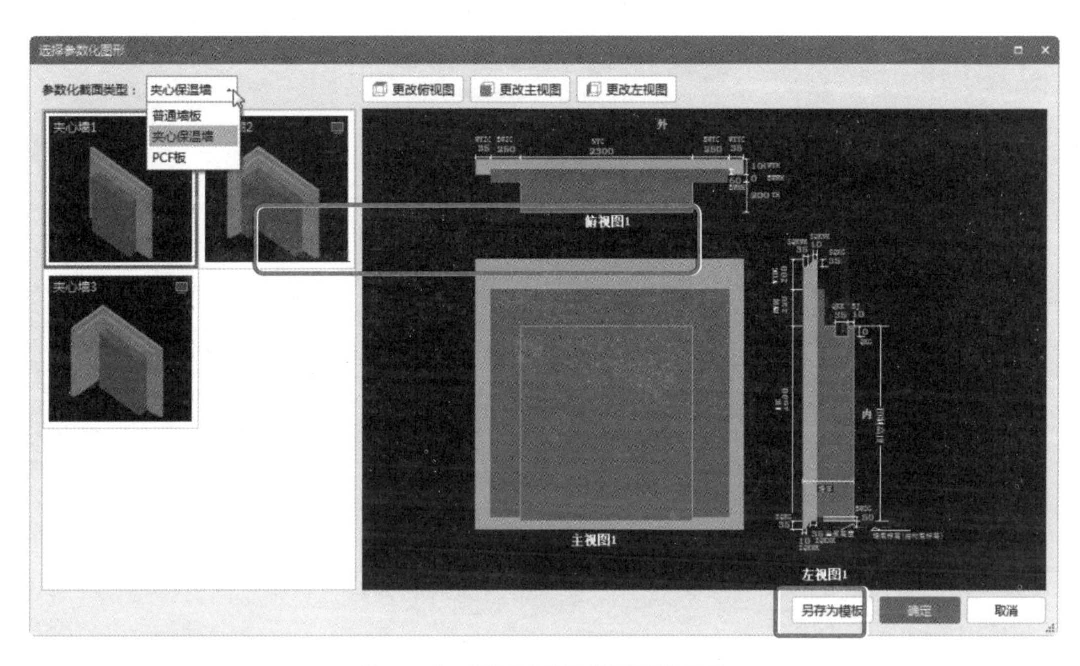

图 16.1.6　预制墙参数化图形选择栏

预制墙有多种节点选，可实现预制墙与剪力墙钢筋节点计算、预制墙与墙柱纵筋节点计算、梁 / 连梁与预制墙钢筋的扣减计算。如图 16.1.7 所示。

计算规则　节点设置　箍筋设置　搭接设置　箍筋公式

叠合板(整厚)
预制柱
预制梁
预制墙
空心楼盖板
主肋梁
次肋梁
基础
基础主梁 / 承台梁

	类型名称	设置值
1	⊟ 公共设置项	
2	现场预埋钢筋伸入预制墙长度	按设定计算
3	⊟ 扣减梁的钢筋	
4	梁与预制墙平行相交时箍筋的扣减	扣减相交长度内箍筋
5	梁与预制墙平行相交时下部钢筋的扣减	扣减相交跨整垮下部钢筋
6	梁与预制墙平行相交时侧面钢筋的扣减	扣减相交跨整跨侧面钢筋
7	梁与预制墙平行相交时上部钢筋的扣减	不扣减
8	⊟ 扣减连梁的钢筋	
9	连梁与预制墙平行相交时箍筋的扣减	扣减相交长度内箍筋
10	连梁与预制墙平行相交时下部钢筋的扣减	扣减整根连梁下部钢筋
11	连梁与预制墙平行相交时侧面钢筋的扣减	扣减整根连梁侧面钢筋
12	连梁与预制墙平行相交时上部钢筋的扣减	不扣减

图 16.1.7　预制墙计算规则

预制墙的工程量出量方便快捷，预制墙由 5 个单元组成，子单元各自出量，总量在预制墙中，如图 16.1.8 所示。

图 16.1.8 预制墙清单规则

软件增加节点构造选择，实现剪力墙遇预制墙的钢筋计算，可为不同需要提供多种选择，如图 16.1.9、图 16.1.10 所示。

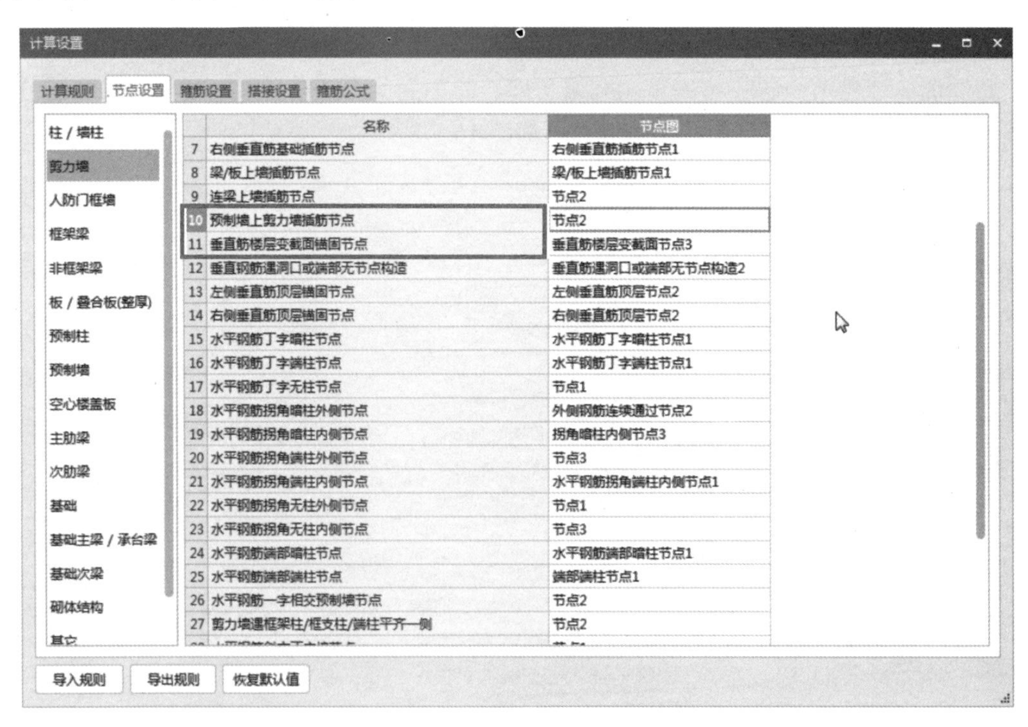

图 16.1.9 计算设置（预制墙）

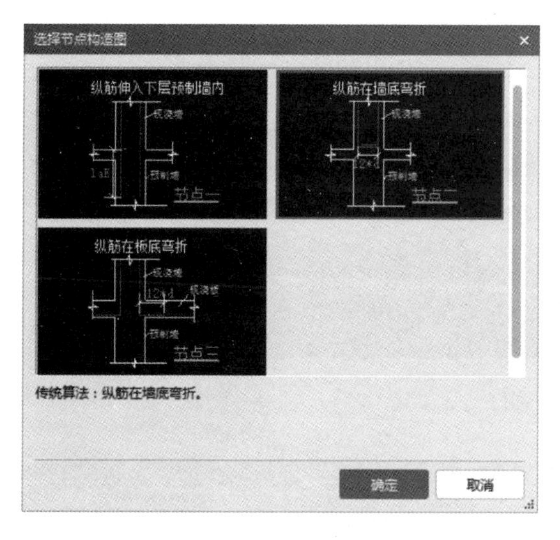

（一）

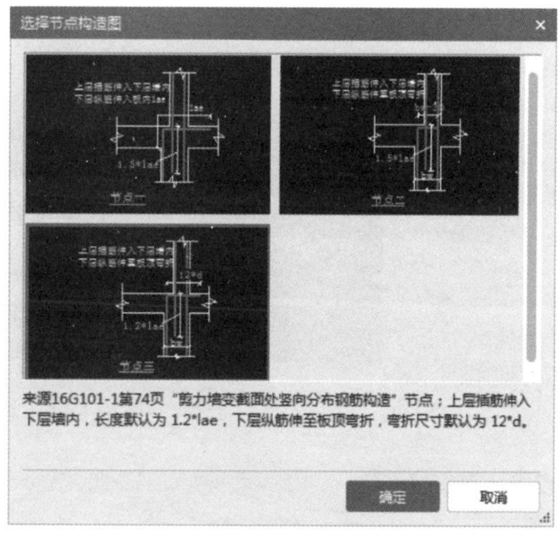

（二）

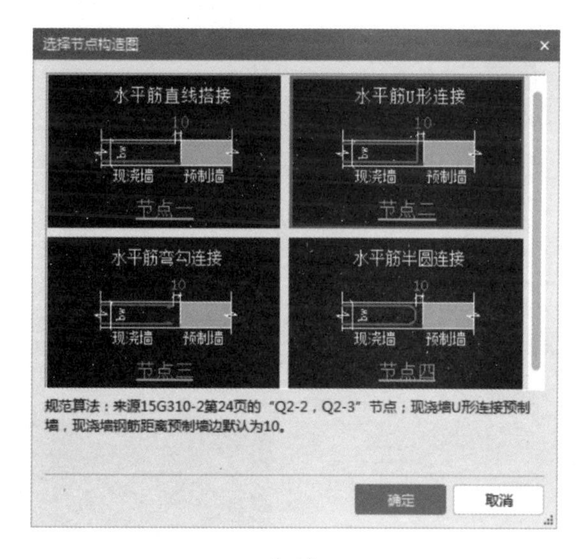

（三）

图 16.1.10　节点选择（预制墙）

（3）叠合梁：

支持常见的矩形预制梁、预制梁与梁重叠布置形成叠合梁，实现了梁体积、模板等与预制梁的扣减，实现了梁钢筋与预制梁的扣减，预制梁标高默认与梁底平齐。如图 16.1.11 所示。

叠合梁的计算可分为主体和客体，并且可以设置相互扣减关系，如图 16.1.12 所示。

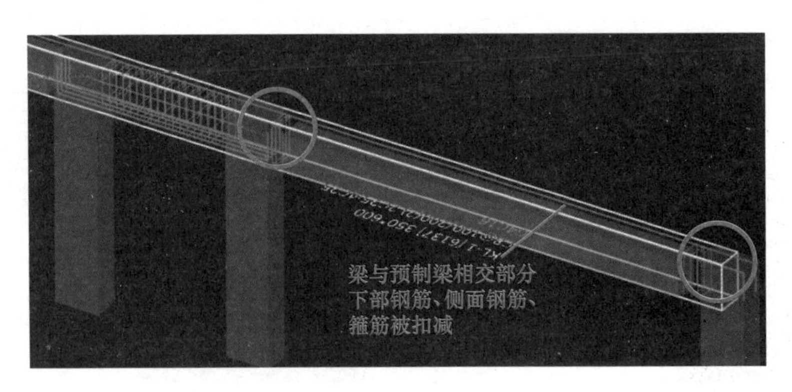

图 16.1.11　预制构件三维扣减

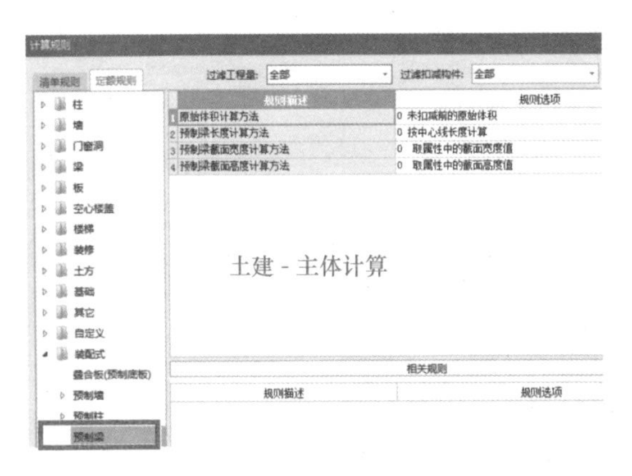

土建 - 主体计算

（一）

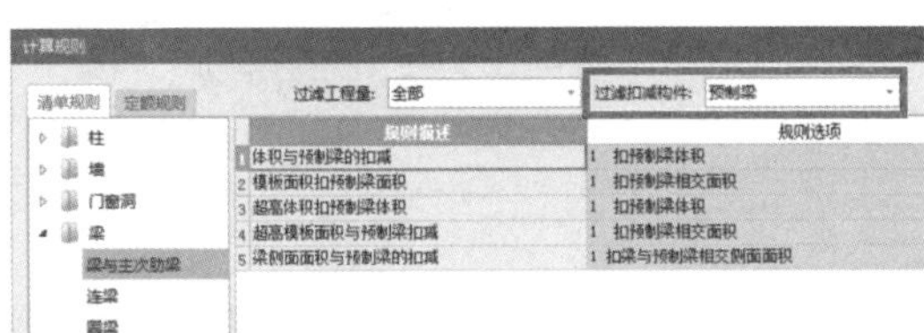

土建 - 客体计算

（二）

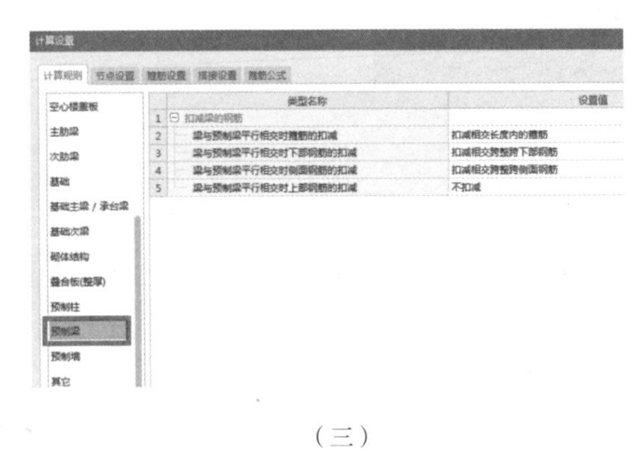

（三）

（四）

图 16.1.12　计算设置扣减关系（叠合梁）

（4）叠合板：

【叠合板（整厚）】计算规则与原有的【现浇板】一样，新增与预制底板、预制梁、预制柱、预制墙的扣减关系，如图 16.1.13 所示。

叠合板采用单独的计算规则、单独出量，如图 16.1.14 所示。

叠合板受力筋、叠合板跨板受力筋、叠合板负筋计算增加了计算设置：弯折自动算到预制板顶，如图 16.1.15 所示。

计算规则
清单规则
定额规则
过滤工程量:
全部
过滤扣减构件:
叠合板(预制底板)
柱
墙
门窗洞
梁
板
现浇板与空心楼盖板与叠合板(整厚)
螺旋板
板洞
柱帽与空心楼盖柱帽
规则描述
1 侧模扣预制板与板边相交面积
2 超高侧模扣预制板与板边相交面积
3 超高模板面积扣预制板模板面积
4 底面模板面积扣预制板模板面积
5 体积扣预制板体积
6 超高体积扣预制板体积
独基单元
桩承台单元
保温墙单元
成孔芯模
坡道
叠合板(预制底板)
预制墙
预制柱预制单元
预制梁
预制墙后浇单元
规则选项

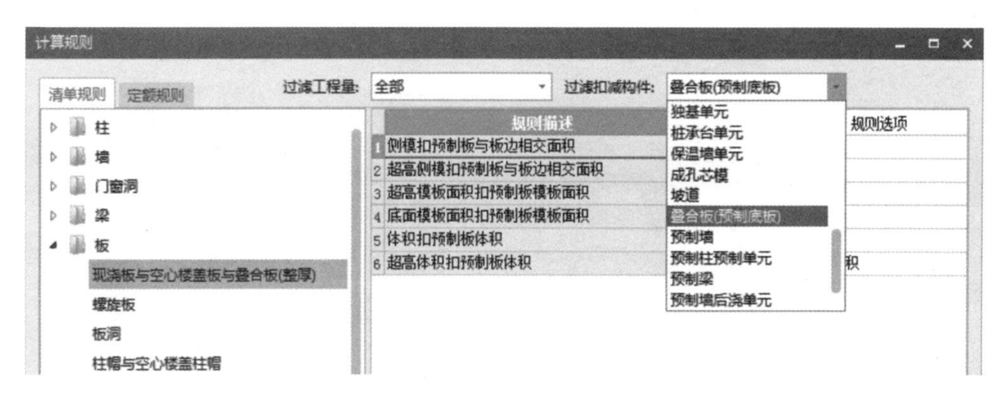

图 16.1.13　计算设置（叠合板）

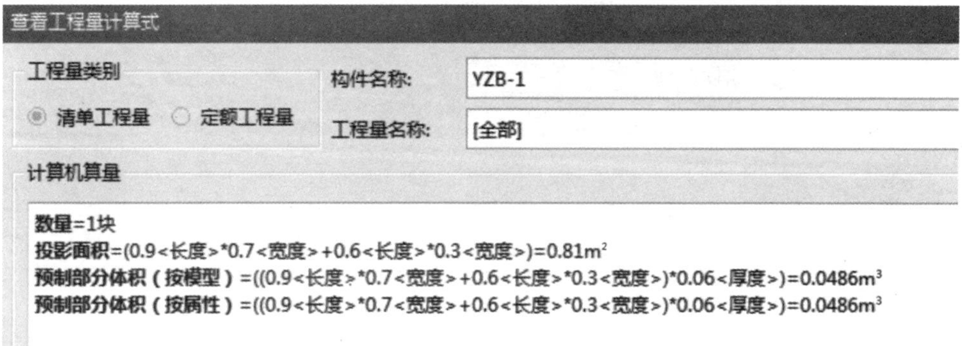

查看工程量计算式
工程量类别
清单工程量　定额工程量
构件名称:
YZB-1
工程量名称:
[全部]
计算机算量
数量=1块
投影面积=(0.9<长度>*0.7<宽度>+0.6<长度>*0.3<宽度>)=0.81m²
预制部分体积（按模型）=((0.9<长度>*0.7<宽度>+0.6<长度>*0.3<宽度>)*0.06<厚度>)=0.0486m³
预制部分体积（按属性）=((0.9<长度>*0.7<宽度>+0.6<长度>*0.3<宽度>)*0.06<厚度>)=0.0486m³

图 16.1.14　工程量计算式（叠合板）

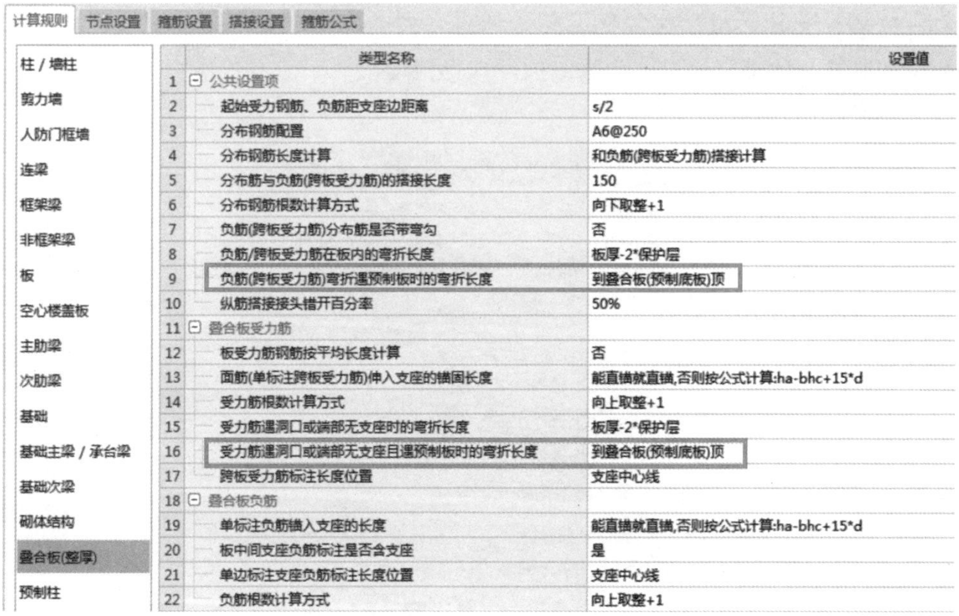

计算规则
节点设置
箍筋设置
搭接设置
箍筋公式
柱 / 墙柱
剪力墙
人防门框墙
连梁
框架梁
非框架梁
板
空心楼盖板
主肋梁
次肋梁
基础
基础主梁 / 承台梁
基础次梁
砌体结构
叠合板(整厚)
预制柱
类型名称
设置值
1 公共设置项
2 起始受力钢筋、负筋距支座边距离　s/2
3 分布钢筋配置　A6@250
4 分布钢筋长度计算　和负筋(跨板受力筋)搭接计算
5 分布筋与负筋(跨板受力筋)的搭接长度　150
6 分布钢筋根数计算方式　向下取整+1
7 负筋(跨板受力筋)分布筋是否带弯勾　否
8 负筋/跨板受力筋在板内的弯折长度　板厚-2*保护层
9 负筋(跨板受力筋)弯折遇预制板时的弯折长度　到叠合板(预制底板)顶
10 纵筋搭接接头错开百分率　50%
11 叠合板受力筋
12 板受力筋钢筋按平均长度计算　否
13 面筋(单标注跨板受力筋)伸入支座的锚固长度　能直锚就直锚,否则按公式计算:ha-bhc+15*d
14 受力筋根数计算方式　向上取整+1
15 受力筋遇洞口或端部无支座时的弯折长度　板厚-2*保护层
16 受力筋遇洞口或端部无支座且遇预制板时的弯折长度　到叠合板(预制底板)顶
17 跨板受力筋标注长度位置　支座中心线
18 叠合板负筋
19 单标注负筋锚入支座的长度　能直锚就直锚,否则按公式计算:ha-bhc+15*d
20 板中间支座负筋标注是否含支座　是
21 单边标注支座负筋标注长度位置　支座中心线
22 负筋根数计算方式　向上取整+1

（一）

图 16.1.15　计算设置扣减（叠合板）（一）

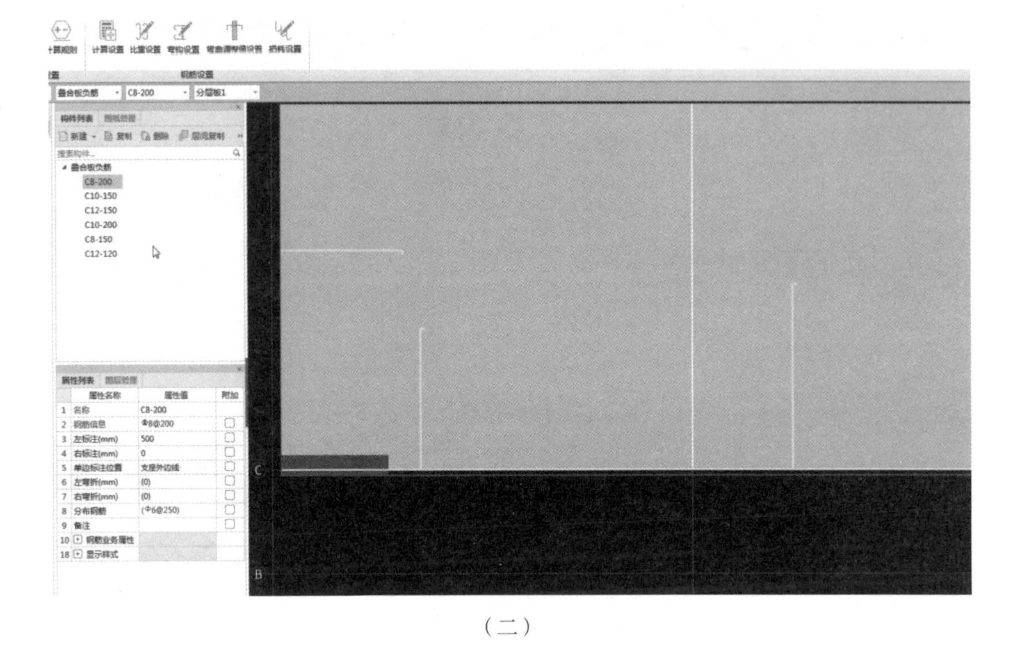

（二）

图 16.1.15　计算设置扣减（叠合板）（二）

（5）装配式专有报表：

装配式构件在软件中有专门的报表，并且与原报表可以相互配合使用，其中：

原有土建报表：增加装配式构件的呈现、现浇扣减工程量扣装配式构件。

新增装配式报表：预制构件的预制钢筋统计、整楼预制构件汇总、预制构件钢筋含量分析。

原有钢筋报表量：仅统计现场绑扎钢筋量，不统计预制构件里的钢筋，包括：预制柱里的后浇箍筋、柱顶附加筋、预制墙构件现场预埋钢筋、原有现浇构件的钢筋。具体如图 16.1.16 所示。

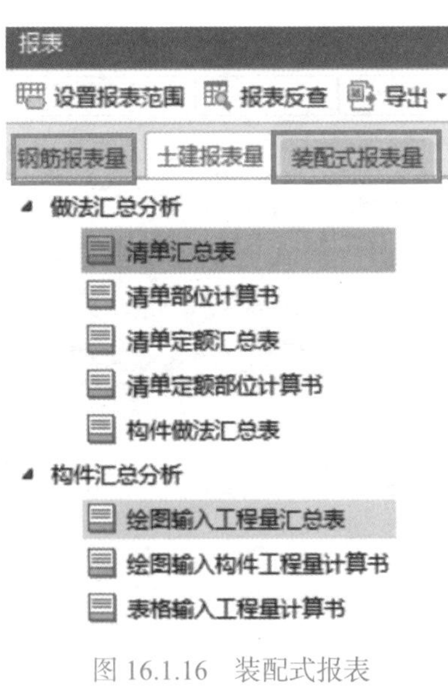

图 16.1.16　装配式报表

16.2 集 水 坑

学习目的

认识集水坑功能及用法。

学习内容

（1）集水坑功能介绍。

（2）集水坑定义及绘制方法。

操作步骤

1. 集水坑定义

集水坑是筏板上的构件，所以绘制集水坑必须在筏板上进行，集水坑的定义及绘制会直接影响筏板钢筋量。

在构建导航栏中选择“集水坑”，点击“新建”按钮，根据图纸要求选择“新建矩形集水坑”，鼠标双击名称既可对其进行修改。至此，集水坑的定义就完成了（图 16.2.1）。

图 16.2.1 集水坑构件栏

集水坑的钢筋形式较为复杂，在此结合对应的属性信息逐一进行解析。如图 16.2.2 ～图 16.2.4 所示。

（1）截面长度：集水坑坑口的长度，单位 mm。

属性列表

	属性名称	属性值	附
	名称	JSK-1	
	截面长度(mm)	2000	☐
	截面宽度(mm)	2000	☐

图 16.2.2　属性列表（集水坑）

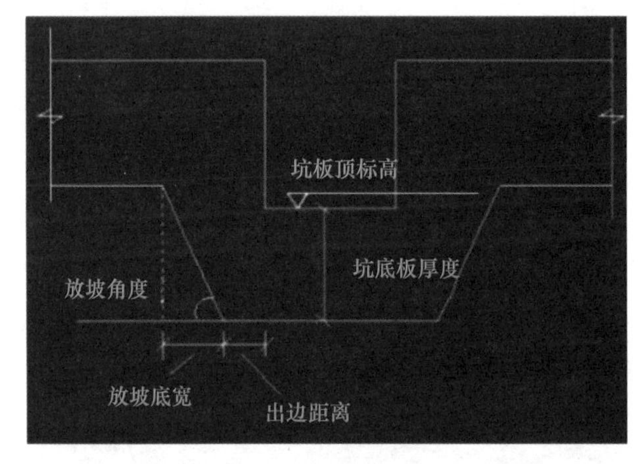

图 16.2.3　集水坑参数图（一）

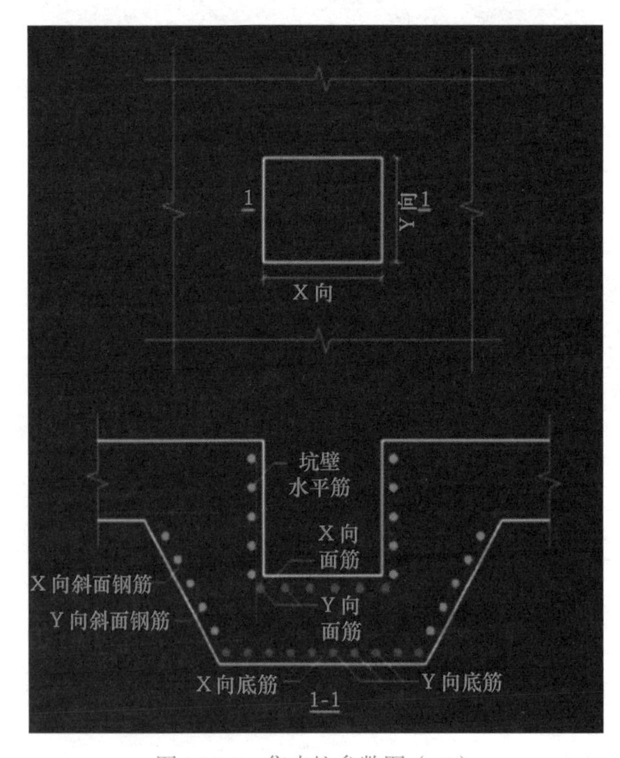

图 16.2.4　集水坑参数图（二）

（2）截面宽度：集水坑坑口的宽度，单位 mm。

（3）坑底出边距离：单侧坑底超出坑口部分的长度，单位 mm。

（4）坑底板厚度：坑洞口下方底板厚度，单位 mm。

（5）坑板顶标高：集水坑底板的顶标高，单位 mm。可以通过下拉框选择，也可以输入具体数值。

（6）放坡输入方式：可选择项为“放坡角度”与“放坡底宽”；放坡角度是指集水坑底面斜坡与水平面的夹角；

放坡底宽是指集水坑坡面在水平面的投影宽度；可以根据实际情况选择一种设置方式。坡度输入方式的选项决定了下一个属性的名称显示。

（7）放坡角度：集水坑底部侧面与水平面的夹角。放坡底宽：集水坑底部侧面的水平投影长度。

（8）X 向底筋：平行于开间轴线的方向，集水坑底板底部的横向钢筋；输入格式：级别＋直径＋间距，例如 B12@200。

（9）X 向面筋：平行于开间轴线的方向，集水坑底板顶部的横向钢筋；输入格式：级别＋直径＋间距，例如：B12@200。

（10）Y 向底筋：平行于进深轴线的方向，集水坑底板底部的纵向钢筋；输入格式：级别＋直径＋间距，例如 B12@200。

（11）Y 向面筋：平行于进深轴线的方向，集水坑底板顶部的纵向钢筋；输入格式：级别＋直径＋间距，例如：B12@200。

（12）坑壁水平筋：是指集水坑坑洞侧壁水平向的钢筋；输入格式：级别＋直径＋间距，例如：B12@200，或者 B12@200/B10@200，斜杠前面代表 Y 向钢筋，斜杠后面代表 X 向钢筋。

（13）X 向斜面钢筋：是指集水坑底面斜坡上的横向钢筋；输入格式为：级别＋直径＋间距。

（14）Y 向斜面钢筋：是指集水坑底面斜坡上的纵向钢筋；输入格式为：级别＋直径＋间距。集水坑在进行布置时，根据图纸标注直接点式绘制在对应的筏板基础上即可。

2. 集水坑绘制

集水坑的绘制方法与柱、独立基础等点式构件相同，在此不再赘述。

1. 集水坑是否可以不用集水坑构件进行绘制？
2. 集水坑定义有钢筋了，阀门的钢筋是否会自动扣减？

16.3　梁、板加腋

认识梁、板加腋功能及用法。

学习内容

（1）板加腋功能介绍。
（2）梁加腋功能介绍。

1. 板加腋

软件内置板加腋构件（图 16.3.1），支持板面加腋、板底加腋，支持单图元绘制、批量绘制，提高建模效率。

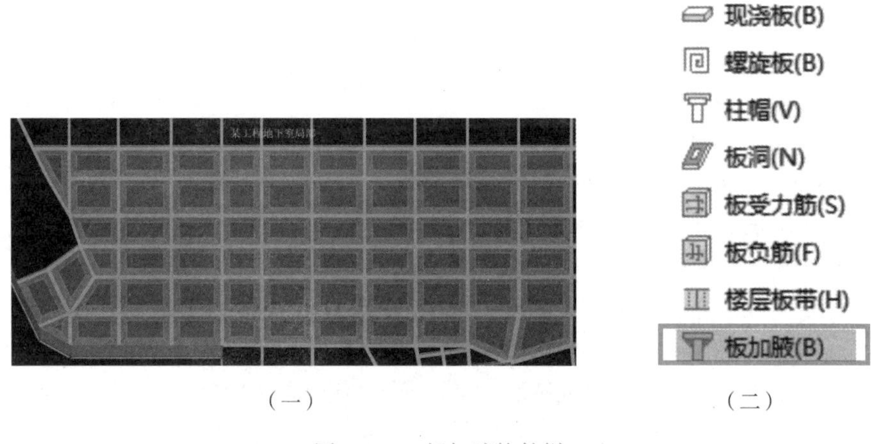

（一）　　（二）

图 16.3.1　板加腋构件栏

加腋筋锚固提供多种节点设置，可灵活输入，满足大部分图纸的需求，钢筋呈现三维效果，核量方便，所见即所得，如图 16.3.2 所示。

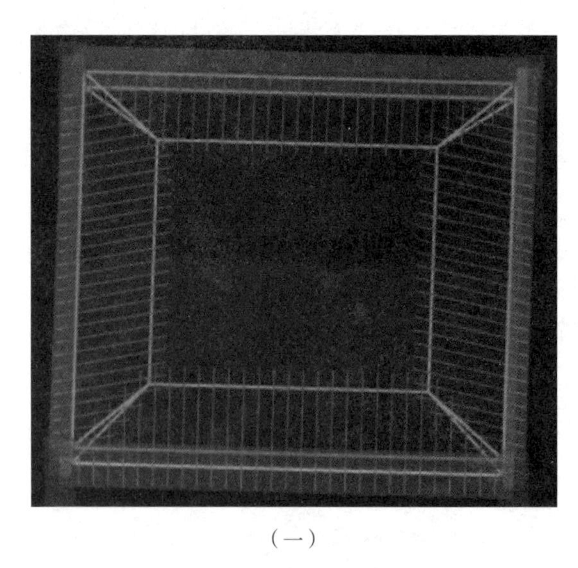

（一）

图 16.3.2　节点设置（板加腋）（一）

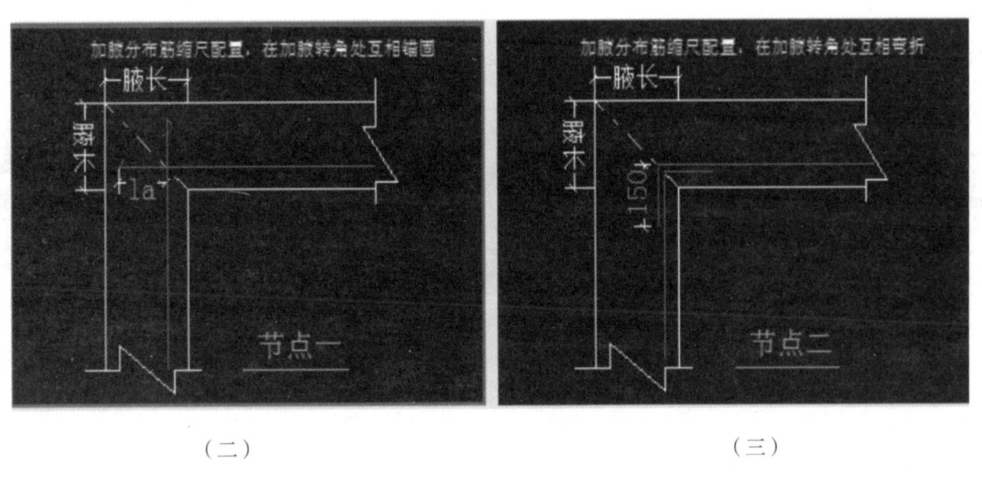

（二）　　　　　　　　　　　　（三）

图 16.3.2　节点设置（板加腋）（二）

2. 梁加腋

梁构件增加【生成梁加腋】【查看梁加腋】【删除梁加腋】功能，如图 16.3.3 所示。

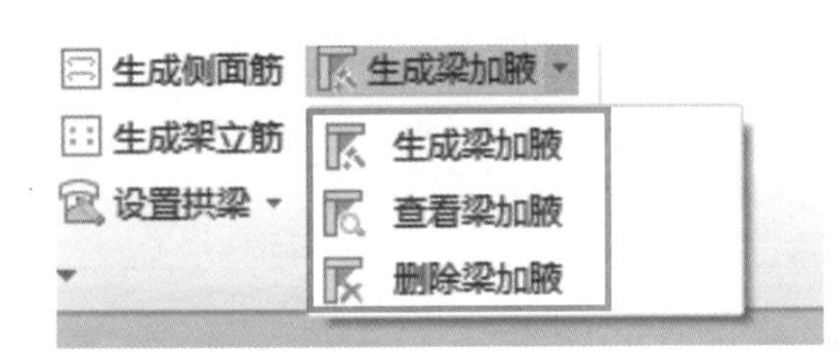

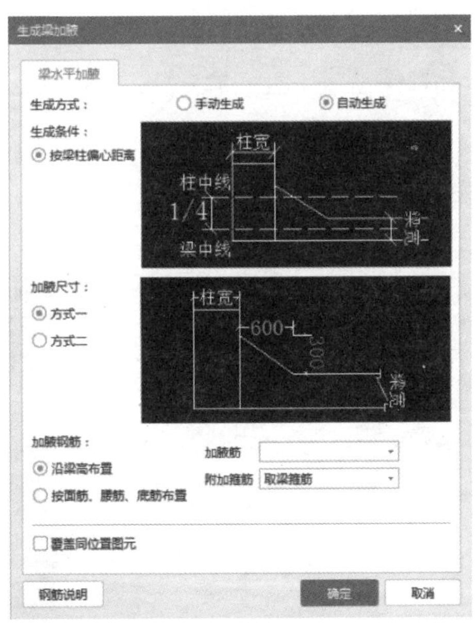

图 16.3.3　生成梁加腋功能

梁柱水平侧腋支持按梁柱偏心距离生成，满足大部分图纸的需求；梁柱水平侧腋加腋筋支持沿梁高平均布置、按面筋 / 腰筋 / 底筋方式布置，满足实际图纸的要求。

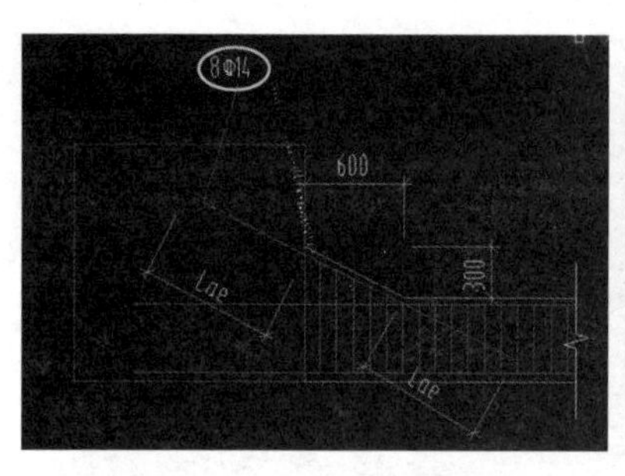

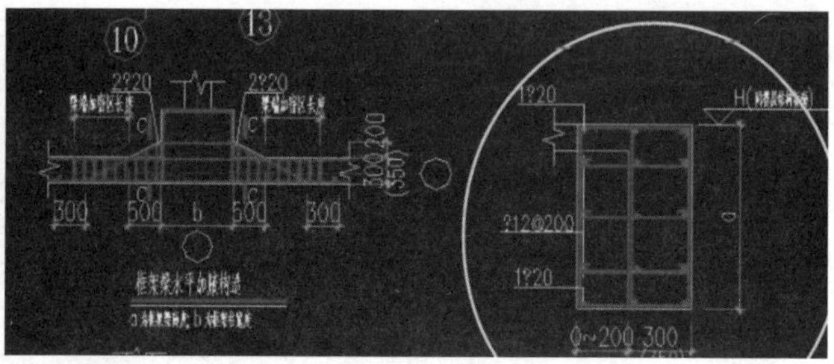

图 16.3.4　梁水平加腋

思考

1. 梁加腋时不采用梁加腋功能，是否可以采用其他构件绘制？
2. 板加腋时不采用板加腋功能，是否可以采用其他构件绘制？

16.4　约束边缘构件

认识约束边缘构件功能及用法。

约束边缘构件功能介绍。

操作步骤

约束边缘构件：软件中约束边缘非阴影区按照独立构件处理，做参数化构件，提供 5 种参数图，仅支持新建参数化约束边缘非阴影区，不支持异形。

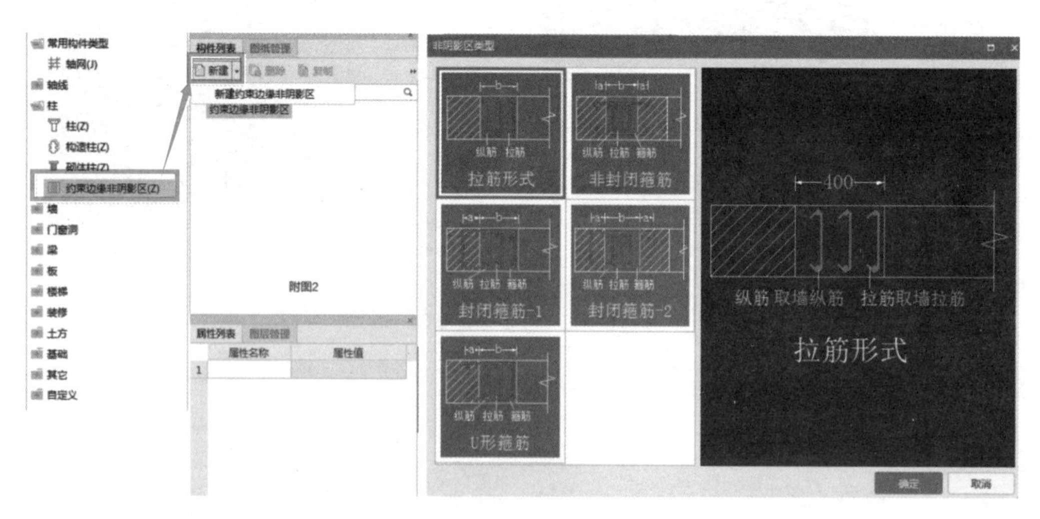

图 16.4.1　约束边缘构件栏

约束边缘非阴影区绘制时依赖于剪力墙和柱，可自适应墙和柱的形状生成不同的截面形状，如图 16.4.2 所示。

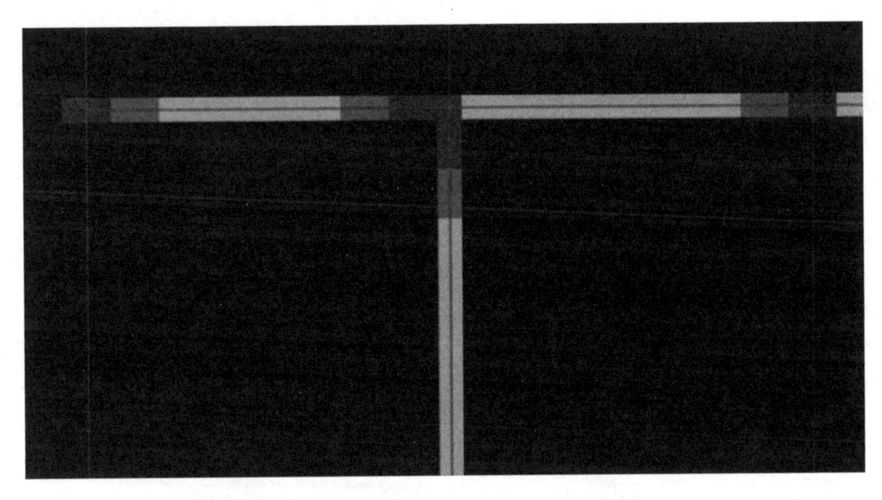

图 16.4.2 自适应墙厚

约束边缘构件的混凝土工程量提量应属于哪个构件?

16.5 脚 手 架

认识脚手架功能及用法。

脚手架功能介绍。

脚手架：软件提供脚手架构件（图 16.5.1），包括立面脚手架及平面脚手架两种形式。

立面脚手架支持：按墙、梁、柱、独立基础、桩承台、条形基础布置。

平面脚手架支持：按顶棚、吊顶、筏板基础、独立基础、桩承台、条形基础、建筑面积布置。

软件提供生成脚手架功能，可按照墙、柱、梁、基础、装饰、建筑面积等类别，按照所勾选的条件生成脚手架构件及图元（图 16.5.2）。脚手架构件可单独布置，自由绘制，不依附于其他构件，如图 16.5.3 所示。

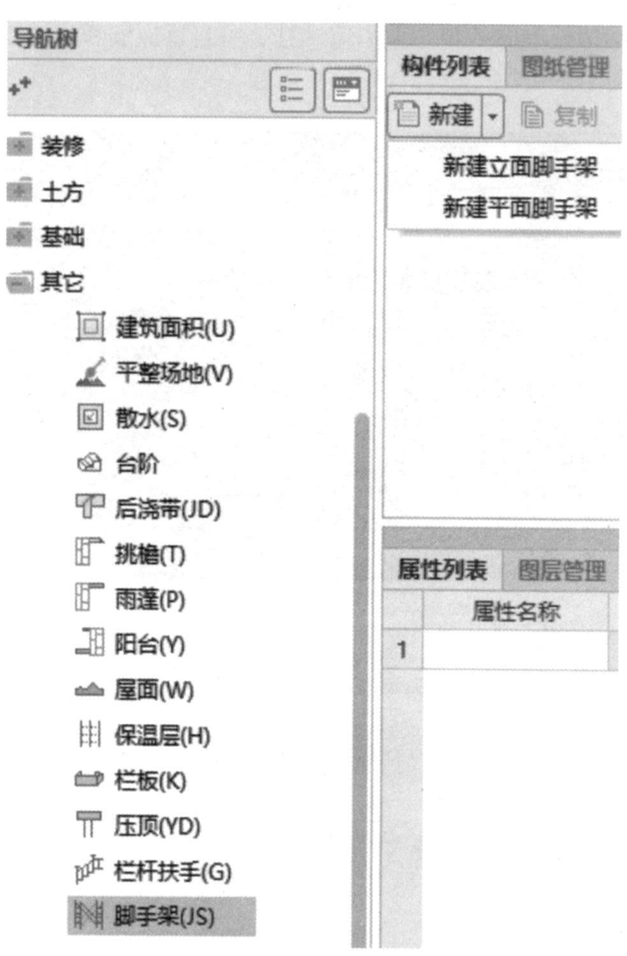

图 16.5.1 脚手架构件栏

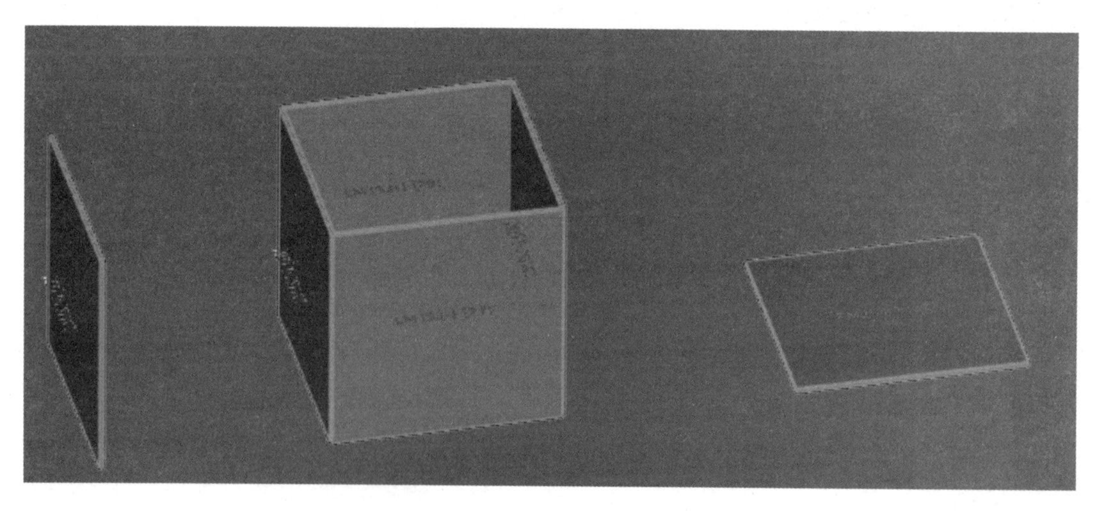

图 16.5.2 脚手架三维效果图

生成脚手架

立面式脚手架

剪力墙　砌体墙　保温墙　幕墙

顶标高(m):　墙顶标高　底标高(m):　墙底标高

生成位置　外墙外侧　外墙内侧　内墙中心线

柱　砌体柱

顶标高(m):　柱顶标高　底标高(m):　柱底标高

梁　连梁

顶标高(m):　顶梁顶标高　底标高(m):　层底标高

条形基础　独立基础　桩承台

顶标高(m):　基础顶标高　底标高(m):　基础底标高

平面脚手架

天棚　吊顶　建筑面积

搭设高度(m):　同属性默认值

筏板基础　条形基础　独立基础　桩承台

外放宽度(mm):　100

生成方式

选择图元　选择楼层

覆盖同位置立面式脚手架和平面式脚手架

确定　取消

图 16.5.3　生成脚手架功能栏

16.6　自定义贴面

认识自定义贴面功能及用法。

自定义贴面功能介绍。

操作步骤

自定义贴面：自定义贴面在现有挑檐、柱的布置范围上，扩展到梁、圈梁等装修，可以为一些不能直接出装修工程量的构件提供补充。其用法和墙面装饰一致，定义后可以直接绘制到所需面，汇总计算后可出该面工程量。如图 16.6.1 所示。

自定义
- 自定义点
- 自定义线(X)
- 自定义面
- 自定义贴面
- 自定义钢筋
- 尺寸标注(W)

图 16.6.1　贴面三维效果图

自定义贴面常用的位置有哪些？

16.7　自定义钢筋

学习目的

认识自定义钢筋功能及用法。

学习内容

自定义钢筋功能介绍。

操作步骤

自定义钢筋：由于设计图纸具备独特性，设计布置钢筋的位置及规格很多都是非标准构件，自定义钢筋可以依据图纸设计要求在任意构件上绘制钢筋、布置钢筋网片，实现BIM 模式的钢筋建模，提高钢筋手算效率、扩大业务处理范围。自定义钢筋布置可以查看钢筋三维效果，计算钢筋工程量。如图 16.7.1 所示。

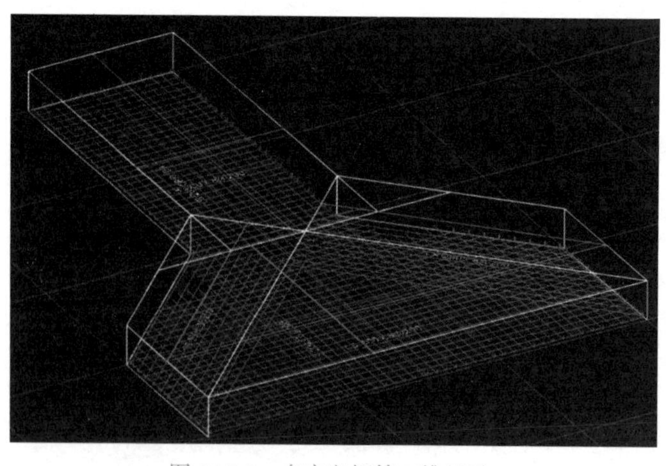

图 16.7.1　自定义钢筋三维显示

思考

自定义钢筋与其他钢筋功能的区别是什么？

16.8　自动判断内外墙

学习目的

认识自动判断内外墙功能及用法。

学习内容

自动判断内外墙功能介绍。

操作步骤

自动判断内外墙：工程中墙图元绘制完成后，软件可根据墙体的实际位置自动识别内墙和外墙，并修正墙属性中的内外墙标志，提高建模效率，并确保和内外墙关联工程量的准确性。墙构件包含剪力墙、砌体墙、幕墙、保温墙、虚墙；墙形状包含矩形、异形、参数化、斜墙、拱墙。如图 16.8.1 所示。

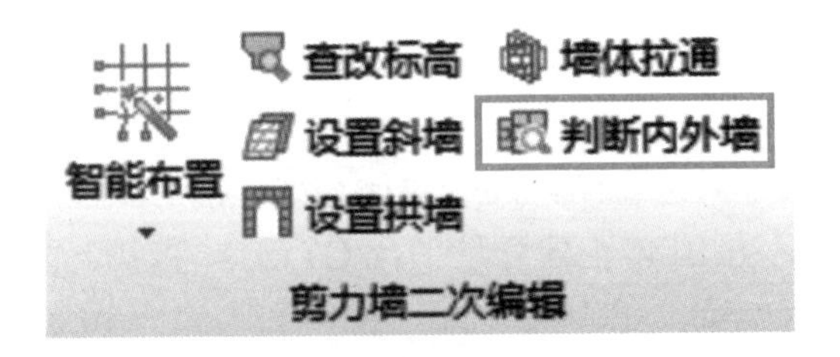

图 16.8.1　自动判断内外墙功能

思考

自动判断内外墙对哪种工程量有影响？

16.9　云　对　比

学习目的

认识云对比功能及用法。

学习内容

云对比功能介绍。

操作步骤

云对比：云对比支持全部工程设置对比，差异无遗漏，图表显示更清晰，如图 16.9.1 所示。

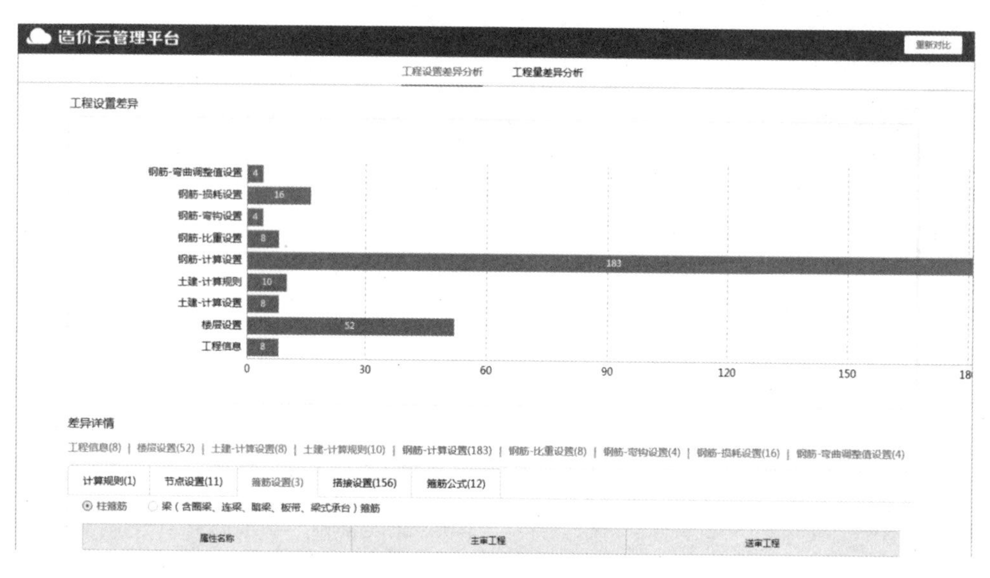

图 16.9.1　工程差异分析表

云对比支持钢筋、土建工程量对比，灵活的楼层、构件类型筛选，过滤、排序辅助查找，多维度的图表联动分析。

云对比基于模型三维空间进行图元间的对比，结合钢筋工程量差异表中的差异图元信息（图 16.9.2），使用广联达 BIM 土建计量平台 GTJ2021 查找，能够快速定位问题图元及量差原因。

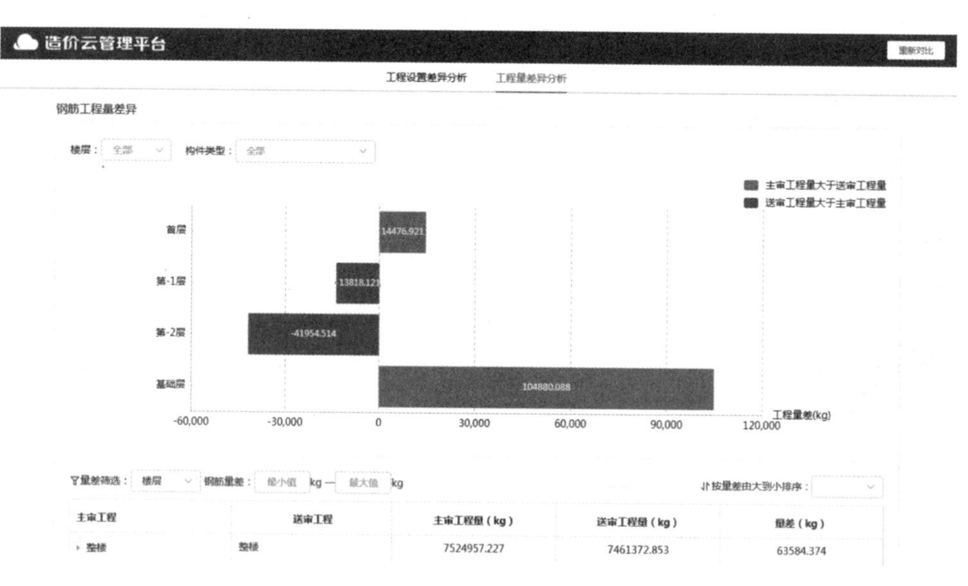

图 16.9.2　钢筋工程量差异分析表

智能高效的量差 BI 报表分析，一目了然地呈现量差数据，用户可自定义对比报告面板，让数据栩栩如生。如图 16.9.3 所示。

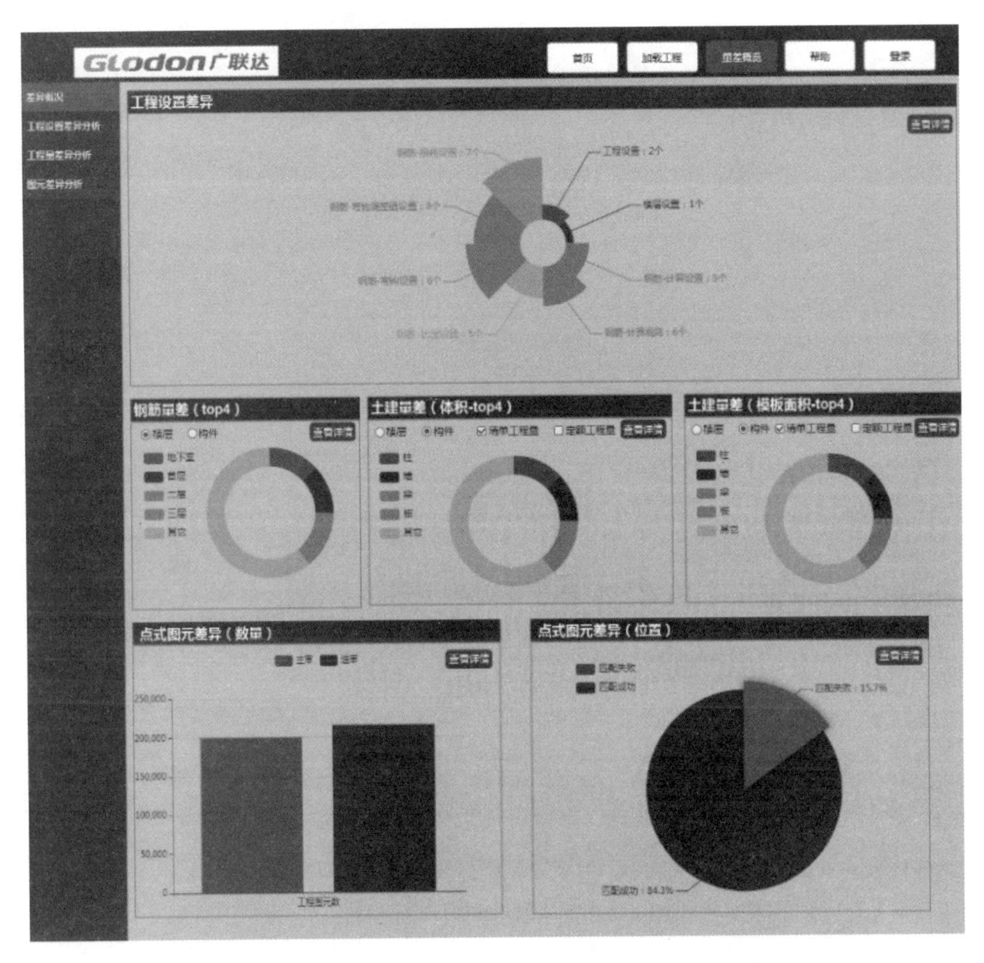

图 16.9.3　多维度数据对比图

云对比一般应用于工程造价的哪个阶段？